建筑绿化实例集

我们见到屋顶和墙体绿化项目的机会正越来越多。这里介绍的是行政机关、办公建筑的屋顶和墙体绿化实例。

U0285693

Roof & Wall Garden

01

日本国土交通省的屋顶花园（中央联合厅舍 3 号馆）

此屋顶花园采用粗放式管理，其每年的割草频率仅为 2～3 次。田园风格的庭园和国会议事厅、皇宫以及周边高楼大厦形成鲜明的对比，更是别有一番景致。

兼备绿化普及示范作用的屋顶花园

　　该建筑于 1973 年竣工，2001 年进行了屋顶绿化。由于建筑已长达 27 年，因此在现有屋面的防水之上，对绿化屋面部分又再次做了防水。采用了含有阻根剂的沥青抬高防水施工方法，在绿化区外，为了和以后的防水施工区域进行连接，设立了防水抬高部分。

　　作为将来普及屋顶绿化的样本，在此屋顶花园内，使用了 5 种排水材料、6

种土壤成分、8 种分割材料、6 种铺装材料。并且，在绿化后的数年内，进行了环境温暖化、鸟类、昆虫类、植物生长等的调查研究，并且发布在网站主页。

　　以适合于强干燥条件下的植物为主，栽植的植物种类已超过 70 种。在此之外，由于铺垫了源于一般草地、水边草地等的厚垫，又栽培下了 52 种植物。

为了更好地展示屋顶绿化的技术和效果，设置有详细说明的介绍牌。

配置了木平台和座椅

挡土枕木的使用实例

绕过隔断连接起来的灌溉水管

明确体现出原有屋面和绿化面之间的高度差

设置了气象感应器，用来收集各种数据

木桶收集了空调冷凝水和雨水，作为再利用水

灌溉时用的水栓和定时器

装配有降雨感测器的灌溉控制装置

DATA

国土交通部的屋顶花园（中央联合厅舍3号馆）

所在地 / 东京都千代田区

主要用途 / 国土交通部办公楼

构造 / SRC 造

屋顶绿化面积 / 1700m²

公开展示日 /

4 ~ 12 月期间，隔周的星期五

14：00 ~、15：00 ~

（需要预约）

特 点

从最初的屋顶绿化
开始已有 50 年历史

可参观年代和承重情况各异的 3 个庭园

1966 年，在最初建筑施工阶段，同步进行了"樱花庭园"的屋顶绿化。2001 年，进行了"花园"部分的屋顶绿化。2003 年，又向公众展示了"空中花园"。以樱花为主体绿化植物的樱花庭园，荷载约为 500kgf/m^2，种植了大量的灌木、果树和花草，花园荷载约为 180kgf/m^2，空中花园以草坪、花为主，荷载约为 60kgf/m^2。

施工年代、设计、所用植物种类、荷载各异的 3 种庭园，均分布在同一屋顶上，是我们更好地理解屋顶绿化的力作。作为私营企业的办公建筑，只在规定的时间对外开放。为了让残障人士也可以更好地接触到大自然的花草树木，特别设置了轮椅通道。除高大植物区域以外，用垫高材料减轻荷载。

自然小溪般的排水沟

结着小樱桃果实的樱花树

设置于青苔石下面的排水地漏

1966 年完工的"樱花庭园"具有日本屋顶花园的领先地位

在"樱花庭园"中，种植了垂枝樱花树等，大约 200 种植物

土壤以再生资源多孔碳素陶粒为原料的"木廊花园"

在坡状的土壤基础上栽培了多种植物的花坛，即使坐在轮椅上，通过时，也会享受植物的多彩变化

为纪念 KOMATSU 创立 80 周年，2001 年，在以前的篮球场地，增建了"木平台花园"，其中果树和宿根草较多

DATA

KOMATSU 建筑屋顶庭园

所在地 / 东京都港区

主要用途 / 办公

主体结构 / SRC 造

屋顶绿化面积 / 1070m²

展示时间 / 每周五 14：00 ～ 16：00

（需提前预约）

03 PASONA GROUP 建筑

由建筑内部进行植物的管理

美观的墙体构成了都市景观的一部分

从建筑内部来进行植物管理，墙上长满了红色和粉红色的玫瑰花

建筑于 1957 年竣工。最初的屋顶绿化建于 1973 年，现在已经不存在。后期，随着业主的改变，于 2007 年进行大规模改建，建成了墙面绿化。

建筑外墙由玻璃幕墙变为阳台式外部结构。在阳台外周设立了栅栏，植物种植于内部的栽植容器中，由内向外延伸生长，形成了墙面绿化。植物以紫藤和玫瑰花为主，初夏时节，建筑会被鲜艳的玫瑰花所覆盖。在其他季节里，又会生长出彩色的叶子和其他美丽的花草。室内有完全人工照明的花圃，墙面绿化及空中绿化。在办公时间，一层和二层对外公开展示。因位于吴服桥的十字交叉路口，成为都市景观上的效果非常好的墙面绿化，虽然是比较旧的建筑，但不动产的价格却是高居不下。

成为十字交叉路口的标志，具有一目了然、鲜明的存在感

basona 室内玫瑰庭园
25000 lx 的人工照明下生长

由建筑从下向上看，可以看到一片绿油油的景观

DATA

PASONA GROUP 建筑

所在地 / 东京都千代田区

主要用途 / 办公

主体结构 / SRC 造

展示时间 / 室外不限，室内工作时间仅展示一层和二层

常用的绿化植物图鉴

※ 关于各类植物的特性，参照本书的第三章

| PART | 01 | 景天科植物 ▶ 第93页

薄雪万年草（多年常绿草）
叶子的颜色是薄水色，到了冬天变成粉红色。花是白色。市面流通较少。

大场丸万年草（多年常绿草）
中国产，叶子的宽幅大概1cm。冬季时叶子会稍成变成红叶，数量减少。

麒麟草（多年草（冬季只有芽））
日本产，在高山地区自然生长的景天科植物。

珊瑚毯草（多年常绿草）
原产地从欧洲到蒙古。别名称作白花万年草。耐寒性强，冬季叶子变红。

逆万年草（多年常绿草）
原产地从欧洲中部到挪威。冬季时叶子数量会变少。品种很多，红色叶子的为常用种类。

东亚砂藓（多年常绿草）
喜光性苔属，成长速度慢。

大唐米草（多年常绿草）
日本产，从本州到奄美海岸自然生长的景天科植物。冬季时，从橘色变成红色。

垂盆草（多年草（冬季只有芽））
外国种，产地不明。耐寒性强。夏季时生长茂盛，可覆盖其他的景天科植物，但在冬季，只剩存植物芽。

松叶菊丽晃（多年常绿草）
花色品种多样，下垂式生长，耐寒性较弱。

圆扇八宝（多年草（冬季只有芽））
日本产的景天科植物。晚秋时开花。

松叶景天（多年草（冬季只有芽））
外国种类，产地不明。生长茂盛，但开花后败落快，到了冬季植物量极少。

森村万年草（多年常绿草）
是日本山野地区自然生长的景天科植物"森村万年草"的变种。叶子很小，冬季变为橘色，个体变化较大。

卡罗来那茉莉（常绿／木本植物）
花微香，上部生长繁茂，下方较为稀薄。

猕猴桃（落叶／木本植物）
果实可食用。藤蔓四处爬行，可达2m以外。雌雄异株。

棉团铁线莲（常绿／多年草）
藤蔓上全面开花。

铁线莲·蒙大拿（落叶／多年草）
越冬后的藤蔓在第二年展开生长出新的叶子。藤蔓上全面开花。

长节藤（常绿／木本植物）
花有微香，改良的品种较多。也有引进的品种。

西番莲（常绿／木本植物）
果实可食用。日本关东地区以西可以越冬。西番莲果也可以在都内越冬。

夏雪藤（落叶／多年草）
延伸的藤蔓下垂式生长，但是易给人留下荒芜的印象。

紫葳藤（常绿／木本植物）
花有咖喱的香味，上方生长繁茂，下方较为稀薄。

紫藤（落叶／木本植物）
花有微香，有花穗较长的野田藤和花穗较短的山藤。

斑叶加拿利常春藤属（常绿／木本植物）
叶子带有斑纹。叶子较大的常春藤属植物。菱叶常春藤为日本原产。

西洋常春藤属（常绿／木本植物）
叶子较小的常春藤属植物。

木香花（常绿／木本植物）
没有刺的玫瑰。攀附生长时支架不可缺少。

金合欢属（银叶金合欢树）（常绿，阔叶／大乔木）
成长快，即使是大树也易被风折断。通常栽植树苗。

红豆杉（常绿，针叶／中乔木）
可以修剪。有鲜艳的红色果实。

橄榄树（常绿，阔叶／大乔木）
果实加工后可以食用。但单株的话无法授粉。近些年来橄榄象鼻虫病害发生较多。

龙柏（常绿，针叶／大中乔木）
可以修剪，耐烟性强。由于容易生霉菌，不可种植于梨园周围。

红千层（刷子树）（常绿，阔叶／中乔木）
由于花的形状像刷子，有被称作刷子树。一年开花2～3次。

铁冬青（常绿，阔叶／大乔木）
叶子的颜色浓，耐火性强，又称耐火树、招鸟树。雌雄异株。

黑松（常绿，针叶／大乔木）
耐潮性强。叶子的寿命有数年（赤松只有1年）。

月桂树（常绿，阔叶／大中乔木）
叶子可以作为香草料用于料理。容易产生介壳虫。

金柏树（常绿，针叶／大乔、中乔木）
黄绿色的鳞叶，也有针形叶。根的张力弱，若过大生长，易被风吹倒。

石榴（落叶，阔叶／大乔木）
开亮丽的朱红色花。果实可以食用。

紫薇（落叶，阔叶／大乔木）
当年树木即可开花，根据日照量不同，开花量会有很大变化。花期较长。

光蜡树（常绿，阔叶／大乔木）
近年来使用数量激增。在都内基本保持常绿，但在北方地区会落叶。

栎树（常绿，阔叶／大乔木）
浓绿色的叶子，耐火性强。招鸟树。结橡子果。

常绿锥形刺柏（常绿，针叶／大中乔木）
树形为细长圆锥形。宽蓝色系。在关东地区，树木长大后，有突然枯死的可能。

木香茨（常绿，阔叶／大中乔木）
发芽时节，叶子变红。

檵木（常绿，阔叶／大乔、中乔木）
品种有绿叶白花，红叶白花，红叶红花。可以修剪，因此近年来多用于各种栅栏。

红山紫茎（落叶，阔叶／大乔木）
株立植物，树干也很美丽。绿叶有的会枯萎。

合欢树（落叶，阔叶／大乔木）
树枝易横向伸长，夜间树叶会合闭。具耐潮性。

茱萸（落叶，阔叶／大乔木）
开花时，由于叶子没有完全展开，使开的花非常亮丽。招鸟树。开红花的品种价格较高。

凤尾竹（常绿，竹属）
没有地下茎，株立植物。耐阴性强。

毛竹（常绿，竹属）
由于靠地下茎生长繁殖，因此需要加以注意。叶子很薄，因此容易干燥，有落叶。

厚皮香（常绿，阔叶／大乔、中乔木）
招鸟树。生长缓慢，不用修剪也能保持形状。

四照花（落叶，阔叶／大乔木）
果实可以食用。先长叶，之后再上叶开花。

杨梅（常绿，阔叶／大乔木）
果实可以食用。近年来，由于食用人减少，需要清扫落下的果实。雌雄异株。

绣球属（落叶，阔叶／灌木）
株立植物。花的颜色根据土壤的酸度而变化。山绣球等衍生种类较为常用。

马醉木（红花）（常绿，阔叶／大乔木（灌木））
发芽时花的颜色变红。叶子有毒，马吃了会像醉了一样，因此叫做马醉木。

六道木属（常绿，阔叶／灌木）
花期长，是蝴蝶喜欢的招蝶木。品种不同，树叶的颜色和花色各不相同。株立植物。

齿叶冬青（常绿，阔叶／大乔木（灌木））
可以修剪，容易制作为各种造型，但要注意黄杨绢野螟虫害。招鸟树。

大紫杜鹃（常绿，阔叶／灌木）
锦绣杜鹃（花色丰富）中的一种。容易移植，在杜鹃花中耐干燥性强。

枸子属（常绿，阔叶／灌木）
种类繁多，有下垂生长的共性。小花的直径只有3cm。招鸟树。

皋月杜鹃（常绿，阔叶／灌木）
浅根性。开白、红、桃、紫色的花。若持续干燥，叶子会变枯萎，只留存下树干。

绣线菊属（落叶，阔叶／灌木）
开小花，直径7cm左右。也有开白色花的品种。株立植物。

木藜芦属（常绿，阔叶／灌木）
新长的叶子可变为白、黄、桃、红色，非常美丽。

鼠尾草属（小叶鼠尾草）（常绿灌木）
叶子有很浓的香味。可用于香肠的制作。如果过于生长，需要剪枝。

金边埃比胡颓子（常绿，阔叶／灌木）
耐潮湿性强，果实可食用。改良品种的金边埃比胡颓子经常被使用。

南天竹（常绿，阔叶／灌木）
可作为"很难倒下"的吉祥树。不可进行修剪。
株立植物，招鸟树。

铺地柏（常绿，针叶／灌木）

耐潮性高。密生刺柏、蓝毯柏、蓝太平洋柏等衍生品种使用得较多。

海仙花（阔叶，落叶／灌木）

生长旺盛，耐潮性高，株立植物。锦带花、二色锦带花等衍生品种使用得较多。

玫瑰（阔叶，落叶／灌木）

生长旺盛，耐潮性高。有细而尖的刺，注意防止受伤。

金丝桃（常绿，阔叶／灌木）

具有较强的抗剪枝性。

火棘（常绿，阔叶／灌木）

带刺的招鸟树。秋季成熟的果实若不被鸟吃掉，可以保留到早春。

醉鱼草（常绿，阔叶／灌木）

花期长，易招蝴蝶。株立植物。

黄杨（常绿，阔叶／灌木）

修剪成直角形的情况较多。容易有黄杨木蛾虫害，如果虫害过多树木容易枯死。

日本紫珠（紫珠属）（落叶，阔叶／灌木）

是开紫色花的、美丽的招鸟树。株立植物。紫珠属使用较多。

珍珠绣线菊（落叶，阔叶／灌木）

如果干燥会变得枯萎，可以作为干燥指标树木使用。果实耐干性强，即使叶子枯萎也能生存。株立植物。

马樱丹（落叶，阔叶／灌木）

花色由黄色变成橙色，由青紫色变成紫红色，耐寒性较弱，东京都内，冬季时叶子和细树枝将会枯萎。

连翘（落叶，阔叶／灌木）

春季时，整体开黄色的小花。生长旺盛，株立植物。

匍枝亮绿忍冬（落叶，阔叶／灌木）

叶子极小，生长茂密。

盾叶天竺葵（多年生常绿草）

下垂式生长。花期长，冬季之外的季节开花。

百子莲（多年生常绿草）

根据品种不同而大小各异。几年分株一次。

筋骨草（多年生常绿草 / 葡匐茎）

有叶子上带有黄、红、白色斑纹的品种。耐寒性大，茎体葡匐增殖，移动容易。

矶菊（多年生常绿草）

在土壤肥沃、水分充足的环境下生长。每年春天种植更新。

康乃馨（多年生常绿草）

每年 5 月插枝种植。夏季时，嫩苗适宜在阴影下度过。

勋章菊（多年生常绿草）

具有耐寒性。尽可能多日照，注意防止过湿。

玉簪属（宿根草）

品种、种类多样。开花期各异。存在带有斑纹的叶子。

针叶天蓝绣球（多年生常绿草 / 葡匐茎）

根据品种不同，开白色、桃色、紫色等多种颜色的花。在潮湿环境下不开花。

白芨（宿根草）

避免西晒，喜荫。

水仙花（夏休眠球根）

水仙、多花水仙、红口水仙等品种多样，有带花香的品种。

汉荭鱼腥草（多年生常绿草）

花期长，在阳台等温暖环境下冬季也会开花。品种丰富。生长过大时需剪枝。

小叶鼠尾草（多年生常绿草）

生长过大时需剪枝。

大吴风草（多年生常绿草）

耐热，耐潮湿性好，冬季也会开花。

滨菊（多年生常绿草）

抗潮和抗干燥性强。随意生长后，形状过大，需修剪。

金边阔叶麦冬（多年生常绿草）

叶子上有白色或黄色的斑纹。比原种的山麦冬用得更广。

萱草属（宿根草）

花一天之内枯萎，逐次开花，品种繁多。

圣奥古斯丁草（多年生常绿草）

匍匐茎，耐潮性强。年间需修剪 5 次以上。改良品种的应用，北部地区到札幌为限。

桔梗（宿根草）

初夏开花后，上部修剪后，秋季还会开花。

德国菖蒲（宿根草）

一朵花内会有多种组成颜色。耐干燥性好，但耐阴性差。

圆羊齿（多年生常绿草）

在凤凰树干或熔岩上也可生长，西洋种，耐干性、耐寒性弱。

洞庭蓝（宿根草）

原产于山阴地区，为地区濒临灭绝的植物。

蓝草（多年生常绿草）

年间需要 50 次以上的修整。耐寒性强，作为放牧用牧草使用广泛。

彼岸花（夏季休眠球根）

秋分前后开花，随后长出叶子，初夏便枯萎。

阔叶山麦冬（多年生常绿草）

叶子墨绿，开紫色花。

薰衣草（常绿灌木）
花和叶子有芳香。多用于制作百花香料。抗干燥性强，但抗暑性弱。

百里香草类（匍枝百里香）（常绿灌木）
耐酷暑性强。

洋甘菊（多年生常绿草）
治感冒的民间药材。作为覆盖地面的低矮植物被使用。踩踏后会有香味。

旱金莲（一年生草）
可食用花，植物的花、叶、果实都可食用，匍匐性生长。

薄荷类（多年生夏绿草）
以欧洲薄荷、荷兰薄荷为代表。以地下茎的形式繁殖，生长茂盛。

汉荭鱼腥草（多年生常绿草）
叶子具有芳香（玫瑰香），除用于高级香水外，大多用作植物精油。

青椒（一年生草）
厌干燥，喜高温。果实着色前摘取。

葱属（过冬草）
可与黄瓜属等葫芦科植物，番茄等茄科植物一起协同生长的植物。不适宜于酸性土壤。

西红柿（一年生草）
种类大小各异，有球形、椭圆形，且美味。需要支撑。易生病。

秋葵（一年生草）
易培植，可长期有收获。开花为柠檬黄色，花朵大。

番薯（冬季休眠球根）
爬行藤。可沿墙面下垂式生长，形成绿色的屏障。在屋顶也会开花。

韭菜（多年生常绿草）
2～3年左右分株。可长期收割。

日本造园译丛

建筑立体绿化

〔日〕藤田茂 著

孙卓晖 罗志敏 译

FUJITA SHIGERU / HOW TO BUILD GREEN ROOF AND GREEN WALL.

中国建筑工业出版社

前言

屋顶、墙面绿化虽然长久以来备受关注，但遗憾的是，能够将实际的设计，施工，以及后期的维护管理全部统合为一体的参考书籍，到目前为止还尚未出版。现已出版的也只是分别予以介绍的技术类手册，包含从最初的绿化项目计划，以及后期对应的建筑绿化相关的各设计阶段的综合性书籍，这还是首次出版发行。

屋顶、墙面绿化虽然可以在既存的建筑结构上进行施工。但是从长远角度考虑，如果在最初的建筑设计阶段就将屋顶绿化考虑其中，那么在绿化的规模和质量方面都会得到更好的保障。这种将绿化项目考虑其中的建筑设计将会成为主流方向。然而，遗憾的是，还没有"建筑构造的绿化措施"和"绿化项目的建筑要求"这样分工明确的参考书籍，所以在本书中专门为此所书的章节"实施建筑绿化的建筑构造"，对于绿化项目在建筑设计阶段的对应措施作了简明易懂的介绍。

另外，对于这些年来发展较快的墙面绿化，相关的介绍书籍很少，大多数的绿化手法已无法进行更好的对应。有关墙面绿化的植物特性，本书在已有的图例基础上，进行了详细大量的补充，可作为读者更好的参考。

无论是屋顶墙面绿化的研讨、规划和实施方，还是从事于建筑设计、绿化设计、施工、管理维护的其他相关人员，希望都能够灵活运用本书，期待着都市屋顶、墙面绿化的进一步发展和充实。

藤田茂

2012 年 6 月 18 日

目录

第三章

建筑绿化技术的基础知识 81

第四章

屋顶绿化技术
（包括人工地基和屋顶阳台） 123

第五章

坡屋顶绿化技术资料 265

第六章

墙面绿化技术 287

第七章

照片（日文版封面·绿化事例）：堀田贞雄

设计：大场君人（公园）

编集协助：后藤 聪（EDITORS CAMP）

第一章

关于建筑绿化的考虑

1. 建筑绿化技术的基本考虑

关于建筑、土木及园林中所配置的绿化项目，应该与建筑结构相结合。为达到绿化目的，确保绿植的地基稳固，必须事先向建筑规划里编入相关的对应策略；还有，要确保建筑和绿植的持久性，精确、细致的维护管理也不可缺少，在绿化设计时，有关将来维护管理的内容也是必不可少。

①关于绿色就是生命的理解

建造物经过常年累月会变得陈旧，但是有绿色植物的存在，就代表生命的成长。为了两者更好地结合，那么对绿色就是生命的理解就不可缺少。

实施绿化时，要对绿植进行持续的维护管理，其中还包括相关的建筑结构、地基、植物栽培规划。

②建筑规划、绿化规划的调整

随着建筑绿化的推进，设计阶段需要想到的几点：

* 绿化空间
* 位置
* 方案
* 荷载，防风

* 防水、排水对策
* 设备
* 安全

针对这些注意事项，建筑土木方与绿化造园方要经过协商制定合理规划，从而达成协议，是基本的条件。

③建筑土木知识和特殊的绿化技术的要求

建筑的绿化是建筑的防水层及抬高部位衔接的整备工作。所以，绿化实施时，建筑土木相关知识与绿化的设计、实施、

管理等相关知识两方面都很必要。因此，针对各个必要项目，需要逐一与专家进行确认。

2. 建筑绿化的适用空间

建筑绿化的绿化空间主要分为"屋外（外部）"、"屋内（室内）"两种。现在，从都市环境改善角度，对"屋外"空间绿化的要求越来越急迫。因此，本书中将不提及"室内"绿化。

关于屋外绿化，将在第四章中介绍非上人屋顶、可上人屋顶及阳台的绿化，在第五章中介绍坡屋顶绿化，在第六章中介绍墙面绿化。一般的阳台绿化大多根据个人的喜好来进行，所以将在建设简单绿色阳台中介绍。

图 1-2-1　本书中的绿化空间分类

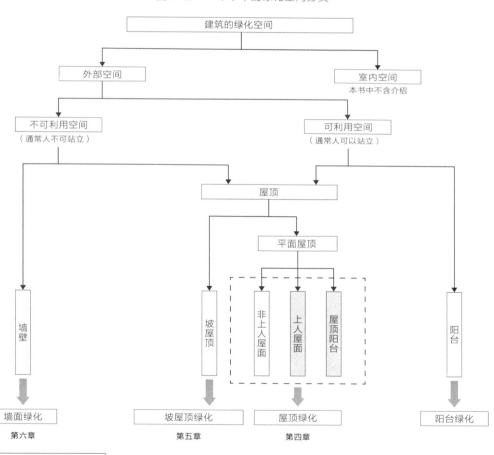

1）屋顶（平面屋顶）

建筑的屋顶分为人可利用和不可利用两部分。

（1）非上人屋面

未设定人可否利用的位置，荷载承受力小，混凝土保护层无防水设计，人不可以在上行走。另外，外周部位没有扶手和安全护栏，也无法进行绿化施工。

但是，近些年来，为防止室内温度的上升（节能），随着都市环境的改善（抑制热岛效应现象）等，绿化越来越多。

荷载、防水规格，除去人可利用的部分，与上人屋面相同的部分很多，正式介绍将在屋顶绿化中记述。

（2）上人屋面

人可以站立，有可上人用的地面和安全护栏，可进行施工，有设计允许的负载重量。

一般地，防水层都有保护层，设计规格能承受人在上行走等。

（3）屋顶阳台

虽然集体住宅公寓的主体等是共有物，但作为邻接的住宅间的屋顶阳台是住宅的专用空间，能利用的范围限定在扶手内。

因为与上人屋顶的基本构造、环境等有相同之处，正式解说将在屋顶绿化中进行介绍。

2）坡屋顶

坡面，一般人不可利用。允许的负载重量都比较轻。坡屋顶包括山形屋顶，相邻建筑屋顶的坡屋顶，及球形屋顶和拱形屋顶等曲面屋顶。

坡屋顶的结构材料，与防水的屋顶铺装材料之间密切相关。折叠板屋顶、波纹板石板屋顶等，构成屋顶的材料本身就是屋顶铺装材料。施工方法中，有的在地基上面粘贴屋顶铺装材料，有钢板、沥青、瓦片等，除此以外还有很多材料，绿化施工方法也相继改变。

坡屋顶的绿化，由于维护所用通道、防止土流失的措施等需要特殊的技术和知识，将在平屋顶绿化中介绍。

3）墙面

用于绿化的墙壁，与建筑、土木构造物等的垂直面，几乎接近立面，基本就是建筑主体的外表面。具体分为以下几个空间：

① 建筑墙面：墙面、柱面、梁的垂直面。

② 建筑垂直面：非墙面主体，作为攀登的辅助材料、立体停车场的垂直面等。

③ 建筑外部构造的垂直面：护栏、屏风、护墙等。

④ 土木构造物的垂直面：高架墙面、柱面、梁垂直面、高栏、隔声墙等。

4）阳台

阳台与屋顶阳台的区别，阳台的下方没有屋子，屋顶阳台下方是屋子。阳台多数是室内与外部空间相接的部分，上下用相同的空间锁连接，上面阳台的底部就是下面阳台的顶部。在街道等处，从外面可以看到的地方，是街道景观构成的主要场所。

在设计集体住宅楼的阳台绿化时，应考虑容易实施的因素，将在第二章中介绍。

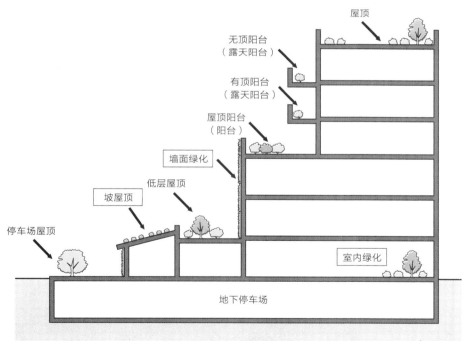

图 1-2-2　建筑绿化位置概念图

屋顶

无顶阳台
（露天阳台）

有顶阳台
（露天阳台）

屋顶阳台
（阳台）

墙面绿化

低层屋顶

坡屋顶

停车场屋顶

室内绿化

地下停车场

3. 绿化项目的流程

建筑绿化的工程，一种是新建筑自身，具备适合绿化的构造和设备，另一种是对已有的建筑在可行范围内进行绿化。

如果是对新建筑进行绿化，作为已考虑绿化的建筑，推荐第二章中介绍的建筑规划，之后，进入第三章中介绍的绿化规划。如果对没有绿化设计意识的新建筑，既有建筑进行绿化的时候，虽然可以直接从第三章的绿化设计开始，但是要对第四、五、六章的"建筑的调查、诊断"进行特殊考虑。

如果要进行建筑的修复，从第二章的"6. 关于既有建筑绿化改造的考虑"（第75页）开始推进规划。

图 1-3-1　绿化项目的流程

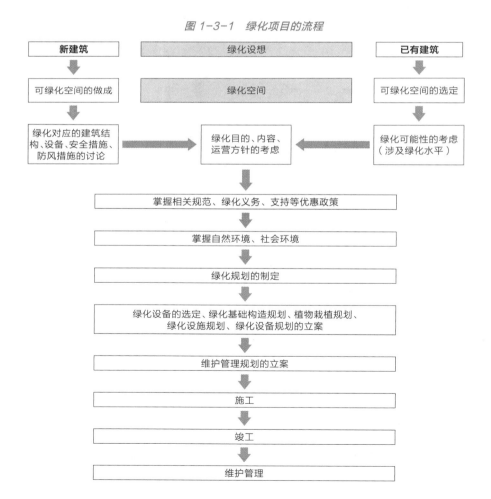

4. 建筑绿化的效果和目的

　　建筑绿化所产生的效果主要分为绿化本身所具有的功能"城市的环境改善效果"和人可利用的功能"经济效果（对于建筑、业主）"、"利用效果（对于利用者）"三大项。对于大多数项目来说，绿化效果＝绿化目的。

　　对每一个绿化空间，绿化目的并非单一，含有复合目的的规划比较多见。作为有效的绿化内容，复合的绿化目的很重要。按照绿化目的，为使其效果能最大限度地发挥，要对设计、栽植的基础构造、栽植等进行规划，并策划相关的管理规划，哪个效果（目的）最为重点也很重要。

　　在东京都、兵库县、京都府、大阪府的自治团体的规划中，屋顶绿化成为义务，为了获得建筑资格，屋顶绿化可用来确保绿化面积。在这种情况下，要求极力减轻建设维护管理的负担费用。为此，缺乏特殊的绿化承重荷载设计，只要求最低限的植物生存条件和管理。没有良好的生存条件，作为城市环境改善效果义务化的目的变得越来越少，直至全无。

　　在德国，人们从"地球的表面本来就是被森林和草地覆盖"这个认识，用让人类在其下面利用的构思，进行建筑绿化。

　　即使是以义务化，确保绿化面积为目的，也不是简单地为绿化而绿化，而是要注重利用的绿化。

1）建筑绿化的效果

表 1-4-1　都市建筑绿化的效果、效用

1.利用效果（针对个别利用者的效果）			2.经济效果（对于建筑商）		
① 物理的环境改善效果	·微气候的缓和 ·降低向楼下的声音传到		① 建筑的保护效果	·防止由于酸雨和紫外线等造成的 防水层等的老化，降低对构造物 温度变化的影响	
② 生理、心理效果	·提高丰富感、安逸感 （观赏、遮挡等） ·疲劳恢复、小憩（休息、轻运动） ·园艺疗法等的场所 ·切身的情操、环境学习等教育的 场所		② 节能效果	·夏季降低室内温度的上升、冬季 的保温（室内）	
③ 个体的实际利益	·菜园、果园等的收获 ·草坪上的游玩 ·兴趣爱好的场所		③ 宣传、集会、收益效果	·由建筑的装饰宣传，召集顾客 ·在屋顶花园招揽客人 ·屋顶举行活动的空间 ·提高企业关注环境的形象	
④ 交流的形成	·社区形成 ·地域安全性的提高		④ 未使用空间的灵活运用	·屋顶菜园、资材贩卖等的收益事业 ·职工等福利实施 ·向地区等公开使用	
⑤ 防灾效果	·避难空间的防灾性的提高		⑤ 建筑空间的创出	·根据工厂立地法的改定，算入绿 地面积 ·算入屋顶、墙面的绿化面积	
			⑥ 建筑许可	·取得建筑许可	

直接的效果

社会效果（义务化，可领取补助金等）

▼

3.都市的环境改善效果（针对所有居民的效果）	
① 为创造节能型城市作贡献 ·城市气象的改善（减轻热岛效应现象，防止过度干燥） ·抑制、延迟雨水的流失（抑制都市型洪水） ·推广节能（因夏季的都市气温低下）	·固定 CO_2 ·净化都市大气
② 为建造共生型的城市作贡献 ·提高城市的自然性（提高城市的环境保护） ·提高城市的活力（提高舒适、安乐感）	·形成都市的景观（装饰，景观变化） ·增加空间（增加新的可利用空间）
③ 为建造循环型的城市作贡献 ·雨水循环，氮、碳素循环·材料再利用	·循环使用材料的有效利用

【特殊空间绿化系列②新、绿空间设计技术手册】（城市绿化机构特殊绿化共同研究会　诚文堂新光社）一部分追加、修改。

2）环境改善效果（针对全体城市居民的效果）

　　环境效果不仅对绿地的所有者、利用者有效，对全体城市居民都有效。环境效果成为屋顶绿化的义务化和补助金申请的根据。这个领域的效果，虽然直接看不见，但为了维持效果，绿植的良好生长是必要的。主要效果分为以下几点。

① 城市气象的改善
② 大气净化（包含固定 CO_2）
③ 抑制、延迟雨水的流失
④ 都市自然环境的恢复
⑤ 都市景观的形成

（1）城市气象的改善

①由植物带来的热环境改善效果

虽然热环境改善效果具体分为以下项目，但是，互相关联、互相影响，不但影响到居民个人、建筑本身，对城市全体都会带来效果。

·遮挡日照

植物的叶子能够遮挡太阳光，传到树下的太阳光大幅减少。

·潜热变换

植物的光合作用不仅利用太阳光，为抑制植物体的升温还会蒸发大量的水分。这种利用太阳光使水分蒸发所转换的能量叫做潜热。据报告，它的量为按夏季晴天、草坪面积的累计日照量的 55%。还有，从植物生长所需要的土壤蒸发的也是潜热。

·冷热辐射

若植物体温度不上升，比人体表面温度低，辐射将从人体射向植物体（冷热辐射）。有遮挡阳光的路面，建筑表面也是同样。被太阳直接照射的道路路面，建筑表面温度高，辐射热将射向人，人体温度就会上升，感到热。辐射不是使接触到的空气变热，而是使被辐射到的面变热。

·蓄热消减（包含热传导）

通过遮挡日照、潜热变换，热能不会蓄积，向建筑内部经热传导来消减蓄积的热量就会减少，所谓光斑也会消失。如果蓄热多，就会在夜间放热，虽是产生热带夜的原因，但是几乎不会发生。

图 1-4-1　依据植物改善热环境的机制

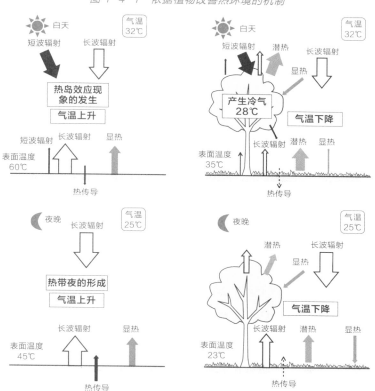

②抑制都市热岛效应现象的效果

城市的热岛效应现象日益严重，远远超过地球温暖引起的温度上升。东京等密集型城市的温度上升十分明显。

城市的热岛效应现象的主要原因，一般认为是在城市表面失去了绿色。在沥青面和混凝土面上，虽然多有显热（使接触的空气加热产生热能）的发生，但是，在草木繁茂地带被转换为潜热（通过水分蒸发使气温下降的能源）的显热变得很少，甚至有时成为负值，抑制热岛效应现象的效果高。

开冷房空调所产生的显热只占全部显热辐射的5%，即使关掉所有冷气，也无法减轻抑制热岛效应现象。依据图1-4-2可以看出，由于都市绿地越来越少，太阳热量的显热辐射急剧增加，地面潜热放热急剧减少。

图1-4-2　大阪市整个地区的综合热流量（8月晴天日）

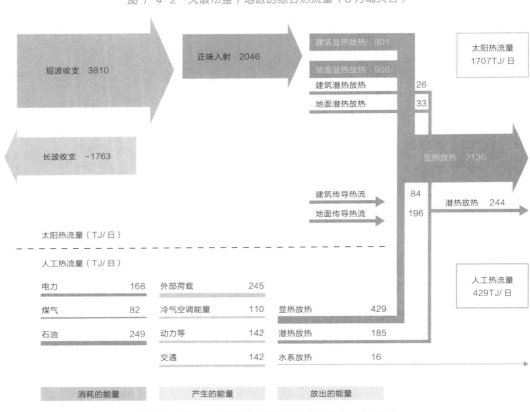

"热岛效应对策"（一部分修改）空气调和与卫生工学会编　OHM社刊

图1-4-3显示的屋顶绿化的热收支与图1-4-2相对称，相比实质性辐射，潜热辐射较多，显热辐射呈现负值，可以看出绿地使气温降低。

图1-4-4是从以往文献和调查事例中抽取的昼夜表面温度的概略。沥青表面和混凝土表面的温度在昼夜间都会变高，而有人造草坪和木平台的地方，虽然白天温

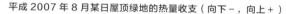

图 1-4-3　根据屋顶绿化的热收支

平成 2007 年 8 月某日屋顶绿地的热量收支（向下 -，向上 +）

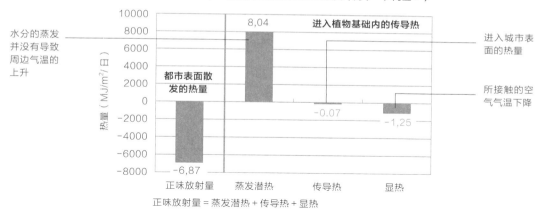

水分的蒸发并没有导致周边气温的上升

进入植物基础内的传导热

都市表面散发的热量

进入城市表面的热量

所接触的空气气温下降

正味放射量 ＝ 蒸发潜热 + 传导热 + 显热

图 1-4-4　昼夜表面温度的模式图（夏季晴天日）

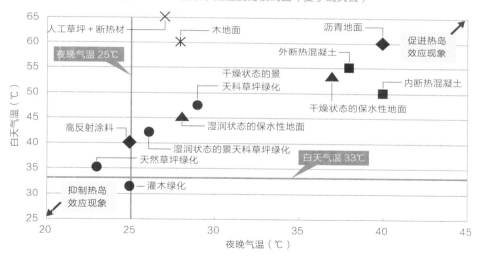

度较高，但是到了晚上温度就会下降。保湿性铺装材料在湿润时和干燥时有很大不同，景天科植物绿化也有同样的倾向。低矮树木绿化、草坪绿化使气温逐渐降低，使热岛效应现象减少。根据墙面朝向的方位不同，墙面绿化的效果有很大差异，图中虽未表示，但是效果不可忽视。

在沥青表面和混凝土表面，蓄热量较多，夜间较多的散热形成热带夜（炎热的夜晚），在这个问题上，为使其不蓄热，绿化的效果评价很高。另外，木制的铺装材料虽然白天温度较高，但是不蓄热，到了晚上温度就会下降。木材铺装材料白天温度变高，由于木材无蓄热功能，夜间温度下降，可有效防止夜间高温情况的发生。

保湿性铺装材料在湿润状态有效果，但在干燥状态效果就变得很低。要保持湿润状态，需要定期供水，要另外提供能量。另一方面，植物没有必要从土壤中吸收水分，有人工的能源泵。

第二章

4. 建筑绿化的效果和目的

19

③都市整体的节能效果

通过植物和土壤使太阳光能潜热变换，都市气温降低，从而减少冷气空调的使用，达到城市整体节能的效果。

那个效果非常好，在夏季，据说气温降低1℃，发电厂的数值就会有所消减。但是连续预测流动空气的温度比较难，对由绿地效果产生的气温降低量和电力削减量有诸多说法，并没有明确的回答。

（2）净化空气

植物，可以吸收净化、固定大气污染物质（氮氧化物、硫氧化物、迪赛粉尘等）和温室效应气体，放出氧。特别是作为温室效应气体的二氧化碳，通过植物生长，利用太阳能吸收、大量的固定量。

废弃、焚烧修剪的枝叶和枯死的植物，变为二氧化碳，不能成为永久固定碳，但如果作为建材和纸利用的话可变为固定碳。另，关于黑土中碳元素的推移，可成为长期固定碳，可进行固定碳元素的测量、估算。

如果直接燃烧植物材料，或者用甲烷发酵等燃料燃烧来得到能源的话，削减矿物燃料的使用，可以减少二氧化碳的排放。

（3）雨水对策（雨水利用、防止都市型洪水）

由于局部暴雨等原因造成的城市的河川引发洪水，作为其对策，屋顶绿化所具有的功能之一，就是控制雨水的保有量和缓解地表雨量急剧增加的作用，它的重要性越来越大。但是，与大地上的绿地不同，屋顶绿地为了不让水渗透到下面，控制水流出的量要比蒸发到空气中的更多。

表 1-4-2　年间雨水流出量的推移（追加蒸发部分）

年	月	①降水量	②灌水量	③总给水量	④排水量	流出系数	每 m² 蒸发量		
							月间	日数	日平均
2005年	9月	211,328	214,830	426,158	316,916	0.74	79.74	30	2.66
	10月	236,247	207,669	443,916	351,246	0.79	67.64	31	2.18
	11月	34,806	121,737	156,543	110,868	0.71	33.34	30	1.11
	12月	3,289	3,487	6,776	577	0.09	4.52	31	0.15
2006年	1月	60,841	0	60,841	35,525	0.58	18.48	31	0.60
	2月	152,925	8,233	161,158	148,721	0.92	9.08	28	0.32
	3月	86,055	14,435	100,49	88,176	0.88	8.99	31	0.29
	4月	129,636	57,288	186,924	138,937	0.74	35.03	30	1.17
	5月	178,154	64,449	242,603	157,213	0.65	62.33	31	2.01
	6月	201,999	61,547	263,546	184,800	0.70	57.48	30	1.92
	7月	282,026	90,191	372,217	292,167	0.78	58.43	31	1.88
	8月	149,102	91,735	240,838	184,852	0.77	40.87	31	1.32
年间		1,726,407	935,603	2,662,009	2,009,999	0.76	475.92	365	1.30

注）计算期间：2005年9月1日～2006年8月31日／每 m² 的蒸发量为总给水量－排出量／流域面积。
「日本绿化工学会志 vol.34」

在昭和纪念公园，实际测量控制雨水流出的效果，认为平均1日可以抑制约1.3mm的流出。此1.3mm可以说是被蒸发利用的入射能（实质辐射）被转换为潜热。在另外的无灌溉的测量中，在夏季白天11点左右受日照的草坪地，每天阴天的话2mm，晴天的话有4mm的蒸发量。

如果1日4mm的蒸发量，那么实质辐射量基本上被转换为潜热辐射，显热辐射成为零。

在德国，由于屋顶绿化，下水道费用得以减免，为屋顶绿化的普及作出了很大贡献。还有，降到屋顶的雨水通过储存、灌溉等，得以有效地再利用。

（4）自然生态系统的恢复

对于被人工物所覆盖的城市的自然复苏来说，建筑绿化起着很大的作用。对人们的生活来说不能缺乏自然环境，对城市生活者来说是必需的。

招来野鸟和昆虫，不仅仅是个人的乐趣，还与城市整体的生态系统丰富性相关。种植各种各样的植物，可聚集以它们为食的昆虫和鸟，继而出现那些吃昆虫等的昆虫和鸟，形成生态系统。在构造食物链金字塔时，不仅植物的数量，种类的数量也很重要。

健全的生态系统，不会发生大规模的特定天敌昆虫等灾害，受害不明显，农药的使用变少。建筑绿化空间作为联系网，动植物往返在这样的空间，各种各样的鸟和昆虫形成交错的往来路线。

照片 1-4-1　在绿化屋顶所能见到的昆虫

蜻蜓

蝴蝶

螳螂

（5）提高景观效果

绿化建筑能增加无生命的建筑与周围环境的协调性和一体感，缓和人们的紧张状态、紧张感、紧张的心情。特别是墙面绿化为提高绿视率（在全部视野上所占的绿量）作了很大贡献，并提高了景观效果。由于提高了城市景观效果，城市居民的生活环境更加丰富多彩（增强舒适性）。

第一章

照片 1-4-2 提高景观的效果

照片 1-4-2 提高景观的效果

地面景观　　　　　　　　　　　　　　屋顶景观　　　　　　　　　　　　　　墙面绿化

3）经济效果（针对建筑和建筑所有者的效果）

由于以这个领域直接看到的效果为评价对象，为维持其效果，提高植物良好的生长环境是不可缺少的。作为效果列举以下几个项目。

①建筑物的保护，②节能，③宣传、招集客人、收益（企业的 PR，不动产价值的上升：分开出售价格、租金的提高，招集客人：淋浴效果，屋顶的直接收益），④未利用空间的活用（室外办公室、休息空间、吸烟空间），⑤建筑空间（依据工厂布局法修改，算入屋顶绿化的绿地带，因绿化而提高容积率），⑥建筑许可的取得（所在地区屋顶绿化义务化）。

（1）建筑的保护

已经绿化了的建筑体部分，表面温度变化变得缓慢，抵御太阳的直射（特别是紫外线），不受风雨的影响。由于主体温度变化少，热胀冷缩的现象也变少，能抑制建筑体老化。

实际上，有建筑经过绿化 40 多年，虽然非绿化部分的屋顶进行了防水修复，但是已绿化的部分，有绿化基础构造下的防水层无需修复的事例，除此以外，绿化后，经过 10 年左右的建筑，也有绿化基础构造下的混凝土表面维持与浇筑紧接之后同样的 PH13（分绿化表面是 PH7）的事例。还有，在 1925 年建筑的建筑物，屋顶的压密混凝土，在绿化基础构造下的部分虽然保持原有状态，但是未覆盖，露出来的部分有塌陷，并有植物的根侵入的现象。

照片 1-4-3 保护建筑的效果

绿化下防水层无修复事例　　　　　　　绿化下垫层混凝土的表面　　　　　　　无绿化部分垫层混凝土的表面

（2）节能效果

关于屋顶绿化的节能效果，都是以前的测量、分析结果，不过随着隔热木材的普及，相比之下其效果逐渐变弱。关于普及较晚的设置隔热材料的墙面，说是有效，但是根据墙面朝向的方位那个效果也明显不同。

在栽植部位，通过遮蔽直射的日光，由叶的水分蒸腾产生潜热变换，使周边空气冷却。在栽植土壤部分，有土壤木材的

隔热（根据水分含量不同）效果和水分蒸发后的效果。再加上下部的排水层的隔热效果等。一般，在盛夏的中午，对室外温度变化和屋顶主体表面温度变化进行比较，表明被绿化部分的土壤底部的温度变化较小，较为稳定。

根据图 1-4-5，绿化部位下方的室内，主体表面温度在夏季明显比外侧低 5℃，冬季约高 3℃，可以说"绿化后冬暖夏凉"。

图 1-4-5　因绿化引起的温度变化

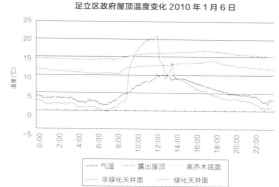

（3）宣传、招集客人、收益

由于建筑采取绿化措施，提高了建筑的美观度和景观性，改善了形象，与周围环境相协调，给予建筑四季应时的变化等，从而使那个建筑增值。一些文献表明，对招揽客人、房地产增值、增加 PR 效果也有很大的作用。

随着居住公寓的修复，花费上亿元进行屋顶绿化的事例，在报纸、电视、杂志等频繁出现，换算成广告费的话，半年多就能回来。并且，由于家庭全体出行聚集

到屋顶的机会增加，能得到淋浴效果（下方店铺的销售额增加），也很值得期待。还有，在屋顶开设露天啤酒店、野外活动会场、室外咖啡吧等的租金收入、直接经营的收益等也可以考虑。

关于租赁住宅和租赁办公室，试算一下因绿化而上涨租金的支付意识额度，以办公室的例子来说，大约平均每人将近 4000 日元。

照片 1-4-4 招集顾客用的屋顶绿化

新宿伊势丹

惠比寿商场

大阪站

表 1-4-3 对绿化空间的支付意识额度

建筑形式	对象绿化空间	对象	年间 WTP（平均值）	备考
办公楼	屋顶绿化	办公职员	3,828 日元 / 人	限于心理感受效果
综合住宅	屋顶绿化	居住者	8,150 日元 / 户 （3,881 日元 / 人）	
综合住宅	院内种植	居住者	10,272 日元 / 户 （4,891 日元 / 人）	

『CVMによる東京都における屋上緑化推進施策の評価』（平山・中井・中西 2003 都市計画論文集No.38-3）

在公寓住宅的立体停车场上和中层屋顶进行绿化，可以确保居住者集会的空间，也有作为菜园利用，居民自己进行绿化管理的例子。关于医院屋顶绿化，也有为住院患者康复兼利用的例子。

近年来，作为企业的 CSR 活动表现内容，绿化活动增加，虽然不是绿化屋顶，但是像石川县的小松站前，出现了企业大规模的公开绿地。

（4）未利用空间的有效利用

屋顶是宝贵的城市未利用空间，有相当多的开放空间。周边人口（白天人口）都集中在如此高级且土地价格也高的地域的建筑上，闲置不用实在是一种浪费。有

效地利用可以增加其经济价值。进行植物栽培，设置娱乐休闲设施，作为其他事物的空间，有很大的利用可能性。

照片 1-4-5 屋顶的利用物

作为公司员工锻炼场地的利用例子

设置了桌椅，可用于进餐、开室外会议的利用例子

（5）增加建筑用地

根据工厂布局法，屋顶绿化的 1/4 面积以内，可以认定为绿地，从而弥补地上用地，起到了扩大建筑用地的作用。

有的自治团体把屋顶、墙面的绿化也认定为绿地。

照片 1-4-6　根据工厂布局法和城市绿化法认定为绿地的绿化

田岛屋顶

永旺商场与野

（6）建筑审批

在屋顶绿化是义务化的自治团体，一定规模以上的用地建设的建筑屋顶，作为

义务，可利用屋顶的 20% 以上必须用于绿化，否则很难获得建筑审批。

4）针对利用者的效果

这个领域的效果，以直接看到的效果为评价对象，为维持、提高效果，植物良好的生长是不可缺少的。主要效果列举为以下的项目：

①自然环境改善的效果，②生理、心理效果，③实际利益，④交流的形成，⑤防灾。

（1）物理的环境改善效果

① 气象的微调节

建筑屋顶一般用无机材料建成的情况较多，为此光的反射和声音的反射也较强。还有，没有遮挡的地方阳光照射也强，风势也强。

如果进行了屋顶绿化，可以增加"防

止反射的效果"、"防止噪声的效果"。还有，如果栽植了树木，可以增加"绿茵效果"、"防风效果"。这些都是由屋顶绿化带给人的直接效果。

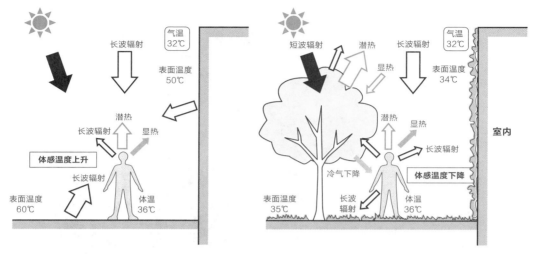

第二章

图 1-4-6　针对利用者的气象微调节效果模式图

只表示直接与人体有关的东西。从地面、墙面向人的长波辐射是辐射热，可以感觉到热。从人体向绿化方面的长波辐射是冷热辐射，有凉爽感。

② 降低传到楼下的声音

由于屋顶绿化，减弱屋顶利用时所产生的振动、向楼下的声音传导。

（2）生理、心理效果

① 提高满足感和安逸感（观赏、遮挡效果）

遮挡视线、保护隐私与心理的稳定性相关，在许多人相邻居住的城市必不可少。还有，通过栽植也能遮挡空调室外机、热水器、常用箱等的设备机器和配管等。

照片 1-4-7　由植物遮挡室外机的例子

② 消除疲劳、心理治疗（休闲运动）

常看绿色可以使人觉得安逸，感受丰富的四季变化，促进心情转换，可使情绪稳定。特别在缺乏自然景观的市中心，在工作间歇等时，看到屋顶和墙面的绿地后，有"视觉疲劳恢复"等效果。

③ 园艺疗法等的场所

虽然有一种叫做靠近植物、种植植物的"园艺疗法"，但是，一般认为这是一种病人和老人的心灵寄托。

通过栽培植物，既能活动身体、调节身体状态，又能刺激脑细胞，一般认为能起到预防因脑萎缩引起的痴呆症的作用。

通过园艺活动，不仅能防止老年人身体的功能衰退，还可以恢复并增强身体机能。自古以来人们就认为，由植物挥发的成分具有使心情安定、镇静、觉醒等效果，但是近几年来，香精疗法广为人知。通过使用有这样效果的植物来进行屋顶绿化，不但对病人有效，对健康的人来说也能起到恢复疲劳的作用。

照片 1-4-8　花坛

可移动花坛　　　　　　　　　　　固定型花坛

④ 自身情操、环境学习等教育的场所

在与自然接触少的市中心，可以感受身边植物的生长和四季的变迁，能够观察昆虫和野鸟，屋顶绿化把"情操教育效果"极大地发挥。

通过实际体验种植植物，接触屋顶绿地上引来的昆虫和野鸟，可以学到如何珍爱生物，培养和善，学习生命的珍贵和奇妙。最近，都市中心的学校屋顶上创造生态屋顶（生物生长环境）的例子也在增加。

照片 1-4-9　作为情操、环境学习等教育场所的绿化屋顶的例子

电源开发（株）若松综合事务所　　　实践学园中学、高等学校　　　郁文馆梦学园

※ 都是都市绿化构造，获得"屋顶、墙壁和特殊绿化技术竞赛"环境大臣奖的例子

（3）个人实际利益

① 菜园、果树园等的收获

通过种植蔬菜和果树，可以有收获。不单是收获的东西可以带来经济效果，还可以愉快地度过时光，对孩子的教育也有效。

② 可以在草地上玩耍

可以在草地上蹦蹦跳跳，练习打高尔夫、躺着看书等。休息，做轻松的运动，可以真实地感受丰富的生活。

③ 兴趣活动的场所

可以作为园艺、烧烤、天体观测等多种多样的兴趣活动场所，灵活利用。

照片 1-4-10 实际利用的例子

收费的屋顶菜园　　　　　　学校的果树园（橄榄、蓝莓）　　　　小学校屋顶的草坪广场

（4）相互交流、沟通的场所

① 形成地区性的相互交流

通过共同培育和管理绿地，人与人的接触和交流增加，通过共同合作，扩大了住宅内、地区间的交流圈。

② 增加了地区的安全性

由于扩大了交流圈，从而提升了地区的安全性。

（5）防灾效果

由于种植了植物，可以防止火灾造成的热辐射并防止火焰蔓延，起到防灾效果。

5）绿化的效果评价

屋顶绿化、坡屋顶绿化、墙面绿化的主要效果的大概程度以表格形式表示。

屋顶绿化分为景天科植物等薄层绿化和有层积型基础构造的正式绿化，分别进行评价。但是因为两者之间的位置也有许多绿化，所以景天科植物、草坪、低矮树木、高大树木作为次要项目进行评价。关于坡屋顶绿化，从荷载条件等来看，虽然与景天科植物绿化相同，但是作为不可利用空间来进行评价。

墙面绿化（立面绿化）分为有建筑主体墙壁的绿化和无建筑主体墙壁的绿化（用绿色窗帘来表示），分别进行评价。

表 1-4-4　建筑绿化的评价

效果项目		屋顶绿化		屋顶（不上人）绿化	立面绿化	
		景天植物绿化	整体绿化		墙面绿化	绿色屏障
环境	抑制热岛现象的发生：白天	△	◎	△	○	○
	抑制热岛现象的发生：夜间	○	◎	○	○	△
	大气净化	△	◎	△	○	○
	防止雨水流出迟缓	△	◎	△	✕	✕
	推进生物多样性	△	◎	△	△	△
	提高景观性	△	○	△	◎	◎
建筑物	保护建筑物	△	◎	△	○	△
	节省能量	△	◎	△	○	○
	宣传、增加客流、收益性	△	◎	✕	○	○
	未使用土地的有效利用	△	◎	✕	✕	✕
	创造建筑空间	△	◎	△	△	✕
	取得建筑许可	△	○	△	△	✕
使用者	缓和微气候	✕	○	✕	○	○
	感受美好	✕	◎	✕	△	△
	运动	✕	○	✕	✕	✕
	趣味、收获	✕	◎	✕	△	△
	教育、治疗场所	✕	◎	✕	△	△
	社会交流	✕	○	✕	△	△
负面效果	初期费用	△	✕	△	○	◎
	运行成本	○	✕	○	△	○
	建筑的负荷	○	✕	○	△	○
	水使用量	○	✕	○	△	△
	投诉	✕	○	△	△	△
	耐久性	✕	○	✕	△	✕

范例）◎：特别适合 ○：适合 △：比较差 ✕：不适合

4.
建筑绿化的效果和目的

5. 绿化内容的设定

"4. 建筑绿化的效果和目的"中所表示的项目，直接作为绿化的目的。虽然由于项目不同，目的的重要性不同，但是在诸多的绿化内容里都规定"效果＝目的"。

在建筑绿化方面，根据绿化目的，按绿化空间位置、建筑用途、利用形态、荷载、栽植形态、绿化形式的不同，进行讨论，并制订出不同的绿化内容。

1）绿化空间位置和绿化目的（效果）

按绿化空间位置分类，对各个位置的绿化目的的效果进行了大致评价。

表 1-5-1　绿化位置与绿化目的（效果）的相关性

绿化目的（效果）			超高层屋顶	高层屋顶	底层屋顶	屋顶阳台	有护栏阳台	非上人用平屋顶	地下停车场上屋顶	人工地基	斜面屋顶	藤架	墙面
都市环境改善效果		都市气象改善	○	○	○	○	○	○	○	○	○	○	△
		大气净化	○	○	○	○	○	○	○	○	○	○	○
		雨水对策	△	○	○	○	—	○	○	○	·	—	—
		自然生态系统恢复	—	○	○	○	○	○	○	○	·	○	○
		景观形成	△	○	○	○	○	○	○	○	○	○	◎
经济效果		建筑保护	—	○	○	○	△	○	○	○	○	○	○
		节能	·	○	○	△	△	○	—	○	◎	○	△
		宣传、吸引客人、收益	·	○	○	—	—	○	○	○	—	·	·
		未利用地的活用	○	○	○	—	—	○	○	○	—	—	—
		建筑空间的创造	○	○	○	△	○	○	△	△	△	△	△
		建筑许可的取得	△	○	○	○	○	○	△	△	△	△	△
利用效果	物理环境改善	细微气象缓和	○	○	○	○	○	○	○	○	○	○	○
		向楼下传音降低	△	○	○	△	△	○	△	—	·	—	△
	生理、心理效果	观赏	○	○	○	○	○	○	○	△	○	○	○
		遮挡	—	○	○	○	○	○	○	△	○	○	○
		休闲运动	○	·	○	△	△	○	○	○	—	·	·
		园艺疗法的场所	○	○	○	○	○	○	○	○	—	△	△
		教育的场所	○	○	○	○	○	○	○	○	—	△	△
		菜园等的收获	○	○	○	○	○	○	○	○	—	△	△
	个人的实际利益	菜园等的收获	—	○	○	○	○	○	○	○	—	△	—
		娱乐、兴趣的场所	○	○	○	△	△	○	○	○	—	○	○
		交流的形成	△	○	○	○	△	○	—	△	◎	—	△
		防灾	—	·	·	·	·	·	·	—	·	—	△

◎：特别适合；○：适合；△：比较适合；·相对适合；—：不适合。

2）建筑用途与绿化目的（效果）

按建筑用途分类，对各个绿化的效果及程度进行了大致评价。

表 1-5-2　建筑用途与绿化目的（效果）的相关性

绿化目的（效果）	建筑用途、绿化位置	大型建筑物	租赁用办公室	公司自用建筑物	大型商场	饭店	办公住宅	集合住宅	别墅	医院	学校	其他公共建筑物	工厂仓库等
都市环境改善效果	都市气象改善	○	○	○	○	○	○	○	○	○	○	◎	○
	大气净化	○	○	○	○	○	○	○	○	○	○	○	○
	雨水对策	○	○	○	○	○	○	○	○	○	○	○	○
	自然生态系统恢复	○	○	○	○	○	·	○	·	○	◎	○	○
	景观形成	○	○	○	◎	○	○	○	○	○	○	○	○
经济效果	建筑保护	○	○	○	○	○	○	○	○	○	○	○	○
	节能	○	○	○	○	○	○	○	○	○	○	○	◎
	宣传、吸引客人、收益	○	·	·	◎	◎	·	·	·	△	·	○	·
	未利用地的活用	○	○	○	○	○	△	△	△	△	○	○	○
	建筑空间的创造	△	△	△	△	△	△	△	—	△	△	△	◎
	建筑许可的取得	○	○	○	○	○	○	△	○	○	○	○	○
利用效果	物理环境改善　细微气象缓和	○	○	○	○	○	○	○	○	○	○	○	○
	物理环境改善　向楼下传音降低	○	○	○	△	○	△	○	△	○	◎	○	—
	生理、心理效果　观赏	○	○	○	○	○	○	○	○	○	○	○	—
	生理、心理效果　遮挡	○	·	·	○	○	○	○	·	·	○	·	·
	生理、心理效果　休闲运动	○	·	·	○	○	·	○	·	○	◎	○	—
	生理、心理效果　园艺疗法的场所	△	·	·	·	△	△	·	△	◎	○	·	·
	生理、心理效果　教育的场所	△	·	·	·	·	·	·	·	○	◎	·	·
	生理、心理效果　菜园等的收获	○	·	·	·	·	○	○	○	◎	○	·	△
	个人的实际利益　菜园等的收获	○	·	·	△	△	△	○	○	◎	○	○	·
	个人的实际利益　娱乐、兴趣的场所	○	○	○	○	○	○	○	○	○	◎	○	·
	社会交流	○	○	○	○	○	○	◎	△	○	○	○	—
	防灾	·	·	·	·	·	·	·	·	·	·	·	—

◎：特别适合；○：适合；△：比较适合；·相对适合；—：不适合。

3）利用形态与绿化目的（效果）

（1）利用形态与建筑用途、绿化位置

按照利用者使用的绿化形式分类（包括管理上的不同），表示与建筑用途、绿化位置的相关性。

① 公园型

从高大树木到草坪，复合式栽种方式，土壤肥厚，铺装等面积也很大，是一种采取集约维护管理的绿化。

东品川海上公园

② 庭院型

从高大树木到草坪，复合式栽种方式，土壤肥厚，铺装等面积相对较小，有池塘、小溪等，是一种采取集约维护管理的绿化。

足立区役所

③ 菜园型

含有果树的菜园，土壤比较厚。频繁地挖掘土壤，使用一定的药物制剂，是一种采取集约维护管理的绿化。

ATRE 惠比寿

④ 花园型

从中高的树木到花草，复合式植栽方式，土壤比较厚。花园主人自己来搞园艺工作，是一种采取集约维护管理的绿化。

新宿丸井

⑤ 生态型

复合型栽植方式，土壤较厚，也有池塘、小溪。采取极力控制使用药物的防病虫害管理，并且选择性地除草等，是一种采取集约维护管理的绿化。

电源开发与若松事业所

⑥ 草坪型

以草坪为主体的绿化，土壤厚度大约为15cm，在草坪上可以利用。在一定程度上，是一种采取集约维护管理的绿化。

新宿伊势丹本店

⑦ 草原型

利用原有的草本类、土埋种子，或由风吹、其他生物运来的种子等进行绿化，是一种采取粗放型维护管理的绿化。

新潟县民艺文化会馆

⑨ 苔藓型

在种植苔藓类的厚度超薄的土壤（大约 3 ~ 10mm）上进行绿化，是一种粗放型维护管理使之生长的绿化。

东京磁悬浮昭和岛车辆基地

⑪ 藤架型

用凉亭、藤棚进行的绿化。在一定程度上，是一种采取集约维护管理的绿化。

La Veille 东阳町

⑧ 景天科植物型

在种植景天科植物的厚度极薄的土壤（大约 3 ~ 5cm）上进行绿化，是一种粗放型维护管理使之生长的绿化。

YAOKO 八王子井木店

⑩ 容器栽植型

是一种在容器中栽植的极小型绿化，虽在一定程度上能确保土壤的厚度，但需要周密地进行集约维护管理。

新菱冷热

⑫ 墙面型

墙面绿化，在一定程度上采取集约维护管理。

三菱一号馆

表 1-5-3　绿化形式与建筑用途、绿化位置的相关性

绿化内容（利用形态）	建筑用途												绿化位置										
	大型建筑物	租赁用办公室	公司自用建筑物	大型商场	饭店	办公住宅	集体公寓	别墅	医院	学校	其他公共建筑物	工厂仓库等	超高层屋顶	高层屋顶	底层屋顶	屋顶阳台	有护栏阳台	非上人用平屋顶	地下停车场上屋顶	人工地面底盘	勾配屋顶	藤架	壁面
公园型	○	·	—	○	○	—	·	○	·	·	◎	—	·	△	○	—	—	—	○	◎	—	—	—
庭院型	◎	○	○	◎	○	○	○	◎	○	○	◎	○	·	○	◎	○	○	·	○	◎	—	·	·
菜园型	○	△	△	△	—	○	○	△	◎	·	·	△	○	○	◎	◎	◎	○	◎	◎	○	—	△
花园型	△	○	○	○	○	○	○	◎	○	○	○	△	○	○	◎	○	○	○	○	◎	○	—	△
生态屋顶型	◎	○	○	○	○	○	○	○	○	○	◎	○	○	○	◎	○	○	○	○	◎	○	—	—
草坪型	◎	○	○	○	○	○	○	○	○	○	◎	○	○	○	◎	○	○	○	○	◎	△	—	△
草原型	△	·	·	○	○	○	○	·	○	○	◎	·	○	○	◎	○	—	○	·	◎	○	—	—
景天型	△	○	○	○	○	○	○	○	○	○	○	○	○	○	○	○	○	○	·	○	○	—	△
苔藓型	△	○	○	○	○	○	○	○	○	○	○	○	○	○	○	○	○	○	○	○	○	—	○
容器型	○	○	○	○	○	○	○	○	○	○	○	○	○	○	○	○	○	○	○	○	○	—	○
藤架型	△	○	○	○	○	○	○	○	○	○	○	○	○	○	○	○	○	○	○	○	○	◎	—
墙面型	△	○	○	○	○	○	○	○	○	○	○	○	○	○	○	○	○	○	○	○	○	—	◎
建筑许可	○	○	○	○	○	○	○	○	○	○	○	○	○	○	○	○	○	○	○	○	○	○	○

◎：特别有效；○：有效；△：比较有效；—：无效。

（2）利用形态与绿化目的（效果）

表 1-5-4　绿化形式与绿化目的（效果）的相关性

绿化内容（利用形态）		都市环境改善效果						经济效果					利用效果										
													物理的环境改善		生理、心理效果					个人的实际利益			
		都市气象改善	大气净化	雨水对策	自然生态系统恢复	景观形成	建筑保护	节能	宣传、吸引客人、收益	未利用地的活用	建筑空间的创造	建筑许可的取得	细微气象缓和	向楼下传音降低	观赏	遮挡	休息、轻运动	园艺疗法的场所	教育的场所	菜园等的收获	娱乐、兴趣的场所	社会交流	防灾
屋顶	高树	◎	◎	◎	◎	◎	◎	◎	◎	◎	◎	◎	◎	◎	◎	◎	◎	◎	◎	○	◎	◎	◎
	中高树木	○	○	○	○	○	○	○	◎	○	○	○	○	○	◎	◎	○	○	○	○	○	○	△
	低矮树木	○	○	△	○	○	○	○	○	○	○	○	○	△	◎	○	○	○	○	○	○	○	△
	草	○	○	△	△	○	○	◎	○	○	○	○	○	—	◎	—	○	○	△	△	△	△	—
	草坪	○	○	△	△	○	○	◎	○	○	○	○	○	—	◎	—	◎	○	○	△	○	○	△
	景天	△	△	△	△	△	△	○	△	△	△	△	△	—	○	—	△	△	△	△	△	△	△
	苔藓	△	△	△	△	△	△	○	△	△	△	△	△	—	○	—	△	△	△	△	△	△	△
斜面屋顶		○	○	△	△	○	○	○	○	△	△	○	○	△	◎	○	△	△	△	△	△	△	△
墙面		○	○	△	△	○	○	◎	○	○	○	○	○	△	◎	◎	△	△	○	△	○	○	◎

◎：特别有效；○：有效；△：比较有效；—：无效。
关于斜面屋顶和壁面，根据工法，由于在经费上有很大差异，无法用数字表示。

第一章

4) 绿化形式与绿化目的（效果）

绿化形式可以按照绿化内容分为自然型（乔木、灌木、草原等）、鉴赏型（庭院、花坛、野花等）、活动型（草坪等）以及栽培型（菜园、香叶园、果树园、造园的场所等）。

由于同一分类形态中存在多种栽培形态和利用形态，所以这种分类难于表明其绿化目的（效果）。

5) 绿化的荷载与绿化目的（效果）

根据绿化所用的荷载不同，不仅绿化目的、绿化形式、植物形态不同，绿化设计上也会有很大不同。

表 1-5-5　绿化的荷载与绿化目的（效果）的相关性 1

绿化荷载 \ 绿化目的（效果）	都市环境改善效果					经济效果					利用效果											
											物理环境改善		生理、心理效果					个人的实际利益				
	都市气象改善	大气净化	雨水对策	自然生态系统恢复	景观形成	建筑保护	节能	宣传、吸引客人、收益	未利用地的活用	建筑空间的创造	建筑许可的取得	细微气象缓和	向楼下传音降低	观赏	遮挡	休息、轻运动	园艺疗法的场所	教育的场所	菜园等的收获	娱乐、兴趣的场所	社会交流	防灾
30kgf/m² 以下	△	△	△	—	△	△	△	—	△	△	—	△	—	△	—	—	—	—	—	△	△	△
60kgf/m² 以下	△	△	△	△	△	△	△	○	△	△	△	△	△	○	△	△	△	△	—	△	△	△
120kgf/m² 以下	○	○	○	○	○	○	○	○	△	○	○	○	○	○	○	○	○	△	△	○	△	
180kgf/m² 以下	○	○	○	○	○	○	○	○	○	○	○	○	○	○	○	○	○	○	○	○	○	○
250kgf/m² 以下	○	○	○	○	○	○	○	⊙	○	○	○	○	○	⊙	○	○	○	○	○	○	○	○
250kgf/m² 以上	○	○	○	○	○	○	○	○	○	○	○	○	○	○	○	○	○	○	○	○	○	○

○：适合；△：可以；—：不可以。

表 1-5-6　绿化的荷载与绿化目的（效果）的相关性 2

绿化荷载 \ 绿化目的（效果）	都市气象改善	大气净化	雨水对策	自然生态系统恢复	景观形成	建筑保护	节能	宣传、吸引客人、收益	未利用地的活用	建筑空间的创造	建筑许可的取得	细微气象缓和
30kgf/m² 以下								△	○	△	—	○
60kgf/m² 以下				△	○	○	△	△				○
120kgf/m² 以下	△	○	△	△	△	○	△	△		○		△
180kgf/m² 以下	○	○	○	○	○	○	○			○	△	
250kgf/m² 以下	○	○	○	○	○	○	○			○	○	
250kgf/m² 以上	○	○	○	○	○		○			○	○	

壁面型的场合，按照壁面面积以 m² 计算。

6. 栽植形态与荷载和费用的概算

在绿化内容中，根据栽植形态的分类，因与荷载和费用相联动，为了在建筑构想、绿化构想阶段能够显而易见，及时调整，并标出大概的绿化承重荷载（最低值、一般值）及所需的大概经费。

这些数值毕竟是规划构想阶段时所计算的荷载、确保预算的大概值，在实际实施时，还需详细的规划、测算。特别是，墙面的基础构造型栽植形态，绿化厂家不同，绿化手法也不同，价格有很大变动。另外，对于维护管理方面，变动幅度超过 20000 日元 / （㎡·年）的情况很多。

表 1-6-1　栽植形态和绿化荷载、概算费用（200m² 以上的情况）

绿化目的（效果） 栽植形态		绿化荷载的概略值		绿化费用概算	
		进行绿化时的综合荷载 （浇灌人工土壤时）		制造费用概况 （土壤厚度最小值的试算）	管理费用概况 （土壤厚度最小值的试算）
		最小值	一般值	日元 /m³	日元（m³·年）
屋顶	高树	400	1000	100000	5000
	中高树木	300	500	60000	4000
	低矮树木	250	400	40000	3000
	草	200	300	30000	3000
	草坪	120	250	20000	2500
	景天	45	60	25000	1000
	苔藓	10	30	25000	500
斜面屋顶	草坪	80	120	30000	2500
	景天	45	60	27000	1000
	苔藓	10	30	27000	500
壁面	无辅助材料	按基础构造 10	按基础构造 10	按基础构造 3000	2000
	有辅助材料	按基础构造 15	按基础构造 20	按基础构造 25000	2500
	壁面底盘	按基础构造共 50	按基础构造共 100	按基础构造共 200000	10000

第二章

实施建筑绿化的建筑结构

1. 建筑绿化及建筑的考虑方法

如果从建筑设计初期就进行建筑绿化的规划与设计，在建筑结构、防水规格、设备的配置等方面就会做到更加合理。为更好地进行绿化，建筑技术人员和绿化技术人员要相互达成协议，在建筑规划里体现出来。

为了提高绿化的质量，建筑物所承载的荷载越大，实际经费就越高，改造起来就会比较困难。因此，对建筑实体、防水层、排水设备为首的附带设施和设备，首先要确保其质量及使用寿命。

在进行建筑绿化的规划设计时，于策划阶段，进行综合信息的整理、明确绿化的方向（绿化目的）是非常重要的。根据绿化目的，决定绿化内容（利用形态、栽植形态），并且决定必要的建筑条件。建造出建筑、结构、设备全部完善的建筑物，防止因绿化而产生影响。

2. 屋顶绿化的建筑结构

屋顶绿化受建筑本身的匠心、结构、设备设计的影响很大，为推进绿化规划，需要与建筑设计进行充分的调整。

1）特别注意事项

设计建筑的屋顶绿化时，需要考虑很多事项，其中最重要的有以下四点。

（1）屋顶绿化的荷载作为永久荷载进行规划

为了进行屋顶绿化，需要在屋顶铺设土壤等重物。为进行多种多样的绿化，所需的荷载要事先在建筑设计中做好规划。如果没有特意考虑屋顶绿化，就进行通常的荷载计算是不可取的。

不能增加永久荷载时，防水层上方不使用压密混凝土，采用露出防水方式，使压密混凝土的荷载部分用于绿化，确保绿化荷载。新建的建筑一般都采用压密混凝土，压密混凝土部分的永久荷载设计，可转变成绿化荷载，不成问题。这时，若进行屋顶整体绿化的话，压密混凝土的荷载将由绿化来代替。若部分进行屋顶绿化的话，紫外线、温度变化、水分状况等因素，对非绿化部分和绿化部分的防水层有不同的影响，耐用年数也会大幅减少。

图 2-2-1 将混凝土屋面进行植物绿化后的屋面荷载变化的例子

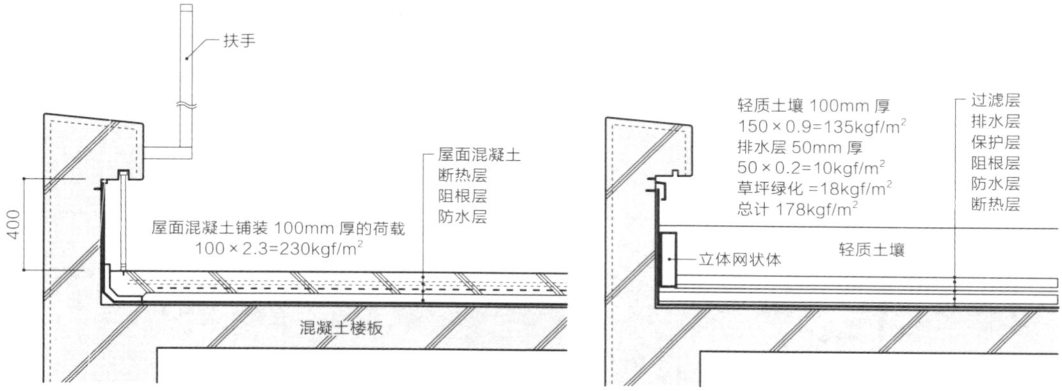

扶手

屋面混凝土铺装 100mm 厚的荷载
100 × 2.3=230kgf/m²

屋面混凝土
断热层
阻根层
防水层

混凝土楼板

轻质土壤 100mm 厚
150 × 0.9=135kgf/m²
排水层 50mm 厚
50 × 0.2=10kgf/m²
草坪绿化 =18kgf/m²
总计 178kgf/m²

过滤层
排水层
保护层
阻根层
防水层
断热层

立体网状体

轻质土壤

屋面混凝土荷载 230kgf/m² ＞ 植物绿化荷载 178kgf/m²

（2）加高围栏、防水完成部分

屋顶绿化最好进行整体绿化。无须设置隔断材料，直接将土壤覆盖整个屋顶进行整体绿化。在德国、韩国等国家，这种施工方法很普遍。结合绿化规划设计建筑外周的围栏高度及防水层上端的设计，要高于土壤表面 15cm 以上。并且，不仅围栏本身，防水层保护材料的强度也要能耐土壤压力。

照片 2-2-1　屋顶整体绿化的例子

韩国的例子　　　　韩国的例子　　　　郁文馆高校（文京区）

（3）屋顶排水的形状、大小、数量的增加

进行屋顶绿化时，由于屋顶的蓄水范围变小，和没有进行绿化的建筑相比，排水管的数量、管径都要增加。另外，要进行墙面雨量和搭房雨量的计算。

详细介绍，参考"5）建筑排水、屋顶排水"的说明。

图 2-2-2　有无绿化状态下雨水蓄水量的差别

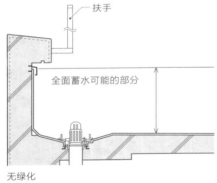

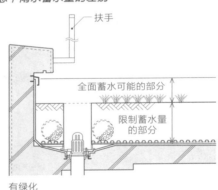

无绿化　　　　　　有绿化

（4）建筑阻根层、保护层

如果进行屋顶绿化，阻根层及防水层，阻根层的保护层，最好都由建筑方进行施工。

2）建筑和绿化的区分

因为要明确建筑和绿化的涉及范围，所以在建筑设计和规划方面要明确必要事项。

表 2-2-1　建筑和绿化的区分线

	项目	建筑		绿化	
规划	确保绿化空间		○		
	确保维护用空间		○		
	确保承载荷载	作为固定荷载	○		
基本设计	建筑主体	包括凉亭	○		
	建筑排水设施	屋顶排水，排水盖	○	排水盖	△
	屋顶防水、最后完工	隔热、防水、保护层	○		
	地基下层	防根、保护层	○	防根、保护层	△
	地基上层			排水、过滤网、土壤层	○
	建筑最后完工（可上人部分）	绿化区域以外	△	绿化区域内	△
	栏杆	屋顶广场	○	可以变更，让人员进入的时候	△
	安全带的安装等设施		○	应急处理	△
	建筑上的防风对策	先施工用的固定物（网）、防风设施等		后施工用的固定物（网）等	○
	防风	在建筑物主体上的对策		树木支撑柱、防止固定物飞散	○
	隔断	建筑主体和保护层的一体型	△	普通型	○
	供水	一侧，止水阀门	○	双侧	○
	排水设备	排水配管		水槽等	○
	供电	一侧，防水插座	○	双侧	○
	管理用器材	结构组合的设备	○	简易机器	○
	管理用器材的收纳等	包括管理人员办公室等	○	简单收纳	△

关于绿化地下方的基础构造，当原有建筑或建筑设计中未考虑绿化时采用。

3）绿化空间和活动路线的确保

　　关于建筑的绿化，建筑设计中要确保与绿化目的和内容相结合的绿化空间。在绿化空间，不仅使用者可以移动，而且施工和管理人员利用和材料搬移等，也需要确保可移动的空间和路线。

　　在屋顶，对绿化空间的高度、面积、利用空间的有无，以及对建筑外表有无影响，要进行讨论，考虑对策。超高层的屋顶，要有防风措施。

　　根据绿化目的、内容、运营方针，要讨论通道宽度、坡度、滚梯等机器的移动方法及所占空间，都要包含在建筑规划之内，确保通往绿化空间的移动路线。

照片 2-2-2　超高层屋顶上的绿化

赤坂溜池塔

艺术村大崎观景塔

4）绿化的荷载设定

屋顶绿化的荷载要在设计构想阶段、基本规划时就考虑到未来目标。绿化荷载小的话，栽植基础构造等就会变得贫乏，维护用的经费也会有所增加，因此要慎重考虑荷载、初始费用、管理运营费用，设定最适当的绿化荷载。

计算屋顶绿化的荷载时，要考虑到永久荷载的应力（G），承重荷载的应力（P），地震力的应力（K），以及多雪区域、积雪荷载的应力（S）。

表 2-2-2　允许的应力强度计算（根据建筑基准法施行令第 82 条）

力的种类	根据荷载及外力设想的状态	一般情况	多雪地区的情况	备注
长效产生的力	平时	$G+P$	$G+P$	
	积雪时		$G+P+0.75S$	
短效产生的力	积雪时	$G+P+S$	$G+P+S$	
	暴风时	$G+P+W$	$G+P+W$	研究建筑物倒塌、支柱被拔起等因素，应适当减少累计荷载
			$G+P+0.35S+W$	
	地震时	$G+P+K$	$G+P+0.35S+K$	

注：G: 固定荷载所产生的力；P: 承载荷载引起的力；S: 积雪荷载引起的力；
W: 风引起的力；K: 地震引起的力。
根据同法第 86 条第二项，多雪区域是指书面规定的特别行政厅指定的区域。

荷载的相关语的解说

用于建筑结构计算的荷载及外力的种类，有以下内容：

①永久荷载：主要指结构主体的重量，在构造物上固定的设备和完成材料等的重量。

②活荷载：指在建筑的使用期间，由时间、空间的推移，可能产生的物品或人员等对建筑的荷载。在地板结构计算时要考虑活荷载，与房梁和柱子结构的计算，及地震力的计算分别考虑。

③积雪荷载：进行建筑的结构计算时，要计算积雪时的荷载。根据地域的不同，普通区域和多雪区域分别计算。

④风荷载：由风产生的对建筑的压力。分为推压的正压力和拉开的负压力。

⑤地震力：地震时对建筑产生的荷载。一般分为永久荷载、活荷载、地震力所产生的三种应力。因此，要检查结构部件的安全性。

⑥长期荷载：又称常时荷载。指重力方向的移动荷载，建筑构成材料的重量，人和桌子等的重量。

⑦短期荷载：在长期荷载的具体情况的具体处理时，加上风荷载、地震力、积雪荷载。

以上荷载和外力中，虽然①、②及多雪区域的③是长期荷载，屋顶绿化的荷载也列为长期荷载。④、⑤及在普通区域的③被认为是短期荷载。

（1）建筑上的绿化荷载

建筑规划、设计时，最好要有作为永久荷载的绿化用荷载的结构设计。即便不把屋顶绿化荷载作为永久荷载，一般也可以在活荷载的基础上追加。尤其，未设定绿化用荷载时，在屋顶要对下表中的⑤屋顶广场、阳台栏杆荷载的最低值进行规划。对于禁止一般人进入，不可利用的平面屋顶，虽然不受建筑基准法的制约，但最好也有绿化规划，即便是轻量绿化，最好也把绿化荷载部分作为永久荷载进行结构设计。

在下表的⑤屋顶广场、阳台栏杆的荷载中，屋顶上的总承载重量是地震力计算时的承载重量。

建筑的荷载，遵照建筑基准法计算。

表 2-2-3　根据建筑基准法施行令第 85 条的耐重

房屋类别	计算地面构造时	计算大梁、柱子等或基础构造时	计算地震的力时
①居住用居室等	180kgf/m³（1800N/m³）	130kgf/m³，（1300N/m³）	60kgf/m³，（600N/m³）
②办公室	300kgf/m³（2900N/m³）	180kgf/m³（1800N/m³）	80kgf/m³（800N/m³）
③教室	230kgf/m³（2300N/m³）	210kgf/m³（2100N/m³）	110kgf/m³（1100N/m³）
④百货店、商场	300kgf/m³（2900N/m³）	240kgf/m³，（2400N/m³）	130kgf/m³（1300N/m³）
⑤屋顶广场、阳台	根据①的数值。但是学校和百货店是根据④的数值		

（2）绿化的概略荷载

进行屋顶绿化时，根据估算的，按栽植形态分类的荷载概算值，进行荷载设定。

庭园型、菜园型等绿化形式类别，用栽植形态表的高木阶段○%、草坪阶段○%等换算，参考第一章"6.栽植形态和荷载、费用概算"中的表 1-6-1 进行选定。

（3）针对因绿化设计中的荷载增加而增加的建筑建设费

在 RC 造、S 造、SRC 造的建筑中，屋顶容许的承载重量即使增加，建筑的建设费用也增加的可能性相当小。

4 层以上的 RC 造建筑，根据地震时所产生的应力，算定的容许活荷载要大于一般屋顶的基准值，从 60kgf/m³（600N/m³）到 1000kgf/m³（9800N/m³）以上，建设费大约增额 1% 就可解决。还有，普通绿化的可容许的载重为 300kgf/m³（3000N/m³）左右，建设费的增额大约只有 0.3%（参照图 2-2-3），增额很小。

表 2-2-3 屋顶设计荷载和建设费

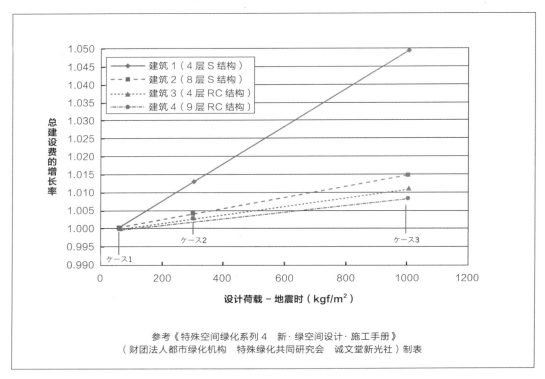

参考《特殊空间绿化系列 4 新·绿空间设计·施工手册》
（财团法人都市绿化机构 特殊绿化共同研究会 诚文堂新光社）制表

5）建筑排水、屋顶排水

在屋顶，虽然由屋顶排水系统将雨水排出，但是由于有绿化，排水管的盖子会堆积落叶和土壤等，容易被堵塞。

另外，栽植基础构造的土壤等会使屋顶上面的渗水量减少，容易造成快速水位上涨，超过防水界限，因此要周密做好排水设计。

（1）排水斜面

一般建筑，为防止形成水洼，地面都用斜面设计。防水铺膜的坡度设计大概是 1/50，沥青防水的坡度设计大概是 1/100。

进行建筑绿化时，确保沥青防水压密混凝土施工方法，最好有 1/100 以上的斜面排水坡度。

（2）排水管的管径

关于排水，即使在狭窄的屋顶上，一个排水斜面至少要有两个屋顶排水管。屋顶排水管的管径虽然在 HASS-206 中有规定，但在中高层的屋顶（如图 2-2-3 的屋顶）时，还要考虑到与屋顶接触的建筑的墙壁（图 C 的墙壁）面积。

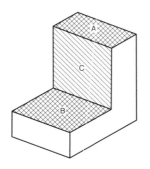

图 2-2-3　决定排水管管径的墙体面积考虑

B 的雨水计算上的面积
＝B 的实际面积 +1/2C 的面积

· 通常墙面积的 1/2 加算到屋顶面积上，它的计算方法是：
　B 的雨水计算上的面积 ＝B 的实际面积 +1/2C 的面积
· A 面的排水流到开放的 B 面上，再流入 B 面的排水管时，
　B 的雨水计算上的面积 ＝B 的实际面积 +1/2C 的面积 +A 的面积
另外，最好选择比设定大一型号的排水管径，或者增加排水管的数量。
《屋顶绿化设计与施工手册》NPO 屋顶开发研究会 MARUMO 出版

表 2-2-4　屋顶面积与雨水横纵管的管径

雨水纵管管径（HASS-206）

管径（mm）	允许的屋顶最大面积（m²）
50	67
65	135
75	197
100	425
125	770
150	1250
200	2700

雨水横管管径（HASS-206）

管径（mm）	允许的屋顶最大面积（m²）			
	倾斜配管			
	1/25	1/50	1/75	1/100
65	127	90	73	—
75	186	131	107	—
100	400	283	231	200
125	—	512	418	362
150	—	833	680	589
200	—	—	1470	1270
300	—	—	—	3740

1）屋顶面积是指所有水平投影面积。2）允许最大面积是指根据雨量 100mm/h 进行计算的。
关于其他雨量的计算，根据表格数值，乘以"100/ 该地区最大雨量"进行计算。

（3）搭建房屋的雨水处理

搭建房屋的雨水不要直接流到屋顶上面，最好通过横向导管，将雨水引到屋顶排水位置。

图 2-2-4　搭建房屋的排水处理方法

雨水管
屋顶排漏
跃层建筑
雨水

雨水管
屋顶排漏
跃层建筑
横向引水管

2.
屋顶绿化的建筑结构

（4）屋顶排水的形状

屋顶排水管的形状分为纵向型和横向型两种。纵向型屋顶排水虽然有山字形和皿字形，但是因为皿字形的屋顶排水容易堆积落叶、土壤，一般使用山字形的。横向型的排水管并不是平面上的L字形，而是使用前方探出的形状。

图2-2-5　屋顶排水

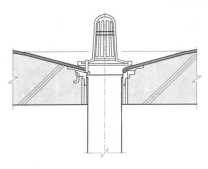

纵向山字形屋顶排水

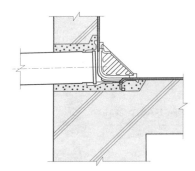

横向前方探出形屋顶排水

在设置屋顶排水管时，最重要的是，不要设置凹形，因为容易堆积垃圾。值得注意的是，因为有很多事故都是因为无视这点。

照片2-2-3　良好的位置、形状的排水管帽（盖子）

山字形排水管帽

D字形排水管帽

照片2-2-4　不可取的位置和形状的排水管帽

皿字形排水管帽

L字形排水管帽

6）屋顶绿化的建筑防水层、阻根层、保护层

进行屋顶绿化的建筑，它的防水层在设计上要尽量选择耐用年数长的。还有，要考虑防水的抬高高度与隔热层和防水层、阻根层的位置关系，在建筑设计中要反映出来。

防水层本身要做到完全阻根、耐冲击，在目前还比较困难，因此要与具有这些机能的材料相组合是最关键的。

（1）防水材料、施工方法的选定

防水层要考虑绿化位置的形状等，要根据屋顶绿化的目的，进行适当的防水施工。最近，考虑生活循环（L.C），由防水厂商推荐了耐用年数50年的高耐久性防水材料。

以下提出了注意项目，但无论哪一项目，防水层自身不能对应时，就要用某种材料来辅助完成。

表 2-2-5　防水材料的选择标准

防水施工方法		材料检查项目	标准耐用年数（*）	耐久性	水密性	阻根性	承受荷载性	耐冲击性	耐化学腐蚀性	耐药品性	耐菌性	耐膨润老化性	跟随基础变化性	外部隔热	修复性
沥青防水		压板保护	17	20~60年	◎	○	△	◎	◎	○	○	◎	◎	○	△
沥青防水		露出	13	15~25年	○	○	△	○	○	○	○	○	○	○	○
改良沥青防水		压板保护	-	15~25年	○	○	△	○	○	○	○	○	○	○	△
改良沥青防水		露出	-	10~20年	○	○	△	○	○	○	○	○	○	○	◎
防水膜	氯乙烯防水膜	露出	13	10~20年	○	○	△	△	△	○	○	○	○	○	△
防水膜	硫化橡胶防水膜	露出	13	10~20年	○	△	×	○	○	○	○	○	○	○	○
涂层防水	氨基甲酸酯防水	露出	10	10~15年	○	×	×	○	○	○	○	○	△	△	○
涂层防水	FRP防水	露出	-	10~15年	○	○	○	○	○	○	○	○	△	△	×
涂层防水	氨基甲酸酯、FRP复合防水	露出	-	10~20年	○	○	○	○	○	○	○	○	△	△	×

范例：◎:特别适；○:适合；△:比较差；×:不适合
*：提高建筑防水的耐久性技术（建筑大臣官房技术调查室）（1987年）。

耐久性：由于绿化，紫外线和热对防水层耐久性的影响将会消失或减弱。但长期使用后，防水层的改造是不可缺少的，因此最好选择耐用年数长的防水设计。考虑生活再循环所需费用，最好选择耐用20年的景天科植物等的薄层绿化，耐用50年的积层型绿化的防水设计。

水密性：防水的基本性能。进行绿化时，为使防水层上部经常保持湿润状态，需要有更高的可靠性。

阻根性：针对植物的根和地下茎，所产生的对抗性能。因为植物的根部若进入防水层甚至穿透防水层的话，有引起漏水的可能，在进行绿化时要特别重视。如果不能保证防水层的阻根性，就必须设置阻根层。

承受荷载性：为了承载土壤、树木等重物，需要对其有一定的承重性。

耐冲击性：针对土壤的搬入、挖掘等时所产生的机械冲击力，要选择抗击力强的材料。

耐化学腐蚀性：需要不受肥料和消毒剂（杀菌剂、杀虫剂等）等的侵蚀。

耐菌性：需要不被土中的细菌所侵蚀。

耐膨润老化性： 进行绿化时，防水层的上部经常处于湿润状态，因此需要防水层不会因为有水而膨润老化。

垫层追从性： 与普通防水相比，进行绿化时，正下方的温度变化会减少，从而垫层的活动变化也变少，但是，针对垫层的伸缩等活动，要求选择垫层追从性较高的材料。

可否外部隔热施工的方法： 建筑主体的外侧铺设隔热层时，要选择适合外部隔热施工方法的防水设计。

修补、修复性： 选择易修补、修复的材料。

（2）与绿化相结合的防水

不设置压密混凝土的保护层，而是运用栽植基础层作为绿化区域，栽植基础层由保护层、阻根层、排水层、土壤层构成。这个施工方法可以减少压密混凝土的重量（与屋顶绿化防水施工方法相比，重量相差 150 ～ 230kgf/m^2 左右），和屋顶的活荷载。

采用这种施工方法，由于没有压密混凝土，需要细心施工，到绿化结束为止，最好由防水施工人员进行整体施工。

（3）防水层的耐久性

今后建筑的使用年限设定有延长的倾向，与之相结合的绿化，也要求延长使用期限。近几年来，在公园、庭园等的绿化空间，要求防水层的使用年限达到 50 年，即使有景天科植物等的绿化也希望能达到 20 年。关于设备，若不能确保能够长期使用，就要选择更换、修复容易的设备。

现存的屋顶绿化中，有的不用改修就可使用 70 年以上，正确地进行建筑、防水、栽植基础、植物等的维护管理，使其成为可能。

如果需要修复防水层，需要将绿化的部分一时撤去、复原等。因此，防水层尽可能采用高耐久性设计。增加使用年限，费用也会增加，一般耐用年限 20 年的建筑改为 60 年时，需要增加 1.5 倍的费用。以 60 年来看的话，耐用年限 20 年的建筑虽然要中途维修 2 次，但是耐用年限 60 年的建筑一般不需要维修。最近开发的高耐久性的沥青防水施工方法使用年限为 50 年左右（但是保证期为 10 年）。

准备进行绿化的建筑设计中，要与绿化目的、内容、营运方针、绿化的未来目标相结合，进行有耐久性的防水层设计。

（4）防水的完成

在建筑设计中要注意防水层完成的高度，要与绿化规划相结合，确保高度。不能低于出入口及其他部位等。

如果防水的高度低于房间的出入口外周，一旦屋顶积水成池时，将会发生水倒流入室的危险。作为对策，防水高度比室内低的位置要设置溢流管，或者在出入口周边位置增设屋顶排水管等。还有，在出入口设置排水沟槽，要确保能迅速排水，在建筑设计中要预先想好万全的措施。

图 2-2-6　防水层的维修时期

● 耐久性低的防水层（维修次数增加）

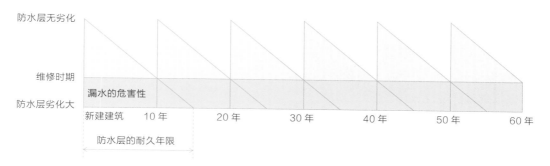

防水层无劣化

维修时期

防水层劣化大

漏水的危害性

新建建筑　10 年　20 年　30 年　40 年　50 年　60 年

防水层的耐久年限

● 一般的沥青防水层（大约 17 年维修一次）

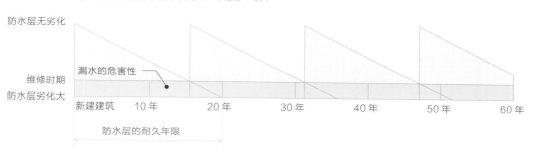

防水层无劣化

维修时期
防水层劣化大

漏水的危害性

新建建筑　10 年　20 年　30 年　40 年　50 年　60 年

防水层的耐久年限

● 高耐久性改良的沥青防水层（耐用年限 60 年）

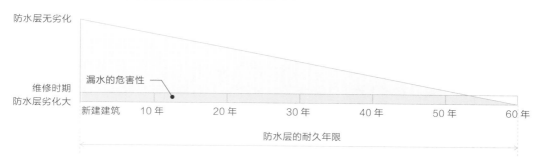

防水层无劣化

维修时期
防水层劣化大

漏水的危害性

新建建筑　10 年　20 年　30 年　40 年　50 年　60 年

防水层的耐久年限

由《屋顶绿化的 Q&A（财）都市绿化机构》（特殊绿化共同研究会编　鹿岛出版会）转载

（5）阻根层（第四章 3-3-1）

在设计建筑绿化时，为防止植物的根和地下茎破坏防水层，事先铺设保护层很重要。基本方法是直接在防水层上面铺设阻根层。

（6）保护层（第四章 3-3 2）

为了进行屋顶绿化，在进行施工和维护管理时，保护层是不可缺少的，以防止防水层和阻根层受到破损。作为前提条件，在建筑设计的初始阶段就要有保护层的设计。压密混凝土可以作为强力保护层。

在非上人用的屋顶，虽然露出防水，但以绿化为前提条件时，要有保护层的设计。

（7）考虑绿化时，从防水到保护层的构造

根据隔热材料的位置，防水层的施工方法有所不同。进行绿化的建筑，在屋顶防水层上面全面敷设阻根层。在非绿化部位等即使栽种一些植物，也不会发生问题。

还有，在屋顶全面铺设土壤，全面进行绿化，会提高各种效果。在德国等国家，一般用的施工方法是在土壤上面直接设置机器设备等。

① 内侧隔热施工方法

在板子的下面设置隔热材料，进行内侧隔热施工方法时，为了在板子上面直接铺防水层，要在防水层上敷设阻根层，或者有阻根功能的绿化防水施工方法施工之后，铺设压密混凝土。当用露出施工方法时，要另外设置保护层。

② 外侧隔热施工方法

关于近几年来一般采用的外侧隔热施工方法，在防水层上铺设苯乙烯类的隔热材料时（图 2-2-8 外侧隔热 –1），原则上，要在防水层上铺设阻根层，再在其上方铺设隔热材料。在隔热材料上面，为防止隔热材料受损伤，应先敷设一层保护材料后再进行绿化。但是，铺设保护材料后，如果渗水的话，会因为潮湿，不透气，在合成树脂等保护材料的内部结露水，降低隔热效果。

如果在建筑主体上铺设隔热材料，并且铺设防水层（图 2-2-8 外侧隔热 –2），很有可能渗水、不透气，并有可能使用保护材料。但是，只要有水，就会降低隔热效果。

无论哪种情况，压密混凝土作为保护层是比较适合的，但是为了追求轻量化，正在研究另外的保护材料。

7）抗风措施

关于预料中的风荷载，那些用绿化不能处理的部分，将由建筑方面来应对。譬如，事先研究防风屏等方案，在建筑规划、设计中进行对应处理。

如果设置高大树木和构造物，在凉亭或墙面等建筑主体结构，预先设置固定材料等，要与建筑方进行说明。

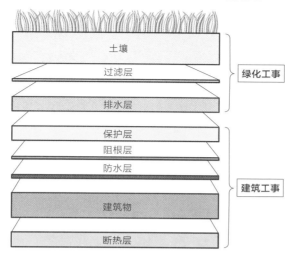

图2-2-7 考虑绿化时从防水到保护层的构造

内断热构造

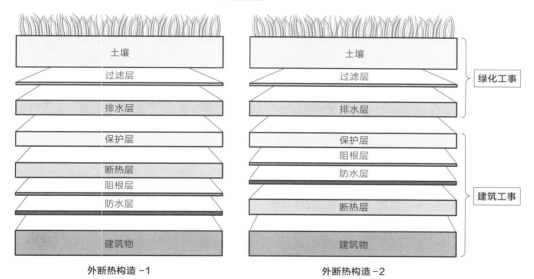

外断热构造－1

外断热构造－2

（1）风荷载的计算

关于风荷载，遵照建筑基准法的基准计算（按照第三章"风荷载的计算方法"进行说明）。

（2）关于抗风措施的考虑

屋顶绿化由于受承重荷载的限制，有轻量化的倾向，如果加固不牢固，有台风等时，绿化基础构造有可能被吹飞。因此，设置板状基础构造时，要选择可以固定的地板构造。

还有，护栏等主体支撑材料的安装，压密混凝土施工之后固定栓的安装等，要由绿化方面和建筑方面相互协商处理。

（3）超高层建筑的关于风对策的考虑

如果在超高层建筑上进行屋顶绿化，要求有防风策略。有几个超高层建筑的实例，采取了玻璃屏的防风措施，其内侧的绿化空间受到的风压小，环境舒适，可以与一般屋顶一样绿化。

8）其他

通道措施，绿化用设备的确保，安全措施，与建筑管理的调整和管理领域的确保，规范条例等的应对方法，都要经过协商编入建筑规划。

（1）通道措施

为了有效利用绿化空间，更好地进行绿化管理，对所使用通道措施的道路宽度、倾斜度、自动扶梯等设备的情况，需在建筑规划时予以明确。

①虽然通道的设计与屋顶利用相结合，但是当很多人利用屋顶时，最好设置扶梯、电梯等。

②即使是一般人不可利用的情况，作为管理工作用的通道也很重要，应对坡屋顶、墙面等进行维护管理，有必要针对安全性进行规划。

③如果把屋顶作为公共空地，不仅从建筑内部，还从外部楼梯等处设置通道，很有必要。如果设置楼梯和坡面，最好为不同的年龄层、轮椅和货物搬运的利用等考虑，遵照心脏建筑法等的法令，对规定内的缓坡、宽度、转弯空间的确保等进行考虑，推进规划。

④关于不考虑一般人利用的情况、限时利用等，出入口的上锁问题也要考虑。

⑤管理专用的通道等有必要防止一般人进入。

（2）绿化用设备的确保

在建筑绿化时，要确保与绿化目的、内容相配的设备。进行绿化时，不管使用何种绿化系统，都要考虑到长期无降雨的情况，灌溉设备是不可缺少的，确保供水设备是维持绿化的必要条件。建筑技术人员和绿化技术人员要协商，选择合适的设备，制定出合理的建筑规划。

①关于供水

自来水不仅用来浇灌植物，还用于清扫、冲洗等，供水管的直径虽然根据绿化面积、灌溉水量来决定，但是一般需要直径 13～25mm。关于水阀门，除了灌溉用的以外，还需另外设置洒水、清扫用的。

从节能的观点来看,考虑雨水再利用,设置地下的雨水存积罐,屋顶上的小屋也设置雨水存积罐等,是很有意义的。但是,若导入雨水存积型栽植基础单位,或者采用土壤比较厚的栽植基础的话,就能够充分存积雨水,并有效利用。在设置时充分考虑它的必要性是很重要的。

② 关于排水

如果设置洗手间等设备,需要有污水处理设备、配管,要根据耗水量的大小做污水配管的规划。

③ 关于电路

考虑夜间的使用,或者在屋顶工作等情况需要设有电源。若没有设置规模较大的洒水设备的话,一般来说100V就足够了。户外必需使用防水型插座,其高度要高于防水层的立起高度。

根据屋顶的营运方针,如果有霓虹灯装饰、实况录音、多种多样的夜间生活等时,要根据利用目的、利用内容,确保电源是不可缺少的。

（3）安全措施

关于建筑,安全措施是最优先的课题,它的外部空间也一样。不仅是可利用空间,不可利用空间进行维护管理工作时的安全措施也要做好。需要根据绿化目的和内容,由建筑技术人员和绿化技术人员互相协商制订安全措施,在建筑设计中提出适当的处理方法。

① 为了让人们能安全利用屋顶,有义务设置阻止人通过的防护栏。根据建筑基准法,它的高度一般是1.1m以上。如果打算从防护栏到完成的墙壁之间进行绿化,从安全上,其高度要高于标准法指定的土壤表面高度。

② 非特定多数人利用的场合,首先要考虑安全性,防护栏不能是只有1.1m,要设计那种不容易被跨过的高度,还要设计形状。如果夜间利用,要预先设置,到达避难楼梯等的通道有紧急照明设备。

③ 即使在不可利用的屋顶、坡屋顶,也需要考虑进行管理工作等的安全措施。预先设置可以系安全带等的设施。

④ 对屋顶变电室、设备机器、高架水箱等,要设置护栏、门锁等,不让一般人员接近。

（4）确保管理区域

根据需要,设计绿化管理监督员的工作场所,工作人员的更衣室、守候室等。还有,需要在建筑设计中,确保通往屋顶上面的设备机器和高架水箱等的通道和工作空间,外壁清扫用吊箱的移动路径,管理用机器的收纳位置等。

9）规范和条例等的对应方法设定

研究相关的规范和条例等，并在建筑规划和绿化规划之中有相关的法规对策。在绿化空间，要根据法规，规划不可燃对策、避难对策。

根据综合设计制度等的绿地内容增加容积率，根据工厂布局法将屋顶绿化算作绿地面积，对环保建筑整备等的融资、补助金等，对建筑和绿化进行综合讨论。依据法律规范，掌握其优惠政策，研讨适当的处理办法。

（1）屋顶绿化和不可燃材料的问题

根据建筑基准法对防火地区的要求，在市区的建筑的屋顶上，必须使用不可燃的材料。但是，并没有正式指出用于屋顶绿化的土壤也必须是不可燃材料。

因为 RC 造、ALC 造等建筑的主体是不可燃材料，在屋顶绿化可以设置木质廊道等。但是各个自治团体和消防局的对应方法不同，要确认后再推进规划。也有人认为即使是木造的，用不可燃材料铺屋顶之后，绿化也是有可能的。有的消防局认为，用不可燃的土壤来绿化的话，屋顶即使铺设可燃材料也是可能的。因此，要确认后再推进规划。

（2）屋顶广场

百货商店和商场等，非特定多数人可利用的建筑，在 5 层以上开设卖场时，可以对屋顶广场进行设计。

按规定，屋顶广场要有确保避难和消防等的足够空间，要设想在紧急时刻可容纳的人数，进行构造、荷载计算。如果屋顶有直升机着陆用的空间和悬空飞行空间的话，要对直升机的飞行方向及旋转路径上的突起物进行高度限制等，要与管辖消防部门进行周密的协商。

进行屋顶绿化，不仅要考虑荷载，还要考虑紧急避难时的收容空间，确保避难通道等事项。

（3）集合住宅的避难通道

集合住宅要确保有两个方向的避难路径，一般把阳台作为其中一条避难路径。作为避难路径，要确保通路宽度、隔断墙、避难口的设计，即使满足避难条件，绿化时也要讨论符合避难条件的构造和尺寸。

（4）非常紧急出入口

建筑的高度在 3 层以上 31 m 以下的部分，按规定，要为消防活动等设置紧急出入口。

10）采用"易管理植物"进行节能管理型屋顶绿化

由于屋顶绿化的义务化，庭院的利用之外，其他绿化需求有所增加。调整温热环境，抑制雨水溢出，满足生物的多样性作为义务化的主要目的等不仅得到满足，还提出了节能型的省管理型绿化。

在日本，由于温暖湿润，气温变化剧烈，像欧洲以景天科植物绿化为主体的常绿绿化较少。但有的地方采用厚15cm的土壤，20多年不用浇灌和修剪，并能保持常绿。在这20多年里，有的夏季最长连续36天没有降雨，但植物生长良好。但由于不能近距离观察，不能详细说明植物的种类，种植的植物有芒草、茅草、弗吉尼亚须芒草、矶菊、龙须海棠等。

照片 2-2-5 完全无需灌溉、修剪的绿化

2001.7.12
在21天无降雨的情况下又有12天无降雨

2005.6.28
无灌溉的情况持续5年之后

2011.9.5
又连续6年无灌溉的情况

园艺界的"易管理植物"，是指那些基本不用管理的植物，包括仙人掌和芦荟，景天科植物等。

实际上，用15cm厚的土壤，可以让多种植物能够在超过30天连续无降雨的情况下生存，如果种植这些植物，可以进行完全无需灌溉的绿化。在日本，长期无降雨的情况较少，一般情况下，降雨量比较适合，加拿大一枝黄花草、苏门白酒草等植物也能够长得枝繁叶茂，高度超过2m。若每年修剪3次的话，可以控制其高度，并且这些植物也会逐渐消失。由于控制了草的高度，冬季也可防止引发火灾。

由于种植了多种低管理型植物，可抑制特定害虫的发生，抵抗植物的天敌等，构成食物链金字塔。植物种类在卷头的绿化植物图和第三章中有介绍。

由于绿化的屋顶表面有植物覆盖，可以改善热的环境，厚的土壤可以抑制雨水的流出。食物链金字塔的构成也为生物的多样性作了贡献。并且，通过屋顶绿化达到节能效果，还可以保护建筑，使用了低管理型的植物的省管理绿化，需要土壤厚度15cm左右，进行无压密混凝土的露出防水，要确保抬高防水所需要的荷载耐力。

绿化部分和非绿化部分的边缘和阶差的地方将影响防水层的耐久性，土壤厚15cm的绿化方法要与整体绿化相结合，使非绿化部分消失，从而可以保护防水层和建筑。

图 2-2-8　草本植物根据有无修剪产生的高度变化

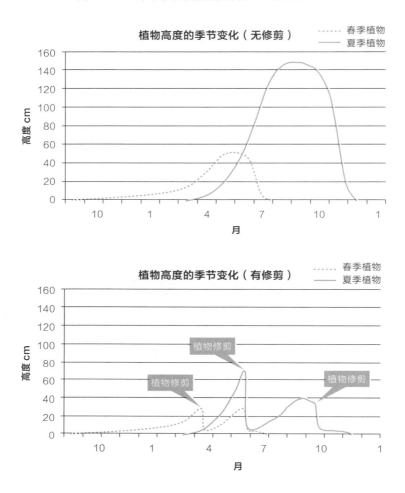

新建的建筑，一般采用压密混凝土的施工方法，如果变更为无压密混凝土的露出防水时，在原有的永久荷载内，可以确保绿化用的厚 15cm 左右的土壤荷载。

11）为了绿化，对建筑结构的建议

如果在建筑规划的初期，就考虑屋顶绿化，为了后期的栽植，希望在建筑主体直接设置栽植用基础构造，使用倒 T 形梁结构，制作栽种用的双层地板等。

① 栽植用的树基

用下挖形式栽植高大树木的方法。树基中虽然设置了排水管，但也最好设置可以检测排水是否通畅的导水管，用来对应排水管盖堵塞等情况。

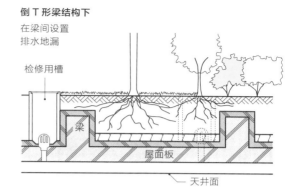

图 2-2-9　坑位栽植

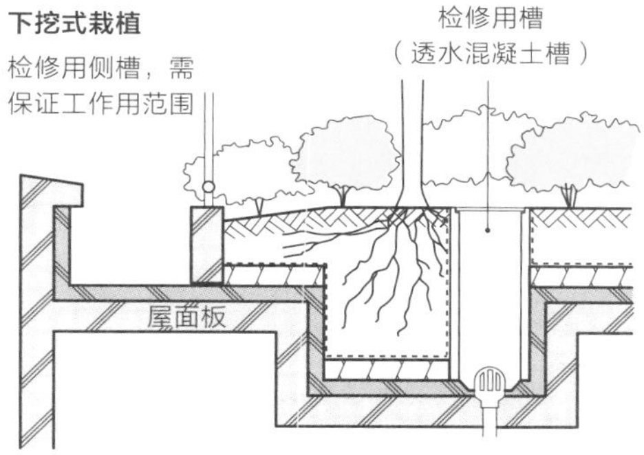

下挖式栽植
检修用侧槽，需
保证工作用范围

检修用槽
（透水混凝土槽）

屋面板

图 2-2-10　倒 T 形梁结构下的栽植

倒 T 形梁结构下
在梁间设置
排水地漏

检修用槽

梁

屋面板

天井面

② 倒 T 形梁结构

　　由于是倒 T 形梁结构，不用增加建筑的整体高度就可以确保栽植基础的空间。

　　这种情况下，在房梁划分开的区域必须设置 2 个以上的屋顶地漏，并设置检测排水通畅性的导水管。如果用连通管来处理的话，每个用房梁划开的区域，在 2 个地方以上设置，在水的下方设置检测排水是否通畅的导水管。

③ 屋顶外周绿化

　　在屋顶外周栽植的时候，由于在建筑主体做栽植导水管，既可以确保连续性，又可达到设计匠心的统一。

　　作为排水处理，最好在栽植导水管的里面设置排水管，并设置检测排水是否通畅的导水管。屋顶内侧用排水管排水时，栽植导水管内每隔 2m 以内设置排水口，使其向内侧排水。

④ 抗风措施

　　设置防风屏等防风设施时，建筑主体构造要能够承受。

⑤ 构造物的设置

　　设置亭阁等大型构造物时，最好将地基设在建筑主体里面，并充分考虑防水措施。

⑥ 集合住宅

　　如今，集合住宅都有自动门锁等，以防外人入内的情况比较多见，屋顶部分的利用只限居住人员。为加强集体住宅内相互的交流，可以有效利用屋顶，屋顶观看烟花、屋顶眺望、屋顶花园、屋顶菜园、宠物游乐场等，有很多使用的例子。

　　居住在最高楼层的住户，通过楼梯，也有可能直接从凉台或屋内上屋顶，可以作为各家各户的专用屋顶来销售。

3. 坡屋顶绿化的建筑结构

关于有坡屋顶绿化设计的建筑，本项所列举的事项要在设计中进行考虑。采用明确绿化目的的绿化方法，在建筑规划时确保绿化形式所需荷载。

1）特别注意事项

在规划坡屋顶绿化的建筑时，有以下五点注意事项。

（1）确保绿化空间、行动路线

关于坡屋顶绿化，建筑技术人员和绿化技术人员要互相协商，在建筑规划中确保符合绿化目的和内容的绿化空间和行动路线，并考虑其形状、斜面、面积等。

另外，正是由于在建筑空间里确保了管理人员和资材所需要的行动路线和空间，可以安全、良好地进行管理工作。

（2）绿化荷载的设定

关于坡屋顶绿化，在建筑结构规划中，要确保作为永久荷载的，与绿化目的相结合的绿化形式所需荷载。

体育馆和剧场、工厂等大型建筑，建好之后再想添加柱子等是很困难的，因此在规划屋顶绿化形式时要在初期阶段考虑荷载，这很必要。

（3）建筑和绿化整体印象的调整

在坡屋顶绿化的规划里，从建筑的正面，超高层建筑的视角等来看，建筑和绿化的整体印象要相互调整，重要的是使建筑的整体在完成的设计上达到统一。

不仅考虑建筑本身，还要考虑与周边环境的协调，与周边建筑的景观协调，根据绿化空间的绿化目的、绿化形式而设计绿化和建筑，对其整体印象进行调整。

（4）绿化目的、内容的调整

坡屋顶绿化的主要目的是改善都市气候、节能的效果，另外还有大气净化，自然生态系统的恢复，景观的形成，建筑的保护，观赏等效果。作为绿化形式，仅限于草坪型、草原型、景天植物型、苔型、覆盖型。在大规模的坡屋顶绿化中，一般草坪等都是禁止入内的，主要以观赏的目的为主，对绿化的质量没有极高的要求。

（5）确定绿化的未来目标

在坡屋顶绿化中，日常一般禁止人们入内，只有管理人员进入的情况较多。但是作为景观要素，从外部经常可以看到的部分，要求植物在建筑上能够良好地生长。最好不要极端地肥大生长，按设定的形状、大小长期生存。

2）建筑和绿化的区分

明确建筑和绿化的涉及范围，明确由建筑方需要规划、设计的必要事项。

表 2-3-1　建筑的绿化区分

	项目	建筑		绿化	
整体	确保绿化空间		○		
	确保管理用的通道		○		
	确保承载荷载	作为固定荷载	○		
	建筑主体	屋顶的地基	○		
	屋顶铺设材料		○		
	排水	导水管、排水管等	○		
	安全带安装设施等		○	应急处置	△
	供水	一侧，止水阀门	○	双侧	○
	电	一侧，防水插座	○	双侧	○
积层型	错位，滑落对策		○	应急处置	△
	下层基础构造	隔热·防水·防根·保护层	○	防根保护层	△
	上层基础构造			排水·过滤网·土壤层	○
其他	网架等安装材料		○	应急处置	△
	建筑上安装的防风对策	先进行施工用的锚固	○	后施工用的锚固等	○
	绿化用网架等的设置				○

关于绿化的下层基础构造，是在已有建筑物或建筑设计中未考虑到绿化的情况下进行。

3）确保坡屋顶绿化屋顶的承重

绿化坡屋顶时，建筑主体结构和屋顶基层结构符合绿化目的和绿化形式，可以确保绿化用的荷载。还有，根据屋顶铺设材料的不同，在其荷载作用下也会产生变形，因此，考虑减小房椽、房梁等的间隔等进行防范处理。

4）绿化时的屋顶坡度

绿化坡屋顶时，由于施工、维护管理都在屋顶进行，为了安全，屋顶的斜面角度较缓的比较好。可是，考虑到建筑的整体印象、与周边相协调等因素，在需要大的斜坡屋面时，一定要采取下列措施：

① 防止绿化基础构造的错位、滑落的措施；

② 防止由于雨水，导致表面及全层侵蚀的措施；

③ 防止由于踩踏，使表面土壤崩溃的措施；

④ 工作时和管理时的安全措施。

屋顶坡度超过 1:5 的话，防土流失的措施不可缺少，超过 1:3 的话，防止表面土壤侵蚀、崩溃的措施不可缺少。再加上屋顶坡度超过 1:2 的话，为了工作人员的安全，用绳吊等防止滚落的策略也不可缺少。在建筑规划中，决定屋顶坡度时，最好要考虑上述对策所需设备、装置。

5）考虑坡屋顶绿化的屋面材料

在没有规划绿化的建筑，屋顶的铺木材既是建筑整体印象上的景观决定因素，又是决定屋顶斜面坡度的决定因素。

① 通过绿化虽然也有无法直接看到屋顶铺木材的情况，但是在设计上要注意，包含土壤的绿化并不是不可燃材料。

② 在混凝土结构采用防水材料的例子中，屋顶的基层（沥青防水压密混凝土、沥青防水抬高、防水铺布、防水涂膜等），可以很轻松地承载其荷载，并可以采用多种绿化形式。

③ 在以铁骨等为屋顶地基的建筑主体上，如果屋顶的铺设材料采用折叠板时，要考虑主体的强度、折叠板自身的强度。可能会遇到的困难是，当荷载超大时，折叠板各处的挠度会变大。

④ 木造等屋顶的基层材料若使用屋面板时，包括单板、复合材料板、有色铁板、不锈钢板等，在通常的配置上，比折叠板的情况所能承载的荷载更少。

⑤ 瓦屋顶、石板屋顶的绿化非常困难，一般情况下不能进行绿化。

6）防止基础构造偏移、滑落的措施

当屋顶坡度超过 1:5 的时候，要采用防止基础构造偏移、滑落的措施。虽然可以设置使土固定的材料，但也最好在建筑主体、整体结构上建立对策。

使土固定的材料一般有三种方法可以选择，从上方拉展开、下方按压、中间固定。

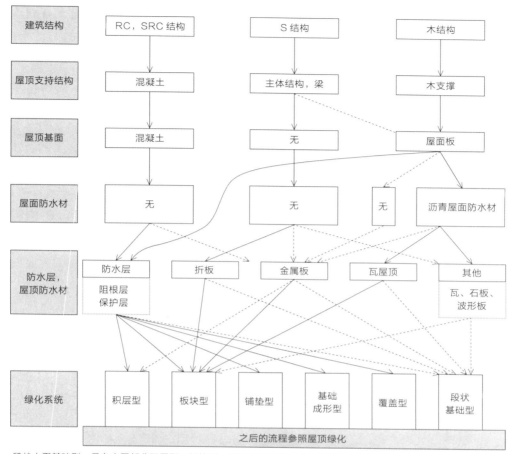

图 2-3-1　可供选择的坡屋顶绿化系统

段状水平基础型，是在水平部分积层型、板块型、铺垫型的绿化形式中选择其一进行绿化。

① 从上方拉展开的方法

根据屋顶斜面方向的长度，分成几段将土的固定材料连接在一起，从上梁等拉展开的施工方法。在建筑方面要预先准备从上梁等部位拉展开土的固定材料。如果两侧屋顶斜面是均等的，可以考虑在上梁部位设置马鞍状材料。

图 2-3-2　上方受拉的情况

①上方受拉时

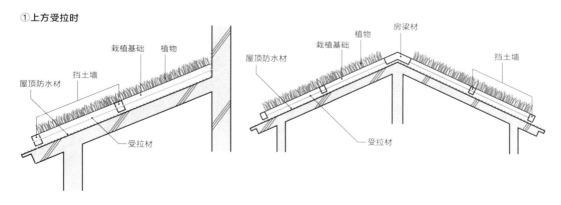

② 下方受压的方法

设置框体材料和有刚性的块、面板等，防止屋顶的最下端或延长部分的地基错位、滑落的施工方法，在建筑规划阶段要对这个部分的结构进行考虑。

图 2-3-3　下方受压的情况

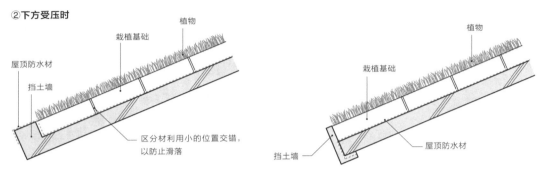

③ 中间固定的方法

混凝土结构等的建筑，有防水的压密混凝土，压密混凝土完工时能使土固定住就没有问题。绿化方面也比较容易对应，用砂浆固定轻量的块、砖等的施工方法，

图 2-3-4　中间固定时

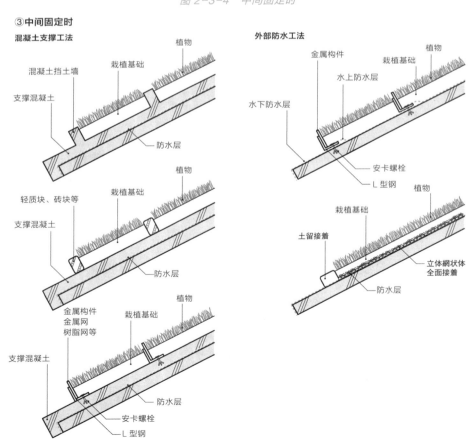

用后施工锚固来设置 L 型钢等，也可以用穿孔金属板、金属网、树脂网等施工方法。

在没有压密混凝土，防水抬高的情况下，防水层的接缝部分使用 L 型钢等后施工锚固来设置，并有用网状材料施工的方法。这种情况下，防水的施工方法及与之密切相关的问题，要在建筑设计阶段进行考虑。在其他结构中，由于对屋顶地基的构造不能施太大的压力，在栽植基础的下方全面铺设立体网状等结构，可以防止错位、滑落。关于折叠板，利用固定用金属零件，设置 L 形网状材料等方法。

7）防止侵蚀、坍塌的措施

关于坡屋顶绿化，由于雨水侵蚀屋顶表面和全层，再加上踩踏会破坏表面的土壤，因此要有防止对策。基本上由绿化方面来对应。

但是，使用了网状物等作为防止对策来固定末端等时，建筑构造、整体结构需要作相应处理，所以，最好在建筑设计方面也进行考虑。

8）排水（水处理）

关于坡屋顶绿化，屋顶的下部会造成雨水聚集。不仅水量增加，由于是坡屋顶，水的重量也会增加。如果排水处理不妥当的话，就会有大规模的基础构造流出，恐怕会发生侵蚀（腐蚀）现象，要加以注意。

关于导水管，屋顶地漏的形状、尺寸，要根据植物叶子大小等，考虑采用那种不易引起堵塞的尺寸，并增加排水管的数量。尽管如此，考虑导水管等会有因枯叶和土壤而堵塞的情况，最好对水处理进行考虑。

如果坡屋顶没有房檐，与墙面相连接，为使墙面不被雨水弄污，采用从屋顶下端直接垂直水流的绿化手法，并对地面进行防止漏水、变色等处理。

9）抗风措施

关于坡屋顶绿化，多采用轻量的绿化手法，但是由于风吹，基础构造有被全部吹散的危险。因此，为了避免这样，屋顶各个基础构造要用屋顶铺木材固定，其强度要能承受风的负压。

否则，绿化区域要用网全面覆盖，以防被吹散。因为能够承受风力作为屋顶结构不可缺少的条件，要预先设置防风措施用的锚固等，充分地对防风策略进行考虑。

图 2-3-5 超长坡屋顶的排水处理方法

不合理的排水处理

断面图

雨

土壤层
水流
易堵塞
过滤层
排水层
最下部土壤喷出
支撑混凝土
少量
易超流
建筑主体
防水层
排水沟 + 格栅板

合理的排水处理

雨

挡土、挡水墙
土壤层
立体网状材
水流
过滤层
排水层
过滤层
排水层
支撑混凝土
建筑主体
防水层
排水沟 + 格栅板

平面图

过滤层
挡土墙
水流
斜面方向
排水沟
屋顶地漏

过滤层
挡土墙
水流
排水沟
挡土、挡水墙
屋顶地漏

照片 2-3-1 排水处理方法举例

土壤流失造成立体网状材露出

在端部填充沙石防止土壤流失

10）坡屋顶的通道、安全等

关于坡屋顶，除了大型建筑规划采用缓坡外，一般考虑人是不可利用的。即便是人不可利用的坡屋顶绿化，由于要进行管理工作，进入屋顶的通道和工作人员的安全措施是不可缺少的。在规划中要考虑到管理用的设备的搬运。还有，避免一般人进入坡屋顶的防范措施也是有必要的。

11）确保绿化用设备、管理用区域

关于坡屋顶绿化，用于灌溉设备的加压和减压设备比较多，供水、供电等，要与绿化设计相结合进行考虑。设置灌溉设备时，控制器、加压装置、减压装置等要安装在容易检测、操作的地方。如果检测、操作起来很困难，植物的维护管理就会变得困难，因此要在设计中进行考虑。

12）规范条例等的参照执行

研究各规范条例，并将其运用于建筑规划、绿化规划中。

4. 墙面绿化的建筑结构

　　根据建筑的类别、用途、绿化目的、内容，墙面绿化设计的内容有所不同。

　　作为绿化空间，设定墙壁绿化时，为了符合绿化条件，要对建筑结构、设备、管理方法及其他等进行全面讨论。进行墙面绿化时，在建筑空间要确保绿化空间和移动路线，在考虑绿化目的和内容的基础上对建筑和绿化的基本样式进行调整。

1）墙面绿化空间、行动路线的确保

　　在建筑设计中，要确保符合绿化目的、内容的绿化空间，墙面绿化的下方是否有墙面、墙面的材质、形状、斜面坡度、全部面积和绿化面积等，要进行讨论。

　　通常，普通人无法进入墙面绿化区域，只有进行管理工作时，工作人员从前面或是里面进入。在建筑空间中要确保管理人员和材料的搬运路线等所需空间。

　　特别是在容器栽植型的基础构造中，要让工作人员容易搬运，进行施肥和移植等，所需的空间不可缺少。对于阳台和空中廊道这样的空间，需要在建筑开始时就加以确保。墙面基础型的绿化由于移植植物等的频度高，需要确保墙面的前面或里面有材料搬运的空间。

照片 2-4-1　靠近墙面的处理方法

空中廊道的种植例　　　　　　　　　阳台端部的种植例

2）建筑和绿化的区分

　　由于要明确建筑和绿化的涉及范围，在建筑方面应该明确规划、设计中的必须事项。

表 2-4-1 建筑和绿化的区分

	项目	建筑		绿化	
整体	确保绿化空间		○		
	确保管理用的通道		○	之后可施工范围	△
	墙壁主体	隔热、防潮	○		
	供水	一侧	○	双侧、灌溉装置	○
	供电	一侧，防水插座	○	双侧	○
	自然地基	确保空间、土壤	○	改良土壤、换土	○
	人工地基	确保空间、隔断	○	后施工用的隔断、栽植基础构造	○
	盆栽	确保空间	○	包括二次土壤等的使用，盆栽的设置	△
直接	墙壁表面	亲水加工、缝隙	○		
	防止植物剥落的材料	与主体结构组合	△	后施工	○
间接	确保墙面强度		○		△
	安装辅助材料用的锚固	先施工用的锚固等	○	后施工用锚固等	○
	攀缘辅助材料	与主体结构组合	○	后施工	○
垂直	上层基础地基	确保基础构造的空间	○	栽植基础构造	○
	防止磨损的材料	与主体结构组合	△	后施工	○
墙面基础构造	确保墙壁硬度		○		
	墙面锚固的安装	先施工用的锚固等	○	后施工用锚固等	○
	墙壁绿化基础构造的固定框架		○	应急处理	△
	栽植基础构造		○	应急处理	○
	排水	墙壁下面的排水管	○	排水接盘	○
	墙壁通道等		○	应急处理	△

即使垂直墙面绿化可作为绿化面积，也要用辅助材料面积计算。

3）绿化承重荷载、锚固强度的确保

在墙面绿化中，要与绿化目的、绿化形式、将来目的相结合，在建筑结构规划推进时，要确保绿化用的荷载。同时，也要考虑由风的负压产生的水平方向的拉伸荷载。对这两个方向的荷载，要考虑建筑主体的耐受力和锚固支撑的强度。

关于墙壁本身的建筑主体，和最后的整体结构，要根据绿化形式，对其表面完工时的配置等进行考虑。阳台、空中廊道等，不仅要注意绿化的荷载还要注意结构本身作为景观是否和谐。

（1）由于墙面绿化产生的荷载

关于墙面绿化的重力荷载，分为植物本身和攀登辅助材料，基础构造材料的重量、重力荷载根据绿化的基础构造的位置、绿化形式的不同而不同。

① 直接攀缘

只需考虑植物的荷载即可，大概 10kgf/m^2。

4. 墙面绿化的建筑结构

67

② 间接攀缘

要考虑植物的重量和攀缘用辅助材料的重量。如果有线、格子材料、格子材料＋棕榈垫等的话，材料重量一般不超过 $5kgf/m^2$。因此，即便加上植物的重量大概也只有 $15kgf/m^2$ 左右。

③ 下垂

下垂型的栽植，由于植物并不是贴在墙壁上，因此不用加算墙壁本身的重量，只需计算最上面部分的重量。放置不管，会形成多层植物生长，重量有超过 $10kgf/m^2$ 的情况。

④ 墙壁前面的栽植

因为基本上都是独立栽培的植物，重力荷载为 $0kgf/m^2$。但是使用诱导、捆扎材料的话，就要考虑材料的重量，但是超过 $5kgf/m^2$ 的情况很少。

⑤ 墙面栽植和墙面基础构造

要考虑植物自身重量，墙壁上的基础构造的重量。关于墙壁上的基础构造，重量 $100kgf/m^2$ 的例子较多。

⑥ 自然地基

对墙面荷载为 $0kgf/m^2$。

⑦ 人工地基

虽然人工地基的基础构造有荷载，但是对墙面荷载为 $0kgf/m^2$。

⑧ 栽植容器基础构造

含有土壤的栽植容器也有荷载，但位置不同，产生荷载的部位也不同。安装在墙壁上时，会对墙面产生荷载。放置在阳台、空中廊道等上时，要对这部分产生的荷载进行讨论。

（2）对墙面绿化的风荷载

关于墙面绿化，对墙面的风荷载要比重力荷载大。由于重力和风荷载方向不同，风荷载是离开墙面的水平方向。风荷载的基本数值按照第三章"1. 风压的计算方法"来计算风荷载。对墙面绿化产生的风荷载，是绿化面积 × 风荷载 ×（1– 风的透过系数），不过风的透过系数作为 0 计算的情况较多。

关于风荷载，根据不同位置所受到的风力不同，攀缘的辅助材料、墙面基础构造的各部件所产生的力不同。特别是关于锚固的强度，需要充分考虑，墙面本身的强度。关于阳台、空中廊道的结构材料的强度，也需要考虑风荷载。

4）其他注意事项

（1）墙面的防水和防潮

关于墙面绿化，墙壁和周围有植物和基础构造，要考虑湿度会升高。因此，要充分地研究墙面的防水、防潮对策。

墙面上设置基础构造和攀缘辅助材料时，要考虑固定材料等的施工位置会受到湿气和雨水的侵蚀。因此，在墙壁主体上钉入锚固后，要注意进行密封防腐工作等。

（2）墙面绿化的排水处理（下水道和供水排水）

关于墙面基础型绿化的施工方法，由于不属于自然状态的灌溉，需要有排水设施。虽然雨天时，室外的地板会湿，没有问题，但在晴天时，如果地板变湿，就说明有问题。还有，在墙面基础构造绿化的下方有人通行时，要充分考虑不要让水滴落。在室内，地板变湿也是禁忌。因此，关于墙面基础型绿化，排水设备是不可缺少的，包含对雨水循环利用的研究。因为排出的水里含肥料成分，要先接到污水管道系统。

照片 2-4-2　墙面绿化下方排水不良　　　　　　　　*照片 2-4-3　墙面绿化下方的排水设备*

由于排水孔较小，水不易流入　　　　室内绿化的下部排水沟

（3）墙面绿化的设备

关于墙面基础型绿化的施工方法，灌溉是不可缺少的，但是灌溉装置需要加压的情况较多，并且需要设置供水设备和电源。关于其他的墙面绿化，使用栽植容器等的情况下，供水设备和电源也需要适当的设计。如果设置灌溉装置、控制器、加压装置等，检测、操作要设置在容易操作的地方。

（4）墙面绿化的管理用的通道、安全措施

关于墙面绿化，是否有管理空中廊道等用的接近通道，管理经费的多少有很大的差异。还有设置阳台等，确保管理用的空间，使管理更加容易。另一方面，建筑外侧设置这样的管理通道的话，可以使建筑室内的利用面积减少。

如果建筑方面无法确保接近通道的话，就要确保高空作业车可以通行的空间，从屋顶吊吊箱等装置来接近墙面，安全措施很有必要。考虑墙面绿化的维护方法时，这些因素都要考虑到。

另外，对空中廊道等管理用的道路，一般禁止普通人入内，在墙面绿化等设计时，要有禁止攀爬进入的措施，这是很重要的。

4.墙面绿化的建筑结构

（5）各种规范、条例、评价的研究，对策的设定

对各种规范、条例进行研究，在建筑设计和绿化设计中反映出来。墙面绿化的绿地计算方法等，各自治体的基准不同，在推行规划时要进行充分研究。

（6）建筑和绿化的设计调整

关于墙面绿化规划，从建筑正面、超高层建筑的视点等来看，要对建筑设计和绿化设计进行调整，使建筑整体设计统一，这是很重要的。

由于墙面绿化对周边景观有很大的影响，所以不仅考虑建筑本身，还要与周边环境相协调，考虑与周边建筑的景观协调，依据绿化空间的绿化目的、内容，对绿化式样和建筑式样进行调整。

总之，绿化可以作为多功能、多效果的外装材料之一，进行建筑式样设计。还有，从确保城市生物多样性的观点来看，地面上的绿化与屋顶等的绿化相连，要进行整体绿化。

5）用于墙面绿化的建筑结构方案

如果从建筑规划的初期就考虑墙面绿化，栽植用的基础结构的放置位置，建筑和墙面本身的式样、结构和强度等都有不同。墙壁主体、最后完工、窗户、开口部位、阳台栏杆等要与基本的绿化形式（直接攀缘、间接攀缘、下垂、墙壁前方栽植、墙面基础构造）相结合进行研究考虑。还有，能否设置维护管理用的空中廊道等要充分协商。

（1）绿化基础构造

关于墙面绿化，从植物的生长和管理费用来看，最好利用土壤量丰富的自然地基。这种情况，土壤的质量很重要。如果有建筑建造时的填埋软化土和拆卸的碎块等的话，需要用质量良好的土壤更换其中的一部分或者全部。另一方面，如果在建筑屋顶等设置基础构造的话，与屋顶绿化要考虑的项目一样。如果自然地基、建筑屋顶等不能设置基础构造的话，可以采用在墙壁上设置基础构造的方法。

（2）墙面结构、墙面强度

墙面结构、主体的强度与以下基本绿化形式相结合进行考虑。

① 直接攀缘

在墙面直接攀缘的施工方法中，墙面本身的表面形态很重要。墙面表面不要过于平滑，最好呈凹凸状，要考虑藤本植物如何攀缘牢固等。

② 间接攀缘

间接攀缘型的墙面绿化，要设置攀缘用的辅助材料，因此要确保墙面主体的强度，可以钉入锚固。考虑到墙面管理，墙壁主体和辅助体之间最好设置通道。

③ 下垂型

关于下垂型的墙面绿化，要防止因下垂植物的摇晃而造成的擦伤。如果在中间层设置栽植容器使植物下垂生长时，最好确保阳台等的工作空间。

④ 墙壁前面的栽植

如果诱引扩张性植物生长时，需考虑用于固定的固定材料等。

⑤ 墙面基础构造

墙面基础型的绿化，为支撑栽植基础的重量，要确保墙面主体结构有足够强度，用于承载固定材料等。在栽植的前面，或者景观上容易产生问题的地方内侧（主体墙面和基础构造之间）设置通道，这样容易进行维护管理。

4. 墙面绿化的建筑结构

5. 阳台绿化的建筑结构

　　所谓家庭应该由"家"和"庭园"组成，但是实际情况是住在都市集体住宅里的人，只能把阳台当做庭院。虽然把阳台当做庭院的人不多，但是能与自然相接触，让孩子们得到真实体验，庭院是很重要的空间。

　　最近有很多公寓为了销售，宣传可以园艺（庭院制造），但是真正能让各家各户的阳台具有园艺构造的高级公寓还未出现，仍需等待。

1）荷载

　　在阳台，基本与可利用的屋顶一样设定荷载。只要确保足够的承重荷载，进行各种各样的绿化，最好在建筑阶段尽可能增加承载荷载。

2）尺寸、扶手的构造

　　虽然阳台的宽度越宽越容易使用，但是，过宽的话，进入的阳光少，不利于植物生长。若是宽幅1.8m的话，既有屋外房间的机能，又有适合绿化的环境。阳台护栏的构造最好是格子的，但是为了防风、防视线、防止物品掉下等很难被采用时，最好选择透光的PC、玻璃面板等。

图2-5-1　理想的阳台结构

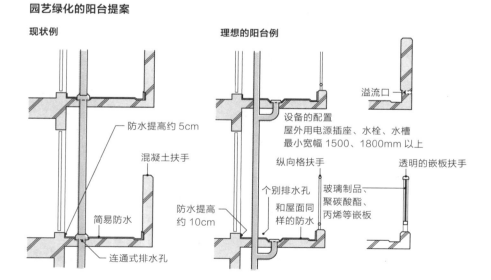

园艺绿化的阳台提案

现状例　　　　　　　　　理想的阳台例

溢流口

防水提高约5cm

混凝土扶手

简易防水

连通式排水孔

防水提高约10cm

设备的配置
屋外用电源插座、水栓、水槽
最小宽幅1500、1800mm以上

纵向格扶手

个别排水孔
和屋面同样的防水

透明的嵌板扶手

玻璃制品、聚碳酸酯、丙烯等嵌板

3）排水的处理及防水层

若是可以绿化的阳台，防水最好是与屋顶同样的规格。在出入口部位，防水层的立起高度，最好确保在大约 10cm。如若不行，护栏一侧要比室内一侧防水高度低，万一有水蓄积，可以使水向外侧流出。

排水设施不推荐从上到下的连通式排水管，最好在各层分别设置排水管。还有即使是连通式阳台，最好不要只在连通面的一侧设置两个排水管，而是在各户设置一个排水管。

图 2-5-2　集体住宅阳台的排水管

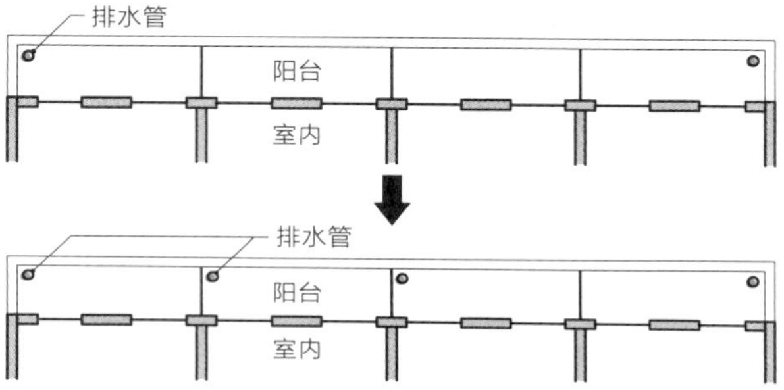

4）给水排水、给电

进行绿化时，水阀是不可缺少的，最好在其下方设置水槽。虽然供水管 13mm 就可以，但是有水阀的话，还要设置污水用的配管。以上这些与室内的水阀、水槽不同，要与室外的设计、颜色相配。

电源为夜间阳台的照明等，提供各种便利。一般用 100V，但要使用屋外用的防水型插座。

5）避难通道

集体住宅公寓万一发生火灾的话，按规定为安全通往地面，要确保 2 个方向的避难通道。作为避难通道的阳台，要求面积 2m² 以上，进深 75cm 以上。还有，各个住户间的隔断墙（容易被踢破的加工）既能隔开各住户的阳台，又能利用避难锤等避难工具使之接连。此时的通道，隔断墙的幅度，要求在 60cm 以上，才可安全通行。

还有，建筑高度在 31m 以下，三层以上的部分，按规定要为消防部门设置必要的紧急出入口。集体住宅公寓等，各住户的阳台代替出入口的情况较多，为使消防员等能够容易进入，在阳台的护栏与向下的墙壁等之间的开口部尺寸，高度要在 1m 以上。

6）阳台绿化的方案

近几年，绿色蔓帘急剧增加，植物苗和网格的产品不足。在阳台上安装绿色蔓帘时，用安装吊杆、扶手安装杆的情况较多。

建筑施工时，在阳台房檐下部和房梁下设置绿色蔓帘用的固定装置，可使施工变得很容易。还有，在阳台内侧的外壁设置格子架等，锚固也很有效。当然，所设位置不能妨碍消防活动，而且其强度要能承受风荷载。

图 2-5-3　绿色蔓帘用的锚固

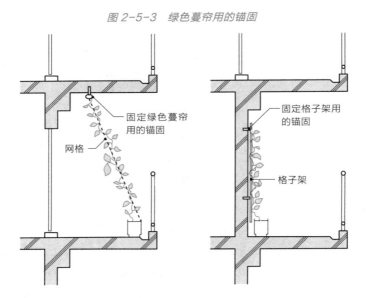

固定绿色蔓帘用的锚固

网格

固定格子架用的锚固

格子架

6. 对原有建筑绿化的改造建议

1）原有建筑为绿化的可行性研究和建筑改造

对原有建筑进行绿化时，要很好地掌握现状，对绿化构想的绿化目的、绿化内容、绿化的可能性要进行讨论。若从现状来看，不能进行绿化的话，要制定建筑改造规划。即使不能全面改造，也尽量对可能的地方进行改造，进行更好的绿化。

可以参考第四章至第六章的各个"进行绿化的建筑和结构物的调查表"，来判断绿化的可能性。

（1）对原有建筑进行绿化的可行性的研究

对原有建筑绿化的调查，讨论项目包括，可绿化的空间，绿化用的承载重量，排水和防水的配置和寿命，防风措施的有无，通往绿化空间的通道和出入口，安全措施的有无，绿化用设备等。

根据绿化规划中的绿化目的、内容、营运方针，讨论并判断绿化的可能性。

（2）对原有建筑进行绿化所需的改造

考虑绿化的可能性，若现状不能进行设想的绿化，就要考虑建筑的改造。

多数情况下，单纯为绿化进行改造的例子很少，而是伴随建筑的改造而规划绿化的情况比较多。但是，为推进绿化设计，需要建筑技术人员和绿化技术人员达成协议。协议的内容要与新建的建筑总体规划、基本设计和绿化的调整事项基本保持一致。如果对绿化需要的所有项目能够进行建筑改造的地方很少，要与限定的改造状况相结合制定绿化规划。

2）原有建筑为屋顶绿化而进行的建筑改造

对原有的建筑进行绿化，需要进行适当的事前调查，并对建筑进行诊断，讨论建筑的结构和荷载、风荷载、防水的老化程度，确认不适合绿化的根本问题，进行建筑改造。

需要进行改造的主要项目包括荷载、防水、排水、防风措施、通道、安全措施、设备。若不能进行改造的话，要用绿化技术在可能的范围内进行绿化。

（1）确保屋顶绿化的荷载

原有的建筑，屋顶绿化用的荷载不能作为永久荷载，只能在承重荷载范围内进行绿化。若想采用更多的屋顶绿化荷载的话，必须通过改造施工增强结构。

① 撤去压密混凝土的情况时的处理

在改造防水时，若撤去压密混凝土采用防水抬高的方式进行改造的话，要对建筑的压密混凝土的厚度和荷载进行调查。一般,压密混凝土的厚度为 6 ~ 8cm 左右，荷载为 140 ~ 190kgf/m^2 左右，但是都必须确认。由于撤去压密混凝土，其永久荷载部分可以转化为绿化承重荷载。但要在防水层上直接铺设栽植基础构造的话，要充分考虑安全措施。

②建筑抗震性能（建筑设计、竣工的年份）的措施

1981 年建筑基准法对抗震设计法进行了修改，制定了新的抗震设计法。按旧抗震设计法设计的建筑和按新抗震设计法设计的建筑，地震后建筑的受灾度有很大的差异，并且实际得到验证。因此，1981 年以前所建的建筑需要进行耐震诊断等之后，再决定绿化的可能性。

为符合新抗震设计法基准，所需的耐力不足时，需要进行耐震加强等改造。

（2）为屋顶绿化，对原有建筑进行防水改造

如果原有防水层不够安全，则需要补修、改修。改修的话，通常情况下，不撤去原有的防水层，而是在其上面敷设新的防水层。新的防水采用能承受绿化的施工方法，要确保绿化耐久性能持续 20 ~ 50 年。

防水层大致分为压密混凝土的情况和防水抬高的情况。如果有压密混凝土，从上部开孔，在压密混凝土和防水层之间，采用压入氨基甲酸酯防水材料的方法。另外，还有撤去压密混凝土改修防水层的施工方法，以及不撤去压密混凝土，在其上面重新敷设防水层的施工方法。

如果修补、改修抬高防水的话，不用换掉原有防水层，而是在其上面铺设新的防水层。另外，活荷载要加算防水层，并要对防水层进行防水保护。在进行改修、设置新的防水时，最好参照第二章 2.6 "屋顶绿化的建筑防水层、阻根层、保护层"。

（3）为屋顶绿化，对原有建筑进行排水改造

原有建筑，由于排水设计和施工没有涉及墙面雨水的计算，这样的情况需要增加屋顶排水管的数量，或者设置溢流管。

如果屋顶四周有护墙、护栏等部件，由于屋顶排水管容易被堵塞，有漏水的危险性，所以溢流管要设置在比防水层的最上端低的位置。并且，在出入口等处，如果防水的高度比其他部位低的话，在那个

低的位置也要设置溢流管，或者在出入口直接设置屋顶排水管。另外，在出入口处设排水沟，使屋顶排水快速进行，要有万全对策。如果原有的排水管的盖子已生锈，排水能力下降时，需要及时更换。

表 2-6-1　原有防水层和新防水层的相关性

原有施工办法	重新进行防水施工方法	荷载加减	耐冲击性	确实防水性	施工性	价格	施工期间	备注
用压密混凝土施工	不用撤去压密混凝土的情况时（无需撤去绿化便可以进行改造）							
	注入聚氨酯的方法	△	○	△	△	△	△	绿化时需要挖土坑并压平。施工例子较少
	不用撤去压密混凝土的情况时（需撤去绿化再施工）							
	聚氨酯涂层施工方法	△	X	△	○	○	○	需要脱气装置。施工的例子较多
	聚氨酯+FRP施工方法	△	○	△	○	○	○	
	薄膜施工方法	△	X	△	○	○	○	施工的例子较多
	露出沥青施工方法	△	X	△	○	○	○	非上人用的平屋顶上施工的例子很多
	沥青压密混凝土施工方法	X	○	○	△	X	△	极易增加荷载，一般不采用
	撤去压密混凝土的情况时（有绿化时，需撤去绿化再施工）（压密混凝土的荷载可以用于绿化）由于担心施工中有降雨，会提高施工费用，例子较少							
	聚氨酯涂层施工方法	○	X	△	X	△	X	地基需要精度处理
	聚氨酯+FRP施工方法	○	△	△	X	X	X	
	薄膜施工方法	○	X	△	X	X	X	
	露出沥青施工方法	○	X	△	X	X	X	
	沥青压密混凝土施工方法	△	○	○	X	X	X	
露出施工	（如有绿化，撤去绿化部分）							
	聚氨酯涂层施工方法	△	X	△	○	○	○	需要脱气装置。需要撤去旧的涂膜防水层
	聚氨酯+FRP施工方法	△	X	△	○	○	○	
	薄膜施工方法	△	X	△	○	○	○	撤去旧的涂膜防水层
	露出沥青施工方法	△	X	△	○	○	○	
	沥青压密混凝土施工方法	X	○	○	△	X	△	极易增加荷载，一般不采用

图例：○：出色；△：稍微出色的；X：差。
承载荷载的增减：○：大幅减少；△：略微增加；X：大幅增加。

图 2-6-1　溢流管

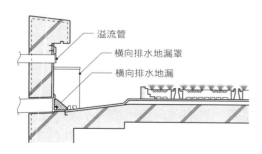

- 溢流管
- 横向排水地漏罩
- 横向排水地漏

照片 2-6-1　损坏的排水地漏盖

排水地漏盖完全损坏

（1）对原有建筑绿化的改造建议

（4）为屋顶绿化原有建筑的防风措施

关于屋顶绿化规划，对树木的支撑，防止风吹散，确保利用者的生活环境舒适等，需要防风措施时，关于防风栅栏、防风屏、防风措施用的锚固等的建筑改装，最好选择适当的方法进行。

（5）为屋顶绿化原有建筑的通道改造

不仅考虑绿化规划，还要与利用目的相结合设置通道，进行建筑改造。

如果屋顶作为公园等的话，需要有从建筑外部直接进入的通道。即使一般人不可利用的屋顶，也要有进行管理工作搬运器材用的通道。

（6）为屋顶绿化原有建筑的安全措施

在屋顶绿化规划中，要与目的相结合制订安全策略。

例如，在绿化基础构造上，要确保扶手栏杆的改造高度高于建筑基准法设定的高度。从屋顶利用的方面考虑，设置高的栅栏等，也有建筑本身不得不解决的情况。即使是人不可利用的屋顶，也可确保管理工作的安全。

（7）为屋顶绿化原有建筑的设备修复

为屋顶绿化，要设置与利用目的相配的设备。供水、供电、污水处理、空调机的移动换位等，都要加以考虑。

3）原有建筑为坡屋顶绿化而进行的建筑改造

原有建筑因为需要坡屋顶绿化，而进行适当的事前调查和建筑诊断，考虑建筑的结构和允许荷载值、风荷载、防水的老化程度、确认不适合绿化的根本问题，进行建筑的改造。

参照第五章"关于坡屋顶绿化的建筑、构造物的调查表"进行调查、诊断，不适合绿化的话，要对建筑的改造进行考虑。需要进行改造的主要项目有，荷载、防水（含屋顶铺设材料）、供水、排水、防风措施、通道、安全措施。

在不能改造的情况，若用绿化的技术可以解决的话，可在其范围内进行绿化。

（1）绿化用的荷载

原有建筑的坡屋顶，一般允许荷载值较小，若要进行绿化，就要对坡屋顶进行加固。特别是折叠板屋顶等，由于房梁的间隔较长，因此有可能需要在原有房梁之间设置新的房梁。采用超轻量的结构的情况下，如果可以在承重荷载范围内进行绿化，无需加固也可以进行绿化。

（2）防水、屋顶铺设材料

原有防水层、屋顶铺设材料不够安全的话，需要进行修补、改造。

（3）其他

在原有建筑上进行坡屋顶绿化，关于排水（水堵塞）、防风措施、通道、安全措施、设备等的修复，与新建建筑的考虑课题一样，进行同样的处理。

4）原有建筑为墙面绿化而进行的建筑改造

根据掌握的原有建筑的现状，进行墙面绿化规划时，若认为有根本问题存在的话，要参照前文，对建筑的修复进行研究。在推进绿化规划中，建筑自身也有需要改造的情况。

参照第六章"关于墙面绿化的建筑结构物的调查表"进行调查和诊断，不适合绿化的话，要考虑对建筑进行改造。需要改造的部分有，墙壁主体强度、墙面装饰、给水排水、电等。还有，屋顶与阳台等的地面、护墙的利用，以及空中廊道等的设置，都应与建筑主体结构一体化。

（1）墙面主体的强度

如果墙面是幕墙、ALC 板等，在上面安装攀缘辅助材料时，若强度出现问题，需要考虑通过建筑改造以增加墙面的强度。

（2）墙面装饰

如果直接攀缘墙面，墙面太平滑或涂了防水制剂时，附着的藤本植物有剥离的可能，要考虑墙面的修复。还有，在景观墙面也需要考虑修复。

（3）给水排水和电

墙面基础型的绿化，灌溉是不可缺少的，需要专用的供水配管长时间处于"开"的状态。另外，墙面绿化要进行灌溉，因此排水处理也是不可缺的，需要设置排水设备。并且需要设置灌溉控制和混入液体肥料用的电源。

（4）屋顶及阳台的地面、护墙的利用

如果在屋顶和阳台设置栽植基础的话，要考虑荷载、栽植容器等基础构造的固定、给水排水等问题，不能对应时要进行改造。利用栏杆、护墙等设置攀缘辅助材料时，如果强度不够，可以从另外的部分来加固，或加固作为线荷载的结构等进行改造。

（5）空中廊道等用于接近墙面的通道

为了管理墙面绿化，需要设置吊箱、空中廊道等设施，并制订高空作业车等的接近对策（空间的确保、通行及工作时所需地基强度的确保等）。如果在空中廊道部位设置栽植基础，要考虑与建筑的连接、荷载方面的修复改造。

（6）其他

在原有建筑为墙面绿化进行修复时，需和新建建筑的考虑课题同样进行处理。

第三章

建筑绿化技术的基础知识

1. 风压的计算方法

在建筑基准法和国土交通厅的告示中，关于对建筑有影响的风的强度作了定义。按基准计算风荷载。根据绿化建筑的高度，绿化部位的高度，周围建筑的地方、地域的不同，计算数值不同。关于风荷载，有风压产生的正压和建筑的拉引力产生的负压。

1) 有关风的考虑方法

在建筑基准法中，认为各个地域的基准风速不同，依据地面状态平均风速也有差异等。在郊外障碍物少，因而比城市的风强。在同样的屋顶，房檐和角落部位的负压作用很大。还有，在高层建筑的低层部分的屋顶，卷上建筑的风给墙面（帐子墙）带来的负压和同等程度的作用力，与屋顶的高度无关，而是根据建筑的整体高度来规定其强度。因此，虽说绿化的部位有可能不高，但是要是忽略了植物的固定将会有问题发生。因为在低层的建筑屋顶，计算时，也有负压大于绿化基础自重的情况，需要充分注意。

图 3-1-1　风向的变化（【屋顶绿化的 Q&A】（财）都市绿化机构）

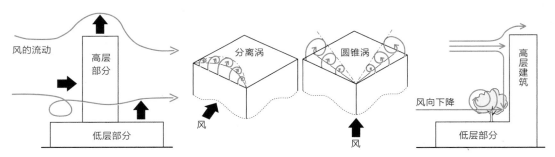

2) 风压计算的必要项目

计算风压的时候，必要项目如下所示。

· 都道府县名称
· 市县区及郡名
· 建筑的高度（m）
· 建筑的短边方向的长度（m）
· 屋顶坡度（1/100、2/10 斜面等）
· 屋顶形状（平屋顶等）

· 都市规划地区内还是地域外
· 海岸地区，到对岸的距离 1500m 以上，或到海岸地区为止的距离 200m 以内，或 500m 以上
计算对树木的风压时，除上述项目以外，以下项目也是必要的。
· 土壤的厚度（m）
· 树木的高度（m）
· 树木的有效投影面积（m²）

3）基准风速

过去的观测数据中，对全国的每个市县区规定基准风速的范围在 30 ～ 46m/s。
（参照图 3-1-2）

图 3-1-2　基准风速

□ 30m/s
□ 32m/s
□ 34m/s
□ 36m/s
□ 38m/s
■ 40m/s
■ 42m/s
■ 44m/s
■ 46m/s

4）地面环境区分和阵风影响系数

地面高度越高，风速上升得越快。还有，市区那样的平地，由于周边建筑等的影响风速变得较慢。如下表所示，分为四种地面环境类型。风虽然不断变化，反复强弱，但是这个风速的变化对建筑产生的影响可以用阵风影响系数表示。

表 3-1-1　地面环境区分与阵风系数的关系

地表环境区分	计算高度方向分布系数的数值			G_f: 阵风影响系数		
	Z_b	Z_G	a	$H \leqslant 10$	$10 < H < 40$	$40 \leqslant H$
1. 都市规划区域内，地面极其平坦区域 *	5m	250m	0.1	2	左栏和右栏的数值直线插补的数值	1.8
2. 都市规划区域内，距离海边 500m 以内区域等	5m	250m	0.15	2.2		2.0
3. 1、2、4 以外的区域	5m	450m	0.20	2.5		2.1
4. 都市规划区域内，都市化极其明显的区域	10m	550m	0.27	3.1		2.3

* 特定行政厅指定。

5）树木所承受的风压（正压）

由于树木所承受的风压为正压，计算方法如下所示

风压力（W）$= q \times C_f \times (1 - Ca)$

速度压（q）$= 0.6 E V_o^2$

系数（E）$= Er^2 G_f$

Er：平均风向的高度，方向分布系数 Er 根据高度变化。

$H \leq Z_b$ $Er = 1.7 (Z_b / Z_g)^a$

$H > Z_b$ $Er = 1.7 (H / Z_G)^a$

H：从地面算树木的高度

G_f：阵风影响系数

V_o：各地区风速

风力系数（C_f）：根据建筑物的形状来定。

（树木的风力系数假设为圆筒状建筑物，用 0.7 来计算）

风的透过率（Ca）：（关于树木的风透过率，由于在改定建筑基准法中设为 0，因此，风的荷载计算是 1-0=1.0）

6）绿化基础构造的网格和整体结构所承受的风压（负压）

对绿化基础构造产生向上的力，形成负压，计算方法如下所示

风压力（W）= 平均速度压（q）× 极值的风力系数（C_f）

平均速度压（q）$= 0.6 Er^2 V_o^2$

Er：平均风向的高度，方向分布系数 Er 根据高度变化。

$H \leq Z_b$ $Er = 1.7 (Z_b / Z_g)^a$

$H > Z_b$ $Er = 1.7 (H / Z_g)^a$

H：从地表面到绿化基础结构的高度 V_o：各地域的标准风速（参照图 -2）

极值风力系数（C_f）：根据屋顶形状，位置变化

（平面屋顶时，外压系数为负值。）

$\theta \leq 10$ 中央位置：-2.5   边缘：-3.2   边角位置：-4.3

θ：屋顶面与水平面的角度（单位：°）

a'：平面的短边边长是 H 的 2 倍时，取任意小数（超过 30 时取值 30）（单位：m）

·极值风力系数

图 3-1-3　负压

极值风力系数是以建筑基准法所定的数值来计算的（可以从每个建筑的风洞实验得出结果）。建筑的形状不同，各个风压系数不同。对建筑周边的部分（边沿、角落部分）所产生的风力，以建筑短边的长度为基准，在与一定比例（0.1 ~ 0.3）相乘的范围内适用。

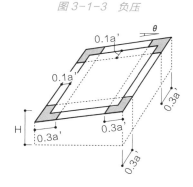

7）高层建筑的低层屋顶和相邻低层建筑所承受的风压（负压）

高层建筑的低层屋顶和相邻低层建筑的屋顶所承受的风压，由卷向墙面（幕墙）的风所产生的负压决定。风压是由整个建筑的高度决定的，与屋顶的高度无关。

风压力（W）= 平均速度压（g）× 负的极值外压系数（参照表 –11）

平均速度压（g）= $0.6Er^2 Vo^2$

H：建筑物高度和屋檐高度的平均值（单位：m）

a'：平面的短边长度和 H 的 2 倍取其中小的数值（单位：m）

表 3-1-2　负的极值外压系数

H 高度 部位	45m 以下	超过 45m，未满 60m	60m 以上
中央部位	-1.8	左栏和右栏的数值直线插补的数值	-2.4
边缘部位	-2.2		-3.0

图 3-1-4　高层建筑的低层屋顶所承受的风压（负压）

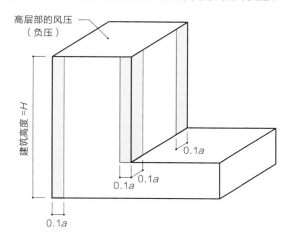

2. 关于建筑外表所受日照量

1）关于植物的光环境

植物通过光合作用产生有机物，促进生长。因此，植物的生长取决于光摄取的多少。

①光的质量：自然界的光源是太阳，有植物生长所需的所有波长。在光合作用中，光化学反应所需的波长约从400nm（紫色）到700nm（红），但也可以采用人工光源，一定时间内，用人工光源照射叶子进行光合作用。

②光的强度：植物生长是通过光合作用，使水和二氧化碳产生碳水化合物，由于光线变弱植物光合作用的量就会减少，从而影响植物成长。这个点的光的强度叫做补偿点。随着光照强度的增加，光合作用也增加，但是光强度达到饱和后，即使光强度再增加，光合作用的量也不会增加，此时的光强度叫做饱和点。

③光的停留时间：为植物生长要确保光合作用必需的量，不仅光的强度，持续照射时间也很重要。

2）建筑外表面所受的日照量

作为建筑外表面，在屋顶的上面（水平面）和墙面（垂直面），根据掌握的无遮挡情况下的太阳辐射量，可以基本掌握规划面积的光环境。

以1.0作为直接对向太阳的面（一个垂直于太阳光的表面）的量，并根据入射角（屋顶表面的仰角，及垂直面的仰角和方位角）把绿化规划表面所受的太阳辐射，作为日照相对值来算定。在垂直面（墙面），由于太阳的位置和照射到墙面的角度不同，要根据各个墙面单独计算。

图3-2-1 平面、立面的太阳光照射量的概念图

水平面太阳光对太阳光跟踪面的相对值

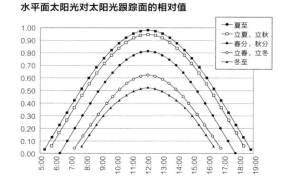

南向墙面的太阳光对太阳光跟踪面的相对值

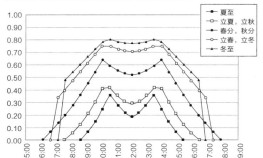

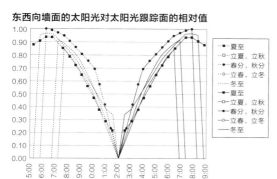

东西向墙面的太阳光对太阳光跟踪面的相对值

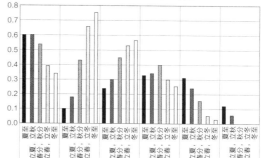

相对于太阳光跟踪面的水平、垂直面的比值

3）天空率、日照时间的计算

为了算出光强度和持续时间，需要天空照片或天空绘图。这些都是从测量点直接仰视正上方看到的情况，用一张图（照片）来表示。在原有空间的绿化规划和原有绿化的植物生长的判断方面，要求在当地用等距离摄影的鱼眼镜头（视角180°的鱼眼镜头等）摄影的照片。如果在规划阶段没有摄影照片，可以通过绘图来做天空图。采用这个天空图（照片），用于计算天空率和日照时间。

① 日照时间的计算

若有天空的照片，要把它和太阳轨道图相对照。没有建筑等的遮挡，分别记录夏至，春、秋分，冬至天空部分的各个太阳轨道所用时间，算出日照时间。

图 3-2-2 天空太阳轨道图

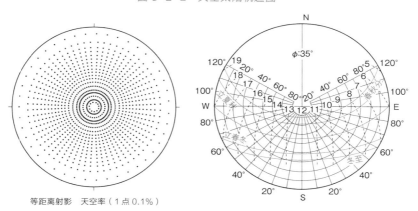

等距离射影　天空率（1点0.1%）

② 天空率的计算

因为独自制作比较困难，在"日照的测量和考虑，日本建筑学会设计规划24：日本建筑学会编辑：昭和52年8月：彰国公司"的卷末，有"天空率计算图·等距离投影"，可以使用复印件。把天空图（照片）覆盖在天空率计算图上，没有建筑等的遮挡，清点天空部分中点的数，1点以0.1%来计算，所得数值就是天空率。

3. 植物的知识

植物是生物，具有固有的形态和性质。如果在屋顶进行绿化规划，要了解植物的特性，还要注意屋顶、坡屋顶、墙面环境和地基（土壤等），甚至管理上对生长的可能性与否作出选择。如果有想种植的植物种子，就要为那个种子的成长创造生长所需的必要环境、地基，调整管理水准。

关于特性，对下列项目进行考虑。

① 生长特性：大小，形状，冬天有无叶子，生长速度和寿命等。

② 环境适应性：对各种环境的适应性，对人为作用的对抗性等。

③ 欣赏性：形状和颜色，花和果实，红叶等植物的外观美。

④ 功能性：遮挡，防风，绿荫，引鸟，休息和运动场所等，关于利用的办法。

⑤ 管理性：放任管理是否能很好地生长的植物，需要严格管理的植物等。

⑥ 社会性：对周边环境的效果和在环境教育方面的贡献等。

⑦ 材料采购性：流通状况和价格等，特别是草本类植物，注意季节变化带来的大幅的价格变动。

选定植物时，需要考虑并检查以上几个项目。并且，也要考虑欣赏和目的相结合地搭配植物，后期为保持植物良好的生长状态要进行植物的维护管理。

植物大致分成木本类（树木）和草本类（花草）。

1）树木的生长特性

树木是指树干和树枝多年后可枝繁叶茂，能持续生长的植物。虽然树木作为栽植规划的中心部分，但是也要考虑3年后，5年后，甚至10年后，20年后，生长到何种程度。还有，花很漂亮的花木，果实能吃的果树，叶子颜色美丽的树木，有香味儿的树木等要区别开来。

（1）基本形态

① 针叶树（松柏科植物类）

针状或鳞状叶的树木，属于无果实植物，多为园艺品种。高大的有圆锥形和圆柱形，低矮的有半球形、盏杯形、展开形等各种各样的形状。叶子的颜色也是多样的，有金黄色、银白色、黄褐色、铜褐色等，随季节变化，叶子的颜色也有所变化。通过灵活巧妙地组合植物的形状和叶子的颜色，可以随着四季变化享受不同的美丽景色。还有虽然不开花，但是生长速度很慢，树的形状变化小的那种低矮树种。比如"矮针叶树"的形状就适合屋顶、阳台栽植。不会因为植物生长，形状变大，对其产生太大荷载。

② 阔叶树

叶脉成网状、叶片较宽阔的木本植物，分为常绿型和落叶型。根据树种的不同，有开花的、结果实的、叶子的颜色漂亮的、也有发芽期间或落叶前叶子有颜色变化等的，种类繁多，各有特色。

③ 特殊的树种

成长后没有肥大树干的竹、椰子类、龙血树等。主要是单叶植物，与其他的树种形状不同。

（2）年间形态

表 3-3-1　常绿树和落叶树的区别

名称	春夏	秋冬	春夏	秋冬	春夏	秋冬	春夏	秋冬
常绿树								
落叶树								

例：——：活动期　- - - - -：休眠期

① 常绿树

一年四季都有绿叶的树木。只有少数树种可保持常年有绿叶，大多数是新叶长出后，旧的叶子就会落下。其中，针叶树属于常年不落叶的树木。

② 落叶树

在冬季和干燥季节，一个时期内树叶全部掉落，可以衬托四季变化的树木。能开花或结果实等的树木也较多。另外还有些树种虽然是常绿树，但是除了冲绳以外的地区，由于寒冷，也会像落叶树那样叶子枯萎（鸡冠刺桐、马樱丹等树木，随春天的气温逐渐上升，慢慢地长出新芽）。

③ 半落叶树

在南方属于常绿树，在北方属于落叶的树木。在关东地区，冬天会留少量树叶（六道木、水蜡木、忍冬等）。

（3）大小、形状

① 高大树木

一般指生长高大，3m以上的树木。根据树种的不同，生长速度和生长极限不同。在屋顶绿化时，尽量避免使用会增加承重荷载，生长快而高大的树木。

② 中等高的树木

通常指高度在1.5m以上3m以下的树木，但在植物学上多数属于高大树木。在人的高度左右树叶较多，可以用来遮挡人的视线等。

③ 低矮树木

通常指高度在1.5m以下的树木，即便生长也不会长高。有的树木只有一根树干，有的树木有数根树干，倘若一根主干枯死，会有其他树干来代替。

④ 攀缘性

一般指通过茎或树枝延伸生长的树木，有攀附墙壁、缠绕或倚靠另外物体的种类等。

（4）生长速度

一般书中记载的生长快与慢是相对的，与高大树木、中高树木、低矮树木、攀缘性树木的定义不同，需要对其进行研究探讨。在绿化设计中，要预先考虑到栽植的生长高度，和枝叶的增长量。

遮挡视线的中高树木中，生长快的要经常修枝剪叶，进行管理。关于低矮树木，不仅要考虑其纵向生长，还有考虑其横向生长的量，因此，要对栽植密度进行考虑。关于攀缘型藤蔓类的植物，一年要延伸生长5m以上，因此，不仅要考虑其纵向生长长度，还要对其横向生长蔓延面积进行考虑。

（5）寿命

一般树木都是半永久生长，由于树干腐烂、病状、外伤等因素，会有枯死的现象。针叶树类的落基山圆柏、意大利柏木等、石南科灌木类、帚石楠类，还有南半球原产植物中，在生长旺盛时期，发生突然枯死的现象，要特别注意。

2）草本植物的生长特性

指草本植物的茎不会木质化，长年累月不肥大生长的植物。一般分为一年生草本、二年生草本、多年生草本。还有，按实际利用特性可划分为：①花（主要是观赏用）；②叶（形式和颜色，有斑点等，可观赏叶子的变化）；③蔬菜（叶和根、果实等可食用）；④药草（可食用或饮用，可作为香辣调味料、洗澡用材料、手工材料等）；⑤地被等（地被植物：覆盖地面）等。

（1）基本形态

表 3-3-2　草本的名称和生长期间

广义名称	狭义名称		春夏	秋冬	春夏	秋冬	春夏	秋冬	春夏	秋冬
一年生草本	一年生草本									
	越年生草本									
二年生草本	二年生草本									
多年生草本	宿根草									
	常绿多年生草本									
	球根	冬季休眠球根								
		夏季休眠球根								

例　————：活动期　- - - - - ：休眠期

① 一年草

播种后一年以内开花结果，之后全部枯死，以种子的形式保留下来的这种植物，为一年生草本。根据播种时期，分为春季播种一年生草本和秋季播种一年生草本（越年草本）。春季播种不耐寒，秋季播种，具有不经冬天的寒冷不开花等特征。关于越年草，在冬季叶子也是绿的，但是像三色堇或樱草、朱利安等，根据品种，有的从秋天就开花。

还有，即使多年生草本植物，也有的作为一年生草本来处理（木茼蒿、天竺葵、马齿苋等）。

② 二年草

一般指播种后第二年开花，经过一年以上二年以内枯死的草本类。但是要注意，秋天播种第二年的春季到夏季开花的越年草本，也有叫二年草的情况。二年草，有屈曲花、风铃草、轮锋菊、诚实花、洋地黄等，种类较少。还有，根据营养状态，有一年开花枯死的，开花枯死之前二年以上生存的，也有开花结果后枯死的草本。

③ 多年草

正式的分类名称是多年生草本植物，指那些能够持续生长二年以上的植物。在冬天地上部分虽然枯萎，但第二年春天又能继续生长的植物叫做宿根草，作为区别，那些即便在冬天也保持绿色不枯萎的植物叫做常绿多年草。

④ 球根

球根类植物从广义上来说属于多年生草本植物。有的种类（藏红花、水仙、郁金香等）从冬天到早春时节开始长叶开花，初夏进入休眠状态，有的种类（剑兰、大丽花、百合等）春天开始长叶，从夏天到秋天开花，冬天进入休眠状态。

（2）大小

作为搭配的绿植，高大的花草一般种在内侧，中等高度的种在中间，低矮的植物种在前面。花草中，像野菊、木茼蒿、黄金菊等花草虽然年年长高，但是开花后基本枯萎，茎保持原来高度。多年草中，有的会年年增多，所占面积加大，也有的会不断移位，不停留在原来栽植的地方。

（3）景天科植物以外的多肉植物

景天科植物属于弁庆草科多肉植物，在干燥地区能多年生长，据说在全世界有400多种，在日本有30多种。经常利用的有墨西哥景天，虽出处不明，不过一般从九州到本州中部都有生长，春天开黄色的花。茎部直立生长到10cm左右，夏天时，叶子是鲜绿色，不过，到了冬季，树叶量明显减少（形成休眠芽，植物变得很小）。在日本生长的有丸叶万年草、万年草、大唐米草、圆扇八宝等，除此之外，近几年从欧洲引进了耐低温比较强的珊瑚礁白花景天、逆万年草等。

日本由于地理位置南北比较长，因此规划时，要根据地理位置的温度条件选择寒冷地区系的品种和温暖地区系的品种。还有，要注意的是，由于绿化系统的厂商不同，有植物名称不统一的情况。

（4）超抗旱性植物

仙人掌类、龙舌兰类、大戟类、景天类、松叶菊类等，在叶子积蓄水分的植物，极为抗旱，不过对寒冷的抗性稍弱一些。还有，土壤不耐湿，特别是冬季时，过分湿润会有枯死的现象。

（5）草本植物

草坪栽植的方法有，细叶结缕草坪和结缕草坪等是草皮铺植法、百慕大草坪等是匍匐茎栽植法、蓝草草坪等是播种栽植法。

日本因为南北较长，温度条件相当不同，在冲绳，即使在冬天，也有绿色的偏序钝叶草，而从九州到本州，也在使用在冬季叶子枯萎的细叶结缕草、结缕草等日本草坪。近几年，也在开发一些在冬季也能保持一定绿色的日本草坪。在北海道，使用冬天也保持绿色的，称作蓝草等的西洋草坪。西洋草坪在北海道比较容易维护

表 3-3-3 景天科植物以外多肉植物等的特征

植物名称	生长方式	培植方法，草的高度（cm）	耐寒性	耐干性	耐风性	耐阴性	病虫害	花色	花期	备注
非洲冰草（多肉植物类）	常青多年草	⑤（20cm）	④	○	○	X	少	红、黄	5~7	松叶菊大型植物，耐寒性较差
薄雪逆万年草（景天类）	常青多年草	②④⑤（10cm）	③	◎	○	X	少	白	6	叶子淡蓝色，冬季被霜打后显淡粉色，花是白色，流通少
大叶圆叶万年草（景天类）	常青多年草	②③④⑤（15cm）	③	◎	○	△	少	黄	4~6	原产于中国，叶子的宽度1cm左右，冬季稍稍叶子变红，冬季叶量减少
大叶万年草（景天类）	多年草 冬季、仅发芽	②④⑤（15cm）	③	○	○	△	少	黄	5~6	日本产景天类植物，叶子有斑
麒麟草（景天类）	多年草 冬季、仅发芽	②④⑤（20cm）	②	◎	○	X	少	黄	5~6	在高山生长的日本产景天植物
常绿麒麟草（景天类）	多年草 冬季、仅发芽	④⑤⑦（30cm）	③	◎	○	X	少	黄	5~6	产地不明，根据生长环境不同，冬季植物存活率不同
珊瑚毯草（景天类）	常青多年草	②③④⑤⑦（10cm）	②	◎	○	X	少	白	7~8	原产于欧洲~蒙古，别名白花万年草，冬季叶子变红，耐寒性强
逆万年草（景天类）	常青多年草	②③④⑤⑦（15cm）	②	◎	○	X	少	黄	5~6	原产于欧洲中部~挪威，叶子带有青色，样子一年保持不变，耐寒性强
鹅河菊（景天类）	多年草 冬季、仅发芽	②③④⑤⑦（10cm）	③	◎	○	X	少	黄	5~6	外国品种，冬季时叶子变红，但叶子数量变少，虽然种类很多，但多数采用红叶种类
东亚砂藓	常青多年草	②③⑥⑦（1cm）	③	◎	○	△	少			喜欢日照的青苔，生长慢
耐寒松叶	常青多年草	④⑤⑦（15cm）	③	○	○	X	少	红	5~7	耐寒的松叶菊，叶子带有绿色
大唐米草（景天类）	常青多年草	②③④⑤⑦（5cm）	③	◎	○	X	少	黄	5~7	在本州~奄美的海岸边自然生长的日本产景天，冬季时叶子由黄变红
垂盆草（景天类）	多年草 冬季、仅发芽	②③④⑤⑦（10cm）	③	◎	○	X	少	黄	5~7	虽然是外国品种，但产地不明，耐寒性强，夏季生长旺盛，但若被其他繁茂的景天压住，冬季仅剩嫩芽
大灰藓	常青多年草	②③⑥⑦（1cm）	③	◎	○	△	少			比较喜荫的青苔，爬行生长
心叶冰花	常青多年草	⑤（15cm）	④	○	○	X	少	赤	7~9	耐寒性弱
马齿苋	一年草	⑤（15cm）	⑥	○	○	X	少	红、黄，其他	6~10	虽然属于多年草，但除了在冲绳地区，都作为一年草使用，花色多样
松叶菊	常青多年草	⑤⑥（15cm）	③	○	○	X	少	红、橙、黄	5~9	花色多样，下垂式生长，耐寒性弱
大花马齿苋	一年草	①⑤（10cm）	④	○	○	X	少	白、红、黄	7~9	一年草，花色多样，散落花种发芽的情况很多
丸叶万年草（景天类）	多年草 冬季、仅发芽	②④⑤（10cm）	③	○	○	△	少	黄	5~6	在本州~九州的山地岩石上自然生长的日本产景天，冬季数量减少
圆扇八宝（景天类）	多年草 冬季、仅发芽	⑤（20cm）	③	◎	○	△	少	桃	11~12	日本产景天，晚秋时节开花
松叶景天（景天类）	多年草 冬季、仅发芽	②③④⑤⑥⑦（10cm）	④	◎	○	X	少	黄	5	外国品种，产地不明，虽然生长旺盛，但开花后迅速衰退，冬季时数量极少，耐寒性较弱。仅限仙台市中心以北
日本万年草（景天类）	常青多年草	②④⑤（7cm）	③	◎	○	X	少	黄	5~6	日本山野中自然生长的日本产景天，使用例子较少
森村万年草（景天类）	常青多年草	②③④⑤⑦（7cm）	③	◎	○	X	少	黄	5~6	日本景天的变种，变化大，叶子很小，冬季叶子橙红色

栽植方法：①播种；②插枝栽培（含地下茎）；③脯膜；④插种；⑤植株；⑥铺设草坪；⑦网架种植
范例：◎：非常好；○：很好；△：普通；X：差。

管理，可是在以南地区，与日本草坪相比维护起来相当费工夫。由于需要播种使暖地性草坪较少，一般有结缕草、百慕大草、假俭草等。其中，假俭草本来属于暖地性

草坪，多在关东地区的北方一带，近几年经过改良，出现了一些在北海道的南部也可以生长的草坪品种。

名称的定义——草坪类的名称

日本草坪——暖地性草坪（夏季草坪）—— 结缕草、沟叶结缕草、细叶结缕草

西洋草坪——暖地性草坪（夏季草坪）—— 百慕草、百慕大草（百慕大草的改良品种）、假俭草、

　　　　　偏序钝叶草

西洋草坪——寒地性草坪（夏季草坪）—— 剪股颖类、蓝草、黑麦草类、羊茅草类

表 3-3-4　草坪的特征

植物名称	生长方式	栽培形状最高（cm）	造成法	耐寒性	耐干性	耐风性	耐热性	耐阴性	病虫害	耐踩踏	恢复力	叶子宽度	备注
葡匐剪股颖	常青多年草	种子，修剪草坪（50）	①⑥	①	×	×	×	△	×	×	△	极细	葡匐茎，每年修剪50次以上
细叶结缕草	冬季枯萎多年草	修剪草坪（15）	⑥	③	◎	○	○	×	○	◎	○	细	葡匐茎，耐潮性强，每年修剪5次以上
假俭草	冬季枯萎多年草	种子（15）	①⑥	②	◎	○	◎	×	○	○	○	宽	葡匐茎，耐潮性强，每年修剪5次以上。改良品种可以在札幌生存
偏序钝叶草	常青多年草	修剪草坪（15）	⑥	⑤	◎	○	◎	△	○	○	○	宽	葡匐茎，耐潮性强，每年修剪5次以上。耐寒性弱，仅限都市内生长，冬季枯萎。
百慕大草	冬季枯萎多年草	葡匐茎（20～50）	②⑥	③	◎	○	◎	×	△	◎	◎	极细	葡匐茎，每年修剪8次以上，由于没有百慕大草的改良品种，不能播种，只能种葡匐茎
结缕草	冬季枯萎多年草	种子，修剪草坪（15）	①⑥	②	◎	○	○	×	○	○	○	中	葡匐茎，耐潮性强，每年修剪5次以上，种子的发芽率较差
百慕大草类	冬季枯萎多年草	种子，葡匐茎（20～50）	①⑥	④	◎	○	◎	×	△	◎	◎	细	葡匐茎，耐潮性强，每年修剪8次以上，改良品种采用葡匐茎播种
细叶结缕草	冬季枯萎多年草	修剪草坪（15）	⑥	③	◎	○	○	×	○	○	△	极细	葡匐茎，耐潮性强，每年修剪5次以上
羊茅草类	常青多年草	种子（70）	①⑥	①	○	○	△	△	△	△	△	极宽	耐寒性强，每年修剪50次以上，叶子坚硬，经常使用牧草—羊茅草
兰草类	常青多年草	种子，修剪草坪（50）	①⑥	①	△	×	○	○	×	×	×	细	耐寒性强，每年修剪50次以上，经常使用牧草—兰草
剪股颖类	常青多年草	种子，修剪草坪（50）	①⑥	①	◎	×	×	△	×	×	○	极细	容易遭受病虫害。每年修剪50次以上
黑麦草类	常青多年草，越年草	种子（70）	①	①	△	△	△	△	△	△	×	极宽	耐寒性强，每年修剪50次以上，生长年数短，经常使用意大利系的可越冬跨年草

栽植方法：①播种；②插枝栽培（包括地下茎）；③铺膜；④插种；⑤植株；⑥铺设草坪；⑦网架种植
范例◎：非常好；○：很好；△：普通；×：差。

3）环境耐受性

选定植物时，基本要看是否有生长环境，选定的植物要适应预定栽植地方的自然环境。对各种环境的耐受性，第一是温度条件，根据规划地的最低温度选定可能栽植的品种。其次要考虑的是日照、温度、雨量、风的强弱、海风等因素。更值得注意的是要有对人为作用的耐受性，以及灌溉方法等条件，进行考虑后选定植物品种。如果种植植物，最重要的是创造适合其生长的自然环境。

（1）对自然环境的耐受性

对温度、干燥度、风、光、海风、病虫害、大气污染等自然环境的耐受性进行调查，考虑其可否在规划绿化的地方生长。

① 关于温度条件（耐寒、耐热性）

对温度的适应性是决定植物自然分布的最大要素。许多植物可以在比自然分布冷或温暖的地方生长，这个范围称作栽植分布。虽然应根据规划绿地的温度条件选定树种，但是由于城市比周边气温高，本来不能生长的植物也变得可以生长了。在东京的一些城区，鳄梨、棕榈竹、吉贝、马樱丹等可以越冬生长。

把日本全境分成 15 个气候区（按照过去 20 ~ 30 年之间的最低气温平均值来区分），根据书籍（《日本花名图鉴》，ABOKU 公司）中所记载的各区域可生长的植物品种，选定栽植可能的植物品种。

② 关于土壤的水的条件（抗旱性）

作为在屋顶、阳台进行绿化的最基本要求，通过选定抗旱性强的植物，可以减少灌溉次数等的管理次数。相反地，如果选定抗旱性弱的植物，需要加强灌溉设备、防风设备等的管理。

在很多书籍中对植物的抗旱性有记载，但并不是通过实验结果得出的结论。通过实际的生长实验，即使抗旱弱的植物，只要使用 15cm 厚的土壤，也可以承受 30 天无降雨的情况。

③ 关于风的条件（耐风性）

在屋顶绿化中，所受风力的强度与建筑的高度成正比，要讨论风是否会阻碍植物生长。特别是由于风的影响，有可能出现树枝折断、树木倒下等，容易导致事故，要考虑周全。如果使用耐风性弱的植物，应该考虑避风装置，使用树形、树木支撑材料。

书中所写的耐风性，是和植物生长（强风地域及常风地域对生长不利）有关，不针对树木的折枝、倒下，需要注意。

表 3-3-5　薄层土壤里 30 天以上无降雨条件下存活的植物

植物名称	生长方式	通常栽植 造成法，植物高度（最高高度）	耐寒性	耐干性	耐风性	耐阴性	病虫害	花期	花色	果实	叶子	备注 此处根据植物耐干性的文件，并非实际耐干性，在此列举的植物，实际耐干性均为◎
百子莲	常青多年草	③④（30~50cm）	③④	△	○	△	少	6~7月	白、绿、紫			几年一次，分株
马醉木	常青低矮植物	⑤ 0.3~1.2m（4.5m）	②	○	○	○	少	3~4月	白		4~5月，红	发芽时，叶子变红
六道木属	常青低矮植物	⑤ 0.3~0.9m（2m）	③	○	△	△	少	6~10月	白			吸引蝴蝶，花期长，品种多
菊花	常青多年草	③（20~40cm）	③	○	○	×	少	9~12月	黄			每年春天种植，需要施肥浇水
大叶麦冬	常青多年草	③（30cm）	②	○	○	○	少	6~7月	紫			叶子浓绿色
条纹奇峰锦	多年生草	③④（30~70cm）	③	○	○	△	少	7~11月	桃红			叶子为亮绿色，花色为红粉色
酢浆草类	夏枯球根、冬枯球根	①③④（5~50cm）	③④	○	○	△	少	3~5月，9~11月	黄、桃			其他还有橙、红、白色等。根据种类，开花期不同
山麦冬属	常青多年草	③（30cm）	②	○	○	○	少	8月	紫			一般称作：花纹山麦冬
万年青	常青多年草	③④（30cm）	②	○	○	○	少	5~6月	淡黄	10~12月	有斑纹	近些年来使用急剧减少
白蝶草	常青多年草	③（30~100cm）	①	○	○	×	少	6~11月	白、桃			别名：白花菜
仙鹤宿根草	多年生草	③④（20~30cm）	②	△	△	○	少	5~8月	淡紫		有斑纹	品种多，叶子有斑纹
细叶结缕草	多年生草，匍匐茎	草坪（5~10cm）	③	○	○	×	中					耐潮性大，每年修剪一次以上
枸子属	常青低矮植物，匍匐茎	③⑤ 0.1~0.3m（3m）	①	○	○	△	少	5月	白	9~11月，红		根据种类，形状、生长方式不同。吸引鸟类
德国菖蒲	多年生草	③（30~50cm）	①	○	○	△	少	5~6月	白、黄，其他颜色			花色多样
水仙	夏枯球根、冬枯球根	①④（20~40cm）	③	△	△	×	少	1~4月	白、黄			水仙、多花水仙、红口水仙等品种较多。有的花有香味
洋常春藤	常青木本植物	③④（高30m）	③	○	○	◎	少					有斑点，叶的变化等品种多，尺寸较长
景天类	草本植物	②③茎叶播种④（5~15cm）	②④	◎	○	×	中	5~6月	黄、白			耐干性极强。根据种类，生长形态、开花期不同
耐寒松叶	常青多年草	③（15cm）	③	◎	○	×	少	5~7月	红			生长发育慢
百里香类	常青低矮树木	③（10~30cm）	②	○	○	×	少	6~7月	桃			耐热性弱
小叶—鼠尾草	常青多年草	③④（50~100cm）	④	○	○	△	少	6~9月	红			过度生长时需要修剪大小
茅草	多年生草	①③ 50cm	③	○	○	×	少	4~6月	白			作为杂草，有时被认为是除草对象

植物名称	生长方式	通常栽植 造成法，植物高度（最高高度）	特性他					观赏性				备注 此处根据植物耐干性的文件，并非实际耐干性，在此列举的植物，实际耐干性均为◎
			耐寒性	耐干性	耐风性	耐阴性	病虫害	花期	花色	果实	叶子	
长春蔓	常青多年生草本植物，匍匐性	③（高2m）	②	○	○	○	少	3~6月	淡紫		有斑纹	叶子有大有小。可使其下垂生长
扶芳藤	常青木本植物，垂吊性	③（高3m）	①	○	○	△	少				有斑纹	耐寒性强，有斑点的品种，从白到红变化
长节藤	常青木本植物，垂吊性	③（高10m）	④	○	○	△	少	7~8月	白			有的品种有斑点，有的花有香味，有的尺寸长
洞庭蓝	多年生草	③④（20~50cm）	②	○	○	△	少	9~11月	青			原产于山阴地区，有的县濒临灭绝
假叶树	常青低矮植物	③⑤ 0.3~0.5m（1m）	③	○	△	◎	少					极其耐阴性
结缕草	多年生草，匍匐茎	草坪①（15cm）	②	○	○	×	中					耐潮性大，每年修剪一次以上
马鞭草	常青多年生草本植物	③④（50~80cm）	③	○	○	×	中	3~11月	紫			花期长
铺地柏	绿针叶树攀缘性	③⑤ 0.1~0.3m（1.5m）	③	○	○	×	少			9~10月，黑紫		耐潮性大
心叶冰花	常青多年生草本植物	③④ 15cm	⑤	○	○	×	少	7~9月	红			耐寒性弱
石蒜	夏枯球根	①（20~40cm）	①	○	○	△	少	9月	红			秋季开花，随后长叶
金丝桃属	常青低矮植物	③⑤ 0.3~0.5m（50cm）	②	○	○	○	中	5~7月	黄		有斑纹	根据种类不同，形状和特性有所差异
火棘属	常青低矮植物	③⑤ 0.3~0.5m（3m）	③	○	△	×	少	5~6月	白	10~翌年1月，红、橙		有刺，吸引鸟类
萱草属	多年生草	③（30~60cm）	①	△	○	×	多	5~9月	黄、浓红			品种多。有的花一日枯萎，有的一个接一个地开花
锦熟黄杨	常青低矮植物	③⑤ 0.3~0.6m（3m）	①	○	○	◎	多					受黄杨绢野螟的虫害，有枯死的现象
松叶菊	常青多年生草本植物	③（5cm）	④	◎	○	×	少	5~9月	紫红			虽然耐干性强，但耐寒性弱
薮兰	常青多年生草本植物	③（30cm）	②	○	○	○	少	8月	青紫			叶子浓绿色
珍珠绣线菊	落叶低木	③⑤ 0.3~0.5m（2.5m）	②	○	△	△	少	3~4月	白			叶子枯萎早，但可以生存
迷迭香	常绿低木	③④（0.1~0.3m）	②	○	○	×	少	10~翌年5月	紫			有的品种出穗，叶子芳香
忍冬	常青低矮植物	③（0.1~0.2m）	③	○	○	△	少	10~翌年5月	紫			叶子极小

栽植方法：①种子、球根；②幼苗、插苗；③盆栽；④花盆（化妆盆）；⑤卷根轴（高度：m）。
范例◎：非常好；○：很好；△：普通；×：差（木本最高高度用m表示，草本用cm表示）。

④ 日照条件（耐阴性）

考虑规划绿地的方向，以及周边建筑等对其日照遮蔽等影响，根据日照的多少来选定植物。虽然耐阴性的植物在背阴处可以生长，但是耐阴性弱的植物在背阴处不能良好地生长，在极阴的地方甚至不能生长。其实即使是耐阴性植物，很少有在有日照的地方不能生长的，多数都比在阴处生长得更好。另外，树木也分为阴树和阳树。

⑤ 耐潮性

海风对植物的生长有很大的影响。靠近海岸的地方要选定有耐潮性的植物。虽然有关于树木耐潮性的文献，但是关于草本类，尚没有文献。

海风的影响不仅考虑与海的距离，还要考虑生长期的风向，由于对避风的建筑等有很大影响，最好预先调查周边的树木。

⑥ 耐大气污染性

可对大气造成污染的物质有硫氧化物（SOx）、氮氧化物（NOx）、粉尘（SS）等，主要来自工厂、汽车的尾气。最近在进行工厂公害对策研究，发现问题主要是来自汽车的氮氧化物和粉尘。在大气污染严重的地区，使用有耐公害性的树木作为防护，但也有特意栽植一些对污染耐受性弱的植物，作为掌握污染状况的指标。

⑦ 耐病虫害性

植物在旺盛地生长时病虫害较少，不过由于环境变化等，对植物生长会有影响，容易发生虫害。根据植物品种不同，发生的病虫害也不同，耐受性也存在差异。百日红、樱花类、月桂、乌冈栎、杜鹃类、箱木等是容易发生病虫害的树木。另外，椿木、山茶花、茶树等树上容易有对人有害的多毛虫（茶毒蛾的幼虫），要特别注意。

（2）对人为作用的耐受性

对人为进行移植、修剪等的耐受性进行调查，研究栽植树木的使用和维护管理上的措施。

① 对移植的耐受性

根据树种的不同，分为移植后容易成活的和困难的。对于种在地上的植物，在移植前要进行"修根（参照第七章用语解说）"等准备。

② 对修剪的耐受性

如果对树木修剪强度过大的话，有的枝干不再萌芽，有的发生树形变化，很难恢复。这样的树木,要注意粗树枝的修剪。

另外,还有需要进行定期修剪整理的树木,和不需要修剪自然成形的树木。

4）观赏性

根据整体的形状，花和叶的颜色，干和叶的质感等，选择与设计相符合、适合景观绿化的植物。

（1）树形和草形

了解形成景观的树木和草的形状，作为栽种搭配设计的基本知识，是不可缺少的。详细请参照各种图鉴。

（2）质感

树干和树叶的质感也需要设计。

要考虑树干的光滑度、平整度、粗糙度、直干、斜干、曲干、带刺等特点。叶子的厚、薄、硬、软、特大、粗糙、刺人、干爽等，也给人各种各样的感觉。

（3）叶子

叶子的形式有针形、线形、椭圆形、圆形、心形、掌状形、羽状形、边缘锯齿形、单叶、复叶等，形态各异。

在日本，以往的庭园基本用深绿色的叶子，但是，最近可以享受叶子形态和颜色变化的庭园越来越多。秋天的红叶，春天的萌芽，通过四季变化颜色多种多样的品种也变多了。草本类中有种"叶子植物"有斑点等，与草花相组合使用。再加上品种改良，市场上不断有多种多样的叶形和颜色出现。

通过四季变化，叶子漂亮的被称作是"多彩的叶子"，相对管理节能，花期短，欣赏性高。

（4）花

花的形状、颜色和大小等在开花时期和开花期间有明显不同。有的品种开花时期极长，可以以它为中心搭配一些开花时期短的品种，在屋顶可以一年四季都能看到开花。

树木中，开的花如果特别醒目，被称作是"花木"。这些树木可以让庭院四季花开，因此选品种时要考虑开花的时期和期间及花的色彩。

草花类的植物经过品种改良和栽培技术的提高，使开花时期变早，期间变长。

表 3-3-6　多彩的叶子

颜色	植物名称	生长形态	耐干性	耐阴性	颜色	植物名称	生长形态	耐干性	耐阴性
黄	金宝石冬青	常绿的低矮树木	△	○	白	线叶艾	多年草	○	×
	黄金木	落叶低矮树木	△	△		银香菊	多年草	○	×
	金目黄杨	落叶低矮树木	△	○		雪叶莲	多年草	○	×
	新西兰麻	多年草	○	△		耳草属	多年草	○	×
	刺槐	落叶高大树木	△	×		棉毛水苏	多年草	○	×
	枫知草	多年草	×	△		薰衣草	常绿的低矮树木	○	×
	欧洲黄金	常绿中高树木	○	△	绿、白	贝利氏相思树	常绿高木	△	×
	冬青卫矛	常绿中高树木	○	△		石竹类属	多年草	○	×
	金叶风箱果	落叶低矮树木	△	△		科罗拉多蓝杉	常绿中高树木	△	△
	日光青松	常绿中高树木	△	△		梳黄菊	常绿的低矮树木	○	×
	羽扇槭	落叶高大树木	×	×		蓝星	常绿的低矮树木	○	△
	金线日本花柏	常绿的低矮树木	○	△		火箭	常绿中高树木	○	×
	矮紫杉	常绿的低矮树木	△	○		蓝垫	常绿的低矮树木	○	△
	金露花	落叶低矮树木	△	△		蓝色天使	常绿中高树木	○	△
红、铜	红叶女贞木	落叶低矮树木	△	△	黑	油棕黑果种	多年草	○	○
	南天竹	常绿的低矮树木	×	△		黑法师	多肉植物	△	×
	野村红叶	落叶高大树木	×	△	有斑纹	玉簪属	多年草	△	○
	红罗宾	常绿中高树木	○	△		西洋磐南天竹	常绿的低矮树木	△	△
	筋骨草	多年草	△	△		新西兰麻	多年草	○	△
	酢浆草	多年草	△	×		金边阔叶麦冬	多年草	○	○
	烟树	落叶高大树木	△	×		常春藤类	常绿藤类	○	○
	榉树	落叶高大树木	△	×					
	新西兰麻	多年草	○	△					
	挪威枫树	落叶高大树木	△	×					
	紫叶李	落叶高大树木	△	×					
	金缕梅	常绿中高树木	○	△					

（5）果实

　　果实中有可以食用的果实和不可食用供观赏的果实。果实可食用的叫做果树，但是为了果实味道鲜美，要进行施肥、修剪等，需要花费功夫。

　　关于果实不可食用的植物，由于果实鲜艳，很有季节感，可以用来招引野鸟，因此又被称作"诱鸟树"。经常用于创造生态平衡，与环境相结合的绿化用地。

（6）香气

花中有的没有香味，有的离很远还能闻到香味。不仅是花，有的树木的叶子和树干也有香味。但是有的对五官和眼睛很刺激，被称作"敏感的花园"。有花香的植物，要对花香范围进行测试。

表3-3-7　有香味的植物

	香味强	木本	草本
花	10m 内可以闻到香味	瑞香（3月）、栀子（6月）、妃栀子（5～7月）、丹桂（10月）	
	5m 内可以闻到香味	梅（2～3月）、金合欢类（2～4月）、多花素馨（4～5月）、紫藤（4～5月）、刺槐（5月）、大花六道木（5～10月）、金银花（5～7月）、长节藤（5～6月）、蜜橘类（5～6月）、玫瑰（6～8月）、薰衣草（6～7月）、紫丁香花（4～6月）、荷花玉兰（6月）、澳洲朱蕉（6月）	水仙（1～3月）、庭芥（3～4月）、风信子（3～4月）、天香百合（7月）、葡萄叶铁线莲（藤蔓7～8月）、紫茉莉（7～10月）
	1m 内可以闻到香味	蜡梅（1月）、鸳鸯茉莉（4～6月）、玫瑰（5～9月）、醉鱼草（6～10月）、刺叶桂花（12月）、枇杷（12～翌年1月）、唐种小贺玉（5月）、西洋太平花（5月）、刺叶桂花南天竹（3～4月）	洋水仙（3～4月）、铃兰（4～5月）、香豌豆（4～5月）、三叶草（4～5月）、落葵薯（9～10月）
	靠近可以闻到香味	大岛樱花（3～4月）卡罗来那茉莉（5月）、黄素馨（5～6月）	仙客来（秋～春、按品种）、紫花风信子（3～4月）、香堇菜（4月）、红瞿麦类（5～6月）
	恶臭	柃木（3～4月）、滨柃木（10～2月）、白蜡（5～6月）、米槠（5月）、栗子树（5月）	满天星（5～6月）
叶子、果实、树干	强	月桂（叶子）、肉桂（树干）、鼠尾草（叶子）、迷迭香（叶子）、花椒（叶子、果实）	柠檬草（叶子）、绿薄荷（叶子）、薄荷（叶子）、咖喱（叶子）、气味儿天竺葵类（叶子）
	较强	木梨（果实）、樟树（全）、美国崖柏（叶子）、金冠大果柏木（叶子）	母菊（全）、金盏花、百里香（全）、马薄荷属（叶子）、唇萼薄荷（叶子）
	恶臭	桉树（也有认为良的）、北美枫香（叶子）	水银花（全）、天竺葵（叶子）、鱼腥草（全）

只记载有明显香味的植物，除花以外，用部位名称表示

（7）地被植物（ground cover）

大面积覆盖在地表面的植物，能否进入会有很大区别。能够进入的草坪主要有三叶草等植物。对于大多数地被植物都不适合进入，除了耐踩踏和各种耐受性以外，叶子的大小，颜色和性质，扩展方式（地下茎、地上茎、匍匐生长）等，以及扩展速度，再加上可利用的规模，花的欣赏性等，都要讨论后进行选定。

5）功能性

屋顶的绿化等都有某些目的，为了达成这些目的，需要考虑如何选择植物进行利用。植物本身有很多机能，利用方法涉及范围很广。

（1）确保隐私

遮挡他人视线，可以保护个人隐私，这点对于在许多人邻接居住的城市是必不可少的，因此比较适合选用枝叶茂密、常绿的植物。根据可看与被看位置，以及树木栽植位置，为更有效地遮住视线，决定树木的种类、大小和数量等。随着他人视线的远离，枝叶的密度可以变得稀疏。

（2）遮挡

根据栽植的技术，考虑如何遮挡对象。对电线杆和看板等有形物体，选择枝叶茂密、遮挡效果好的树种，并尽量种植在物体附近。对于电线等细小、范围广的物体，要在远离物体处，靠近观测地点进行遮挡。

（3）避风

屋顶越高，风力越大，避风很有必要。使用植物来避风时，要选择耐风性强、枝叶茂盛的树种，如果只想把强风变弱，枝叶不很茂密也没有关系。

（4）遮阳

树荫可以缓解夏天的日照。树木不仅可以遮挡阳光，还可以用叶子来蒸发水分使周边气温下降，减少辐射热。还有，遮挡射向屋顶混凝土地面的光线，减少地面反射对眼和室内的照射。若使用落叶树木，冬季的落叶也可以阻挡阳光直射，就像遮阳伞。

（5）微气候的调节

影响生活舒适度的主要气象因素有温度、辐射热、大气运动（风）和湿度。通过栽植可以调节微气候，把四季变化的气象条件控制在让人舒适生活的范围之内。与前四项相关，一棵树木可以发挥复合作用。

（6）明确划分区域

如果有必要按功能划分栽植地的话，要对植物的种类、高度、密度等进行考虑。

（7）收获

如果栽培蔬菜、草药和水果等，以收获为目的，栽植环境和空间是否适合种子生长，对作物的收获量有影响。由于屋顶菜园的欣赏性也是重要因素，需要精心设计，制作美丽的蔬菜和药草的花坛。

（8）与生物的共存

选择栽种一些果实可以招引野鸟的植物，或昆虫吃的草和蜜源植物。提供可隐蔽或筑巢的地方。因为很多人讨厌青虫，将蝴蝶的食用草种在不起眼的地方，使人们看不见幼虫却能享受漫天飞舞的蝴蝶。为了引诱蝴蝶，可以选择大花六道木、大叶醉鱼草等花期长的植物。

（9）休息、运动

能在草地上踩踏、运动等，耐踩踏的植物非常少。如果草坪使用频率不多的话，即使土壤等的基础构造很薄，草坪也可以生长，草坪是适合在屋顶绿化的植物。

6）其他特性

（1）管理性

根据植物的不同，有的管理上很花费工夫，有的不用管理也能生长旺盛。对管理所需要的时间，及手上要做的工作等，要事先进行讨论后再选定植物。

（2）社会性

关于植物效果有：①存在的效果；②观赏的效果；③触摸的效果。无论哪个效果，如果植物不能存活，不但没有效果，枯死等还会带来不良影响和厌恶感。因此，要不断使其生长，完成其社会使命。

① 存在的效果

关于存在的效果，有改善城市气候、净化大气、抑制雨水急剧流出等，恢复自然环境。因此，作为增加绿化的政策方针，关于屋顶绿化，从国家到地方机关都给予了特殊融资、补助金，并且提出绿化义务化。对于这些效果，包含基础构造，绿化量越多越有效，转变混凝土表面裸露的负效应，也很有意义，再加上草坪和菜园等更能充分发挥效果。

作为功能性高的植物，可以列举几个植物名。虽然对其功能的程度，持续期间，之后的移植、处理等还有疑问，但对这些话题性植物的研究是有价值的。

表 3-3-8 功能性高的植物

机能	植物种类
CO_2 固定能力	凤仙花、栀子、洋麻、明日叶
SO_x 吸收能力	栀子、小叶鼠尾草「樱桃红、樱桃粉」
NO_x 吸收能力	NOX 天仙果、白杨、光叶榉树
有害物质（煤气）吸收能力	虎皮兰、常春藤、龙血树类
盐分吸收能力	冰叶日中花、长羽裂萝卜
植物杀菌素散发能力	美国崖柏、丝柏、樟树、桉树
驱蚊的能力	蚊连草
驱乌鸦的能力	迷迭香

② 观赏的效果

作为观赏效果，不仅与周边环境相协调，形成街道的景观，还有养眼怡神的效果。不仅可以利用绿色，还可以利用鲜花感受四季变化。因此，要考虑与周边环境相协调，选择植物时，要注意不要选择形成异样景观的植物。

③ 接触的效果

众所周知，植物具有身心治愈疗效，可使人心胸宽广，通过植物更换或修剪、收获等与植物接触，通过栽培有利于身体功能的恢复和五感的训练。还可进行环境教育。即使在绿化少的城市，如果不努力创造与生物接触的空间和时间，将来也容易出现情操方面的问题。为此要选择孩子们能经常看到的植物、感兴趣的植物、在学校等有图有名字的植物等，最好可以接触植物。另一方面，如果食用或者接触有危险的话，在栽植种类的选定时要特别注意。

表 3-3-9 使用时要特别注意的植物

	高大树木，中高树木	低矮树木	草本
有毒性的植物	马醉木、栎、夹竹桃、芥草	曼陀罗、茵芋、紫云英杜鹃、迷迭香（针对孕妇）	毛地黄、铃兰、附子、石蒜∨白英、侧金盏花、石蒜属
接触后易过敏的植物	杉，丝柏		荞麦、猪菜、艾蒿
接触后易敏感的植物	漆树、毒叶藤、柏		圣诞玫瑰、竹煮草、四季报春、水芭蕉
接触后易受伤的植物	皂荚、花椒、刺槐、刺叶桂花、石蒜属	枸橘、木莓类、玫瑰类、玫瑰刺叶桂花南天竹、小蘗、丝兰兰	蓟类、荨麻、芒草

④ 香气的效果

一般认为香味儿对人体有安神的作用。要考虑香味儿的强弱和季节变化等因素，使其有效地利用。母菊、薄荷等可以承受某种程度的踩踏，被踩的树叶发出香味儿。相反地，有的发出恶臭，因此在选择植物上要进行充分的考虑。

（3）材料的调配性

生长中的植物，有移动期、店铺展示期等,除了种类不同,植物的大小、状态(种子、球根、树苗,开花植物、休眠植物等)也千差万别。尤其草花，自然开花时期的状态和出货运输时的样子完全不同，要加以注意。

近几年来，在草花园艺方面，有很多改良品种，正式的品种名称和流通名称混在一起，有的使用缩写名等，由于比较混乱,需要进行确认。还有,改良的品种当中，有的被登记为种苗，不能随意增殖，因此价格较高。

（4）施工时期

根据屋顶绿化的施工时期，有的品种在寒冷、干燥、酷暑等条件下不能使用，所以有必要进行考虑研究。

（5）品质

植物材料的质量也是重要的研究事项，屋顶的环境比较严峻的情况下，要确保选择扎根良好的植物材料。

7 ）屋顶、墙面绿化植物种类的特性一览

（1）表的使用方法

■生育形状栏：表示植物的生长类型

常绿 = 表示一年四季有叶子

落叶 = 主要表示冬季有落叶

针叶 = 表示针叶树

阔叶 = 表示阔叶树

高大树木 = 栽种时大约 2.5m 以上，将来会 5m 以上的树木

中高树木 = 栽种时大约 1.5m 以上，将来会 5m 以上的树木

低矮树木 = 栽种时大约 0.2m 以上，将来会 3m 以上的树木

高木（中木）= 本来属于高大树木，但作为中高树木利用

高木（低木）= 本来属于高大树木，但作为低矮树木利用

特殊树木 = 竹子、棕榈、香蕉树等

垂挂性 = 藤蔓延伸植物

夏绿 = 夏季叶子繁茂

冬绿 = 冬季到春季叶子繁茂

多年草 = 生长多年的草本（球根类除外）

宿根草 = 多年草中，冬季地上没有叶子、休眠的草本

一年草 = 生长期间从春季到秋季就结束的草本

越年草 = 生长期间夹着冬季，不满一年就结束的草本

二年草 = 生长期间二年就结束的草本

球根 = 地下有球状储藏部分，一定时期休眠的多年草

■栽植形状栏（根据表格，标记不同）

○共同项目

·（最高：m）=高中木、低木、垂挂植物 = 植物生长后最高高度

·（草长：cm）= 草本、地被植物 = 植物生长后最高高度

○中高树木、低矮树木

·高：m= 绿化施工时使用的高度

○草本 = 植物形状 = 绿化施工时使用的形状

·①种子；②幼苗、插头苗；③盆栽苗；④盆栽花（花盆）

○地被植物（包括景天、草坪）= 绿化施工时使用的施工方法

·①播种；②插枝（包括匍匐茎的栽种）；③铺膜；④插苗栽种；⑤植物苗栽种；⑥修剪草坪、草垫；⑦栈板设置

○垂挂植物 = 绿化施工时使用的形状（木本：m，草本：cm）

·①种子；②幼苗、插头苗；③盆栽苗；④开花苗（花盆）；⑤长尺物件

■植物耐寒区域 = 最低气温平均值在日本分为 15 个区，在此大致分为以下 6 个区域。

·①：比植物耐寒区域 5 还要冷的区域中可以生长（−23.3℃以下，北海道东北部）

·②：植物耐寒区域 6b 为止可以生长（−12.2 ~ −23.3℃，北海道、海岸以外的东北地区、中部山岳地区）

·③：植物耐寒区域 8a 为止可以生长（−6.7 ~ −12.2℃，东北地区海岸部、关东以西的内陆）

·④：植物耐寒区域 9a 为止可以生长（−1.1 ~ −6.7℃，关东以西海岸）

·⑤：植物耐寒区域 10a 为止可以生长（−1.1 ~ +4.4℃，九州最南端、伊豆各岛海岸，种子岛以南），近几年，东京都内、大阪市内等城市有热岛效应，在这些地方也出现此区域的现象

·⑥：植物耐寒区域 11a 为止可以生长（+4.4℃以上，奄美、冲绳）

■耐干性、耐风性、耐阴性、耐病虫害、耐踩踏性（只记载地被植物、草坪）

·◎：效果特强的植物

·○：效果强的植物

·△：效果普通的植物

·X：效果弱的植物

■花色、花期、果实、叶子

·只记载花、果实、叶子、香味显著的植物

·花期以关东地区的开花时期为标准

■年生长量：（只记录藤蔓植物）记载年生长量（m）

■攀缘形态（只记录藤蔓植物）

○直接攀缘

　附着盘型 = 有吸盘附着攀缘的植物

　附着根型 = 有根附着攀缘的植物

○间接攀缘（要辅助材料）

　卷须 = 利用卷须进行攀缘的植物

　卷叶柄 = 利用卷叶柄进行攀缘的植物

　卷附型 = 利用伸长的茎直接卷附攀缘的植物

　依附型 = 依靠其他品进行攀缘的植物

○垂挂 = 下垂生长延伸的植物

·○：使之下垂生长，使之攀缘时生长良好的植物

·△：使之下垂生长，使之攀缘时生长较差的植物

·X：使之下垂生长，使之攀缘时生长不良的植物

·−：不下垂生长的植物

表 3-3-10　高大树木

树木	生长形态	一般栽种高度：m（最高：m）	耐寒性	耐干性	耐风性	耐阴性	病虫害	花色	花期	果实	叶子	备注
洋槐类	常青，阔叶高大树木	树苗 1.5 ~ 3（20）	④⑤	○	X	X	少	黄	3 ~ 4			主要采用含羞草金合欢、银荆、森岛洋槐等。生长快，即使高大，也容易被风刮折断。通常栽种树苗。
日本蓝橡树	常青，阔叶高大树木	2.5 ~ 6（20）	③	△	○	○	少	黄	3 ~ 4			有株立植物（青刚栎）
罗汉松	常青，针叶高大树木	2 ~ 5（10）	②	○	○	○	中				○	可修剪，多数使用修剪过的。多数选择小叶子的罗汉松

树木	生长形态	一般栽种高度:m(最高:m)	耐寒性	耐干性	耐风性	耐阴性	病虫害	花色	花期	果实	叶子	备注
鸡爪槭	落叶,阔叶,高大树木	2.5~5(10)	①	△	×	△	少				红叶	红叶特别美,经常用于日式庭院
乌梅	落叶,阔叶,高大树木	1.5~4(6)	①	△	△	×	中	白红	2~3	6		果实可以食用,具有耐潮性,浅根性,容易移植
野茉莉	落叶,阔叶高大树木	3~5(10)	②	△	△	△	少	白	5~6			有微香,有株立植物。英文名:snow bell flower
大岛樱花	落叶,阔叶高大树木	3~5(10)	①	△	○	×	多	白	3~4			有耐潮性。成熟的黑色果实可以食用。飞鸟能把种子散落在屋顶上,很容易发芽
橄榄树	常青,阔叶高大树木	1.5~3(10)	③	◎	○	×	少	白	6	9~10紫		果实加工后可以食用。没有其他的树木无法授粉。近几年橄榄树象虫的虫害多发
樟树	常青,阔叶高大树木	3.5~8(10)	④	△	△	△	少					有耐潮,耐烟,耐湿性,很快长成大树。飞鸟能把种子散落在屋顶上,很容易发芽
铁冬青	常青,阔叶高大树木	2.5~6(15)	③	△	△	○	少			12红小		防火树木。吸引鸟的树木。树叶浓绿、雌雄异株
万年青	常青,针叶高大树木	2~6(30)	②	◎	○	×	中					耐潮性极强。叶子的寿命长达数年(红松为1年)
白蝶草	常青多年草高大树木	3~10(20)	②	△	△	△	少					很快长成大树。扫帚形状的树形。有株立植物。近几年多采用瘦形的改良品种
栎	落叶,阔叶高大树木	3~5(15)	②	○	△	△	少					强健,耐湿性强、有株立植物。结松果
唐棣属	落叶,阔叶高大树木	2.5~3.5(10)	②	△	△	△	少	白	4~5	8~9红		果实可以食用、有株立植物。近几年使用外国的改良品种较多
石榴	落叶,阔叶高大树木	2~3.5(6)	②	◎	△	×	少	红	6~8	9~11红		花为红色很显眼。果实可以食用
满堂红	落叶,阔叶高大树木	2.5~5(7)	②	◎	△		多	白红紫红	7~9			由于当年在枝上开花、日照会影响开花的数量。花期长
垂柳	落叶,阔叶高大树木	3~5(15)	①	○	×	×	中					耐湿性高、防火、但容易被风吹倒,树干折断
常青白蜡	常青,阔叶高大树木	2.5~8(20)	④	△	○	○	少	白	5~6			近些年使用急剧增加,都市内以常青植物为主,东京以北以落叶植物为主
青栲	常青,阔叶高大树木	2.5~8(20)	③	△	○	○	少					防火树木。吸引鸟类数木。树叶浓绿、结松果
白桦	落叶,阔叶高大树木	3~5(10)	①	○	△	×	少					树干变白。在温暖的地方容易有天牛虫的侵入
染井吉野樱花	落叶,阔叶高大树木	3~5(10)	②	△	△	×	多	淡红	3~4			由于都在同一个固体上,温度合适的话,会一齐开花,生长快,不结果
冬青	常青,阔叶高大树木	2.5~5(10)	③	○	○	○	少			11~12红		使用株立物较多,近些年来使用例子增加
棕榈	常青,棕榈类	2~3.5(6)	②	○	○	△	少					叶子前端不弯曲。鸟能把种子散落在屋顶上,很容易发芽

第三章

3. 植物的知识

树木	生长形态	一般栽种高度：m（最高：m）	耐寒性	耐干性	耐风性	耐阴性	病虫害	花色	花期	果实	叶子	备注
女贞日本藤	常青，阔叶高大树木	1.5~3（20）	③	○	○	○	少	白	6			吸引鸟类、很快长成大树。飞鸟能把种子散落在屋顶上，很容易发芽。
夏椿树	落叶，阔叶高大树木	2.5~5（10）	②	△	△	△	少	白	6			树干很美，树叶边缘有的会枯萎，有株立植物
花楸	落叶，阔叶高大树木	2~3.5（6）	①	△	△	△	少	白	4~5	9~12 红	11~12 红	秋季成熟的红色果实不会被鸟类马上吃掉，保留时间较长
马缨花	落叶，阔叶高大树木	2.5~5（10）	②	○	○	×	少	淡红	6~8			叶子在夜间会合上、有耐潮性。枝条容易横向生长
茱萸	落叶，阔叶高大树木	1.5~5（10）	②	△	×	△	少	红白	4~5	9~10 红	11~12 红	开花时，由于叶子没有展开，花很醒目。吸引鸟类。开红花的品种价格高
日本石柯	常青，阔叶高大树木	2.5~6（15）	③	○	○	△	少					耐潮、有株立植物。叶子大，偏黄色
毛竹	常青，竹类	3~5（10）	②	○	○	○	少					要注意地下茎的繁殖。叶子薄，容易干燥，会产生落叶
四照花	落叶，阔叶高大树木	3~5（10）	②	○	○	○	少	白	4~7	9~10 红	11~12 红	果实可以食用。叶子展开后在上面开花
山桃	常青，阔叶高大树木	3.5~6（20）	③	○	○	○	少			6~7 红紫		果实可以食用、雌雄异株。近些年来没有人食用果实，因此需要清扫
鹅掌楸	落叶，阔叶高大树木	3~6（20）	②	△	×	×	少	黄	5		11~12 黄	不禁风吹，容易折断，很快长成大树

表 3-3-11　中高树木

树木	生长形态	一般栽种高度：m（最高：m）	耐寒性	耐干性	耐风性	耐阴性	病虫害	花色	花期	果实	叶子	备注
紫杉	常青，针叶高大树木（中高树木）	1.5~3	①	△	○	○	少			红		可修剪。结鲜艳的红色果实
乌冈栎	常青，阔叶高大树木（中高树木）	1.5~3.5（10）	③	◎	○	△	中					有耐潮性、耐烟性。容易发生白粉病
小叶冬青	落叶，阔叶中高树木	1.2~2（2~3）	①	△	×	△	少			10~1 红		易移植、吸引鸟的树木
龙柏	常青~针叶高大树木（中高树木）	1.5~3.5（10）	②	◎	○	△	少					不能在茄子地周边种植（霉菌）。可修剪、耐烟性强
树参	常青，阔叶高大树木（中高树木）	1.2~3（9）		×	△	◎	少					有耐潮性。叶子形状随着树龄变化
光叶石楠	常青，阔叶高大树木（中高树木）	1.2~3（9）	③	○	○	△	少			3~4 红	发芽时变红	发芽时叶子变红
垂枝红千层	常青，阔叶中高树木	1.5~2（5）	④	○	○	△	少	红	5~10			花形象洗瓶刷，因此别名是桃金娘科。一年开花2~3次

树木	生长形态	一般栽种高度：m（最高：m）	耐寒性	耐干性	耐风性	耐阴性	病虫害	花色	花期	果实	叶子	备注
夹竹桃	常青，阔叶中高树木	0.5～1.8（4）	④	○	○	△	少	白红	5～9			耐烟性强、强健。生长快的很快成为小树，旧树干停止生长
桂花	常青，阔叶高大树木（中高树木）	1.2～3（5）	③	✕	△	△	少	橙	9～10			花有浓郁香气
黑竹	常青，竹类	1.5～2.5（4）	②	△	△	△	少	橙	9～10			地下茎增生。树干变黑
月桂树	常青，阔叶高大树木（中高树木）	1.5～3（10）	③	◎	○	○	中				芳香	作为料理用的香料。容易有甲壳虫
金冠大果柏木	常青，针叶高大树木（中高树木）	0.5～1.5（10）	②	△	✕	○	少				芳香	鳞状叶子为黄绿色。针状叶品种也很流行。根的张力弱，长大后容易被风吹倒
侧柏	常青，针叶高大树木（中高树木）	1～2.5（5）	②	△	✕	△	少					可修剪。叶子象立起来的手掌
杨桐	常青，阔叶高大树木（中高树木）	1.5～2.5（8）	③	△	△	◎	少	白	6			枝叶用于祭神。园艺中称做神的杨桐
山茶花	常青，阔叶高大树木（中高树木）	1.2～3（10）	③	△	○	○	中	白桃	10～11			防火树木、耐潮。要注意茶毒蛾病的发生
珊瑚树	常青，阔叶高大树木（中高树木）	1.2～3（10）	④	△	○	○	中			9～10红		防火树木、耐潮、吸引飞鸟。容易长鞘翅目病
紫玉兰	落叶，阔叶中高树木	1.5～2.5（4）	①	△	△	△	中	紫	3～4			深紫色花。可以长成小树
落矶山圆柏	常青，针叶高大树木（中高树木）	1.5～2.0（10）	②	○	✕	✕	少					特征是细长圆锥形的树形。叶子为蓝色系。在关东地区长大后，突然死亡的现象较多
小叶山茶	常青，阔叶高大树木（中高树木）	1.5～5（10）	③	△	○	○	中	红	12～3			是山茶花和山茶的杂交品种。花期长。容易发生茶毒蛾虫害
小叶山茶	常青，阔叶高大树木（中高树木）	1.5～5（10）	③	△	○	○	中	红	12～3			是山茶花和山茶的杂交品种。花期长。容易发生茶毒蛾虫害
山茶类	常青，阔叶高大树木（中高树木）	1.5～5（10）	③	△	○	○	中	红·桃-白	2～3			耐潮。品种多。容易发生茶毒蛾虫害
常盘万作	常青，阔叶高大树木（中高树木）	0.5～1.5（10）	④	○	○	○	少	白·红	4～5	有红色		绿叶白花、红叶白花，红叶红花。由于可修剪，近些年来经常用于护墙
侧柏	常青，针叶高大树木（中高树木）	1.5～2.5（15）	①	○	△	○	少				芳香	可修剪。搓揉叶子会长生浓香。品种多
日本女贞	常青，阔叶中高树木	1.5～2（5）	③	◎	○	○	少	白	6	黑		吸引飞鸟。飞鸟能把种子散落在屋顶上，很容易发芽
花海堂	落叶，阔叶中高树木	1.5～2.5（4）	②	△	△	✕	中	桃色	3～4			多瓣花密密麻麻。海棠是单瓣花

树木	生长形态	一般栽种高度：m（最高：m）	耐寒性	耐干性	耐风性	耐阴性	病虫害	花色	花期	果实	叶子	备注
紫荆	落叶，阔叶中高树木	1.5~2（4）	②	△	△	×	少	紫红	4			开花期，由于叶子没有展开，显得花格外鲜艳
柊树桂花	常青，阔叶高大树木（中高树木）	1.5~3（6）	③	△	△	○	中	白	9~10			叶子上有齿，手接触后会刺痛
西洋红光叶石楠	常青，阔叶高大树木（中高树木）	1.2~3（10）	③	◎	○	○	少	白	9~10	发芽时变红		发芽时，叶子变红
小琴丝竹	常青，竹类	1.5~2.5（4）	④	△	△	◎	少					没有地下茎就可以长成小树。耐阴性高
卫矛	常青，阔叶中高树木	1.2~2（5）	③	○	○	△	多					容易出现白粉病。由于可修剪，用于护墙的例子较多
木槿	落叶，阔叶中高树木	1.5~2（4）	②	△	△	×	中	红白	7~10			同年在树枝上开花。花期长。花色比品种多样
厚皮香	常青，阔叶高大树木（中高树木）	1.5~3.5（10）	③	△	○	○	中					吸引飞鸟，生长缓慢。不必修剪，可以保持原样
丁香	落叶，阔叶中高树木	1.5~2.5（3）	①	△	×	△	少	白红紫	4~6			花有香味。砧木白蜡的成长力强，有的不知不觉长成白蜡

表 3-3-12　低矮树木

树木	生长形态	一般栽种高度：m（最高：m）	耐寒性	耐干性	耐风性	耐阴性	病虫害	花色	花期	果实	叶子	备注
绣球花	落叶，阔叶低矮树木	0.5~1.2（2）	②	△	×	○	少	蓝.桃、白	6~7			有株立性，根据土壤酸度，花色不同。花萼八仙花绣球花等近亲品种使用较多
马醉木	常青，阔叶高大树木（低矮树木）	0.5~1.2（4.5）	②	◎	○	○	少	白	3~4		4~5	发芽时叶子变红，叶子有毒，马食用后会醉倒。（又叫醉马树）
六道木属	常青，阔叶低矮树木	0.5~0.9（2）	③	◎	△	△	少	白	6~10			吸引蝴蝶，花期长，根据品种的不同，叶子颜色和花色不同、有株立性
犬黄杨	常青，阔叶高大树木（低矮树木）	0.5~3（5）	③	◎	△	○	中	白	6~10			吸引飞鸟、容易修剪。要注意木槿的虫害
锦带花	落叶，阔叶低矮树木	0.5~1.2（2）	②	△	○	△	少	白	5~6			扎根深，容易移植，有株立性
大紫蝴蝶杜鹃	常青，阔叶低矮树木	0.3~0.6（2）	③	○	△	△	少	紫红	5			容易移植，平户杜鹃（花色丰富）的一种、杜鹃类植物中耐干性强
黄鹿角杂种桧	常青，针叶低矮树木	0.2~0.3（1）	②	◎	△	△	少					横向生长杯状品种。鱼鳞状针叶为黄金色

树木	生长形态	一般栽种高度：m（最高：m）	耐寒性	耐干性	耐风性	耐阴性	病虫害	花色	花期	果实	叶子	备注
英蓬植物	落叶，阔叶低矮树木	0.5-1.2（3）	①	△	△	×	中	白	5~6	9~11红		吸引飞鸟。容易有珊瑚树金花虫虫害
梧桐杜鹃	常青，阔叶低矮树木	0.3~0.6（2）			△	△	中	红	4~5			近亲品种的久留米杜鹃，有各种花色，叶子很小
栀子	常青，阔叶低矮树木	0.5~0.9（3）	④	△	×	○	多	白	5~7	9~11橙		花有香味。果实可以作为染料。容易有咖啡透翅天蛾（蛾子的一种）病
枸子类	常青，阔叶低矮树木	0.1~0.3（3）	①	◎	○	△	少	白	5	9~11红		吸引飞鸟、多数品种下垂蔓延式生长，开小花，花径3cm左右
蔓马缨丹	常青，阔叶低矮树木	0.1~0.3（3）	④	○	△	×	少	桃、白淡紫	4~10			花期长、下垂式生长、放在阳台等处，一年四季都开花
山榴	常青，阔叶低矮树木	0.2~0.5（1.2）	③	△	×	△	中	白橙	5~6			具有浅根性，有白色，红色，桃色，紫色的花、持续干燥叶子会枯死，只剩下树干
粉花绣线菊	落叶，阔叶低矮树木	0.3~0.6（1.2）	②	△	△	△	少	淡红白	5~8			有株立性、有的品种开白花、固定开小花，花径为7cm左右
车轮梅	常青，阔叶低矮树木	0.3~0.8（3）	④	○	○	○	少	白	5			耐潮性强、叶子的圆叶车轮梅耐潮性更高
西洋磐南天竹	常青，阔叶低矮树木	0.1~0.3（0.7）	①	○		○		白	4~5		有斑	新的叶子会变成白色，黄色，桃色和红色，很好看
锦带花	落叶，阔叶低矮树木	0.3~1.2（3）	②	○	△	×	少	桃	5~6			生长旺盛，整体开桃色的花
瑞香	常青，阔叶低矮树木	0.3~0.6（1.5）	④	×	×	○	中	紫红十白	3			花有浓烈的香味，长大后不可移植，有白绢病
东丹杜鹃	落叶，阔叶高大树木（低矮树木）	0.3~1.5（3）	①	△	×	×	少	白	4~5	9~11红		容易修剪成形。有的还可以修剪成球状。红叶很美
假叶树	常青低矮树木	0.3~0.5m（0.7）		◎	△	◎	少					极耐阴性。生长慢
胡颓	常青，阔叶低矮树木	0.3~0.9（3）	②	◎	○	○	少					果实可以食用。耐潮性强，改良品种金边埃比胡颓子（黄斑）的使用较多
南天竹	常青，阔叶低矮树木	0.5~0.9（1.8）	③	△	×	○	少	白	6~7	11~1红	秋冬红叶	吸引飞鸟、株立性、吉祥树（不容易倒），不可修剪
卫矛	落叶，阔叶低矮树木	0.5~1.2（2.5）	①	○	△	△	少			9~11红		吸引飞鸟。红叶很美。树枝上会长出木栓质的枝杈
密生刺柏	常青，针叶低矮树木	长0.3（L3）	①	◎	○	×	少					耐潮性强。针状叶，与铺地柏（鳞片状叶子）不同
铺地柏	常青，针叶低矮树木	长0.3（L3）	②	◎	○	×	少					耐潮性强、使用高杜松、蓝毯柏，密生刺柏等近亲品种较多

第三章

3. 植物的知识

树木	生长形态	一般栽种高度：m（最高：m）	耐寒性	耐干性	耐风性	耐阴性	病虫害	花色	花期	果实	叶子	备注
萩	落叶，阔叶低矮树木	根株～0.5（2）	②	△	△	×	少	白、桃、紫	7～9			强健。当年生长的树枝到了冬季枯死，第二年又能长出新的枝条
箱根锦带花	落叶，阔叶低矮树木	0.5～1.5（3）	②	△	○	×	少	白桃	5～6			株立性、强健、有耐潮性、使用锦带花、二色锦带花等近亲品种较多
玫瑰	落叶，阔叶低矮树木	0.3～0.5（1.2）	①	◎	○	×	少	紫红	6～7	红		强健。有耐潮性。有细的尖刺，注意不要受伤
蔷薇花类	落叶，阔叶低矮树木	0.3～0.9（3）	②	○	○	×	多	各种	5～7 9～10	红		有株立性、有很多品种，白粉病、蚜虫等病虫害较多，也有病虫害较少的品种出现
小檗属粳稻	常青，阔叶低矮树木	0.3～0.9（2）	③	△	△	◎	少	黄	3～5	9～10 紫		株立性、花有香味，叶子前面有刺
柃木	常青，阔叶高大树木（低矮树木）	0.3～0.6（3）	③	△	○	○	少			10～1 黑		雌雄异株、花有恶臭、吸引飞鸟
金丝桃属	低矮树木	0.15～0.3（0.9）	③	◎		○		黄	6～7			株立性、根据品种形状性质有所不同，金丝桃、金丝梅属于同一种类
金丝桃	常青，阔叶低矮树木	0.3～0.6（1.2）	④	◎	△	○	少	黄	6～7			可修剪
火棘	常青，阔叶低矮树木	0.3～1.2（3）	③	◎	△	×	少	白	5～6	10～1 红－橙		有刺、吸引飞鸟，秋天果实染色，可以保留到早春时分，不被鸟食用
醉鱼草属	常青，阔叶低矮树木	0.3～0.9（2）	②	○	○	△	少	紫、白	6～10			株立性、吸引蝴蝶、花期长
黄杨	常青，阔叶低矮树木	0.3～0.6（5）	①	○	○	○	多					容易有黄杨绢野螟、受虫害影响大的话会枯死，修剪成直角的情况较多
紫珠	落叶，阔叶低矮树木	0.5～1.2（2.5）	②	△	×	△	少	淡紫	6	10～11 紫		株立性、吸引飞鸟、紫色果实很美。小紫珠使用的较多
雪柳	落叶，阔叶低矮树木	0.5～0.8（2.5）	②	◎	△	△	少	白	3～4	10～11 紫		株立性、由于干燥，很快变得枯萎，作为树木的指标。叶子虽然枯萎，但剩下的树干耐干性强
马缨丹	落叶，阔叶低矮树木	0.3～0.6（3）	⑤	△	△	×	少	黄、红、橙	6～10			花色由黄变橙，由青紫色变为红紫色。耐寒性弱，在东京都内地区，冬季叶子和细小树枝会枯萎
连翘	落叶，阔叶低矮树木	0.3～0.8（3）	②	△	△	△	少	黄	3～4			株立性、强健、春天整体开黄花
玫瑰玛莉	落叶，阔叶低矮树木	0.1～0.3（1.5）	②	◎	△	×	少	淡蓝	10～5		香り	葡匐性品种下垂生长，叶子有香味
匍枝亮绿忍冬	落叶，阔叶低矮树木	0.1～0.3（1.0）	③	◎	○	△	少					叶子极小，密集

表 3-3-13 草本植物

树木	生长形态	一般栽种高度:m（最高:m）	耐寒性	耐干性	耐风性	耐阴性	病虫害	花色	花期	果实	叶子	备注
常春藤天竺葵	常青多年草	开花植物（30~50）	③	◎	△	△	少	红桃	3~12			容易下垂式生长，因此使用吊盆，使其在冬季以外季节开花
百子莲	常青多年草	9cmV.P,开花植物（30~50）	③④	◎	△	△	少	白青紫	6~7			根据品种不同差异较大，几年一次分棵
矶菊	常青多年草	9cmV.P（40）	③	◎	○	×	少	黄	11~12			每年春天种植，在肥沃的，排水好的土壤上培育
加勒比飞蓬菊	宿根草	9cmV.P、开花植物（10~20）	②	○	○	×	少	白桃	5~11			红白花相间。种子易飞散，繁殖容易
大叶沿阶草	常青多年草	9cmV.P（30）	②	◎	○	○	少	紫	6~7			叶子深绿色
大弁庆草	宿根草	9cmV.P、开花植物（30~70）	③	◎	△	△	中	桃红	7~10			叶子有蜡质光泽，亮绿色，花色红中带粉是它的特征
酢浆草	夏休眠球根冬休眠球根	球根、开花植物（5~50）	③	◎	△	×	少	黄桃	3~5 9~11			其他的，还有橙色，红色和白色等。大花酢浆草、酢浆草等
万年青	常青多年草	9cmV.P（30）	②	◎	○	◎	少	淡黄	5~6		有的种类有斑	根据叶斑和形状，有的品种价格很高。10~12月结果实、红色
山桃草	常青多年草	9cmV.P、开花植物（30~100）	①	◎	○	×	少	白桃	6~11			别称是白花菜科
康乃馨类	常青多年草	9cmV.P、开花植物（30~100）	②	○	△	△	少	白、红其他多种颜色	4~7 9~11			每年五月，在树的边上插上新枝。树苗在半荫的地方可以过夏天
勋章菊	常青多年草	9cmV.P、开花植物（20~25）	④	○	△	△	少	黄、红其他多种颜色	全年			银色叶子的阿尔巴有耐寒性。尽量放在有阳光的地方，注意不要湿气过重
莫苔属（苔属）	常青多年草	9cmV.P（40）	③	○	△	○	少			有的种类有斑		品种多、常见的是茶色的叶子、可修剪
桔梗	宿根草	9cmV.P、开花植物（50~100）	①	△	△	×	中	白青紫	8~9			在初夏开花后，在上方进行修剪，到了秋季还能开花
玉簪属	宿根草	99cmV.P、开花植物（20~30）	②	◎	△	◎	少	淡紫	6~8			品种多，开花期不同，有的叶子有斑
樱草类	宿根草	9cmV.P、开花植物（20~30）	④	△	△	△	中	白、桃	3~6			品种多，变化少。开花后注意填土
仙客来	夏休眠球根	开花植物（25~40）	③	△	△	△	少	白、红桃	11~5			具有半耐寒性。在凉爽气候下培育良好，喜水。有的品种有奶白，紫色的花

第三章

3.植物的知识

113

树木	生长形态	一般栽种高度:m（最高:m）	耐寒性	耐干性	耐风性	耐阴性	病虫害	花色	花期	果实	叶子	备注
德国菖蒲	宿根草	9cmV.P、开花植物（30~50）	①	◎	○	△	少	白、黄其他多种颜色	5~6			一朵花中有多种颜色
白芨	宿根草	9cmV.P，开花植物（40~60）	②	◎	△	△	少	白、桃黄	4~6			尽量避免西晒，喜欢半阴
水仙	夏休眠球根	球根、开花植物（20~40）	②	◎	○	△	少	白、黄	1~3			水仙、喇叭、红口水仙等很多品种、有的品种花有香味
鼠尾草类	常青多年草宿根草	90cmV.P、开花植物（50~200）	①④	◎	○	X	少	红、黄、紫、蓝	6~11			叶子有香味，香叶可以用于做香肠、长得过长时，可以修剪
汉荭鱼腥草	常青多年草	9cmV.P.开花植物（20~50）	③	○	△	X	少	桃-红	3~7 9~12			花期长，阳台等暖和的地方，冬季也能开花。长得过长时，可以修剪、品种很多
圆羊齿	常青多年草	9cmV.P（40）	⑤	◎	○	○	少	桃-红	3~7 9~12			可以在加拿利海枣的树干和熔岩上生长、西洋品种耐干性和耐寒性弱
天竺葵	常青多年草	9cmV.P（100）	④	◎	○	△	少	红	6~9			长得过长时，可以修剪
橐吾	常青多年草	10.5cmV.P（60~70）	③	○		◎	少	黄	11~12		黄斑白斑	耐热性、耐潮性强、冬季也开花
穗花属	宿根草	9cmV.P（30）	②	○	○	○	少	蓝	9~11		黄斑白斑	原产于山阴地区，有的县濒临灭绝
浜菊	常青多年草	9cmV.P、开花植物（20~50）	②	◎	○	X	少	白	10~11			耐潮耐干性强，如果放置不管会长得很大，开花后需要修剪
石蒜	夏休眠球根	球根、9cmV.P（40）	①	◎	○	△	少	红	9			秋季先开花后长叶
金边阔叶麦冬	常青多年草	9cmV.P-30	②	◎	○	○	少	紫	8~9			叶子上有白黄相间的斑。比原有品种山阴冬使用的多。山麦冬属
贝尼蕨类	常青蕨类	9cmV.P（20-60）	③	○	△	◎	少					从向阳到背阴都可生长。根可以长在岩石和石缝之间，也可以在林地等使用
萱草属	宿根草	9cmV.P、开花植物（30~60）	①	◎	△	X	中	黄、深红	5~7			品种多。一朵花开一天就萎缩，一个接一个的开花
雏菊	常青多年草	9cmV.P、开花植物	④	○	△	X	少	白	4~6			如果放置不管会长得很大，开花后需要修剪。根据品种，花色和花形不同
山麦冬	常青多年草	9cmV.P（20）	②	◎	○	○	少	青紫	8			叶子深绿色
百合类	冬休眠球根	球根、开花植物（100-200）	②	△	△	△	少	白黄	6~7			天香百合、鬼百合、铁炮百合等品种很多

表 3-3-14　藤蔓植物特性一览表

植物名称	生长方式	栽培形状最高(m)	攀缘形态 直接	攀缘形态 间接	下垂	棚架	耐寒性	耐干性	耐风性	耐阴性	病虫害	观赏性 花色	观赏性 花期	备注
通草	落叶木本	9cmV.P、枝蔓长10cm(20)		缠绕	○		①	△	△	△	中	紫	4	新芽是野菜，果实可食、有三叶通草、牧野木通等品种
牵牛花	一年草	种子、树苗、开花植物(5)		缠绕			—	×	×	×	中	白-紫.红-青	7~8	叶子上可以出现大气污染的迹象，作为指标植物
东亚砂藓	落叶木本	(20)	有根				①	△	△	○	少	白	7~8	原产于日本，花苞单片，与八仙花类不同。植物苗的生产和贩卖较少
薜荔	常青木本	9cmV.P枝蔓长10cm(10)	有根		○		④				少			原产日本，可在墙壁上密集覆盖，当全面覆盖后，向外伸出的叶子有斑，有的品种叶子是橙色
落葵薯	落叶多年草	10.5cmV.P枝蔓长10cm(10)		缠绕	△		④	○	△	△	少	白	9~10	用来做绿色蔓帘，叶子和茎可以食用，即使用网架也可以直线上爬
西葫芦	一年草	种子，苗(10)		卷须	○		—	△	△	×	中	黄	6~8	形状和颜色独特，变异多，果实不能食用，用来做椅子或棚架。放任不管的情况下也可以生长良好
卡罗莱纳茉莉	常青木本	9cmV.P枝蔓长20cm(10)		缠绕			④	△	△	×	少	黄	5~6	花有微香，上面繁茂，下面稀疏
猕猴桃	落叶木本	12cmV.P枝蔓长20cm(10)		缠绕	○		③	△	△	△	中	白	5~6	果实可以食用，雌雄异株。枝蔓到处飞卷(2m)
棉团铁线莲	常青多年草	7.5cmV.P枝蔓长20cm(10)		卷叶柄	○	○	③	△	△	×	中	白	4~5	藤蔓全面开花
铁线莲	落叶多年草	7.5cmV.P枝蔓长20cm-10		卷叶柄							中	白·桃	5~7	枝蔓能够越冬，来年枝蔓长出新叶。枝蔓全体开花
苦瓜(蔓荔枝)	一年草	种子、苗(5~10)		卷须							少	黄	5~9	可用来做绿色屏障、果实可食用(有苦味)，成熟后(黄)中带红味甜
变色牵牛(牵牛类)	落叶多年草	苗、开花植物(15)		缠绕							中	蓝	6~10	花期长、枝蔓能够越冬，来年枝蔓长出新叶、日本名为野朝颜
突拔忍冬	常青木本	9cmV.P枝蔓长30cm(10)		缠绕							中	白	5~6	花芳香、严寒地区会落叶、上部繁茂型，下部易通透
蔓长春花	常青多年草	9cmV.P枝蔓长20cm		攀爬性							中	蓝·白	4~5	有带斑纹的种类、下垂不攀爬
仙鹤玫瑰类	落叶木本	苗木、开花植物		依附性							多	红·白黄·橙	5~6 9~10	花色、花形等的品种多、需进行诱导攀缘
扶芳藤类	常青木本	10.5cmV.P枝蔓长30cm-5	附着根								中			带斑纹种类的叶子由白到红发生变化，主要使用改良种类

植物名称	生长方式	栽培形状最高（m）	攀缘形态		下垂	棚架	耐寒性	耐干性	耐风性	耐阴性	病虫害	观赏性		备注
			直接	间接								花色	花期	
亚洲络石	常青木本	190cm V.P 枝蔓长30cm -10	附着根								少	白	5～6	有带斑纹的种类、花朵芬芳，主要使用改良种类
西番莲类	常青木本	枝蔓长15cm -10		卷须							中	紫＋白	5～9	西番莲长在日本关东以西、紫果西番莲在东京都内，可以越冬·果实可以食用
地锦	落叶木本	9cmV.P 根元径2cm -30	吸盘	卷须							中			干燥的墙体也能攀爬、附着力强、有红叶
山荞麦	落叶多年草	9cmV.P 枝蔓长20cm -10		缠绕							少	白	9～10	延伸的枝蔓会下垂易产生荒芜感，需注意
凌霄花	落叶木本	9.0cm VI P 枝蔓长20cm -10	附着根	缠绕							中	橙	6～8	花朵大而鲜艳美丽、在地面攀爬时根部易长出
多花素馨	常青木本	化粧鉢枝蔓长30cm -10		缠绕							中	白	4～5	花朵香味芬芳、上部繁茂型、下部易通透
号角藤	常青木本	9cmV.P 枝蔓长20cm -10	附着根	缠绕							少	橙十黄	6～7	花朵有咖喱的味道、上部繁茂型、下部易通透
南五味子	常青木本	10.5cmV.P 枝蔓长30cm -10		缠绕							中			果实象斑点状日式点心、植物上部繁茂型，下部易通透
瓠瓜	一年草	种子、苗 -10		卷须							多	白	8～9	可用来做绿色屏障、果实可以用来加工应用
多花紫藤	落叶木本	12cmV.P 枝蔓长50cm -30		缠绕							中	紫白	5～6	分为花穗长的野田紫藤和花穗短的山紫藤、花香芬芳
倒地铃	一年草	（长2～5m）		卷须									7～8	用于防护栏、围栏、盆栽。卷须易缠绕生长，更适用于防护栏
葡萄	落叶木本	苗木枝蔓长100cm -20		卷须							多		7～8	葡萄虫容易侵入枝蔓、果实可以食用
丝瓜	一年草	种子、苗（10）		卷须							多	黄	7～9	可用来做绿色屏障、果实可以加工、可食用
常春藤类	常青木本	9～10.5cm V.P 枝蔓长30cm -30	附着根								少			有带斑点的叶子、根据叶子的变化有较多品种。主要有大叶常春藤和小叶常春藤
野木瓜	常青木本	12cmV.P 枝蔓长30cm -10		缠绕							中	淡紫	5～6	果实可以食用、枝蔓卷绕飞舞（2m）
木香花	常青木本	12cmV.P 枝蔓长20cm -10		依附性							中	白·黄	4～5	无刺玫瑰、植物攀缘时需要进行诱导

4. 土壤基质的知识

对于植物的生长来说，土壤并不是必不可少的。采用不使用土壤的水栽培系统，种植番茄等蔬菜，可以比土壤栽培收获更多。但是，根据植物工厂和农家种植户的介绍，需要全程24h的监护和管理，水中的养分、氧气、pH值的控制都非常重要，在突发情况下，会对作物产生很大的影响。在这一点上，好的土壤可以保持土壤水分和营养，缓和突然的急剧变化，不会对作物产生突然的影响，能够更好地支持作物生长。

土壤基质是坡屋顶绿化、墙面绿化所共通的材料，在这章里进行阐述。

1）土壤基质的标准

土壤选定的基本条件，需要考虑搬入时的重量、湿润重量、加压压缩率、有效水分保持量、饱和透水系数、pH值、盐基交换容量、电传导等各个方面。另外，

表 3-4-1　屋顶绿化用土壤的评价项目和基准量

评价项目		单位标准	自然土壤目标值	人工土壤性能标准	评价标准			
					优秀	良好	较差	差
土壤的物理性能	搬入重量	kg/m²			0.2>=◎	~0.5=○	~1.0=△	1.0<=X
	湿润重量	pF1.5t/m²		1.0>	0.7>=◎	~1.0=○	~1.5=△	1.5<=X
	加压压缩率	%	（施工时的损耗）		10%>=◎	20%>=○	30%>=△	30%<=X
	有效水分保持量	pF1.5~3.0 m²/ℓ	80~300	100<200<优	200<=◎	~120=○	~80=△	80>=X
	饱和透水系数	m/sec	1×10⁻³~1×10⁻⁶	1×10⁻⁵>	1×10⁻³<=◎	~1×10⁻⁴=○	~1×10⁻⁵=△	1×10⁻⁵>=X
土壤的化学性能	PH值		4.5~7.5	5.0~7.5	5.6~6.8=◎	0.5~=○ ~7.5=○	4.5~=△ ~8.0=△	4.5>=X 8.0<=X
	盐基交换容量（CEC）	保肥力 me/100g	6以上	（施肥间隔的影响）	20<=◎	~10=○	~6=△	6>=X
	电传导度	EC ds/m	（影响EC的物质存在、肥料·盐类等）		0.8~1.2=◎ ~1.5=○	0.5~=○ ~2.0=△	0.1~=△	0.1>=X 2.0<=X
其它	开袋时的飞散		（施工时的事故原因）		无=◎	有=0	多=△	很多=X
	土粒的沉浮		（降雨时土壤的流出）		无流出=0	极少漂浮=0	漂浮较多=△	全部漂浮=X
	树木支持力		（重量和土壤粘性的关系）		优=◎	良=○	普通=△	差=X
	踏付减量	减量率	（草坪踩踏利用时）		10%>=◎	20%>=○	30%>=△	30%<=X
	质量的变化		（物理·化学性能的变化）		无=◎	有=○	多=△	極多=X
	耐久性		（减量、质量变化的时间）		20年以上=◎	20年左右=0	10年左右=△	10年未满=X
	施工性		（铁锹使用难易度）		优=◎	良=○	普通=△	差=X
	初期洒水量	土壤体积比%	（PF1.5左右的土壤水分所必需的水量）		20%>=◎	40%>=0	80%>=△	80%<=X

在施工时，对于土壤的管理，需讨论开袋时土粒的飞散、颗粒的沉浮、树木的承载力、踩踏造成的减量、质量的变化、耐久性、施工性、初期的洒水量。在此基础上，还需要讨论土的颜色、颗粒直径、质感等景观方面的项目。保持土壤的养分也是必不可少的。

① 重量（湿润时的重量）

在屋顶，承重荷载是有条件的，因此"重量"是很重要的。通常土壤的重量用湿润重量来表示，但这是从饱和状态减去重力水后（pF1.5）的重量。人工土壤的基准是，轻质土壤为 $1.0t/m^3$，超轻质土壤为 $0.6t/m^3$。

② 保水性（有效水分保持量）

保持水分的能力叫做保水性，用"有效水分保持量"来表示。与土壤相关的各组织机构所设置的参考值，范围大小都有差异，但是人工土壤的基准在 pF1.5 ~ 3.8 范围内，$100L/m^3$ 以上为"良"，$200L/m^3$ 以上为"优"。

③ 排水性、通气性（饱和渗透系数）

排除多余的水的能力（渗透性），确保通气的能力（通气性），一般用大致相同的"饱和渗透系数"来表示。$10^{-5}m/s$ 以上作为"良"，$10^{-5}m/s$ 以上为"优秀"。这个以每秒水的垂直移动距离（m）的对数来表示，$10^{-5}m/s$ 表示 1s 移动 0.01mm。由于 1h 移动 36mm，从计算上看，即使有相当大的暴雨时，降雨量在 36mm，也不会有积水现象。

④ 保肥料力（阳离子交换容量（CEC））

保持养分的能力叫做保肥力，用"阳离子交换容量（CEC）"来表示。数值 6cmol（+）/kg 以上被认为是"良"，20cmol（+）/kg 被认为是"优秀"。

在屋顶和阳台，如果下雨，容易使土壤养分流出，因此选择使用保肥力高的土壤，可以减少施肥的频率。

⑤ pH 值

将营养成分顺利给植物的能力，由于土壤的 pH 值不同，各要素的有效性不同，如果在 pH 值 5.5 ~ 7.5 的范围，认为没有问题。

⑥ 关于肥料成分（氮、磷酸、钾肥、其他微量要素）

因为屋顶的承重荷载是有条件的，进行绿化后最好不要增加重量，要使肥料的成分达到最小限度。因此，要尽量避免使用已含肥料的那种园艺用土。屋顶绿化，要根据绿化目的、植物生长状况等，通过管理来控制施肥，讨论肥料成分和量。

表 3-4-2　土壤选定的标准

分类	评价项目 / 土壤类型	物理性					化学性			其他								特征和注意事项
		搬入重量	湿润重量	加重压缩率	有效水分	渗透系数	pH值	盐基交换容量	导电	飞散	粒子的沉浮	树木支撑力	踩踏减少量	质的变化	耐久性	施工性	初期喷水量	
自然土壤	黑土	X	X	△	○	△	○	◎	○	○	◎	◎	○	○	◎	△	○	关东地区多见，注意踩踏会使其坚固
	细沙土	X	X	△	○	△	○	○	○	○	○	○	○	○	○	△	○	关西地区多见，注意踩踏会使其坚固
	山沙	X	X	△	△	○	○	○	○	○	○	○	○	○	○	△	○	中部，千叶县多见注意干燥
	荒木田土	X	X	△	○	X	○	○	○	○	○	△	○	○	○	X	◎	黏性土用于池塘，流水的地方
改良土壤	黑土:珍珠岩土=7:3	X	○	△	◎	○	○	○	○	○	○	○	○	○	○	○	○	属于一般的改良土壤混合均匀
	黑土:珍珠岩土=5:5	△	○	△	◎	○	○	○	○	○	○	○	○	○	○	○	○	轻量化改良土壤均匀混合
	细沙土:珍珠岩土=5:5	X	△	△	○	○	○	○	○	○	○	○	○	○	○	○	○	改良细沙土的有效水分
	细沙土:珍珠岩土:树皮堆肥=5:4:1	X	△	△	○	○	○	○	○	○	○	○	○	○	○	○	○	改良细沙土的有效水分、盐基交换容量
无机质系	膨胀蛭石土	◎	◎	X	◎	◎	○	◎	○	X	○	○	○	○	○	○	X	园艺用土，不可踩踏
	珍珠岩系列细珍珠岩土	◎	◎	△	◎	◎	○	△	○	X	○	○	○	○	○	○	X	注意土壤的湿度，飞散和施肥
	珍珠岩系列粗珍珠岩土	◎	◎	△	○	◎	○	△	○	X	○	○	○	○	○	○	X	注意土壤的颗粒度，飞散和施肥
	珍珠岩土系列混合土	◎	◎	△	◎	○	○	△	○	△	○	○	○	○	○	○	○	商品的差别很大
	火山岩系列混合土	△	○	△	○	○	○	△	○	○	○	○	○	○	○	○	○	注意极大颗粒
	气泡混凝土系列混合土	△	○	△	○	○	○	△	○	○	○	○	○	○	○	○	○	注意大颗粒的直径和 PH 值等的变化
	熔渣系列混合土	△	○	△	○	○	○	△	○	○	○	○	○	○	○	○	○	沙状注意 pH 值的变化
	造纸污泥系列混合土	△	○	△	○	○	○	△	○	○	○	○	○	○	○	○	○	沙状注意 pH 值的变化
	泡沫塑料系列混合土	△	○	△	○	○	○	△	○	○	○	○	○	○	○	○	○	注意颗粒上浮
	园艺土壤系列混合土	△	○	△	○	○	○	△	○	○	○	○	○	○	○	○	○	注意原土的颗粒直径和质量
	净水糕状系列混合土	△	○	△	○	○	○	△	○	○	○	○	○	○	○	○	○	注意肥料过多和排水
	发泡树脂系列	◎	◎	X	◎	○	○	△	○	○	○	○	X	X	X	○	△	注意植物支撑物的长时间老化
有机质系	食物残渣系列混合土	△	○	△	◎	○	○	◎	○	○	○	○	○	○	○	○	○	注意肥料过多和长时间老化
	椰壳堆肥土系列	○	○	△	◎	○	○	◎	○	○	○	○	○	○	○	○	○	盐类，注意施工后的土壤飞散
	泥炭系列系	○	○	△	◎	○	○	◎	○	○	○	○	○	○	○	○	○	注意湿度过大，和长时间的老化
	草炭系列	○	○	△	◎	○	○	◎	○	○	○	○	○	○	○	○	○	注意湿度过大，和长时间的老化
	针叶树树皮系列	○	○	△	◎	○	○	◎	○	○	○	○	○	○	○	○	○	注意湿度过大，和长时间的老化
	修剪枝条堆肥系列	○	○	△	○	○	○	○	○	○	○	○	○	○	○	○	○	注意有机物的腐熟度，老化和耐久性
底面灌溉	泡沫炼石	△	△	◎	△	◎	○	○	○	○	○	○	○	○	◎	○	—	园艺用土，注意水深
	破碎陶瓷系列	△	△	◎	△	◎	○	△	○	○	○	○	○	○	◎	○	—	园艺用土，要特别注意水深
	岩棉	◎	◎	X	◎	◎	○	△	—	—	X	X	○	○	◎	○	—	农业用土，不可踩踏
	发泡树脂系列	◎	◎	X	◎	○	○	△	○	○	○	○	○	○	◎	○	—	主要培育幼苗用不可踩踏
	化学纤维	◎	◎	X	◎	◎	○	△	—	—	X	X	○	△	◎	○	—	农业用土，不可踩踏

根据生产厂家不同，人工土壤的差别很大，要确认。

范例：◎：非常好；○：很好；△：普通；X：差 —：无此项。

2）屋顶用人工轻量土壤

人工轻量土壤根据内容物不同，大致分为无机系、有机系、有机无机混合系三种。

湿润相对密度在 0.6 内外，或 0.8～1.0 左右（所谓相对密度 0.6，土壤每 $1m^3$ 相当于 0.6t=600kg），相当于自然土壤重量的 1/3～1/2 左右。但是，土壤过于轻量化也会产生问题，土壤容易被风吹散，树木支撑出现问题，需要加以注意。

人工轻量土壤用相对密度等性能来表示，但是性能的测定方法和范围有不同的情况时，需要注意。国土交通部为了统一这些性能测试，在 1999 年出版了《人工土壤的性能表示和开发目标相关指导说明》，但是实际现状，并不是所有人工土壤的测试都按指导说明来进行。

① 无机人工土壤

无机人工土壤很多是利用珍珠岩系重晶石等岩石的燃烧物和火山砂石等。保水性和透水性高，由工厂加工，质量稳定。

还有，它的特征是即使长期使用老化的情况也较少。

② 有机人工土壤

有机的东西主要是分解慢的针叶树的树皮和可可泥炭，由泥炭、草炭等加工而来。保肥性、缓冲能力高，但是干燥的话，透水性降低，不能均匀地灌溉，要注意对灌溉进行管理。

还有，由于施工中和施工后的踩踏，长期使用后会老化等，容积会减少，因此使用位置是有限制的。

③ 有机无机混合型人工土壤

是有机物质材料和轻量无机物质材料混合加工后的人工土壤，使保水性、保肥性、缓冲能量保持平衡。但是，有机物的比例如果变高，容易分解，有可能会发生土壤损耗。

3）自然土壤

① 黑土（湿润重量：1.3～1.6t/m³）

在关东地区广泛分布的火山灰（关东土壤）的表层土，也称作黑土。含有大量的有机物质，轻而柔软，保水性和保肥性都很好，但是被固定后，通气性和排水性会变弱，不适宜人在上面经常行走。因此，一般和土壤改良材料合并使用。

② 红土（湿润重量：1.6～1.8t/m³）

黑土下面的火山灰（关东土壤），几乎不含有机物质。比较轻，如果固定的话，通气性和排水性就会变弱。

这种土壤经过日晒或烧制，称作红玉土、烧制红玉土。

③真砂土（湿润重量：1.8 ~ 2.1t/m³）

花岗岩风化后的土壤，较重，但是保水性、保肥性、通气性和排水性都很弱。特别容易被固定，混合土壤改良材料是不可缺少的。

④山砂（湿润重量：1.8 ~ 2.1t/m³）

以海岸和河岸以外产的砂作为主要成分，通气性和排水性好，但是保水性和保肥性较弱。

⑤荒木田土（田土）（湿润重量：1.8 ~ 2.1t/m³）

主要是稻田的下层土和河川的堆积土，由黏土物质组成，很重，有保水性和保肥性，但是通气性、排水性极其弱，池塘和湿地以外不大量使用。

表3-4-3　自然土壤的特性一览

自然土壤	重量	透气性	保湿性	保肥性	耐固性	备注
黑土	1.3	△	○	◎	△	吸附磷酸，植物难以吸收
褐土	1.6	△	○	○	×	吸附磷酸，植物难以吸收
细沙土	1.8	△	△	△	×	屋顶和阳台使用时需要改良土壤
荒木田土	2	×	◎	○	×	只用于栽培水草等
河沙	1.8	○	×	×	◎	屋顶和阳台基本不用
红土	1.6	◎	○	○	△	吸附磷酸，植物难以吸收
鹿沼土	1.3	◎	○	○	○	吸附磷酸，植物难以吸收

4）改良土壤

使用预定的自然土壤，如果土壤的要求机能不足时，要与土壤改良材料混合，满足功能要求。

一般地，黏性土要混合提高通气性和排水性的改良材料，砂土要混合提高保水性的改良材料，要改良成适合屋顶使用的土壤。

作为屋顶绿化用的土壤，追求轻量化和保水性，很久以前就使用黑土混合珍珠岩重晶石的改良土壤。混合比例多为黑土是7份，珍珠岩重晶石是3份，此时的湿润比重为1.3左右（1m³土壤的重量是1.3t）。

5）土壤改良材料

为使土壤满足机能条件，要混合选定的土壤改良材料，使其功能增强，形成满足条件的土壤。

表 3-4-4　土壤改良材料的特性

土壤改良材料	特性
腐叶土	用阔叶树的落叶腐烂发酵后的土壤，作为改良土壤的代表，具有良好的透气性、保水性、保肥性，而且含有微量元素，使微生物活性化。腐叶土的品质有差别，过度发酵透气性和排水性的改良效果差。发酵不成熟的，会在土中发酵，伤害植物的根，要尽量避免
泥炭	寒冷地区由湿地的水草类等沉积并泥炭化。特性虽然与腐叶土相似，但几乎不含酸性微量元素，使微生物活化的效果弱，这点与腐叶土不同。虽然泥炭是用来中和碱性土壤的 pH 值，但是，最近使用中石灰进行中性调整的产品增加。调整 pH 值时，一般采用没有放石灰的产品。另外，泥炭一旦干燥的话，吸水会变得困难，要注意灌溉间隔等
可可泥炭	用去掉椰子油和纤维的残渣细磨而成，通常压缩后销售。性质与泥炭相似，pH 值接近中性，但产品不同，注意有的含有盐分。使用时要用热水泡，用水搅拌后使用。也可以单独作为土壤使用
火山灰	有稻谷壳炭化了的稻谷壳炭，椰子壳炭化了的椰子壳活性炭等。不仅提高通气性、保水性、排水性，还有保肥性，能吸附有害物质，有效防止腐烂。由于炭本身由植物而来，因此考虑以后的环境问题，建议使用这种材料
膨胀蛭石	将蛭石高温处理，使其膨胀，形成多层薄板的手风琴状，层与层之间可以储存水分和肥料。但是，即使可以找到轻量的，透气性和保水性、保肥性好的，无菌且材质均匀的材料，由于容易渗水，常年使用后效果会丧失
珍珠岩重晶石（包括松脂岩、膨胀性页岩）	将珍珠岩、松脂岩和膨胀性页岩磨碎，在高温高压下进行发泡处理，形成多孔并非常轻的人工沙砾。因为连续的气泡，保水性、通气性、排水性强，但是保肥性较差。考虑到土壤的轻量化，一般与黑土等混合使用。由于颗粒的大小各种各样，越细，保水性越好，排水性越差，因此要根据颗粒大小分开使用。珍珠岩系列珍珠岩土和黑碘岩土的名字相似，很容易混淆，但是由于性质不同，要注意不要弄错
黑碘磋土	将黑碘石磨碎，在高温高压下进行发泡处理，形成多孔并非常轻的人工沙砾。气泡独立存在。通气性和排水性强，但保水性和保肥性较差。有的产品，与土壤混合的小颗粒，一浇水就会浮上来。有的颗粒（10～40mm）较大，用于排水层，但要注意不要踩踏，一踩踏就会破坏产品性质
沸石土	沸石是有很多孔的石头，保肥性非常高，使用少量就能显现效果。另外，可以防止根部腐烂，不仅可以与土壤混合使用，还可以铺在花盆底部防止根腐烂
树皮堆肥	将树皮粉碎后发酵堆肥，由于纤维成分多，常年使用效果变化少。通气性和排水性、保肥性强。仅含少量肥料成分，需要另外施加肥料。根据产品、份额的不同，产品的质量差距非常大，所以使用时一定要确认
堆肥	将牛粪发酵、干燥，牛粪堆肥，或用污水污泥和食品残渣等制成。堆肥虽然有肥料成分，但是需要另外施加肥料。销售的产品中，有的发酵不成熟，混合后再发酵的话，对植物的生长有影响，所以要注意产品质量

表 3-4-5　自然土壤的特性

自然土壤	重量	透气性	保湿性	保肥性	耐固性	备注
黑土	1.3	○.△	○	◎	△	吸附磷酸，植物难以吸收。颗粒成团的话通气性好
褐土	1.6	△	○	○	×	吸附磷酸，植物难以吸收
细沙土	1.8	△	△	△	×	屋顶和阳台使用时需要改良土壤
荒木田土	2	×	◎	○	×	只用于栽培水草等
河沙	1.8	○	×	×	×	屋顶和阳台基本不用
红土	1.6	◎	○	○	△	吸附磷酸，植物难以吸收
鹿沼土	1.3	◎	○	○	○	吸附磷酸，植物难以吸收

重量用湿润比重来表示（概略）。
范例：◎：非常好；○：很好；△：普通；×：差。

第四章

屋顶绿化技术
（包括人工地基和屋顶阳台）

1. 屋顶绿化规划的准备

屋顶要进行绿化时，要事先做好调查，掌握建筑与周边环境的现状。
在此基础上整理绿化条件，确认法律规范和补助、支援制度等，综合进行
绿化规划、栽植规划和维护管理规划。

1）规划前，首先要掌握的前提条件

规划屋顶绿化时，要对绿化目的、利用形态等进行整理，同时对所在位置和周边的自然环境、社会环境也要进行充分调查，完全掌握现状。关于屋顶绿化的法律规范，在调查的基础上要严格遵守。

在原有建筑上规划屋顶绿化时，要对建筑进行调查和判断。具体要掌握以下几点条件：

①买方的希望和条件；

②所在位置的自然环境、社会环境条件；

③建筑和构造物的条件；

④法律规范等的掌握状况。

（1）买方的希望和条件

规划屋顶绿化时，首先要完全掌握买方的意图，与之相结合进行绿化规划。关于条件的掌握方法，以记录"关于屋顶绿化，买方的希望和条件调查表"的形式进行调查。要有绿化目的，利用形态，屋顶绿化的运用方针，希望绿化的内容，希望的完成时期，工程费用和管理费用的预算等。

特别是，如何管理关系到绿化基础构造、栽植的植物种类和灌溉装置等，因此在规划初期阶段，就要对管理级别、体制、形态和绿化方法等做好规划。

（2）所在位置的自然环境、社会环境条件

关于绿化，植物的生长与自然环境关系密切，因此要对所在位置的自然环境充分了解后进行规划。另外，不要忘记掌握所在位置的社会环境，与之相结合进行绿化规划。还有，要根据周边环境，针对建筑风格、眺望、隐私等进行研究。

调查时，以记录"关于屋顶绿化、自然环境和社会环境调查表"的形式进行调查。特别要留意以下几点：

①根据气温条件，可以栽植的植物种类有限，因此将气温作为选择植物种类的绝对条件。

②降雨量的不同影响植物种类的选定、地基材料的保水性和排水性的研究，

和灌溉方法的研究。还有积雪的多少也要充分了解。

③风向和强度不仅影响植物生长，还影响物品被风吹散等安全措施。因此，选定防风策略、防止被风吹倒的树木支撑对策很重要。受海风影响的地方，要选定有防潮性的植物种类。

④日照条件不仅影响植物生长，还影响植物繁殖、开花状况等，同时与土壤和植物的水分蒸发有关。另外，对绿化后的树荫要进行调查和预测，不要影响周边。

⑤有大气污染的情况时，要选定耐污染的植物种类。

⑥进行屋顶绿化时，不仅要考虑绿化一方的情况，还要考虑对街景的影响以及如何使景观更美观。

⑦以引诱鸟和昆虫为目的进行绿化时，根据种类不同，可移动的距离不同。要掌握周边分布状态、可能引诱的种类，在此基础上研究栽植的植物种类和栽植形态。

（3）对建筑的调查、判断（新建建筑时，确认规划时的研究项目，建筑设计后用图确认项目）

在原有建筑绿化时，要进行适当的建筑诊断，研究建筑的结构和承重、风的负载、防水老化的影响。如果调查、诊断的结果，是对绿化有影响，只有取消绿化或者对建筑进行改造修复规划。

特别是建筑年数较长的建筑，更加需要进行调查。需要事前调查的最重要的项目是，建筑主体的荷载承受余力和防水层的耐受力，需要多少承载重量，是否需要防水改造，不改造的情况下是否可以栽植树木，要进行诊断。

如果不能确认防水层的配置和可能承载的荷载是否满足建筑基准法，要在规划前，与住宅的建筑方和施工方进行确认。

关于此调查，以填写另外附加的"在屋顶绿化的建筑、构造物调查表"的形式进行调查。

①主体结构和地板结构：由于主体结构与屋顶的地板结构有密切的关系，因此产生荷载的方式不同，要预先了解后推进规划。

②护墙和护栏的结构：调查护墙和护栏的结构、高度、位置、范围、护栏的强度等。特别是用于防止土流失的护墙，不仅要确认防水的高度、形状、实体强度，还要确认防水保护材料的强度。在平面屋顶，如果没有护栏，基本禁止进入，否则庭院无法进行绿化，因此，主要用景天科植物、苔藓、草坪等进行薄层绿化。

③排水结构：在建筑的屋顶，最基本的要求就是室内不要漏雨水。因此，无论何种屋顶都配有水斜面，要确认水斜面的坡度、峰值和谷值。

基本上，在屋顶每一处水斜面要设置两根屋顶排水管。

由于L形或者皿形屋顶排水容易堵塞，所以要调查并记录包括排水管周边的位置和形状、尺寸，以及周边的沟渠等。确认排水管的尺寸是否根据屋顶面积，或与屋顶相接的墙面面积的 1/2 来计算。如果不满足此条件，需要采取设置溢流管等对策。

④防水结构：防水施工方法的种类、出入口防水层的抬高高度。参考表 4-1-1 区分防水层种类。

表 4-1-1　防水层的分类

防水施工方法	防水层的区分
沥青防水 压密混凝土施工方法	表面是混凝土，每 3～4m 有 2cm 的间隙。有些建筑物使用的是混凝土平板块
沥青防水 露出施工方法	使用宽 1m 的薄板，表面覆盖 2～3mm 的砂子（砂附屋顶完成）。薄板的接缝呈线状，屋顶联结重叠（保鲜膜）部分，使用较多的是粘着用的沥青
氯乙烯薄膜防水	使用宽 1m 的彩色薄板，表面有小图形，薄板的接缝呈线状
橡胶薄膜防水	按压橡胶薄膜，有独特的弹性。很多情况需要用银色涂料完成施工。薄膜的接缝呈线状
氨基甲酸酯涂膜防水	表面使用绿色、茶色、灰色等彩色涂层。没有接缝，橡胶薄膜有弹性。如果是阳台做防水，涂膜厚度较薄，一般感觉不到弹性
FRP 防水	硬质橡胶，无弹性，坚固而平滑，无接缝。表面可以用彩色涂料完成
氨基甲酸酯、FRP 复合防水	氨基甲酸酯涂膜防水和 FRP 防水复合而成。从表面上看与 FRP 防水没有区别
聚合物水泥系 涂层防水	由于是硬质橡胶，无弹性，表面平滑，与没有处理过的混凝土表面没有区别。当然也没有接缝

⑤荷载：确认现状、地震荷载、梁柱的荷载、地板的荷载和建筑竣工年份。还有机械设备、广告塔等的活荷载，调查所有使用物品的重量，从而计算出可用于绿化的荷载。

⑥风荷载：即使在原有建筑的绿化规划中，已经阐述了考虑风荷载的建筑方的措施，了解风荷载条件也是很重要的。因此，对作为绿化对象的建筑，要认真计算风荷载。

⑦可利用空间：要确认可利用空间和不可利用空间。即便是平面屋顶，周边没有高于 1100mm 以上护栏的话，不可建造屋顶广场，并且由于建筑基准法中没有规定荷载，其承重荷载是 0kgf/m² 的状况。除此之外，还要调查清洁墙面用的吊筐通

道和机器设备交换用通道等，掌握不能利用的空间。

⑧出入口：由于在出入口的部分，有的防水高度很低，不仅要调查从地面算起的高度，还要测量与全屋防水高度的关系。

⑨关联设备：要确认与水、电等设备相关的供给是否正常，以及插座、水栓的位置等。如果水是自来水，要确认供水管的管径、水压等，如果是可利用的中水或雨水，要确认水质、供给量等。与电器相关的要确认供给瓦数和电压等。

⑩其他：要调查屋顶的设施、施工空间、方位和日照、屋顶周边环境、管理制度等。还有关于地上的起重机汽车配置等的利用空间也要调查。

（4）与屋顶绿化相关的规范、义务化、优待制度

如果规划特殊绿化，要调查建筑基准法、城市规划法、消防法等，对安全、避难、防灾策略要充分讨论后再进行规划和设计。

还有，因为有屋顶绿化义务化制度和算入绿化面积的制度、融资制度、税的减免制度、绿化费用的补助制度等，所以要充分调查规划所在地的各项制度，要注意遵守法规并灵活运用。根据各地方自治体的绿化条例等，可以按照建筑的规模制定屋顶绿化面积，并有补助金制度。要随时掌握地方自治体的条例、指导纲要、补助制度等的最新信息来推进规划。

2）前提条件一览表

为推进规划，掌握前提条件，为防止遗漏，要填写以下调查表。

关于屋顶绿化，买方的希望和条件调查表

建筑名称			
所有者姓名		负责人	TEL
所在地			
绿化目的	都市气象改善　大气净化　雨水流出的控制、延迟　自然生态系统的回复　景观建筑保护　节省能源　宣传、利益、吸引客人　未使用空间的活用　建筑空间的创造建筑许可的取得　微气象的缓和　楼下的传音降低　观赏　遮挡　休闲运动园艺疗法　教育　乐趣　交流　防灾		
利用者		利用时间	
希望的绿化形式			
必要条件			
希望种植的植物			
绿化景观的形成	栽植后完成　　栽植6个月后完成　　1年后完成　　3年后完成		
灌溉方式	自动控制　　手动控制　　手浇花　　基本没有灌溉		
式样	日式　　西洋式　　自然风格　　其他（　　　　　　　　　）		
预算	绿化施工费用：　　　　　　　日元	维护管理费用：　　　　　　日元/年	
施工时期	年　月　～　　年　月		
管理水平	经常景观管理　　适当景观管理　　最低限度维持管理　　无管理		
管理体制	直接经营管理　　委托管理　　一般管理是直接经营管理，专业管理是委托管理其他（　　　　　　　　　）		
备注			

关于屋顶绿化、自然环境和周边社会环境调查表

建筑名称			
住址			
立地条件	市中心　　郊外　　农村　　海边　　山间　　（其他　　　　　　）		
周围社会环境	商业用地　　住宅用地　　工业用地　　田园用地		
	相邻建筑的高度和规模：	空间朝向：	
气象条件			
标准风速		地面粗糙度	
温度区分		降雨量	多　中　少（　　　）
台风的影响	大　中　少（　　　）	海风的影响	大　中　少（　　　）
建筑风的影响	大　中　少（　　　）	大气污染的影响	大　中　少（　　　）
日照条件	良好　　普通　　差　　非常差（　　　　　　　　　　　）		
对周边环境的影响			
备注			

关于屋顶绿化建筑、结构调查表

<table>
<tr><td rowspan="15">建筑概要</td><td>建筑物名称</td><td></td><td>所有者</td><td></td></tr>
<tr><td>所在地</td><td></td><td></td><td></td></tr>
<tr><td>主要使用者</td><td></td><td>建筑管理者</td><td></td></tr>
<tr><td>竣工时期</td><td></td><td></td><td></td></tr>
<tr><td>建筑用途</td><td></td><td>屋顶利用的用途</td><td></td></tr>
<tr><td>建筑用途</td><td></td><td>建筑面积</td><td></td></tr>
<tr><td>容积率</td><td></td><td>建筑遮蔽率</td><td></td></tr>
<tr><td>层数</td><td>地上　　层，地下　　层</td><td>绿化的义务</td><td></td></tr>
<tr><td>用途地域</td><td></td><td>防火指定</td><td>防火　预备防火　无防火指定</td></tr>
<tr><td>主体构造</td><td></td><td>地面构造</td><td></td></tr>
<tr><td>设计者</td><td></td><td>施工公司</td><td></td></tr>
<tr><td>设计图</td><td>意向　构造　设备　无</td><td>构造规划书</td><td>有　　　　无</td></tr>
</table>

<table>
<tr><td rowspan="30">屋顶绿化场所的概要</td><td colspan="2">绿化层数</td><td colspan="2">层（地上　m）</td></tr>
<tr><td colspan="2">屋顶面积</td><td>m²</td><td>可绿化面积</td><td>m²</td></tr>
<tr><td colspan="2">阳台高度</td><td>m</td><td>扶手</td><td>有　无　高　m</td></tr>
<tr><td rowspan="3">承载负重</td><td>地震荷载</td><td>kgf/m²</td><td>地板负重</td><td>kgf/m²</td></tr>
<tr><td>梁柱荷载</td><td>kgf/m²</td><td>已有承载负重</td><td>kgf/m²</td></tr>
<tr><td>绿化可使用荷载：</td><td>vkgf（t）</td><td></td><td></td></tr>
<tr><td colspan="2">防水式样</td><td></td><td>防水高度：</td><td>m</td></tr>
<tr><td colspan="2">防水改造</td><td>有（部分　全面）　无</td><td>改造的必要性</td><td>有　　　　无</td></tr>
<tr><td colspan="2">屋顶完成</td><td colspan="3">抬高防水　　压密混凝土　　其他（　　　　　）</td></tr>
<tr><td rowspan="2">排水设备</td><td>屋顶</td><td>型　　个</td><td>排水坡度</td><td>%</td></tr>
<tr><td>排水管径</td><td>mm</td><td>墙壁排水的讨论</td><td>有　　　　无</td></tr>
<tr><td rowspan="2">给水设备</td><td>水道　中水　雨水　无</td><td></td><td>给水管径</td><td>mm</td></tr>
<tr><td>地中的水道配管：</td><td>需要泵</td><td colspan="2">可以有空气阀等</td></tr>
<tr><td rowspan="2">电气设备</td><td>电源插座</td><td>有（　个）　无</td><td>电源插座位置</td><td>室外（防水型）　　室内</td></tr>
<tr><td>电压</td><td></td><td>电容</td><td>A</td></tr>
<tr><td rowspan="2">搬入通道和管理用通道</td><td>出入口</td><td>高　m，宽　m</td><td>台阶</td><td>高　m，宽　m</td></tr>
<tr><td>电梯</td><td>高　m，宽　m</td><td>荷载</td><td>kgf 为止　到达层　　层为止</td></tr>
<tr><td rowspan="3">搬运车辆使用的可能性</td><td>处理货物用地</td><td>有　　无</td><td>位置，面积</td><td></td></tr>
<tr><td>搬运车辆用地</td><td>有　　无</td><td>位置，面积</td><td></td></tr>
<tr><td>电线保护</td><td>必要　　不必要</td><td>道路使用许可</td><td>必要　　不必要</td></tr>
<tr><td colspan="2">备注</td><td colspan="3"></td></tr>
</table>

128

2.屋顶绿化的规划设计

屋顶绿化的规划设计，是对屋顶绿化的前提条件进行整理，并参考绿化规划的要点，考虑与建筑整体性的同时，恰当地推进绿化规划是很重要的。还要考虑与绿化的未来目标，屋顶绿化规划和建筑的防水、防风措施等的整体性，推进屋顶绿化的栽植规划、设施和设备规划，以及安全措施，是很有必要的。并且，考虑调整施工和管理，关于经费规划、风险管理要进行考虑。

2-1 屋顶绿化规划设计的要点

关于绿化规划，应对①绿化目的；②绿化空间的场所、形状；③建筑用途；④绿化形式；⑤栽植形态；⑥管理形式；⑦利用者；⑧可承载重量等因素作充分考虑的前提下进行规划设计。

1）根据绿化目的确定绿化规划的要点

把绿化规划具体化的时候，要根据绿化的目的，为能最大限度地发挥效果，要对设计、栽植基础、栽植规划等进行规划。

绿化的目的大致分为改善环境的效果、经济效果、利用效果，各自又能细分各种效果。为达到目的，规划要点如下表所示。

表 4-2-1　根据绿化目的所确定的绿化规划要点

	绿化的目的	绿化计划的要点
改善都市环境的效果	都市气象的改善	需要绿化面积广，绿化量大，栽植持久。使绿地环境接近自然状态。尽量缩小混凝土、人工草坪、橡胶垫等材料的使用面积，这些材料容易使表面高温。土壤越厚，植物越繁茂，效果越好，屋顶整体绿化的话，效果更高
	大气净化	需要绿化量多，栽植持久。选择吸附污染物质能力强的品种。相反地，如果栽种吸附污染物质能力弱的品种，可以作为检测大气污染的指标
	雨水的对策	为了延迟雨水流出、蓄水、过滤等目的，进行绿化并设置基础构造装置。土壤越厚，保水力越高，越有效。屋顶整体绿化的话，效果更好
	自然生态系统的回复	考虑到飞鸟、昆虫的生存环境，需要设计种植可作诱饵的植物，并设计池塘等。注意不要使用药物。尽量使用多种植物，用心创造多种生物栖息环境。最好选择微生物和多生物栖息的自然生物土壤
	景观的形成	外观好

	绿化的目的		绿化计划的要点	
经济效果	建筑保护		减少太阳光照和急剧的温度变化，需要保护建筑物和防水层。屋顶整体绿化的话，效果好。土壤越厚，植物越繁茂，效果越好	
	节能		为了调节建筑的日光照射、隔热、防止放热等目的的绿化，可以预测和计划绿化效果。屋顶整体绿化的话，效果好。土壤越厚，植物越繁茂，效果越好	
	宣传、吸引客人、收益		网球场、活动会场、儿童游乐场等的设置，使人们心情舒畅，提高收益。还可以通过绿化进行遮挡，划分区域。还可以采用庭园、药草园等绿化形式。要注意对楼下的隔声和抗震效果	
	未使用地的利用		通过设置桌椅，可以在天气好的时候作为露天餐厅或露天会议室使用。对于室内禁烟的建筑，可以作为吸烟场所。在草坪上作伸展运动、栽种药草等都可以作为加强公司职员的福利设施，多方面进行利用	
	建筑空间的创造		根据工厂分布法的改定，通过制造屋顶绿地，来确保建筑物所在地的绿地面积。根据自治团体，要调查绿化施工法的限制规则并进行对应。同时，根据城市绿地法，有的自治团体，可以作为地基内绿地面积来计算	如果效果优先，可以采用景天类、苔藓类，很容易达到效果，但是更应该考虑绿化效果的多样性，使绿化具有多样性
	建筑许可的取得		有些自治团体，屋顶绿化义务化，具有一定规模的建筑物必须进行绿化，否则不给予建筑许可。根据自治团体的规定，对景天类、苔藓类等绿化方法有制约，要事前调查并进行对应	
利用效果	物理的环境改善	微气候的缓和	虽然采用高大树木对微气象的缓和有显著效果，但是灌木、草坪的使用，也可以达到很好的效果。植物的蒸腾作用会带走热量，在空气传导下，会抑制周围气温上升。灌木、草坪等表面产生的辐射，远远低于混凝土表面的辐射。如果有高大树木，可以进一步遮挡阳光的直射	
		楼下传声降低	即使在屋顶的草坪上跑动，也不会向楼下传声。如果采用木制地板，需要在隔声上下功夫	
	生理和心理上的效果	观赏	以庭园的利用，从建筑内部观赏为目的，可以设置池塘或一些景园设施。要注意采用多种修景要素，使绿化具有多样性	
		遮挡	以遮挡设施，保护隐私等为目的，所需的绿化密度和绿化方法不同。栽种可以兼备防灾效果	
		休闲运动	设置桌椅。如果用高大树木形成绿荫，或藤蔓植物形成凉亭等，某种程度上围起的小空间可以使人心情平静。如果以休闲运动为目的，可以使用面积较大的草坪。草坪的土壤要选择抗压品种。如果用于球类运动，要注意防止球类飞出场外，另外，还要注意楼下的隔声，防振等事项	
		园艺疗法的场所	小鸟和花、绿化空间、香味、芬多精等可以使人心神安宁，促进治疗效果。园艺行为本身也可以使身心得到抚慰，促进功能恢复	
		教育的场所	培育植物可以有效帮助情操的教育。利用造园技术，可以实际体验自然的结构机制。也可以在草坪上建游乐场，栽种教育用的花草，饲养小动物等	
	个别实际利益	菜园等的收获	花的栽培、菜园的收获、享受花香等都与个人的爱好相一致。但是土壤表面裸露的地方较多，挖土的地方也很多，因此要注意避免土壤的飞散	
		游乐的场所	根据兴趣爱好即兴进行的绿化。爱好园艺时，注意不要让植物过于繁茂。享受烧烤时，要注意火和油的处理	
	交流的形成		共同进行绿化管理，通过对菜园、花坛等的运营管理，形成相互交流。需要讨论可以集合用的空间，交流用的椅子，共同操作用的桌子等	
	防灾		选择具有防火、屏风效果的树种或者高大树木。布局上，一般设计在外周栽种	

2）根据绿化空间的位置确定绿化规划设计的要点

关于超高层、高层等，根据绿化的位置、绿化的形态和利用目的不同，要考虑可否进入利用，从室内眺望的风景，使用者的差异等因素进行规划。

表4-2-2　根据绿化空间所确定的绿化规划设计要点

绿化部位	绿化规划的要点
超高层屋顶	重要的是做好防风对策和安全对策。由于视野好，可以在外周留出让人站立的空间。对于视野不好或需要隐藏的部分不用留位置
高层屋顶	重要的是做好安全对策。虽然有树木的防风对策，也要注意不要让枝条和落叶飞散到外面。另外，由于屋顶可以被利用，需要设置一些椅子或长凳以便休息使用。10层以上的建筑，要确认是否有蝴蝶或蜻蜓飞来
低层屋顶	新建的建筑，增加承载荷载相对便宜，因此可以增加荷载，进行多种多样的绿化。为了吸引鸟类、昆虫等，可以采用生态系统的绿化形式
屋顶阳台	不要设置比楼面地板高的树木和构造物。集合住宅的情况时，由于建筑主体是共有财产，要注意不要损坏。另外，从室内可以观看的景色也很重要。北侧呈斜线设置的屋顶阳台，可以正面欣赏到植物
有屋檐的阳台	原则上要进行简易的防水，使用盆栽植物。由于作为避难通道的情况较多，要确认隔墙、避难口的位置，不要妨碍避难使用
禁止入内的屋顶	由于禁止入内，所以要注意远观的效果制作。考虑到荷载，要尽量选择轻量的绿化。另外还要考虑到维护管理，建立维护管理人员安全进入的安全对策
斜面屋顶	原则上是一般人禁止入内的空间。要考虑尽量减轻荷载，使维护管理降到最低水平。通常禁止一般人入内的同时，还要考虑到维护管理人员进入的可能，要建立安全对策，要有安装用的绳子、安全带等
地下停车场上的屋顶	土壤厚度在1500mm以上时可以作为地基使用。通常可以承载一定荷载，可以种植一些高大树木
人工地基上面	不特定人群利用。如果要进行活动，要确保电源的设置，采用覆盖材料，以及耐火材料，即使有丢弃烟头，也不会引起火灾
棚架	用于赏花，适合采用可下垂生长的紫藤花。可以在屋顶以外的地方设置小规模的、有根的基础构造，采用轻量绿化形式
墙面	对于比较高的墙面，要重点讨论如何维护管理。关于攀缘用辅助材料的安装，不仅要考虑其重量，还要考虑风的负荷。墙面、攀缘用的辅助材料以及植物要选择恰当。关于墙面植物基础构造型的绿化，还要讨论可以更换底盘的方法

3）根据建筑用途确定绿化规划设计的要点

按照建筑用途，比如住宅、店铺，由于绿化目的和可能绿化的位置不同，要与实际相结合制定规划。无论何种情况，要认识到绿化是公共财产，最好做好规划。

表4-2-3　根据建筑用途所确定的绿化规划设计要点

建筑用途	绿化规划的要点
大规模建筑物	要注意非特定多数人使用时的安全以及防范等事项。由于对环境改善贡献很大，要将绿化的持久性和面积大小作为设计规划的重点
租赁用办公室	要注意非特定多数人使用时的安全以及防范等事项。即使设置了运动场，也要对周边进行绿化。可以设计休息的场所、吸烟室、饮食场所、轻松运动的场所等
公司的建筑物	为公司员工设计的福利设施。露天会议室，休息场所，吸烟室，饮食场所，轻松运动场所，植物栽培，吸引飞鸟等设计。也可以利用节能对策。关于商店、厂房的设计，可以开放示范园、展览场所，但要有监控设施，可以对利用者的行动进行监控

建筑用途	绿化规划的要点
大型商铺	由于非特定多数人利用,公共性较强,要确保有避难通道。虽然绿化规划主要以修整景观、视觉效果为绿化目的,但也要尽量扩大绿地面积的设计
饭店	设置住宿客人可以享受的空间。讨论设施(椅子、桌子等)如何设置。以观赏、休闲、保护隐私为规划重点
办公兼住宅	建筑物上方有住宅的情况。要考虑多种多样的个人嗜好,同时也要考虑到绿化的公共性
集体宿舍	由于会出现使用权和管理资质等问题,规划时要缔结绿化协议。即使出现管理松懈的情况最好也有相应的管理对策。在各家各户的阳台上,最好设置可供栽培的花盆
别墅	可以根据所有者的个人嗜好进行绿化。抬高防水的情况较多。因此,必须在铺设防冲击层之后再进行绿化。另外,可上人的部分,不要让防水层外露。
医院	患者康复训练的场所。院子里的通道,以及室内和庭院地面不要有高低差。进行绿化规划的同时要设置可休息的空间以及长椅等设施
学校	根据学校类别和利用目的进行的绿化设计不同。草坪上的游乐场,教育用的花草栽培,昆虫及小动物的饲养等,要根据年龄,与目的相结合。另外,绿化还可以作为情操教育进行利用
其他公共建筑	街道绿化为核心,追求景观、环境的改善等。绿化本身具有公共性。最好是外部人员也可以利用的绿化
工厂仓库	对于不能承受荷载的建筑,斜面屋顶等较多,一般采用全面的、极轻量化的绿化

4)根据绿化形式确定绿化规划设计的要点

因绿化目的、建筑用途、绿化位置、空间形态的不同,绿化形式也有不同,不过第一位是绿化目的,目的不同带来的差异最大。相反地,根据绿化形式,来规定绿化荷载、管理体制等项目。

表 4-2-4　根据绿化形式所确定的绿化规划设计要点

绿化形式	绿化规划的要点
公园型	非特定人群的利用。不仅要有植物,还要作为公园形式进行铺装。设置长椅、桌子等,以及修整景观的设施
庭院型	最注重景观。荷载允许的范围内栽种高大树木的树林,高大树木的散布,灌木等。制造不同的景观
菜园型	业主自行施工,以收获为主要目的。与栽培的蔬菜、草药、果树等相结合设置绿化基础构造。如果种植绿叶植物、蔬菜的话,土壤厚度要在 150mm 以上
花园型	自行创建并进行管理。以植物移植、修剪,以及其他管理工作为目的
生态型	以观察目标物种、维持景观为目的,需要细致的管理。要注意危害性强的杂草种子的散布。同时,最好配套制作自然教育用的软件
草坪型	作为可以跳跃、平躺的空间,草坪上可以踩踏是基本要求。要选择不易结块的土壤。为了维护草坪,要经常修剪、除草
草原型	几乎不用管理。一般高大的植物不受欢迎,要有相应的优先选择对策。要事先讨论冬季枯草如何处理,长期没有降雨时的对策
景天型	虽然少量管理就可以生长,但若长期完全不管理的话,植物将无法维持生长。重要的是要有相应对策,防止地基的飞散,土壤和植物的飞散
苔型	由于是使用苔藓进行的绿化,苔藓的特性就是不是靠根来吸取水分和养分,因此没有土壤也可以生长。如果干燥就会休眠,即使长期不下雨也可以生存。属于极其轻量的绿化,要有防止基础构造在内的飞散对策
容器型	与植物的大小相比,土壤量不足的情况较多,因此灌溉规划很重要。根据容器的素材及样式,对绿化产生很大影响。通过移动,改变容器位置,改变大致轮廓
棚架型	关于棚架型,需要讨论其下方如何使用。要考虑风的荷载,防止倒塌、飞散的发生,要充分讨论固定方法
墙面型	根据墙面形状、环境等以及植物的生长特性,要讨论支撑材料的选择。尤其,墙面是否需要维护管理,需要管理的部分尽量不要太多费用

5）根据栽植形态确定绿化规划设计的要点

按栽植形态规定绿化荷载、管理体制等项目。

表 4-2-5　根据栽植形态所确定的绿化规划设计要点

栽种形态		绿化规划的要点
高大 - 中高树木		植物越高，越繁茂，所需土壤量、灌溉量越多。作为防风对策的支撑材料，大小也受到限制。还要考虑万一枝条折断、果实落下、落叶飞散等因素选择栽植位置
低矮树木		要讨论植物将来生长和栽种时的量，算出恰当的栽种棵数。为了防治病虫害，不要在同一地区大量种植同一树种，要分散栽种多种树种
草本	一年草	由于生长期有限，要讨论一年的栽种规划。植物替换时，旧的土壤也要换掉，否则会增加荷载
	多年草	严格区分冬季落叶的宿根草，常年绿色的多年草，注意冬季地面不要形成大面积裸露。关于草本植物的管理，根据植物不同有很大差别，要充分讨论如何维持管理并进行规划

6）根据管理形式确定绿化规划设计的要点

根据利用目的和绿化形式，进行集约型管理或者粗放型管理。绿化的位置、管理形式及管理程度发生变化时，有时会采用两种管理形式的中间形式进行规划设计。

表 4-2-6　根据管理形式所确定的绿化规划设计要点

管理	绿化规划的要点
综合管理	庭院、菜园、花坛、草坪等都需要细致管理。通常的屋顶绿化虽有些差别，但也属于综合管理。生态园也一样，粗放式管理不能维持目标植物生长，因此也需要综合管理。同时，还可以与志愿者合作、与教育相结合，作为管理目的。另外，花园、菜园等的管理工作本身也可作为趣味目的
粗放型管理	景天类、草原等，管理工作很少。但是，植物生长需要最低限的管理，不用每年进行施肥。需要去除生长过大的植物，冬季除草，进行枯死植物的更换，极端无降雨时进行灌溉等管理工作

7）根据使用者确定绿化规划设计的要点

根据所有者和使用者的相互关系，制定不同的绿化规划。根据特定人群和不特定使用者，对安全、隐私的考虑方法不同。

表 4-2-7　根据使用者所确定的绿化规划设计要点

使用者	绿化规划的要点
个人	机构可利用范围内，只要不影响周边，可以根据所有者个人意愿进行绿化。菜园、果园、饲养小动物、露天浴场等
大厦员工	可利用者有限。作为员工福利设施，设置休息场所、使僵硬的身体恢复用的轻松运动设施，以及菜园、花坛等
集体住宅的住户	集合住宅的阳台，一方面自己可以使用，另一方面还要用作紧急时的避难通道。一定要留出可通行的范围
非特定人群	针对非特定人群进行设计。明确划分禁止入内的区域。制订安全对策
收费开放	收费标准要尽量使顾客觉得物有所值。用途包括收费的市民农园、植物园、花艺教室、体育设施等

8）根据绿化荷载确定绿化规划设计的要点

根据可用绿化的荷载，大幅度地限制了可栽植的植物种类和设计等。根据荷载，决定大概的绿化形式，进行规划设计，以防超荷载而返工。

表 4-2-8　根据绿化荷载所确定的绿化规划设计要点

绿化荷载	绿化规划的要点
30kgf/m² 以下	苔藓类作为绿化主体。栽培成活后几乎不需要灌溉，但是栽种之后到成活期间需要进行灌溉管理。有一部分设计使用基础构造、网架等使垂挂植物生长。实现平均荷载在 30kgf/m² 以下
60kgf/m² 以下	景天类植物为绿化主体。但也可以是栽植容器底面灌溉的容器型草坪。如果选用极轻量的铺装材料，可以局部栽种花草或低矮树木。不管怎样都需要有频繁灌溉的条件
120kgf/m² 以下	若使用轻质土壤，可以配备灌溉装置，以草坪为主体绿化。设计上还可以分散地种植中高树木，低矮树木，以及草本植物等进行绿化
180kgf/m² 以下	使用轻质土壤，扩大草坪等的面积，还可以分散种植高大树木，低矮树木，以及草本植物等。对于已建建筑，屋顶绿化的使用面积很小，这是使用极限
250kgf/m² 以下	使用轻质土壤，扩大草坪等的面积，周围还可以种植高大树木。也可以以低矮树木为绿化主体，设计为草药园、玫瑰园、真正的菜园
500kgf/m² 以下	使用轻质土壤，可以种植 3m 左右的高大树木。要在设计上下功夫，可以建造生态园
1000kgf/m² 以下	使用轻质土壤，可以全面种植 5m 左右的高大树木。若在式样上下功夫，可以与大地一样进行绿化
1000kgf/m² 以上	可以种植真正的高大树木形成树林。使用轻质土壤，可以种植 6m 以上的高大树木。可以利用天然石头制作日本庭院，真正的池塘等

2-2　屋顶绿化的未来目标

一般地面上的绿化，是半永久的绿化，而对建筑的绿化，要在建筑、结构物、防水层的耐久范围之内进行。

关于屋顶绿化，建筑的使用年数（使用年限）是有限的，因此绿化的保持年数受建筑和防水层的使用年限的限制。近几年来，以耐久性 100 年以上为目标的建筑不断增加，也有希望防水层耐久性达到 50 年以上的情况。作为将来的目标，在建筑、防水层的使用年限内，决定栽植基础、植物种类等的保持年数，在提供使用期间，不需要大规模的修复。

关于栽植基础、植物种类、植物支撑材料、灌溉装置、铺装材料、其他设施、设备等，都要确认其耐久性，与绿化目的、绿化内容相结合，建立绿化的未来目标。由于绿化的质量越高，初始投资也会很高，因此绿化的质量越高所期望的耐久性越长。在选择栽植系统时，需要对系统全部的耐久性进行考虑。

关于树木，作为未来目标，根据对肥大生长程度的预测，不仅基础构造的厚度、质量等不同，长年的维护管理方法也不同。还要考虑与基础构造厚度、植物肥大生长相协调的绿化的荷载，要在建筑设计中反映出来。

2-3 屋顶绿化的施工、管理的调整

在做规划时，要考虑施工和管理，可以防止之后发生不适应、生长不良等现象。屋顶绿化质量的好与坏，由维护管理的效果来决定，在做规划时，对各管理阶段进行考虑是很重要的。在规划、设计阶段，最好建立管理规划，决定屋顶空间的运营和管理水准。

1）施工的调整

由于是在建筑上面进行屋顶绿化的施工，所以必须掌握以下几点：材料的搬入方法、建筑的保养、防水层的保护、材料和基础构造等的固定、防止飞散、工期和预算等。

特别是防水抬高时，无论怎样施工，都会对防水层有一些伤害，因此不仅对绿化范围，还要对屋顶全面实施防止冲击对策。根据施工方法和时期来推进绿化规划，防止施工错误或不能施工，产生预料之外的费用。

2）管理的调整

对屋顶空间的营运、维护管理的形态、管理水平、管理频率等需要考虑，整备栽植基础。

如果基础构造的功能充分，那么管理上花费的工夫就会变少，相反地，如果只够植物生长的话，就会使管理次数增加，增加植物枯死的危险性。还会影响委托施工时的金额。

还有，要制定容易进行管理的规划，屋顶地漏要设在容易被发现的地方，如若不然，很容易疏于检查，有漏水的危险。特别是灌溉装置与维护管理有密切的关系，在装置的选择上需要充分协商，建立检测体制。

3）管理规划

关于维护管理规划，制定屋顶绿化空间的基本理念（营运方针），考虑绿化目的、利用形态等，研究管理水平、管理体制、管理内容、栽植管理形式、栽植管理方法等，制定绿化规划时，相互结合进行规划。还有，有必要考虑和规划对长期使用的修复、更新等，预测障碍管理和更新管理等，与通常的管理相结合计算出运行成本。

①运营方针：如何使用屋顶空间，决定使用者的范围、举办活动等可利用的范围等。

②管理水平：根据运营方针，在进行绿化规划时，要标明管理水平，包括综合型管理、粗放型管理和中间型绿化管理水平。

③管理体制：在进行绿化规划时，作为前提条件，要标明具有何种程度经验和

知识的人，在何种体制下进行管理。

④管理内容：要标明进行怎样的管理，在建立绿化规划的基础上，制定管理项目和程度。

⑤管理形式：在维护管理方面的保护、培养、抑制管理中，采用哪种管理形式，要在绿化规划中标明。

⑥管理方法：栽植管理时要标明基本

考虑项目（药物的使用、动力机器的使用等）。

⑦管理设备的选定：关于维护管理用的设备，要研究其收放位置。如果委托专门施工，管理设备是否每次需要搬运，还是直接收纳在屋顶，会直接影响到工程预算。

2-4　屋顶绿化的预算规划

需要在规划设计阶段，根据绿化规划、栽植规划、管理规划，对工程的初始费用、运行成本进行概算，作为概算费用进行研究考虑。

初始费用包括对防水层、土壤等的基础构造以及高大树木、中低高树木、草坪和地被植物等的栽植、灌溉装置等绿化设施进行的计算。在屋顶绿化中，需要注意

货物搬运方法、施工方法和风对策等，对初始费用有很大影响。

运行成本，是指初期1～2年的维护费用，以及之后的维护管理费用。从长期来看，除了每年的维护费用以外，还有防水改修，植物、基础构造、绿化设施等的更新费用，要进行预算。

2-5　屋顶绿化的危机管理

进行屋顶绿化时，尽可能避免或控制未然事故的发生，万一事故发生时，要尽量采取减少损失的手段。

关于建筑管理方面的检查、诊断、修复、信息管理、安全管理、防灾、防范管理、清扫管理、病害虫驱除、相关法规等

的遵守，都是减少危险发生率、减少损害规模的手段。另一方面，针对事故后的损失，要灵活运用损失保险，作为减轻负担的措施。

可作为屋顶利用的保险，有以下内容，不过最好与损失保险公司进行商讨。

· 承包赔偿责任保险：施工方向第三者进行赔偿。

· 设施赔偿责任保险：向第三者进行赔偿。

· 管理赔偿责任保险：管理业务进行赔偿。

· 利益保险（屋顶的经营行为）：向事故的间接损害进行赔偿。

· 屋顶绿化保险：屋顶绿化栽植等的枯萎保障、设施的保障。可加盟企业受限于某团体的会员。

3. 屋顶绿化的规划和设计

屋顶绿化的设计，根据由绿化目的决定绿化规划、栽植规划、管理规划的方针，对以下各点的整合性进行详细研究。

① 绿化位置、荷载、防水、排水的整合性→ 3-1

② 风的考虑→ 3-2

③ 阻根层、保护层的考虑→ 3-3

④ 屋顶绿化栽植规划、设计（自然、建筑环境的掌握，栽植系统）→ 3-4

⑤ 栽植基础规划、设计（栽植基础，隔断）→ 3-5

⑥ 植物规划、设计→ 3-6

⑦ 设施规划（铺装、修景设施、实用设施）→ 3-7

⑧ 设备规划（电、照明、供水、灌溉装置）→ 3-8

⑨ 安全措施→ 3-9

⑩ 精算→ 3-10

⑪ 施工方法、施工后续→ 3-11

⑫ 维护管理设计→ 3-12

⑬ 检查清单→ 3-13

中途可能产生屋顶特有的要考虑的事项，要检查与利用目的的整合性等，确认是否有问题发生。如果超出荷载或屋顶排水不能清扫等时，可以想定在意料外的地方缺乏整合性，需要再次进行调整，创造出不再出问题的绿化空间。

3-1　研究绿化位置、荷载、防水、排水的调整性

在建筑已有的屋顶，决定绿化位置和范围，考虑与可能的承重荷载、主体结构、排水结构、防水结构的整合性是很重要的。如果无视这些，建筑会出现破损、漏水等问题。还有，由建筑结构产生的风的问题

也要解决。

即使是新建的建筑，进行绿化规划时，已经规划完成的情况比较多，在此无论是新建还是原有建筑，进行绿化时，要注意以下几点。

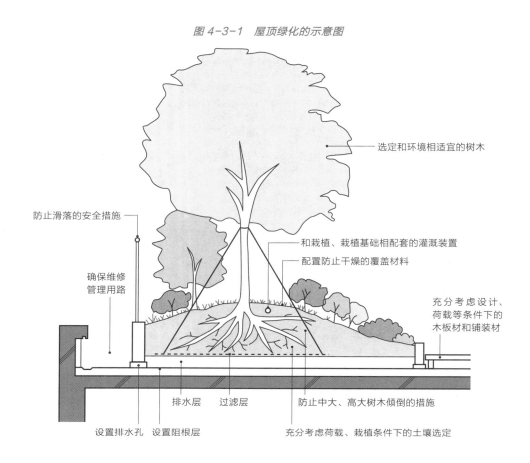

图 4-3-1　屋顶绿化的示意图

选定和环境相适宜的树木

防止滑落的安全措施

和栽植、栽植基础相配套的灌溉装置

配置防止干燥的覆盖材料

确保维修管理用路

充分考虑设计、荷载等条件下的木板材和铺装材

排水层　过滤层　防止中大、高大树木倾倒的措施

设置排水孔　设置阻根层　充分考虑荷载、栽植条件下的土壤选定

1）绿化位置和范围

①整体绿化：屋顶的护墙内侧全面进行绿化的方法。在日本这样的例子比较少，但在德国和韩国等地比较普遍。

照片 4-3-1　屋顶整体绿化的例子

韩国

图 4-3-2　整体绿化屋檐示意图

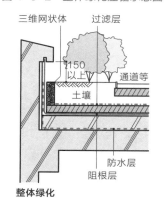

三维网状体　过滤层

150以上

通道等

土壤

防水层

阻根层

整体绿化

138

②部分绿化：护墙内侧选择性地进行绿化的方法。在日本这样的例子比较多，也有只利用屋顶护墙一部分的情况。

照片4-3-2　屋顶部分绿化的例子

国土交通厅

图4-3-3　部分绿化的屋檐示意图

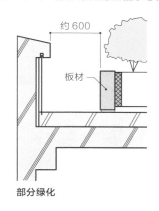

约600

板材

部分绿化

③部分绿化的研究事项：关于部分绿化，要对屋顶的利用，所用通道、空间等进行规划。

④高差处理：如果是从室内到屋顶，由于防水高度的问题，会产生高差，可以设置斜坡，或者上人用地板，对高差进行处理。

⑤与其他设施、设备的整合：在屋顶设置各种设施、设备，其中有不希望外露的设施，因此要研究遮挡方法。还要确保接近设备的方法和操作空间，并要研究如

图4-3-4　高差处理示意图

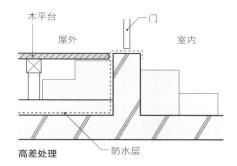

木平台

门

屋外

室内

高差处理

防水层

何与外界隔离。计算荷载时，也要考虑这些设施的荷载。

2）荷载的调整

在屋顶绿化规划中，绿化的荷载是最重要的项目，必须在承重荷载的范围内进行绿化。另外，绿化的荷载还要作为长期荷载来计算。

对于新建建筑，是根据永久荷载设定的荷载范围来推进绿化设计，而对于原有建筑，以地震力计算时的承重荷载为依据，以承重荷载的最大值来推进绿化设计。

最终，荷载的计算要参考"屋顶绿化荷载调查表"进行，绿化的全部荷载，各个房梁和柱子所承担的荷载，各个地板所承担的荷载，都在承重荷载的范围内进行调整。还有，与绿化的利用形态、方法相关的使用者所承担的荷载也要考虑。

图 4-3-5　荷载的考虑方法

在原有建筑进行屋顶绿化时可以使用的荷载

根据建筑基准法实施令第 85 条，建筑结构计算时屋顶的受力荷载如下所记，在其范围内确保绿化的荷载是很重要的。

一般建筑地震力计算时的受力荷载是 60kgf/m^2（600N/m^2），大梁、柱子或地基结构计算时的受力荷载是 130kgf/m^2（1300N/m^2），地板结构计算时的受力荷载是 180kgf/m^2（1800N/m^2）。

学校、百货商店，地震力计算时的活荷载是 130kgf/m^2（1300N/m^2），大梁、柱子或地基结构计算时是 240kgf/m^2，地板结构计算时是 300kgf/m^2。

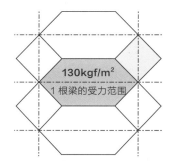

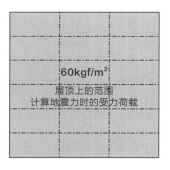

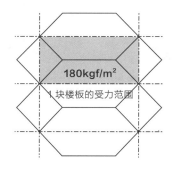

屋顶面积 100m^2，计算地震力时的受力荷载为 60kgf/m^2（600N/m^2）的计算例

全部绿化时
100m^2×60kgf/m^2=6,000kg

	60kgf/m^2	
	全部绿化	

1/2 绿化时
6,000kg/50m^2=120kgf/m^2

	120kgf/m^2	
	1/2 绿化	

1/3 绿化时
6,000kg/33.33m^2=180kgf/m^2，考虑梁荷载及板荷载

	130kgf/m^2	
	180kgf/m^2	
	1/3 绿化	

1/4 绿化时
6,000kg/25m^2=240kgf/m^2，考虑梁荷载及板荷载的规定

	180kgf/m^2	
	1/3 绿化	

（1）已有建筑栽植绿地的荷载

原有建筑以地震力计算时的承重荷载来计算，屋顶绿化的全部荷载要在总承重荷载的范围之内。有关详细的绿化部分的荷载，要在房梁、柱子等的结构计算时，以及地板的结构计算时的承载范围之内，进行绿化。

新建建筑，在设计中已经把绿化荷载作为永久荷载时，以及增加荷载进行建筑时，可以使用这部分荷载进行计算。

对应要点：

预先没有规划屋顶绿化，1981 年以后根据新耐震法建的住宅和办公建筑，大多数活荷载的限制是地震力计算时为 60kgf/m²（600N）、大梁和柱子等的结构计算时为 130kgf/m²（1300N）、地板结构计算时的承重荷载为 180kgf/m²（1800N）。因此，关于住宅和办公建筑，屋顶可承载的总荷载为屋顶面积乘以 60kgf/m²。

① 例如 100m² 的屋顶，可承载的总荷载为（100m² × 60kgf/m²=6000kg），在总重量 6tf 以内。

② 如果绿化占屋顶面积的一半时，在 6000kgf÷100/2=120kgf/m² 以内。

③ 如果部分屋顶面积绿化时，屋顶可承重荷载在 6000kgf 以内，绿化区域内的大梁、柱子等结构计算时的活荷载在 130kgf/m² 以内即可。

④ 如果在屋顶的地板范围内绿化时，地板结构计算时的活荷载在 180kgf/m² 以内即可。

（2）关于屋顶绿化荷载的计算方法

荷载的考虑方法如下：

① 与绿化目的相结合，根据栽植植物的大小，确保土壤厚度。

② 荷载计算时使用土壤湿润时的重量，和排水层保水状态时的重量。

③ 树木的重量要考虑栽植后的生长量来计算。

④ 不仅要考虑土壤、排水层以及树木的重量，还要加算隔断材料、容器、地板材料、池水、其他放在屋顶上的器械材料等，所有材料的重量都要计算（全部是湿润时的重量）。

⑤ 如果缺乏可用于绿化的荷载，就要避免极端的偏重。特别是栽植高大树木等时，最好配置支撑用的柱子。

（3）绿化用材料的重量

关于屋顶绿化，不仅计算土壤、植物的重量，还要计算排水层、隔断材料、铺装材料、其他材料的重量，与其使用数量相乘，算出各个材料的重量。与计算土壤荷载一样，采用湿润时的重量进行计算。

如果有藤架、铺装材料、收纳材料等时，还要计算所含地基部分的重量。如果有水池规划，也要计算水的重量。

表 4-3-1　主要材料湿润时的重量

	材料名称	重量
土壤	关东土壤（褐土）	$1.8t/m^3$
	黑色田间土	$1.6t/m^3$
	混合土壤（田间土 7：重晶石 3）	$1.3 t/m^3$
	混合土壤（田间土 5：重晶石 5）	$1.1t/m^3$
	人工轻质土壤 A	$0.55 \sim 0.7t/m^3$
	人工轻质土壤 B	$0.8 \sim 1.0t/m^3$
排水材料	砂石	$1.7 \sim 2.1t/m^3$
	火山砂石	$1.0 \sim 1.4t/m^3$
	人工轻量聚合物	$1.2 \sim 1.5t/m^3$
	黑碘石、重晶石	$0.2t/m^3$
隔断材料	混凝土	$2.3t/m^3$
	红砖	$1.9t/m^3$
	石材（花岗石）	$2.8t/m^3$
	木材	$0.9 \sim 1.1t/m^3$

表 4-3-2　地板材料的重量

商品名称	形状大小	重量
红砖	厚 6cm	$120kg/m^2$
大理石	厚 1cm	$28kg/m^2$
	厚 2cm	$56kg/m^2$
	厚 3cm	$84kg/m^2$
枕木	厚 14cm	$140kg/m^2$
木板（硬木）	厚 3cm	$30kg/m^2$
木块（软木）	厚 3cm+ 足	$20kg/m^2$
混凝土平板	厚 3cm	$70kg/m^2$
	厚 6cm	$138kg/m^2$
草垫	厚 10cm	$130kg/m^2$
	厚 5cm	$65kg/m^2$
砂石垫	厚 3cm	$70kg/m^2$
	厚 5cm	$110kg/m^2$
火山砂石垫	厚 5cm	$50kg/m^2$
树皮碎屑垫	厚 5cm	$30 kg/m^2$

表 4-3-3　绝缘材料的重量

商品名称	形状大小			重量
轻量混凝土块	1 段	高 20cm	宽 9cm	$20kg/m$
	2 段	高 40cm	宽 12cm	$60kg/m$
红砖块	3 段	高 21cm	宽 10cm	$42kg/m$
	5 段	高 35cm	宽 10cm	$70kg/m$
枕木		高 20cm	宽 14cm	$28kg/m$
GRC 块		高 30cm		$16kg/m$
		高 45cm		$21kg/m$
积层材料墙		高 30cm		$5kg/m$

（4）关于屋顶绿化，土壤的荷载计算

关于屋顶绿化的荷载设定，土壤重量占相当大的部分。但是，根据土壤的含水量等，土壤重量有很大变化，以哪个状态的重量（密度）作为计算用的数值很重要，土壤重量的计算方法如下所示。

①多雪地区以外的积雪荷载作为短期荷载来使用，因此关于降雨时及降雨紧接之后（饱和），增加的土壤荷载也作为短期荷载来处理。

②降雨后（土壤饱和后），24h流下和排水后的土壤，用其湿润密度算出土壤重量。也就是说要作为长期荷载来计算，不考虑水蒸发后土壤重量减少的情况。

大幅度增加土壤厚度的话，根据上述方法计算土壤重量，荷载数值会很大，因此做规划时，可以采用土壤厚度的实际测量值。

关于屋顶土壤水分的特性说明

由于屋顶排水层和土壤的接触面是水平面，在水分蒸发重量不减少的情况下，根据排水层与接触面的垂直距离来决定土壤的含水量。在计算土壤的重量时，薄层绿化较多，一般用厚12.7cm的土壤进行测量。

排水层到接触面垂直距离1.0cm部分的土壤，3.0mm以下的孔间隙中充满水。接触面以上10cm部分0.3mm以下，30cm部分0.1mm以下，60cm部分0.05mm以下，100cm部分0.03mm以下的孔间隙中才有水。因此，采用厚12.7cm的土壤，测量水含量时，60cm的情况所测土壤层全层的平均含水量有很大的不同，土壤重量也不同（每1m³厚60cm的土壤重量较轻）。

（5）屋顶绿化的植物和土壤厚度

选定植物种类、配置和植物的大小，在屋顶绿化设计中占很大比例。如果种植高大树木时，要确保相应的土壤厚度。

根据栽植的植物种类，确保适当的土壤厚度是很重要的，估算的荷载也不同。如果是草坪，可在限定厚度的土壤生长，如果是景天科植物，可以在薄层基础构造上生长。

图4-3-6　根据植物的高矮，所需要的最低土壤厚度标准

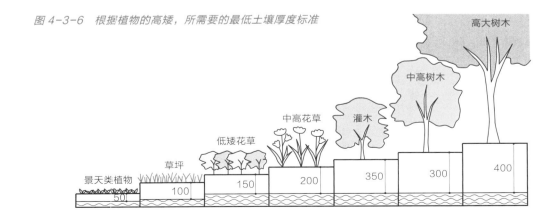

表 4-3-4　根据植物的高矮，所需要的最低土壤厚度基准表

		景天类	草坪	低矮花草	中高花草	灌木	中高树木	高大树木
植物高度		5 ~ 10cm	5 ~ 10cm	10 ~ 50cm	50 ~ 100cm	50 ~ 100cm	100 ~ 200cm	200 ~ 400cm
土壤厚度		5cm	10cm	15cm	20cm	25cm	30cm	40cm
排水层的厚度		无	3cm 以上	3cm 以上	5cm 以上	5cm 以上	5cm 以上	5cm 以上
利用效果	自然土壤	-	160kg/m^2	240kg/m^2	320kg/m^2	400kg/m^2	480kg/m^2	640kg/m^2
	轻质土壤	40kg/m^2	80kg/m^2	120kg/m^2	160kg/m^2	200kg/m^2	240kg/m^2	320kg/m^2
	超轻质土壤	30kg/m^2	60kg/m^2	90kg/m^2	120kg/m^2	150kg/m^2	180kg/m^2	240kg/m^2

以灌溉为前提条件的土壤最低厚度（景天类除外）。
排水层是黑碘石、重晶石情况时的厚度（板状排水材料的情况时厚 1 ~ 7cm 左右）。
自然土壤按相对密度 1.6 计算，轻质土壤按相对密度 0.8 计算，超轻质土壤按相对密度 0.6 计算。
荷载是指土壤的重量，做规划时要再加上排水层、绝缘材料、植物及其他的重量。

新宿区屋顶调查（1991 ~ 1992 年）57 例，以现实中生长良好的土壤厚度为标准。

（6）关于屋顶绿化，植物的荷载计算

由于树木在初期栽植时和生长后的重量不同，需要估算生长后的荷载条件来推进规划。草本植物，由于生长所增加的荷载很少，因此不作计算。关于树木，分为地上部分和地下部分，在规划荷载的计算时，使用栽植树木地下部分的重量，并加上依据绿化未来目标得到的最终树木尺寸的植物重量（也要考虑根增加的部分）。

关于栽植规划树木荷载的计算，一般使用目测周长（高 1.2m，树干周长通常以“cm”为单位），根据以下的式子计算地上部分重量及地下部分重量。

① 荷载计算时，所采用的植物荷载

在屋顶绿化规划中，用于荷载计算的植物的全部重量，是栽植时所规划的植物尺寸所占地下部分的重量，以及未来目标的植物尺寸的植物重量（地上部分的重量中包含根的增加部分），二者相加的重量。关于植物重量，需要包含根的增加部分，根据莉住升先生的见解，通常认为是地上部分重量的 1/3 左右。

考虑了未来目标的植物全部重量用 W_p（kg）表示，用以下的式子来计算。

W_p：植物全部重量（kg）$=W_r + W + 1/3W$

W_r：根盆的重量（kg，栽植时）

W：地上部分的重量（kg，根据未来目标的形状、尺寸等）

② 根盆的重量

根盆重量是用根盆的容积，乘以树木生产地的自然土壤的相对密度（通常红土相对密度的 1.8 倍）。根盆重量用 W_r（kg）表示，用以下的式子来计算。

W_r：根盆重量（kg）＝ Vw

V：根盆容积（m^3）＝ $\pi(A/2)2A/2+1/3\pi(A/2)2A/4$

A：根盆直径（m）＝ $4D+0.12$

D：根的直径（m）＝ $1.5d$

d：目测直径（m）＝目测周长 $\div \pi$

w：土壤相对密度

（根据《建筑空间的绿化方法》兴水启 著 彰国社 刊）

③ 地上部分的重量

地上部分的重量用 W（kg）表示，用以下的式子来计算。

$W = k\pi(d/2)4H\omega(1+p)$

d：目测直径（m）＝目测周长 $\div \pi$

H：树高（m）

k：树形形状系数 ＝ 0.5

W：树干单位体积相对重量（1.100 ～ 1.500kg/m^3）

p：根据枝叶茂密程度考虑的增加倍率 0.2 ～ 0.3

（根据《建筑空间的绿化方法》兴水启 著 彰国社 刊）

④ 根据未来目标植物的生长量

屋顶绿化基础构造的差异、管理形式和手法的不同，直接影响植物的生长量，统一制定基准很难。一般普通道路的树木，其平均生长量（目测周长）大约从 2cm/ 年开始类推，但是如果对将来的大小进行管理，其生长量的 1/4 ～ 1/2 也会受到抑制。关于树的高度，受到控制的例子很多，通常用比建设物等资料所记载的尺寸低的高度来计算生长。

⑤ 荷载计算时所用的植物重量的基准

地上部分和地下部分重量的基准，如表 4-3-5 所示。

表4-3-5　植物地上部分和地下部分重量的基准

树的高度（m）	视觉周长（cm）	单位	全盆容量（m³）	全盆重量（kg）	地上部分重量（kg）	总体大概重量（kg）
2.5	9	棵	0.012	22	2	24
2.7	12	棵	0.018	33	3	36
3	15	棵	0.028	51	5	56
3.3	18	棵	0.04	72	7	79
3.5	20	棵	0.052	94	9	104
3.8	25	棵	0.088	159	16	174
4	30	棵	0.135	243	24	267
4.5	35	棵	0.194	350	37	387
5	45	棵	0.364	655	69	724
6	60	棵	0.781	1406	147	1553
8	75	棵	1.414	2545	306	2851
9	90	棵	2.321	4178	496	4674

	高度（m）	单位	总体大概重量（kg）
中高树木	2	棵	31
	1.5	棵	27
低矮树木	1	棵	13
	0.5	棵	6
	0.3	棵	4
花草		棵	1.5
草坪（草垫）		m²	18

土壤相对密度 =1.8，ω=1300kg/m³、p=0.3 计算。

（7）在承重荷载限制范围内

　　由于土壤占荷载很大的比重，因此土壤的轻量化非常重要。人工轻质土壤不仅轻，还有保水性，可以确保与自然土壤一样的保水量，又可减少土壤重量。因此，重量减少和单位重量减少的话，其荷载是自然土壤的 1/10 ~ 1/3。

　　关于制作假山的情况，高大和低矮植物采用土壤厚度不同的情况，使可上人地面与栽植地土壤面相结合的情况等，要在土壤下部使用垫高材料，最好是轻量材料，同时排水材料和隔断材料等也使用轻量的。

　　由于网格和藤架等的地基要靠重量来防止倒塌，因此要注意不能过于轻量化。还有，荷载不要极端地偏向一方，要使其扩散分布。

图4-3-7　垫高材料的使用示意图

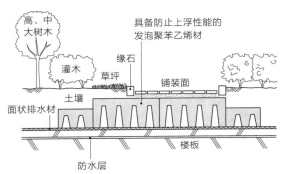

图4-3-8　高大树木栽植示意图

（8）与建筑主体结构的调整

根据建筑主体的构造，地板和护墙，建筑墙面边界部分的活动，由于地板变形等的不同，除 RC、SRC 等一体结构的地板以外，要注意不要发生极端的偏载荷载。

3）防水系统的调整

防水处理是建筑不可缺少的，因此转让过来的建筑也要做防水。根据建筑的结构、配置不同，绿化的时候，要预先知道建筑各位置的防水规格。根据防水规格，可选择的绿化栽植的基础结构等也不同。

屋顶可以使用 RC、SRC 结构的建筑，用沥青压密混凝土做防水的情况较多，可用压密混凝土的配置进行绿化。但是，对于 20 年以上的建筑屋顶，是否进行了防水层的改造，或者在近几年中准备进行修复的，在这种情况下，采用抬高防水施工方法的情况较多，使用抬高防水绿化配置。

图4-3-9 主要防水施工方法示意图

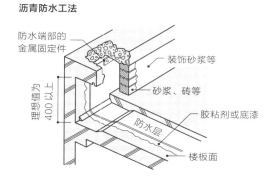
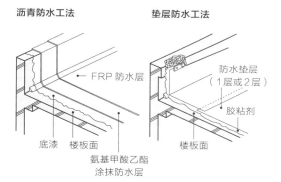

（1）屋顶防水的寿命及改修

关于防水层的耐久性，虽然与施工方法有关，但是，大多维持 10 ～ 20 年左右。因此，超过耐久年数的防水层，无法预测何时会发生漏水现象。

原有的建筑如果已经超过年数，由于有不安全因素，要考虑对防水层进行修复。另外，高级公寓等的公寓屋顶是共有物，要得到管理组织的认可。

关于防水层的修复，参照第二章"原有建筑绿化的防水修复"。

（2）按防水施工方法的注意事项

根据防水施工方法的不同，有不能承受荷载的防水层，不能承受经常有水的防水层，不用阻根层的防水层，因此进行绿化时，需要按防水施工方法采取应对措施。

表 4-3-6　按防水施工方法绿化的要点

防水施工方法	主要使用的建筑、场所	防水施工方法的构造	栽植部分的构成	绝缘部分的构成	可上人部分的构成
柏油防水压密混凝土施工方法	RC.SRC 构造建筑的屋顶	柏油防水层、压密混凝土或者混凝土平板	阻根层、排水层、过滤层、土壤	绝缘材料直接铺设在混凝土上	混凝土即可
柏油防水露出施工方法	RC.SRC 构造建筑的屋顶防水改造	柏油防水层表面用砂石覆盖等	抗撞击层、阻根层、排水层、过滤层、土壤	进行保护措施后铺设绝缘材料	利用者人数多的情况下，需要有铺装材料
柏油防水绿化防水施工方法	RC.SRC 构造建筑的屋顶	柏油防水层、抗撞击层、阻根层、排水层、过滤层、土壤	防水施工方法中加入土壤	进行保护措施后铺设绝缘材料	利用者人数多的情况下，需要有铺装材料
氨基甲酸乙酯+FRP 防水施工方法	RC.SRC 构造建筑的屋顶防水改造	氨基甲酸乙酯防水层、FRP 防水层	排水层、过滤层、土壤	绝缘材料直接铺设在 FRP 上	FRP 防水即可
薄膜防水施工方法	木造、铁架构造建筑的屋顶、阳台防水改造	薄膜防水层	抗撞击层、阻根层、排水层、过滤层、土壤	进行保护措施后铺设绝缘材料	利用者人数多的情况下，需要有铺装材料
薄膜涂层防水施工方法	RC.SRC 构造建筑的阳台防水改造	薄膜涂层防水层	抗撞击层、阻根层、排水层、过滤层、土壤	进行保护措施后铺设绝缘材料	利用者人数多的情况下，需要有铺装材料
涂布防水施工方法	RC.SRC 构造建筑的阳台	涂布防水层	最好使用容器型绿化。在波形板等上方，阻根层、排水层、过滤层，土壤	在波形板等上方铺设绝缘材料	最好使用有腿的、接触地面少的铺装材料

4）排水（屋顶排水管周围的处理）

屋顶必须设置排雨水用的排水配管，并设置排水管盖（统称为屋顶排水）。在屋顶进行绿化时，落叶和流失的土壤等，很容易堵塞屋顶排水。一旦堵塞的话，雨水堆积，就会增加漏水的危险。实际上通过绿化，在容易堵塞的位置设置的屋顶排水和排水管盖有很多形状，因此排水地漏罩的设计很重要。要定期检查和清扫屋顶排水，检查排水口的开关，排水地漏罩最好取下。

设计屋顶排水的尺寸时，如果没有考虑墙面等的雨水情况，在建筑改造修复时要重新设置溢流管。

（1）排水的周边设计要容易检查和清扫

排水沟和屋顶排水需要定期检查和清扫，最好随时可以进行检查和清扫。在绿化规划中，必须确保可以清楚地看到屋顶排水，并且有容易接近的通道。

（2）排水地漏罩的设置

如果屋顶排水露出的话，要设置不锈钢材料的网格排水地漏罩，和板料冲压材料的排水地漏罩。要注意排水地漏罩的设置需要采取防风措施，不要被风吹走。还有，要注意网眼不要太细小，否则容易引起堵塞。

在栽植区域有屋顶排水时，必须设置检查用的导水管（排水地漏罩）。作为导水管的素材有渗透性混凝土、板料冲压的

不锈钢、不锈钢网格、渗透性树脂等，必须是让水能够沿着导水管全部流入排水管中的结构。盖好盖子，取下能够开启的部分，表面的水最好也可以排掉。

照片 4-3-3　排水地漏罩的设置例子

图 4-3-10　排水地漏罩的周边处理

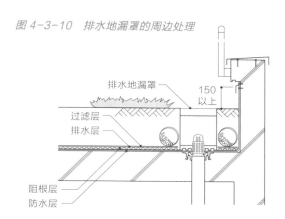

（3）排水地漏罩周边的排水对策

导水管（排水地漏罩）周边，要让水流动顺畅。使用的素材有立体网状的珍珠岩网管、泡沫塑料网管等，通过使用透水性能好的材料，即使有大量的水也不会引起堵塞，使水顺畅地流入。

（4）防水的抬高，墙面、出入口部分的排水对策

防水台高度如果较低，屋顶排水管、排水孔会堵塞，稍微蓄水就容易发生漏水现象。特别是出入口部分，外周的防水高度低。如果设置可上人用的地板和草坪等，出入口部分的防水不够高的话，强降雨时会倒流进入室内，必须加以注意。要在出入口部分进行边缘处理，让水必须通过栽

植基础下部的排水层流入排水孔或屋顶排水管。

墙壁高度越高，顺墙壁落下的雨水量越多，暴雨时墙面上的水量也会增加。对于墙壁高的情况，不要接近墙壁进行栽植，而是设置隔离区域，从墙壁流下来的水如何处理，要事先考虑如何排水。

照片 4-3-4　出入口的处理例子

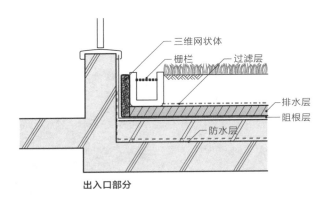

图 4-3-11　出入口部分的示意图

三维网状体
栅栏
过滤层
排水层
阻根层
防水层

出入口部分

照片 4-3-5　墙壁边的处理例子

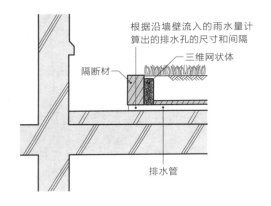

图 4-3-12　与墙壁分离的栽植部示意图

根据沿墙壁流入的雨水量计算出的排水孔的尺寸和间隔

三维网状体

隔断材

排水管

图 4-3-13　与墙壁相接的栽植部分的示意图

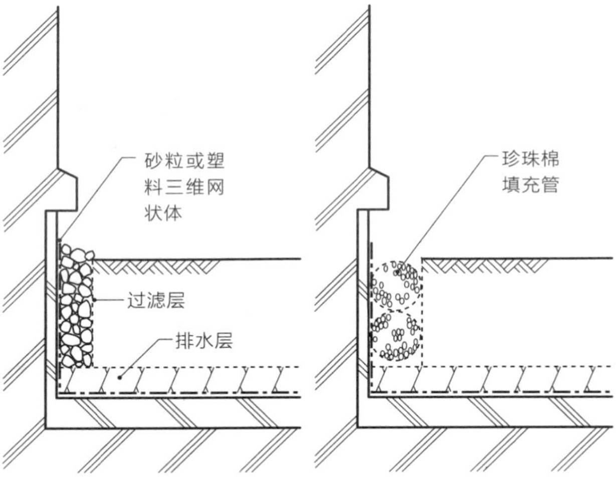

与墙壁相临，设置栽植地时，墙边（包括出入口）使用有透水性的盖子，预先设置可以防止落叶等进入排水沟的措施，采用板状排水材料、立体网状物、碎石、黑碘石、重晶石填满排水管等，迅速将流入的水引向排水层。墙壁高时，仅向排水层引水依然会有水滞留的现象，因此，要在墙边另行设置排水管，直接与屋顶排水管相接。

砂粒或塑料三维网状体

过滤层

排水层

珍珠棉填充管

（5）上一层屋顶雨水导水管、墙面、铺装部分的排水对策

结构上，如果从上一层屋顶雨水槽、墙面、铺装面流下大量雨水，必须确保雨水通道，可以顺畅通过绿化部分。通常基础构造的排水，不能完全处理的情况较多，因此要在栽植基础中设置与流量相称的直通配管（所需材料参照排水材料的线状材料）。

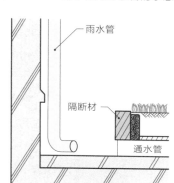

图4-3-14　雨水纵向导水管的示意图

雨水管

隔断材

通水管

3-2　抗风计算

屋顶比地面风力强，特别是有台风时，风压有时会在预料之外。由于屋顶绿化受承重荷载的限制，有轻量化的倾向，因此，如果固定不充分的话，台风时绿化基础构造有被吹跑的可能性。如果设置板状的基础构造，特别要确认其固定情况。还要确认可否在护墙和压密混凝土上锚固，要与建筑方协商对应。

同时，要有树木的跌倒、干枯折断、绿化基础构造的飞散、整体结构、其他机器材料飞散的防止措施，也要注意防止落叶等的飞散。

1）风的考虑方法

风对植物生长既有促进又有阻碍的情况。弱风使植物周边空气流动，不仅保持空气组成部分，还促进植物的蒸散作用，提高活性，防止病虫害的发生和扩展。在风力很强，并总被风吹的地方，就会干燥快，由于植物互相碰撞、阻碍生长的情况也很多。如果遭遇台风等强风的话，会有树叶裂开，或被撕裂，或组织被破坏，

另外，树枝折断，大树枝裂开，树干折断、倒塌，绿化基础构造被吹飞等伤害发生。

在建筑上进行屋顶绿化时，要按照建筑基准法的基准进行风荷载计算，最好进行抗风固定。需要对第三章"风荷载的计算方法"中的项目充分理解之后进行设计。

2）关于风的主要注意事项

①设计时要考虑屋顶角落和边缘部位的强风力。

②结构上，绿地基础构造的边缘部位不能向基础构造下方透风。

③特别是高层楼栋的正下方有低层楼栋时，必须考虑到建筑风的影响（正压计算）。

④根据风荷载，进行相应的固定（自重、锚固、缆绳、粘着施工方法等）。

⑤避免使用高大树木和生长快的树木。

⑥采用地被植物，地膜、网罩等防止土壤飞散。另外，利用护栏等，防止折断的树枝等被吹散到地基外部。

⑦万一起风的时候，要有防止飞散到地基外的措施（飞散防护栏，缆绳等的支撑柱，防止土壤飞散的网等）。

⑧台风接近时，要对易吹散的材料进行固定，或者收藏（管理项目）。

3）中高层建筑屋顶树木所受风压（H=25cm 建筑屋顶）的例子

以建筑基准法关于风荷载的计算为基准，计算方法如下：

①关于树木所受风荷载的计算例子：

根据第三章的计算式，风压中心点所受风荷载的计算，如下所示。

H = 地上高 25m + 树木高 5m = 30m

V_0 = Ⅲ 地域 = 34m/s

受风面积（A）= 树木的有效投影面积 = 直径 3.0m 的圆 =7.065m²

受风中心点（w_0）= 圆的中心点高 = 树木高 5m − 3m / 2 = 3.5m

风荷载（P）= $W \times A = q \times Cf \times (1 - Ca) \times A$

$q = 0.6EV_0^2 = 0.6Er^2Gf \times V_0^2 = 0.6 \times [1.7 \times (30 / 450)^{0.2}]^2 \times 2.0 \times 34^2 N/m^2$

　 = 1372N/m²

W = 1372 × 0.7 × (1−0) N/m² = 960N/m²

$P = W \times A$ = 960N/m² × 7.065m² = 6782.4N ≒ 691kgf

图 4-3-15　树木所受风荷载的计算

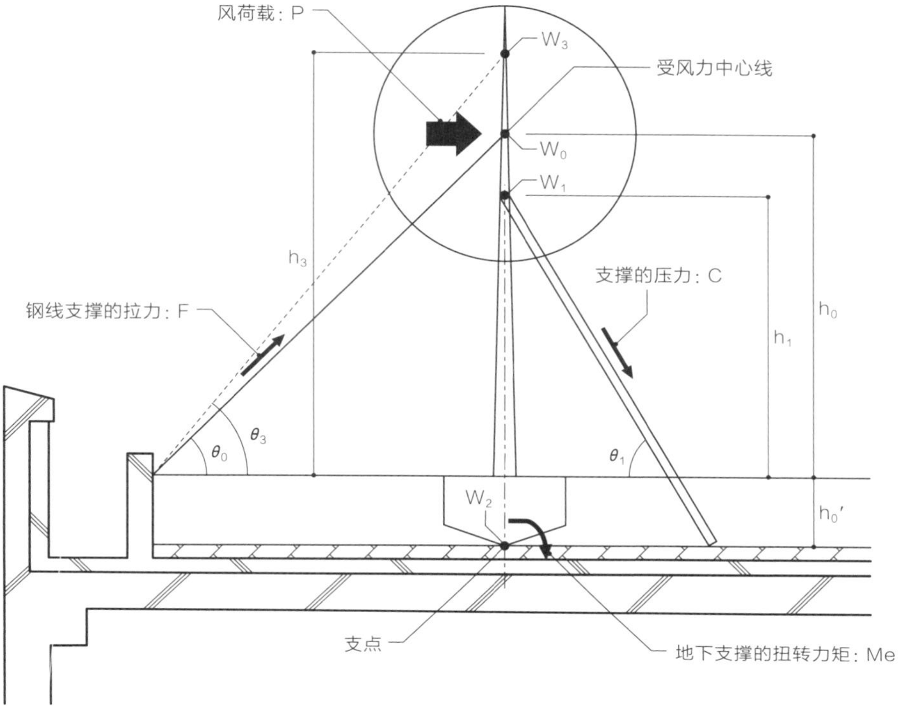

风荷载：P

W_3

受风力中心线

W_0

W_1

支撑的压力：C

h_3

h_0

钢线支撑的拉力：F

h_1

θ_3

θ_0

θ_1

W_2

$h_0{}'$

支点

地下支撑的扭转力矩：Me

② 钢线支撑的拉力荷载计算

　　前页所述的风荷载作用下的树木，如果是钢线支撑，钢线支撑拉力荷载计算如下所示。

钢线支撑的设置位置 = 所受风力中心点 w_0 = 3.5m

钢线支撑的设置角度 θ_0 = 45°

拉力 F_0 = P / $\cos\theta_0$ = 691kgf / cos45° = 977kgf

（ cos45° = 0.7071 ）

钢线支撑的设置位置 = W_3 = 4.5m

钢线支撑的设置角度 θ_3 ≒ 53°

作用于 w_3 点的风荷载 P_3 = $P \times h_0$ / h_3 = 691kgf × 3.5m / 4.5m = 537kgf

拉力 F_3 = P_3/$\cos\theta_3$ = 537kgf/cos50° = 892kgf

（ cos53° = 0.601815 ）

③ 斜杆支撑的受压荷载计算

相同树木在斜杆支撑下，受压所产生荷载的计算，如下所示。

斜杆支撑的设置位置 $= w_1 = 3.0$m

斜杆支撑的设置角度 $\theta_1 = 45°$

作用于 w_1 点的风荷载 $P_1 = P \times h_0 / h_1 = 691$kgf $\times 3.5$m $/ 3.0$m $= 806$kgf

压力 $C = P_1/\cos\theta_1 = 806kgf/\cos60° = 1612$kgf

（$\cos60° = 0.5$）

---

④ 地下支撑等的倾覆力矩（M_e）的计算

同一树木有地下支撑时，地下支撑等的倾覆力矩（M_e）的计算如下所示。

倾覆支点（w_2）到受风中心点（w_0）的距离（h_2）$= h_0 + h_0{}'$

$= 3.5$m $+ 0.5$m $= 4.0$m

倾覆力矩（M_e）$= P \times h_2 = 691$kgf $\times 4.0$m $= 2764$kgf/m

---

根据以上的计算，如果在风压中心给予支撑，绳索的牵引力为977kgf，抵抗倾覆力矩，所需要的抵抗力矩为27641kgf/m。

4）绿化基础构造和整体结构所受风压（负压）

① 绿化基础构造所受风压（负压）计算示例

根据第三章的计算式，风荷载（负压）的计算方法如下所示。

低层建筑的屋顶（$H = 5$m 屋顶）中央部的风压

$V_O = $ Ⅲ地域 $= 34$m/s

风力系数：平屋顶中央部的极值风力系数为 2.5（负压）

$W = 0.6\,Er^2Vo^2 \times$ 风力系数

$\quad = 0.6 \times [1.7 \times (5/450)^{0.2}]^2 \times 34^2 \times 2.5$

$\quad = 828$N/m^2（84kgf/m^2）

中央部：-2.5–828N/m^2（-84kgf/m^2）

端部：3.2–1060N/m^2（-108kgf/m^2）

角部：4.3–1420N/m^2（-145kgf/m^2）

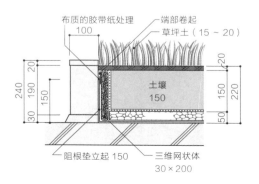

高层建筑的低层屋顶（$H = 60\text{m}$ 建筑的 20m 处的屋顶）中央部风压

$Vo = $ Ⅲ 地域 $= 34\text{m/s}$

风力系数：极值外压系数值，建筑高度 60m 以上的值为 2.4（负压）

$W = 0.6Er^2Vo^2 \times$ 风力系数

$\quad = 0.6 \times [1.7 \times (60/450)^{0.2}]^2 \times 34^2 \times 2.4$

$\quad = 2148\text{N/m}^2（219\text{kgf/m}^2）$

在高度为 4m 的建筑的屋顶中央部位，所受负压约为 84kgf/m^2，大于荷载大约为 60kgf/m^2 的薄层绿化，因此设置防止基础构造飞散的策略很重要。在高 60m 建筑的 20m 处的屋顶部分，其中央部位所受负压为 219kgf/m^2。

3-3　阻根层和保护层

在新建建筑进行屋顶绿化时，原则上要在建筑施工阶段进行阻根层和保护层的施工。但是，要在没有考虑绿化的新建建筑，和原有建筑上进行屋顶绿化时，要由绿化施工方负责铺设阻根层和保护层。

1）阻根层

在屋顶如果用土壤栽植时，必须铺设阻根材料，防止植物的根和地下茎直接接触防水层。阻根层是防水层的保护材料，不仅有阻根性能，还要考虑其耐久性、粘合的确定性、施工性等。如果根侵入阻根层的接缝的话，由于根的生长将有扩大间隙的危险性。因此，单单是叠放防水层，无论铺设面积多大，都不能阻挡根的侵入。要充分考虑阻根垫的特征，使其充分粘贴。

照片 4-3-6　阻根垫的重叠部位处根的侵入

图 4-3-16　阻根层的处理

如果防水层的完成部位直接接触土壤，那么也要铺设阻根层，防止根的侵入。由于担心根侵入排水孔和排水管，个别地方需要使用比较贵的、效果好的化学阻根材料，使根不能靠近。另外，在边界处下方，最好也铺设阻根层。

（1）植物的根和地下茎的特性

植物的根和地下茎不同，由于延伸生长、肥大生长的特性不同，不能混为一谈。

① 根的特征

植物的根在土壤中伸长，但是最前端的部分有根冠，保护进行中的细胞分裂。虽然根的前端寻找间隙伸长，但是如果根冠无法插进间隙时，根也无法侵入。根的前端细胞分裂增殖虽然肥大、伸张，但细胞膜比较脆弱，根的本身几乎没有挤出力。栽培植物中根冠直径最细的是康乃馨，认为是 70μm，因此，织布的纤维间隙在 70μm 以下的话，有阻根的功能。然而，由于入侵的根肥大生长，一旦侵入间隙之间就会扩张。根在地下伸长，即便高大树木，大多也就到土壤表层 30cm 左右，再往下生长的根少。但是，自然地基的话，有的根深达数米。根基本上有沿重力方向伸长的性质，因此要注意水平延伸的根遇到隔离材料等时，会有向下延伸的可能。

单子叶植物的根是胡须型，本身不肥大生长，虽然延伸长度（深度）有超过 2m 的情况，但是毛竹的根粗细不超过 3mm。兰科和百合科的植物，有的根粗细在 3mm 以上，但是从幼根开始粗根的组织很软。

裸子植物、双子叶植物的根端部很细，但之后生长肥大，有的树木 10 年后直径在 10cm 以上。特别是在土壤表层的根容易肥大，容易拱起柏油路面等，也有破坏的情况。

图 4-3-17　根端部示意图

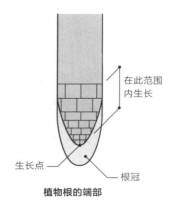

在此范围内生长

生长点

根冠

植物根的端部

图 4-3-18　双子叶植物和单子叶植物根的区别

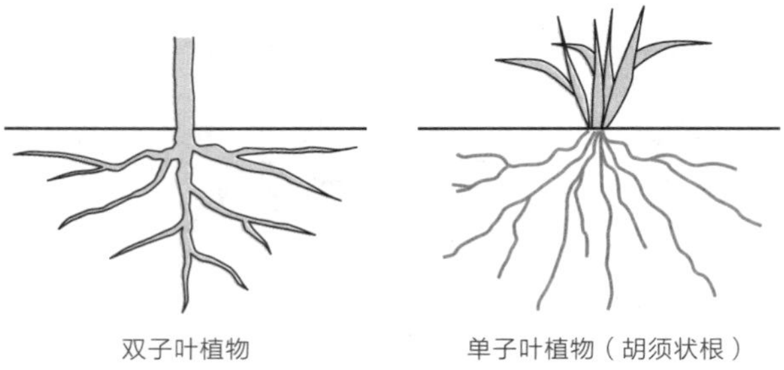

双子叶植物　　　　单子叶植物（胡须状根）

② 地下茎的特征

地下茎基本上是茎，往与重力相反的方向延伸。因而沿水平伸长的地下茎如果碰到隔断材料，一般就会向上延伸，向下生长的地下茎非常稀少。在对根茎的调查中，有隔断材料时，发现只有与隔断材料平行生长的地下茎。

单子叶植物的地下茎，比根的根冠粗一位数，但是最前端有坚硬的叶鞘保护。与竹笋的生长同样，有叶鞘保护的地下茎，其前端延伸生长，压力强，容易穿

透材质柔软的材料。地下茎穿透土壤表层15cm以下的情况很少，大型的毛竹最多到30cm限度。从地下茎的节的部分到细的胡须状根出来，胡须状根的直径不会超过3mm。

在双子叶植物中的草本类植物中，有一些可以看到地下茎，但大多数是地上的匍匐茎。即使是地下茎，也没有叶鞘，前端草芽有柔软的分生组织，但是穿透力弱，不会穿透保护膜。

图4-3-19 双子叶植物和单子叶植物的地下茎的区别

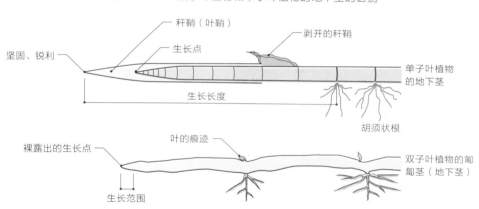

（2）屋顶绿化中，不能作为阻根层的材料

土木用材料中，有称作"阻根垫"的材料，是一种渗透性的无纺布。但是这种材料只能防止粗大的根，细小的根依然可以穿透，所以不能用于屋顶绿化的阻根层。还有，先不说毛竹等粗大地下茎的植物，细叶结缕草等地下茎由于很细小可以通过，因此最好不要使用。根据现状，对产品"阻根"的定义不统一，在选择阻根垫时，要充分注意。

照片4-3-7 阻根垫的材料

使用透水性不织布做成的阻根垫，根穿透的例子

使用透水性织布做成的阻根垫，根都没有穿透

（3）阻根层的称呼

近几年来，在建筑学会的防水部门、国土交通修建部门和建筑实验中心，把这个阻根部分作为"耐根层"，"耐"的意思是"承受"而不是"防止"的意思。虽然前面所述的有渗透性的无纺布被称作"阻根垫"，但实际上名称与功能不符。希望今后的产品名称能与产品的性能相一致。然而，在本文中还是仍然采用"阻根"这个称呼。

（4）阻根材料

有透水性的无纺布阻根材料，网眼很细小，可以透水、透气但植物的根不易穿透。但是，由于土壤质量不同，有堵塞的可能性，因此不能与过滤网同时使用，需要铺设在防水层的下面。

使用化学材料的阻根垫，对植物根的生长点起作用，可以控制根的伸长。价格较高，特别是在种植根部容易进入屋顶排水周围的植物，和具有强大地下茎的竹类等植物时，需要考虑使用。

表 4-3-7　阻根层材料的选择标准

分类	防根机能	材料组成	绿化目的						施工方法与特征	关于植物的状况
			防根性	防地下茎性	粘合性	耐久性	施工性	价格		
不透水性材料	物理的	地面薄膜与防水层一体型	○	○	○	○	○	△	沥青防水层施工时进行一体施工，细节部分以及结合处等连接良好，安全性高	细竹、竹子等所有植物对应
		地面薄膜与改质沥青粘合层附着	○	○	○	○	○	○	防水层完工后，植栽时与防水层、基础材料粘合一体化。安全性高	细竹、竹子等所有植物对应
		乙烯薄膜（0.3mm）	○	△	△	△	△	◎	简易防根薄膜。结合处及角落部位的连接容易出现问题。最好在薄膜大小范围内使用	避免使用面积小、有地下茎的植物
		FRP薄膜	○	○	○	○	×	×	与栽种形状相结合，可以连贯成为一体进行施工。现场使用玻璃纤维和树脂进行施工	细竹、竹子等所有植物对应
	化学的	有化学物质的防水薄膜	△	○	○	○	△	○	防水施工时，作为防水材料进行一体施工。进口产品	避免使用有根、有地下茎的植物
透水性材料	物理的	化学纤维密织无纺布	○	△	×	○	○	○	接合困难。与过滤层并用的话，有的土壤容易引起堵塞	避免使用面积小、有地下茎的植物
		化学纤维无纺布	×	×	×	—	—	—	被称为防根膜、耐根膜，虽然可以防止根部极端肥大穿透薄膜，但不具有防根机能	不适合作为屋顶绿化的阻根层
	化学的	化学物质粘合在无纺布上	○	○	○	○	○	××	为防治根的侵入，排水管迁回放置等，要使用栽植的一部分。效果可持续50年。价格高	根据资料，留出空间，防止长4～5cm根的侵入的话，可对应所有植物

范例：性能○：好；△：较差；×：差；—：不可使用。

价格◎：非常便宜；○：便宜；△：价格较高；×：价格高；××：价格非常高。

如果使用农业用的、较厚的聚乙烯材料，虽然可以阻根、防水、空气不能通过，但是粘贴比较困难，可以在狭窄的、使用面积较小的地方使用。另外，在地中拉力不作用的情况下，使用双面胶带或布胶带固定，可用于有强大根和地下茎植物的地方。聚乙烯树脂材料价格比较低，适用于家庭和花园中心，小规模的屋顶绿化。

阻根性：包括薄膜处理，确认植物的根不侵入防水层，确实不侵入评价为○，薄膜部分等有不安因素评价为△，植物的根可穿透的情况评价为X。

防地下茎性：挤压力强的地下茎也无法侵入的情况给予可靠性评价。

连接性：连接部位的处理给予可靠性评价。

耐久性：所有材料本身的耐久性，20年左右以上评价为○，10年左右以上评价为△，不满10年评价为X。

施工性：施工种类少、施工量少的评价为○，工种数量多、作业量大的评价为X，处于中间的评价为△。

价格：对材料的价格进行评价。◎表示为几百日元，XX表示为1万日元左右。

2）保护层

对建筑来说漏水是最严重的问题，因此在施工前与施工后都要设置保护层，来保护防水层和阻根层，需要预测冲击力的大小来选定保护材料。特别是采用防水抬高施工方法，直接绿化时，保护层必不可少。但是，如果使用FRP防水和金属防水，防水层本身就具有机械强度。

作防水修复时，如果不用把保护混凝土撤去，铺设抬高防水层，直接进行绿化时，需要铺设保护层。

另外，施工中和施工后所产生的冲击力，要对以下几点进行估测，根据现状采用适当的保护措施。

- ·施工中的走动
- ·材料和工具的掉落
- ·砌砖等的施工
- ·搬运土壤和种植时等铁锹的使用
- ·搬运土壤和材料用的独轮车、小卡车，根据情况确定叉车的使用
- ·立足处和支撑的设置

照片4-3-8　混凝土平板

照片4-3-9　带纤维的沥青垫层

表 4-3-8　保护层材料的种类（例）

材料名称	综合评价							厚度	备注
	面冲击	线冲击	点冲击	耐久性	重量	施工性	改造性	可上人效果	
保护混凝土	◎	◎	◎	◎	✕	○	✕	○	80mm 以上	用于建筑施工，不用于绿化施工。可抗击所有冲击。可以在上面行走
混凝土平板	◎	◎	◎	◎	✕	△	△	○	30～60mm	60～150kg/m²，很重。可抗击所有冲击。可以在上面行走
水泥砂浆成型板	○	○	○	○	△	○	○	△	10～30mm	可用于冲击较小的地方。可抵抗针状物、铁锹等的冲击。可以在上面小心行走
沥青成型板	○	○	△	○	○	○	○	△	3～10mm	可用于冲击较小的地方。可以在上面小心行走
橡胶塑料薄膜	○	○	△	○	◎	◎	◎	○	3～10mm	可用于冲击较小的地方。可以在上面小心行走
厚无纺布	△	△	✕	○	◎	◎	○	✕	3～10mm	可用于冲击较小的地方。由于针状物可以穿透，不可在上面行走
加入纤维的沥青薄膜	△	△	△	○	○	◎	○	○	3～10mm	可用于冲击较小的地方。可以在上面小心行走
强化水泥板	◎	○	○	△	△	✕	△	○	10～20mm	可抗击所有冲击。可以在上面小心行走
FRP	◎	○	○	△	○	△	✕	○	2～5mm	当场进行施工。可抗击所有冲击。与防水层兼用。可以在上面行走

范例：◎：特别有效；○：有效；△：较差；✕：差。

对面冲击、线冲击、点冲击的耐受性：对可上人等的面冲击、铲刀等的线冲击、针状物等的点冲击的耐受性，分别进行评价。特别是所受冲击力强、反复受到冲击也不破损的材料评价为◎，通常使用时不破损的评价为○，施工时需要加以注意的评价为△，容易破损被穿透的评价为✕。

耐久性：特别是针对施工后的静态荷载（树木、土壤或者支撑等），要长期维持保护性能。所有材料本身的耐久性，20 年以上的评价为◎，20 年左右的评价为○，10 年左右的评价为△，10 年未满的评价为✕。

重量：保护层材料的重量重的话，必须选择可承受其重量的防水层和阻根层。超越 100kg/m² 的评价为 ✕，20kg/m² 以下的评价为○，中间的评价为△。

施工性：现场施工时最好可以进行尺寸调整。有必要时，最好可以不用特殊工具就能进行裁剪、切断。施工特别容易的评价为◎，施工种数少、工作量也少的评价为○，施工种数多，工作量也多的评价为✕，中间的评价为△。

修复性：在作绿化修复或防水修复时，最好采用容易撤去和再铺设的施工。撤去、再铺设施工特别容易的评价为◎，容易的评价为○，困难的评价为✕，中间的评价为△。

可上人性：对在保护层上面可上人的耐久性进行评价。

3-4　屋顶绿化栽植规划和设计

栽植规划时，要了解屋顶的环境，与绿化的目的和利用形态相结合，选定栽植位置、树木的种类和配置等，为此，必须对栽植基础等进行研究。由于植物的生长受栽植基础和灌溉、施肥、修剪、防病害虫等管理的影响，栽植基础不够充分的话，会增加管理的工作量。因此，栽植基础、栽植树种的选定之外，还要设定整体的管理形式、内容和方法，综合制定栽植规划很重要。在屋顶上设置适合植物生长的栽植基础和植物搭配，使影响植物生长的不良环境达到最小限度，根据实际情况进行规划，可以说是栽植规划的重点。

1）栽植规划的进行方法

屋顶绿化要考虑结构的荷载、对防水的调整、抗风措施等，对以下项目要进行研究规划。

①自然和建筑环境的掌握

②绿化系统的选定

③基础构造的设计（层压型系统的情况）

④栽植的结构

⑤栽植种类的选定

⑥灌溉方法的设定

⑦管理的设定

栽植规划的方法，包含防水施工方法、阻根层、保护层等，如下图所示。如果由建筑方进行阻根层、保护层施工时，需对栽植系统施工的流程作出规划。由于简易的防水施工方法只在阳台上使用，此处不加以说明。

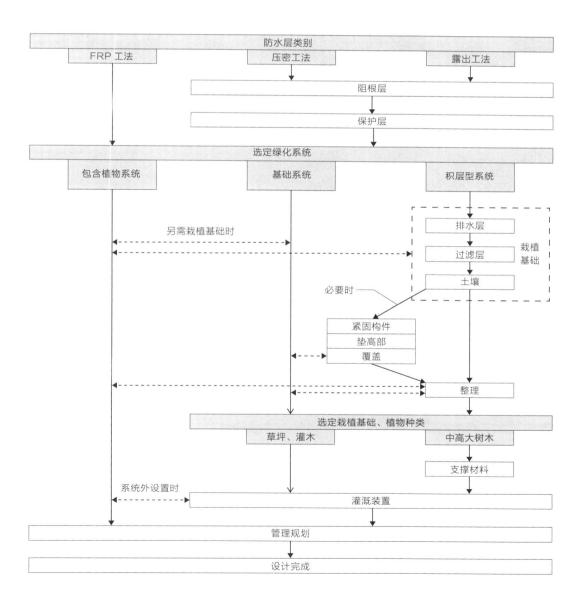

2）自然和建筑环境的掌握

与地上的庭园相比，屋顶的土壤容易干，植物生长环境恶劣，但也有比地上庭园生长得好的植物。正确了解屋顶环境，考虑落叶和土壤等的飞散给周边环境带来的影响，注意来自屋顶的视线、噪声等的影响，还要认真研究在哪里栽植比较好，进而推进规划。

表 4-3-9　地上庭院与屋顶自然环境的差别

项目	地上庭院	屋顶
雨	即使不下雨也可以从地下水吸取水分，几乎没有干燥枯死的状况	与庭院不同，没有地下水可以利用，因此持续不下雨的话土壤中会缺乏水分
夜晚露水	到了夜晚，形成的露水滋润叶子和树干	
风	除非是台风，风力微弱	一般风力强。越高风力越大。强风可以使土壤和植物干燥
日照	在城市里，追求充足的日照条件很难	即使在城市中，也可以有充足的日照条件
湿度	在地面（土壤）和庭院等，可以保持适合植物生长的湿度	由于地面和墙面是混凝土结构，雨水会迅速流失，容易湿度不够
霜	并非怕寒冷，而是结的霜和霜柱会造成植物枯死。需要除霜	不仅霜和霜柱，寒风也会对植物有影响。需要除霜
酷暑	从地表可以水分蒸发，地表不会太热	由于太阳光的照射，及混凝土的反射，会使植物、隔断、容器等异常高温，要有相应对策
酷寒	可以自然耐寒	地上部分虽然可以耐寒，但土壤中的温度受室内温度影响较大

表 4-3-10　地上庭院与屋顶建筑环境的差别

项目	地上庭院	屋顶
耐荷载	没有特殊的限制	新建建筑：要在固定荷载以下。已有建筑：全体（地震荷载）60kgf/m^2 以下部分（地面荷载）180kgf/m^2 以下
防水层	不要	采用真正的防水，可以采用各种绿化施工方法。但防水层修改施工时，要先撤去绿化植物
阻根层	不要	必要
排水层	不要	必要
过滤层	不要	必要
土壤	当地有	需要搬入土壤。由于受荷载影响，要确保植物生长的土壤厚度比较困难
灌溉	无需特殊灌溉也可生长	土壤厚度受限制较多，夏季需要进行灌溉
隔断材料	非必须	搬入土壤四周需要有边缘
给水排水，电气设备	多数都设置	不设置的情况较多
避难通道	没有特殊规定	没有特殊规定（集体住宅的个人阳台要作为避难通道）
安全	不用特别考虑	防止高空落物，要有防止物品坠落的安全对策

3）绿化系统的选定

绿化系统，要考虑绿化目的和内容，运营方针，利用状况，维护管理等，进行最适当的选定。绿化系统中由于可使用的植物种类有限制，因而要进行考虑。并且，由于选择的绿化系统不同，维护管理也有所不同，这一点也有必要考虑。如果所需要的维护管理进行困难，该系统将终止采用。另外只考虑重量、价格和施工性的选定，有可能会影响植物生长，不能达到所定的绿化目的，因此综合判断很重要。

屋顶绿化，最重要的是基础构造的轻量化，到目前为止是技术和产品的开发重点。从最下层的保护层到土壤和植物之间，作为一个系统进行开发，各制造商追求轻量化及高性能化的绿化系统。首先是确认系统包含哪些，有哪些不足，最好与系统开发者协商，追加适当的材料。特别是阻根层、保护层、灌溉装置、系统本身的飞散防止措施等，需要确认。另外，确认维护管理的方法及生长不良时的对应方法，以确保植物的长期生长。

（1）根据植物分类的绿化系统

绿化系统采用苔藓、景天科等已经扎根的植物材料，直接放置在屋顶绿化规划用地，竣工后，就是绿化完成形态，有景观形成。

表 4-3-11　含有植物的绿化系统

分类	系统名称	类型	总厚度（cm）	使用植物	重量（kgf/m²），按植物分类基础构造	综合评价						备注
						踩踏	耐久性	施工性	尺寸调整	灌溉装置	管理性	
有植物的系统	苔藓绿化	现场施工	3	苔藓类	30	△	△	△	○	不	○	注意苔藓新鲜度
		板状	0.3~0.5	苔藓类	10	△	X	○	○	不	△	注意从板上的剥离、飞散、存活为止的维护
		薄膜状	1.5	苔藓类	15	△	△	○	○	不	○	注意从薄膜上的剥离、飞散、存活为止的维护
		垫子状	3	苔藓类	20	△	△	○	△	不	○	注意存活为止的维护。价格高
		人工草＋苔藓	1	苔藓类	10	△	△	△	△	不	△	注意存活为止的维护。价格高
	景天绿化	茎叶播种	3~5	景天类	30~50	X	△	△	○	不	○	注意存活为止的维护。通过管理，追加栽种时使用的情况较多
		薄膜状	3~5	景天类	30~50	X	△	△	○	不	○	注意从薄膜上的剥离、飞散、存活为止的维护。薄膜本身 1cm 以下
		插枝种植	3~5	景天类	30~50	X	△	△	○	不	△	注意存活为止的维护管理。通过管理，追加栽种时使用的情况较多
		花盆栽种	5~10	景天类	40~80	X	△	△	X	不	△	基础构造厚，注意重量
		垫子状	3~5	景天类	30~50	X	△	△	△	不	○	注意景天植物的衰败
		棒状	3~5	景天类	30~50	X	△	X	△	不	○	注意景天植物的衰败
		单元组合	5~7	景天类	40~60	X	△	△	X	不	○	注意景天植物的衰败

分类	系统名称	类型	总厚度（cm）	使用植物	重量（kgf/m²），按植物分类基础构造	综合评价						备注
						踩踏	耐久性	施工性	尺寸调整	灌溉装置	管理性	
有植物的系统	草坪绿化	垫子状	3~7	草类	30~100	○	○	○	△	要	△	注意不要过度湿润。注意西洋草本植物的管理
		棒状	5~10	草类	50~100	○	△	○	△	要	△	注意不要过湿。注意缓冲性
		网状	5~10	草类	50~100	○	○	○	×	要	△	管道结构与灌溉方法相结合
	垫子型绿化	根茎垫子	5~7	多年草－低矮植物	50~100	×	○	○	△	要	×	需要特别注意灌溉的管理
		辅助材料垫子状	5~7	多年草－低矮植物	50~100	×	△	△	△	要	△	需要特别注意灌溉的管理。根据根茎垫子，可以使用高大植物
		无纺布＋土壤	3~5	多年草－低矮植物	50~100	×	△	△	○	要	△	通常另外铺设地基，没有地基时要注意灌溉管理

根据开发生产厂商不同，绿化系统有很大差别。必须进行确认后使用。景天绿化时，需要铺设灌溉系统，对应长期无降雨等状况。

范例：○：效果好；△：较差；×：差。踩踏用于表示植物自身受损程度。详见（4）绿化系统选择标准表的综合评价标准。

① 藓类绿化系统

作为比景天植物绿化轻量的绿化系统，开发了苔藓类绿化方法。使用喜欢干燥的砂苔、大灰藓等苔藓种类。由于干燥时处于休眠状态，能够承受极端的连续无降雨的天气。但是，生长迟缓，成活之前不进行喷雾的话，需要花费1年以上。降雨等湿润期间以外，干燥时颜色褪色，与绿化的样子有相当大的差异。

目前，虽然是最轻量的绿化系统，但根据苔藓的生长特性（干燥时休眠），与其他系统相比，城市环境改善效果并不明显。板状基础构造混合苔藓、纸用苔藓等，要全面覆盖的话，需要时间。虽然也可以直接贴在屋顶的地板上，但需要采取防风吹散的措施。

事前在板上等全面覆盖生长的材料价格较高。现场施工的情况价格比较低，但是，经过长年使用的话，地基会收缩产生间隙。现在也有很多其他的材料和施工方法出现，从苔藓加工到现场铺设，极力缩短了植物成活所需时间。

照片 4-3-10　苔藓类绿化系统的示例

现场施工藓类绿化系统　　人工草坪＋藓类绿化系统　　单元组合型藓类绿化系统

② 景天科植物绿化系统

景天科植物属于多肉性的植物，叶中能蓄存水分，可抗干燥。

在系统配置上，从基础构造到苔藓类综合组成薄层结构。在这样薄的栽植基础上，由于干燥，杂草不能生长，可以形成省管理型的绿化地带。因此，生长状况有限，根据气候的变化，景天科植物的生长也有恶化的情况。还有，由于季节变化，绿被率的变化很大，要事先了解景天科植物的生长特性。

景天科植物绿化系统的特性是重量很轻，因此要有防风措施，选择固定在石板上的系统材料很重要。目前，已开发了很多商品，但是要注意不知何时销售又中止，或者与系统发表时有差异。根据作者的经验，多种景天植物混合种植时生存状况较好，单一的景天植物在短期内凋零的例子很多。

目前，景天科植物绿化有以下六种施工方法。

表4-3-12　景天科植物绿化系统

施工方法	特征
茎叶播种施工方法	采用剪断的2～3cm的叶子和茎进行播种，这是欧洲主要的绿化施工方法。最便宜的，经过2～3年，绿化进行缓慢
茎叶薄膜施工方法	将夹有茎叶组织的生物分解性纤维薄膜，粘贴在地基上的施工方法。需要有防止薄膜飞散的对策
插种方法	将景天类植物插在直径1～5cm，深5cm左右的插口中，使其生根发芽的播种方法。比茎叶插种方法稳定。费用低，需要1～2年进行绿化。一般植物补种时采用较多
盆栽法	采用6～9cm的花盆进行栽种的绿化施工方法。可选择的植物范围大，设计性的自由度高。但是，生产出来的植物种类少，由于不能大量生产，所以价格较高，当场施工采用此方法的较少
垫子施工法	在农场，事先在垫子上种植景天，然后粘贴在基础构造上的施工方法（积层粘贴方法），以及按照每块基础构造做成垫子状，直接粘贴在屋顶上的施工方法（垫子培育施工方法）。无论哪种都具有曲面施工特性。积层粘贴施工是将垫子卷起来后搬入，粘贴在基础构造上，但要注意高温时的闷热。按基础构造制作的植物垫子培养方法，根据厂家的不同也要有所注意
板状施工法	将基础构造固定在板上，在农场事先栽培景天的施工方法。施工速度快。但由于在屋顶的固定较为困难，需要对固定方法进行充分讨论
单元组合施工方法	在农场，事先在塑料等容器中种植景天，形成一个一个的单元组合，然后将其排列固定的施工方法，施工速度快。可以在屋顶牢固固定的产品较多

照片4-3-11　景天科植物绿化系统的示例

薄膜状景天科植物绿化系统

板状景天科植物绿化系统

单元组合型景天科植物绿化系统

③ 草坪绿化系统

与基础构造一体型的草坪系统，有的与排水层系统化，有的需要另外设置。无论哪种都是薄层系统，灌溉不可缺少。草坪的植物种类，除细叶结缕草以外，还使用常绿的西洋草坪。由于考虑草坪的利用，除了研究规划利用年数中能否正常生长以外，还要考虑修剪草坪的次数，灌溉方法，制订除草、施肥、病虫害防除等管理体制和程度。

针对草坪绿化系统，有以下三种施工方法。

表4-3-13　草坪绿化系统

施工方法	特征
草垫	作为垫子的材料有化学纤维无纺布，有机物系列，无纺布＋土壤，发泡树脂等。选择即使平放也不会淋湿的产品
草板	有机纤维固定后的物质及无机物多孔状物质作为板材。考虑选择有缓冲性的材料
草网	将土壤装入浅型容器，并种植草本，容器的边缘要选择耐用的不易损坏的材料。根据绿化系统的不同，灌溉方法不同，因此要进行讨论

照片4-3-12　草坪绿化系统

不织布草垫　　　　　　　　　　　　草板

④ 垫子型植物绿化系统

为施工方便，确保施工精确度，把植物的根缠绕成垫子状的绿化系统。作为垫子形成的辅助材料，有的使用树脂立体网状构架，有的用无纺布捆包。由于是薄层垫子，灌溉不可缺少。

根据进行生产的组织等，基础材料和尺寸不同，植物种类和尺寸不同，但是同一生产组织的材料可以混合配置植物种类等。在管理上，为保持植物良好生长，生产时将灌溉水量和间隔等尽可能地保持一致。在屋顶设置时，要另外设置阻根层、排水层、隔断材料等。

垫子型植物绿化系统，有根垫子型、辅助材料垫子型、无纺布＋土壤三种施工方法。

照片4-3-13　垫子型植物绿化系统

辅助材料垫　　　　　　　　　根系垫

（2）按基础构造分类的绿化系统

栽植用的基础构造不同，可能使用的植物、管理方法也不同，要对绿化目的和内容，绿化的未来目标，使用植物，管理体制和方法等进行研究后选定绿化系统。防止被风吹散的措施也很重要，必须特别注意。

表4-3-14 不含植物只有基础构造的绿化系统

分类	系统名称	类型	总厚度（cm）	使用植物	重量（kgf/m²），按植物分类基础构造	综合评价						备注
						踩踏	耐久性	施工性	尺寸调整	灌溉装置	管理性	
基础构造系统	垫子状、块状、板状基础构造	棕榈类	10未满	草本。多年生草	60	✕	△	○	△	要	△	垫子表面纤维有损坏的话，中间的物质会容易飞散，注意排水
		有机物	5～10	草本。多年生草	40～80	✕	△	○	△	要	△	也有耐踩踏的材料。注意长年使用后质量的变化
		有保水剂	7～10	草本。多年生草	60～100	△	△	○		要		注意过度湿润，以及排水
		固化土壤	5～10	草本。多年生草	40～100	△	△	○		要		注意原有土壤（主要是无机物）的质量
		多孔混凝土	5～15	草本。多年生草	100～300	○	○	△	✕	要	△	注意保水量，空隙，重量。种植树苗的话要事先留出插孔
		块状材料	4～8	草本。多年生草	40～80	○	○	△	△	要	△	基础构造虽然耐踩踏，但植物容易受损
		木块	4～10	高大树木以外所有植物	30～80	△	△	△	△	要	△	保水性极高，注意过度湿润。密度低的植物不耐踩踏
		袋状	10	多年生草	80	✕	△	○	△	要	△	划破袋子直接进行栽种。注意排水
	单元组合型绿化	板状	5～10	草本。多年生草	50～100	△	△	○	△	要	△	板状结构与灌溉方式一体化
		容器	10～20	草本～低矮树木	100～200	△	△	○	△	要	△	容器结构与灌溉方式一体化
	底部灌溉型绿化（室外时，仅限关东以西地区）	板型	5～10	草本。多年生草	50～100	△	△	○	△	要	△	板状结构与灌溉方式一体化
		单层型	10以上	所有植物	100以上	△	△	△	△	要	△	注意水的深度，土壤的透气状况。水培
		多层型	15以上	所有植物	150以上	△	△	△	△	要	△	注意水的深度，土壤的过度湿润
		分离型	15以上	所有植物	150以上	△	△	△	△	要	△	注意吸水量和吸水速度
		箱形	20以上	草本～低矮树木	200以上	✕	○	△	✕	要	✕	需要对灌溉细心管理

根据开发生产厂商不同，绿化系统有很大差别。必须进行确认后使用。景天绿化时，需要铺设灌溉系统，对应长期无降雨等状况。范例：○：效果好；△：较差；✕：差。踩踏用于表示植物自身受损程度。详见（4）绿化系统选择标准表的综合评价标准（第173页）。

① 垫子状、块状、板状基础构造的绿化系统

使用垫子状、块状、板状基础构造的绿化系统，有包含阻根层、保护层、排水层、过滤层等下部基础构造的系统，也有不含系统。对于缺乏下部基础构造的系统，必须另外有规划。各个系统的灌溉方法和装置不同，要预先考虑灌溉装置的铺设。对于有机质系的基础构造材料，需要充分考虑长年使用后的变化。

照片 4-3-14　垫子状、块状、板状基础构造的绿化系统

棕榈板块类

袋状

纤维垫

表 4-3-15　垫子状、块状、板状基础构造的绿化系统

施工方法	特征
棕榈类	棕榈残渣粉碎后用棕榈纤维包住，多数是压缩后使用
有机物	只用泥煤苔、草炭等铺设的系统，虽然保水性、保肥性良好，但长年使用后容易变质，容易发生堵塞，损耗
有保水剂	氨基甲酸乙酯等发泡树脂的循环利用，与保水材料混合压板成型，有保水性过度的倾向
固化土壤	以有机物为首的粒状土壤、混合化学纤维，加热加压固化成块，主要用于墙壁
多孔混凝土	用火山碎石等聚合材料与水泥混合成平板块状材料。较重且保水性较差。另外，间隙的大小固定，常年使用后根部容易引起堵塞、损耗
块状材料	剥落的针叶树树皮，或是树木碎片固化成型的材料。用树皮固化的材料耐久性强
木块	将玄武岩烧制成纤维状，并拉伸成平板型。由于保水性强，要注意保水过多。虽然用于农业较多，但保水性良好，今后的使用值得期待
袋状	将轻质土壤等放入棕榈纤维或化学纤维做成的袋子中，杂草的发芽率低

② 单元组合型（板形、槽形）绿化系统

为确保容易施工和精度，选择绿化基础构造与容器一体化的系统。有的是相邻容器可以简单地连接在一起的结构，有的是可在平面连接并展开的结构。厚度多在 5～20cm 左右，适合草坪和大面积覆盖型植物的栽植。

关于可栽植植物，有很多规定，最好选择与预定栽植的植物种类相称的绿化系统。灌溉方法也根据系统不同而不同，因此也要作为整体的一部分进行考虑。

表 4-3-16　单元组合型绿化系统

施工方法	特征
板型	使用特别薄的容器，称作板型绿化系统
容器型	根据系统不同，容器的材料、大小、灌溉方式不同，因此多种绿化系统混合存在比较困难

③ 底部灌溉型绿化系统

底面可以储水的系统，很多具有灌溉装置。虽说可以有效地利用雨水，但是长期连续没有降雨的情况时，灌溉就变得很有必要。虽然草本等低矮植物更适合绿化，但通过增减土壤厚度和灌溉可以种植矮树和中等高的树木。由于各自的系统灌溉方法不同，选定系统时还要考虑管理人员的能力等。由于建筑主体有水斜面的关系，如果不使用小盘板状，就不适合大面积的绿化。还有，此系统防风措施的采用比较困难，要充分研究对策，如果仍有问题存在，就要考虑是否采用此系统。

大多数是由室内绿化开发的系统。有的底面蓄水部分和土壤部分分离，有的蓄水部分由黑碘石、重晶石等排水材料填充，有的蓄水部分和土壤部分成一体。还有的系统只有蓄水部分使用容器，有的把全部都放在一个容器里，有的在下方设有罐状物。

照片 4-3-15　底部灌溉型绿化系统

表 4-3-17　底部灌溉型绿化系统

施工方法	特征
板型	由于每块板都可以储水，整个屋顶上下游储水的深度几乎没有差别。使用薄板较多，保水量并不多
单层型	整个屋顶上下游的储水深度差别很大。因此，要设置堤坝与水斜面正交。所使用的土壤如果过度湿润会使空气不足，要选择不影响植物生长的透气性极好的材料。虽然在溶液养育植物系统经常使用，但也多用于室内栽培
多层型	整个屋顶上下游的储水深度差别很大。因此，要设置堤坝与水斜面正交。下部铺设颗粒大的材料可以储水，上部通常铺设土壤，但此系统通气不足，容易造成过度湿润，较少使用
分离型	储水部分与土壤部分分离，用无纺布等的毛细管现象吸附储留的水分，给上面的土壤供水。要注意吸附材料的吸附力
箱形	下部是储水箱，利用无纺布等的毛细管现象吸附储留的水分，给上面的土壤供水。需要花时间给水箱加水

（3）积层型绿化系统

在石板上采用栽植基础材料构成的系统，大致由排水层或保湿、排水层、过滤层、土壤层构成。与屋顶的形状和栽植的植物相结合，可以对土壤厚度等进行规划。

表 4-3-18　积层型绿化系统

分类	系统名称	类型	总厚度（cm）	使用植物	重量（kgf/m²），按植物分类基础构造	综合评价						备注
						踩踏	耐久性	施工性	尺寸调整	灌溉装置	管理性	
叠层型系统	薄型叠层型绿化	都市再生机构型	20	草坪～低矮树木	200	○	○	×	○	不	△	通常不设置灌溉装置，有的话更可靠。主要在夏季连续30天以上没有降雨的情况时使用
		蓄水型	20左右	草坪～低矮树木	170	○	○	×	○	要	△	一般需要对各个基础构造进行讨论
		非蓄水型	20左右	草坪～低矮树木	160	○	○	×	○	要	△	
	原有通用叠层型绿化	蓄水型	20以上	所有植物	170以上	○	○	×	○	要	△	
		非蓄水型	20以上	所有植物	160以上	○	○	×	○	要	△	
	屋顶绿化防水	沥青防水	20以上	所有植物	170以上	○	○	×	○	要	△	新建建筑、建筑改造时，与防水一体化施工
		涂层防水	10～20	草坪～低矮树木	100～200	○	○	×	○	要	△	

根据开发生产厂商不同，绿化系统有很大差别。必须进行确认后使用。景天绿化时，需要铺设灌溉系统，对应长期无降雨等状况。

范例：○: 效果好；△: 较差；×: 差。踩踏用于表示植物自身受损程度。详见（4）绿化系统选择标准表的综合评价标准。

① 薄型积层型绿化系统

为使屋顶的绿化不受荷载限制（地板荷载 180kgf/m³）而开发的系统，虽然各厂家使用各自的组合材料，但是功能基本同样的材料可以相互使用。其中，也有用独特的功能材料组成的系统。

有的厂家有人工土壤、排水材料等多种材料，可根据绿化形式、利用目的等选定相应的使用材料。由于重量受土壤相对密度的影响，为保水型的情况时，必须预先考虑保湿用的水的重量。

照片 4-3-16　薄型积层型绿化系统

都市再生机构型　　　　　　人工骨料＋珍珠岩土　　　　　树脂排水材料＋过滤网＋ALC 人工土壤

表 4-3-19　薄型积层型绿化系统

施工方法	特征
都市再生机构型	都市再生机构所使用的系统。通常土壤厚 15cm，但使用的改良土壤以自然土壤为主体，荷载 200kgf/m² 左右
蓄水型	在排水层蓄水，蓄水量多数在 3～10L/m²。蓄水水面与上部土壤之间如果空气不足会影响植物根的生长
非蓄水型	排水层不用于蓄水。没有通气不足的现象

② 原有通用型绿化系统

作为绿化系统最基本的是有效果，土壤层厚，可以种植各种植物。但是土壤层增厚，会增加荷载。

特别是没有系统的生产厂家时，可以选择性地收集系统构成材料，构成最适合的

表 4-3-20　原有通用型绿化系统

施工方法	特征
蓄水型	与薄膜积层型绿化系统的蓄水型同样
非蓄水型	与薄膜积层型绿化系统的非蓄水型同样

系统。选定土壤时，要与可载荷载、屋顶绿化形式、利用形态相结合，这是很重要的。

③ 屋顶绿化防水系统

系统构成可以说是上述的积层型绿化系统，是包括防水层在内的一体化式样。主要由防水厂家开发施工方法。最大的好处是在防水层上设置阻根层和保护层，并且排水层、过滤层、土壤层的结构作为整体，可以确保压密混凝土层的性能，并轻量化。

薄层绿化时，压密混凝土层的荷载范围内可以绿化的话，在进行防水的改修时，可撤去压密混凝土层，采用了这样的绿化系统，不用增加荷载就可以进行绿化。柏油防水、涂膜防水也一样，到绿化为止，都由防水厂家来进行。

（4）选定绿化系统的基准表的评价标准概略

①踩踏：根据基础构造分类，踩踏后基础构造是否坚固，容器是否破损来进行评价。按植物分类，包括基础构造和容器，栽植植物的地方即使人通行踩踏也可以生长发育的情况评价为○，需要维护管理等限制踩踏的情况评价为△，踩踏后植物枯死的情况评价为X。

②耐久性：指基础构造本身的耐久性，20年左右以上评价为○，10年以上评价为△，10年未满评价为X。

③施工性：与尺寸调整相反的情况较多，工种数量少、作业量少评价为○，数量多、作业量也多评价为X，中间性的评价为△。

④尺寸调整：施工中边缘等部件的尺寸容易调节的评价为○，困难的评价为X，中间性的评价为△。

⑤灌溉装置：灌溉装置有必要时用 [要] 来评价，不要时用 [不] 来评价。但是实际上不需要灌溉装置的系统如果设置了灌溉装置，会促进植物生长。苔藓类绿化系统，最好设置喷雾装置。

⑥管理性：主要针对灌溉管理的难易来评价。按植物分类，每年管理 2~3 次，可以生长的评价为○，每年管理 3~5 次的评价为△，每年管理 6 次以上的评价为X。按基础构造分类，可以自动灌溉的评价为△，需要人力灌溉的评价为X。

3-5 积层型绿化的栽植基础设计

由于积层型绿化系统的构成要素具有互换性，制作基础构造时要与规划相结合。选择栽植基础材料时，要与建筑结构、防水规格、绿化目的、利用目的、绿化形式、管理形式相结合，考虑各种材料的必要性，各构件是否满足要求。另外，使用方法、尺寸、与其他材料的取舍等，要详细考虑。

基础构造的组成部分有排水层、过滤层、土壤、垫高加固材料、紧固构件、覆盖材料、隔断材料及栽植容器。关于这些材料的目的、用途、研究等，如下所示。

图 4-3-20　积层型绿化示意图

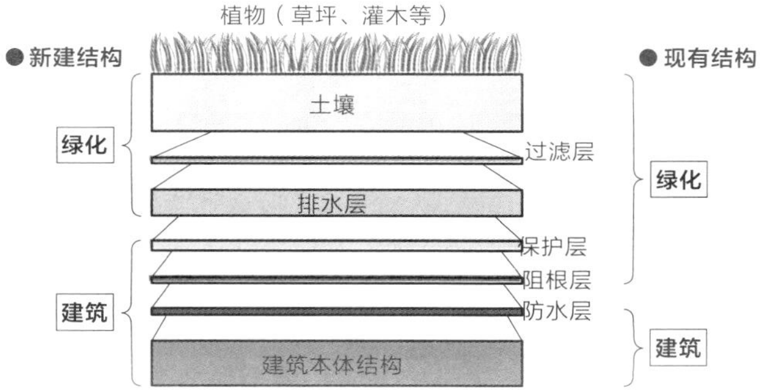

栽植基础——标准的绿化基础示意图

171

1）排水层

排水层铺设在土壤下方，是使土壤中多余水分迅速排出的材料。对植物来说，水是必不可少的，但是如果没有排水层，土壤中的水分不能透过，妨碍通气，根部就有腐烂的危险。根据绿化面积、人员是否可以进入，研究形状、材料和厚度。另外，经过长年使用，必须保持形状。

由于排水层要全面铺设在土壤的下部，从土壤下方要有气体通过。有保水性的排水层土壤下部，会有妨碍通气的情况，不使用通气性良好的土壤的话，植物的根就会有腐烂的危险。

照片 4-3-17　排水层的示例

火山砾石　　　　　　　　　黑曜石土　　　　　　　　　各种排水材料

图 4-3-21　排水层的必要性示意图

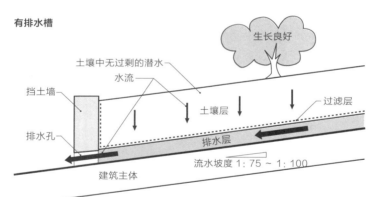

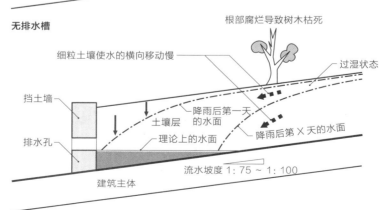

（1）聚合物（碎石状）排水材料

使用的聚合物材料，最好是间隙大、透水性和透气性良好，不容易堵塞的半永久性材料。铺设后能够承受人在上面走动却不造成损坏的强度。

火山碎石是多孔的，选择颗粒直径要在 1cm 以上，不要含细小的颗粒。主要产地有新岛、大岛、榛名山、赤城山等，但是根据产地不同，重量、蓄水量、颗粒直径等不同。碎石虽然价格低，但重量很重，土壤进入石子间隙容易引起堵塞。

黑碘石、重晶石是在 1000 ～ 1300℃下燃烧黑碘石，使之发泡结成轻量聚合物。

其结构是独立的气泡集合体，很难发生堵塞，作为排水层材料可以达到稳定的效果。由于有各种各样的强度，使用时要确认。所有袋子打开时，会有一些粉尘飞散，如果使用有玻璃材质的会对眼睛有损伤，要加以注意。最近开发了具有生物分解性的袋子，和透水性良好的袋子，袋子不用打开直接铺设摆放产品即可（但是铺设厚度有限制）。

袋装的泡沫塑料虽然很轻，但上方覆盖的土壤过少的话，稳定性不够。

（2）板状排水材料

板状排水材料有的是双重结构，有的形状像鸡蛋的包装盒等，虽然形态各种各样，但用聚乙烯、聚苯乙烯、泡沫塑料等材料成型的产品较多（泡沫苯乙烯在塑化剂转化时，聚氯乙烯薄膜有急速老化的情况，那么植物的根就会进入，功能就会被破坏，因此使用时要与制造商确认）。薄型但是全体表面可以排水的情况较多，适用于屋顶排水层厚度不够的情况。大致分为不蓄水型排水层，和盘子状的部分蓄水型。无论哪种类型的材料，都与无纺布的材料组合起来防止土壤的流出，或排水层

堵塞。虽然现在流通很多材料，但是与土壤等其他材料相配套销售的情况较多。无论选择哪种材料时，都要确保人可以在其上面走动不至于损坏。

另外，由于土壤中的剩余水可在排水层内储存，因此土壤厚度不够厚时，具有补充水分的作用。但是，储水空间较大时，要用黑碘石、重晶石填充，以防过滤网塌陷。储水量为 31 ～ 20 l/m³ 左右，但与土壤之间形成空气层，最好选择能给根顺利供氧的东西。既要让剩余水迅速排出，又要让所储水分保持新鲜。

（3）线状排水材料

在相对狭窄的栽植区域，或者透水性极好的土壤使用。大面积使用时，要考虑与排水材料并用，提高排水速度。

在建筑的出入口部分、防水抬高部分

等处进行铺设，可以使用促进排水的材料。另外，从铺装面有雨水流入时，可以直接与排水孔相连。

特别是，没有接缝等时，水可以顺利

流过，为使水流动顺畅，设置配管很重要。这里通常先铺设过滤网后再使用。根据材料特性，有时不需要用过滤网，但

（4）选择排水材料的基准

表 4-3-21　选择排水材料的基准

排水方式	排水材料名称		综合评价							备注
			纵向排水	横向排水	重量	耐久性	耐堵塞性	耐压性	施工性	
平面排水	聚合物系列	砂子	○	△	×	○	△	○	×	重量沉。屋顶不适用
		碎石	○	×	×	○	×	○	×	重量沉。包括微粒子，粉碎机粉碎的碎石不适用
		火山砂石	○	△	△	○	○	○	△	较轻，有一定的保水能力。不含微粒子
		黑碘石、重晶石	○	△	○	○	○	×	○	重量轻，铺设时容易被风吹散。有的制品装入可生物分解的无纺布袋子。需要有一定的耐踩踏强度
		回收玻璃的聚合物	○	△	○	○	○	△	○	重量较轻。由于采用的是回收材料，今后会经常使用
	化学制品系列	非保水型	○	○	○	△	○	△	○	厚 7 ~ 50mm 左右。无保水性。由于重量轻，容易进行施工。隔热效果好
		保水型	○	○	○	△	○	△	○	重量轻。厚 25 ~ 100mm 左右。排水层内可以保留水分。但要讨论如何将蓄留的水移到上方的土壤。最好与土壤之间有空气层
	无纺布袋装泡沫塑料碎末		○	○	○	△	○	△	○	极轻。无保水性。可以不用过滤层进行施工。仅限碎泡沫
线状排水	U 形结构		△	△	△	△	△	○	×	沉重，施工性差。可以与防止坍塌的栅栏并用
	多孔混凝土排水管		△	△	△	△	△	○	△	排水效率较差
	合成树脂网状排水管		△	○	○	○	△	△	○	重量轻，可以进行曲面施工
	合成树脂立体网		△	○	○	○	△	△	○	重量轻，排水效率较高，可以进行曲面施工
	化学纤维配水管		△	○	○	○	○	△	○	重量轻。难以引起堵塞
	装有黑碘石、重晶石的排水管		△	△	○	○	○	×	○	重量轻，可以进行曲面施工。注意破损
	装有回收的泡沫塑料的排水管		△	△	○	△	○	△	○	重量轻，可以进行曲面施工。排水效率较低。泡沫式加热后的减量品
并用型排水	平面排水和线状排水并用		—	—	—	—	—	—	—	地面有倾斜角度的话，可以使用这种方式使水集中。面积较大的地方也可以使用这种方式
隔断材料排水	合成树脂网状排水管		○	○	○	○	△	△	△	重量轻，可以进行曲面施工。有不需要的间隙
	合成树脂立体网		○	○	○	○	△	△	○	重量轻，排水效率较高，可以进行曲面施工
	装有黑碘石、重晶石的排水管		○	△	○	○	○	×	○	重量轻，可以进行曲面施工。注意破损
	装有回收的泡沫塑料的排水管		○	△	○	△	○	△	○	重量轻，可以进行曲面施工。排水效率较低。泡沫式加热后的减量品

范例：○：非常有效；△：较差；×：差；—：根据组和材料不同有差异。

纵向排水性能：根据（社）公共建筑协会"建筑材料和设备器材等品质性能评价项目"，要求在 2401/（m²·h）以上。但实际没有符合那样的数值，因此经验值良好的评价为○，不良的为X，中间的评价为△。

横向排水性能：由于雨水最终是在排水孔集中，因此用这部分的排水能力来判断。关于面排水材料，采用 1m 的断面，线状排水材料，采用排水管等的断面，流水截面在 0.005m² 以上评价为○，0.003m² 以下为X，中间的评价为△。本表，合成材料等的流水截面测量困难，用经验值表示。

重量：平面排水材料，超过 50kg/m² 的评价为X，10kg/m² 以下评价为○，中间的评价为△。线状排水超过 20kg/m² 的评价为X，2kg/m² 以下评价为○，中间的评价为△。

耐久性：材料本身的耐久性，60 年以上评价为○，30 年未满的评价为X，中间的评价为△。本表中，化学材料的耐久性不明确，因此评价为△。

抗堵塞性：多年使用后由于堵塞造成排水不良，是植物生长不良的重要原因。本表采用经验值进行评价。

耐压性：不仅考虑上方土壤等的重量，也要考虑施工中和施工后工作人员的重量。施工中采用重型机械等，体积不变形的评价为○，施工中由于工作人员的踩踏体积不减少的评价为△，草坪等竣工后由于利用者的踩踏容积减少的评价为X。

施工性：现场铺设时，最好尺寸可以容易调整。根据需要，有裁剪或切断的情况，最好不用特殊工具就能解决。工种数量少、作业量少的评价为○，工种多、作业业也很多的评价为X，中间性的评价为△。

图 4-3-22　排水材料铺设示意图

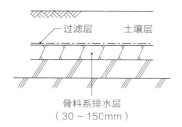
面排水，骨料系

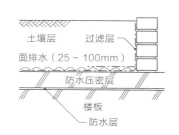
面排水，化学制品系（保水型）

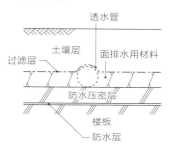
并用型排水

（5）雨水的收集

从楼屋、墙壁、铺装部分流下的雨水，流过栽植区域时，要根据水量设置相应的排水管等设施。

照片 4-3-18　从右边铺装面的排水处理的立体网状物

2）过滤层

使用过滤层，防止土壤流入排水层，使其排水性能下降，在排水层和土壤之间铺设过滤层。

使用点滴式灌溉装置时，土壤过薄，水流不均匀，如果有过滤层的话，可以帮助水向水平流动，以毛细管现象给土壤供水。最近开发了更加提高此项功能的材料。

虽然通常情况下使用薄型化学纤维无纺布铺膜，但是表面有立毛的产品较难发生堵塞。铺设碎石系排水材料等时，有时不设置过滤层，但是必须使用板状排水材料。

如果在排水孔直接粘贴过滤材料的话，容易使排水孔变狭窄，水分集中，有可能造成堵塞，排水不良，要引起注意。

由于过滤材料由形状、素材、制作方法组合而成，要对形状、素材、制作方法的评价综合进行考虑。作为过滤材料使用的织布属于亲水性化学纤维，由于制作方法有限，要对所有项目进行评价。

表 4-3-22　选择过滤材料的基准

过滤材料名称		综合评价								备注
		渗透性	耐堵塞性	水分蒸发性	透气性	重量	耐久性	尺寸稳定性	施工性	
形状	厚无纺布	—	○	—	△	△	—	—	△	厚3~10mm。抗冲击力强。透气口有堵塞的可能
	有绒毛的无纺布	—	○	—	○	○	—	—	○	厚1~3mm的较多
	无绒毛的无纺布	—	△	—	△	○	—	—	○	厚1mm以下的较多
	织布	○	X	X	△	○	△	○	○	厚0.1mm左右，有防根性。尽量避免用于微粒子多的土壤
素材	回收棉	△	—	△	△	△	X	X	—	棉、羊毛和化纤的混合物,性质不稳定。棉的成分多的话,有保水过多的现象
	亲水性化学纤维	○	—	○	○	○	—	—	—	通常使用。渗透顺畅
	防水性化学纤维	△	—	△	△	○	X	X	—	如果不给上方水压力的话,会有无法渗透的现象
制作方法	加热粘合	—	—	—	—	—	○	—	—	常年使用尺寸保持不变,局部受到压力也不变形
	锥子	—	—	—	—	—	○	△	—	局部受到压力容易变形
	胶粘剂	—	—	—	—	—	○	△	—	长时间使用会使胶粘剂变质,局部受到压力容易变形

范例：○：非常有效；△：较差；X：差；—：无此项目。

透水性：考察过滤材料的最重要的项目。透水性受材质的影响。本表用经验值来评价。

耐堵塞性：多年使用后由于堵塞造成排水不良，是植物生长不良的重要原因。根据形状不同，土壤微粒造成堵塞的情况较少。本表采用经验值进行评价。

水分扩散性：这是采用点滴灌溉等，部分供水情况时的重要评价项目。根据形状和材料的质量而不同。本表所列数值为经验值。

通气性：底部蓄水型的排水层的情况，特别是重要的评价项。根据形状和材料的质量不同而不同。本表采用经验值进行评价。

重量：薄层绿化时，即便重量很轻也要作为评价项目。根据形状和材料的质量不同而不同。湿润的时候重量在5kg/m² 以下评价为○，以上时评价为△。

耐久性：根据材料的质量和制作方法的不同而不同。20年以上评价为○，10年未满的评价为X，中间的评价为△。

尺寸稳定性：是否因土壤的重量等造成排水层变形，修复时是否可以采用能保持形状的土壤材料和排水材料，可否分开进行施工，对此要进行评价。特别是作为蓄水型排水层使用时的必要评价项目。主要是根据制作方法的不同而不同。本表采用经验值进行评价。

施工性：根据形状的不同而不同。工种数量少、作业量少的评价为○，工种多、作业量也很多的评价为X，中间性的评价为△。

照片 4-3-19　过滤层的铺设

3）隔断材料和栽植容器

关于屋顶绿化，与绿化区域外周和不同材料区域隔开，比如挡土围栏和路沿等根断材料是不可缺少的。

（1）隔断材料

屋顶和屋顶阳台上铺设土壤时，要使用外周护栏护墙，如果整个屋顶全体铺设的话，还需要隔断材料。作为土壤的容器材料，对设计有很大的影响，不仅要考虑功能，还要考虑颜色和质地等。

有的使用砖块，有的使用混凝土，但

表 4-3-23　隔断材料和栽植容器材料的种类

施工方法	特征
砖	边缘的制作相对便宜，但在铺设时，要把最下方的砖错位摆放，留出排水口的尺寸
混凝土块	边缘的制作价格便宜，但不够美观。最近市场上出现经过加工的，相对美观的砖块。另外，还出现了和自然石头一样的混凝土砖块，几乎很难区别。最上面的部分采用笠木材料，就可以看不到孔
当场施工混凝土	如果在建筑施工一开始就有屋顶绿化规划等，那么在铺设防水层压密混凝土的同时也可以设置边缘。另外，由于是当场施工，可以随意制作成各种高度、线型，甚至贴瓷片、涂装等，进行装饰。但是现场制作混凝土，施工性差，一般不用于对荷载要求严格的屋顶绿化
枕木	新旧产品都有。旧枕木虽然看上去有韵味，但容易腐朽，长时间使用比较困难。最近市场上还有非正规的枕木、规格较小的东西出现。枕木之间用螺母、螺栓等固定。但新的切口影响外观，在配置时，由于禁止使用杂酚，不需防腐处理也可使用 15 年左右的甘巴豆木、风铃木等南洋硬木的使用增加。但是价格高，加工困难
木材	根据材质不同耐久性不同，松树、杉树大概使用 5 年。但是，如果使用防腐剂和防水密封胶，可以延长使用寿命。进口材料中，有的硬木不需要作防腐处理，在土壤中可以 15 年以上不被腐蚀。圆形木材和板形木材的表面经过烧制也可以提高耐久性
强化玻璃纤维水泥	轻量，依靠螺栓接续的方式，施工很简便。有的产品表面进行木纹和岩石纹理加工，与地板材料和建筑景观相协调。另外，还有回收的玻璃瓶聚合物做成的环保产品
发泡树脂复合材料	用大约 1/4 的 GRC 与超轻量的泡沫树脂合成的绝缘材料。抗冲击力强，不容易有裂缝，施工性强。相互连接时，结合面有排水孔的机能。由于不需要金属元件，可以相对便宜地定做所需尺寸和曲线。同样地，由于这些轻量材料不与地板压密混凝土相连，很容易挪移和撤去
自然石混凝土块	混凝土块的表面装饰成自然石块的样子，市场上还有岩石风格、花岗岩石风格、水晶石风格等产品。既比真正的石块轻，又可以简单地进行修饰，施工使用增加
轻量贴瓷砖块	发泡材料等外部粘贴瓷片，形成块状，重量极轻，需要与地面相互粘结
其他	虽然可以使用自然石材、石块、塑料、玻璃纤维强化塑料、混凝土石块等各种材料，但选择材料时，要讨论重量、外观、价格、施工难度等

第四章

3. 屋顶绿化的规划和设计

177

是施工后需要进行维护，改修或拆除都不容易进行。如果利用组合式的 GRC 和泡沫塑料面板，以及木制材料的话，比较容易进行改修等。隔断材料的重量占承重荷载的比例很高，因此最好轻量化。

照片 4-3-20　隔断材料示例

砖块

木材

发泡树脂复合材料

图 4-3-23　隔断材料示例

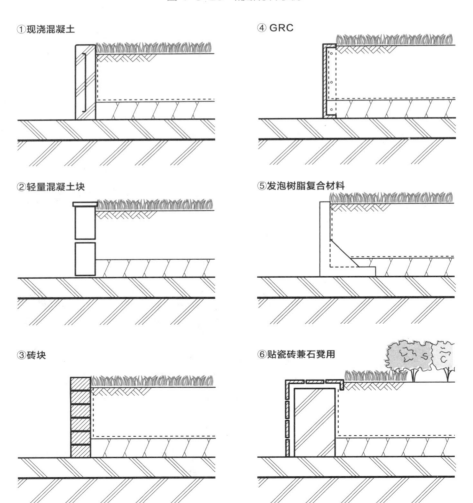

①现浇混凝土

④ GRC

②轻量混凝土块

⑤发泡树脂复合材料

③砖块

⑥贴瓷砖兼石凳用

（2）隔断材料的选定基准

表 4-3-24　隔断材料的选定基准

分类	材料名称	综合尺寸、重量			综合评价						备注
		高 cm	宽 cm	重量 kg/m²	修整景观性	重量	尺寸调节法	固定性	耐久性	施工性	
使用砂浆等	当场打造混凝土	40	15	140	△	○	○	○	○	×	适用于大规模的屋顶绿化等。外表贴瓷片和石块作修饰的情况较多
	轻量混凝土砖块（种类A）	20	10	33	×	○	×	○	△	△	在灌木丛中不显眼的地方设防止坍塌的栅栏或用于小规模的屋顶绿化。重视景观效果的话，可以在外表贴瓷砖等进行装饰
		40	12	80							
	装饰砖块	20	12	38	△	○	×	0	○	○	有各种形状、颜色和大小，重量也不同。要注意有边缘地方的处理
	砖块	21	10	42	○	○	○	○	○	○	标准是 60mm×100mm×210mm。最近有各种形状、颜色和大小的产品。一般用于低的地方。垒 8 层以上时，一般宽为 210mm
		42	10	84							
	自然石块风格的混凝土砖块	35	13	100	○	○	×	○	○	△	看似自然石头的混凝土砖块，施工既简单又美观
简易制作型	轻量石块	30	20	60	○	△	△	△	○	△	新岛等地产的国产材料和夏威夷等地产的进口材料。根据产地不同，颜色，形状，大小及重量不同
	自然石块	20	15	60	○	△	△	○	○	△	使用水晶石的情况较多。使用铁平石和丹波石等时，要用砂浆堆积完成
	自然碎石块	20	15	70	○	△	△	△	○	△	使用花岗岩、山岩碎石等。宽 20cm 左右以下时，可以使用丁酯系列的双面胶进行施工
	枕木	20	14	28	○	△	×	×	×	○	标准宽 140mm、高 200mm，长 2100mm。除了甘巴豆木、栎树等耐久性强的木材之外，还有作了防腐处理的落叶松等材料。用 U 型钉等固定
	木材（板材）	20	2	5	○	×	○	×	×	○	使用耐久性强，不需防腐处理的材料。由于是天然材料，容易产生刮痕。如果是长直线型，两侧需安装牵引线以防倒塌
	木材（圆木及其他）	25	12	30	○	△	×	×	×	○	使用防腐处理后的圆木或四棱木进行堆积。如果是长直线型，两侧需安装牵引线以防倒塌
	回收木材	20	10	7	△	△	△	△	△	○	木屑与合成树脂合成的材料。有各种尺寸，可与隔断的形状相结合，使用长的直线型时，两侧需安装牵引线以防倒塌
板型	GRC/板型	30	12	16	○	○	△	△	○	○	使用螺栓组装。表面呈砂岩、岩石风格等。还有可弯曲的板型。使用长的直线型时，两侧需安装牵引线以防倒塌。其他的，还有枕木、水晶石等风格的产品
		45	12	21							
	轻量混凝土板	42	50	40	△	○	△	△	△	○	以回收材料为主要原料制作的混凝土板，有的表面贴瓷片等。两侧需安装牵引线以防倒塌
	发泡树脂+表层材料板	30	10	5	△	○	△	○	○	○	L 形结构。主要以发泡树脂为材料，重量仅为 GRC 的 1/4。表面装饰成石头风格。用螺栓、铁架等设置连接。可以根据设计做成各种尺寸
		60	10	15							
	L 形金属	15	2	10	△	×	×	○	○	○	将铝、不锈钢等金属制成 L 形，并设置排水孔，可以使用丁酯系列的双面胶安装

范例：○：有效；△：较差；×：差。

景观修整性：从外面可以看到的部分，是景观修整的重要因素。本表采用经验值进行评价。

强度：作为隔断材料的用途，具有固定土壤的机能和保持其形态的强度，对于人为的破损、常年使用后的老化、强度衰减等要进行评价。不易被人力所破坏的评价为○，容易变形、破损的评价为x，中间的评价为△。

尺寸调整性：现场铺设时，尺寸容易调节，必要时可以截断、切断，最好不需要使用特殊工具。尺寸容易调整的评价为○，需要使用特殊工具、尺寸调整困难的评价为X，中间性的评价为△。

固定性：与地基接触好，粘贴牢固，但也有因地基材质的不同而不同的部分。本表采用经验值进行评价。

耐久性：指材料本身及组成部分的耐久性，20年以上的评价为◎，20年左右的评价为○，10年左右的评价为△，10年未满的评价为X。

施工性：工种数量少、作业量少的评价为○，数量多、作业量也多的评价为X，中间性的评价为△。

重量：由于材料材质不同，根据形状、尺寸大小有相当大的差别，因此不作为评价项目。但是屋顶绿化时要考虑重量，表中数值作为评价参考。

（3）栽植容器

大型栽植容器相互组合进行栽植时，如果要进行防水层改修，只要移动栽植容器就可以进行，不会对栽植区域造成破坏。

利用组合栽植容器的话，由于颜色、形态统一，使人感觉整洁。设计的式样和颜色是重要的因素。

照片 4-3-21　栽植容器示例

树脂栽植容器　　　　　　　　　GRC 栽植容器　　　　　　　　发泡树脂复合材料栽植容器

表 4-3-25　栽植容器的选定基准

| 分类 | 容器材料名称 | 综合尺寸、重量 | | | | 综合评价 | | | | | 特征 |
		平面尺寸（mm）	高（cm）	宽（cm）	重量（kg/m²）	修整景观性	重量	尺寸多样性	强度	耐久性	施工后可移动性	
圆形	木制（桶）	φ72	40	140	25	△	○	△	△	X	△	木桶的回收产品。为了防腐，表面用火烧的情况较多
	混凝土	φ100	140	250	367	○	X	X	○	○	X	也有各种装饰的花盆
	FRP	φ120	140	470	22	△	○	X	○	○	○	表面装饰，形状有限
	GRC	φ120	60	550	153	○	X	△	○	○	○	可以组装成很大的尺寸，没有底部
	陶器附釉料	φ70	34	100	50	○	X	△	△	○	○	用信乐烧的方法，可以做出更大尺寸
	素烧陶器	φ70	59	140	85	○	X	△	△	○	○	进口产品多
	塑料	φ65	58	100	20	△	○	X	△	X	△	—

分类	容器材料名称	综合尺寸、重量				综合评价						特征
		平面尺寸（mm）	高（cm）	宽（cm）	重量（kg/m²）	修整景观性	重量	尺寸多样性	强度	耐久性	施工后可移动性	
棱形	木制（桶）	100×100	30	200	50	○	○	○	△	△	△	使用耐久性强的木材做成的木制容器。尺寸自由。但容易出现变形或裂缝
		100×50	140	170	33							
	混凝土	100×50	50	140	269	△	✗	△	○	○	✗	形状大小有限，极少生产
	FRP	100×43	48	140	10	△	△	✗	○	○	○	比圆形产品容易进行表面装饰，形状也有很多种
	GRC	100×45	46	150	58						○	有的底部设置灌溉装置
	组装式GRC	90×90	30	210	28						✗	没有底部，不可移植
	发泡树脂+表层材料	100×100	60	400	20	○	○	○	△	○	○	不必有型，可以与规划相结合进行生产
		100×50	50	144	13							
	废塑料树脂	90×60	25	135	20	△	○	○	△	△	△	尺寸自由度高。可拆卸，容易搬运
	塑料船	123×77	20	136	10	✗	○	✗	✗	✗	○	瓦匠等使用的塑料船。有的也用回收材料为原料
	不锈钢	100×100	30	250	20	✗	○	○	✗	○	✗	有的利用铝复合板、扩张金属。在内侧铺设透水层后使用
		100×50	40	230	20							

范例：○：有效；△：较差；✗：差。

景观修整性： 从外面可以看到的部分，是景观修整的重要因素。本表采用经验值进行评价。

重量： 由于材料材质不同，根据形状、尺寸大小有相当大的差别，因此不作为评价项目。但是屋顶绿化时要考虑重量，表中数值作为评价参考。

尺寸多样性： 现场铺设时，由于栽植容器的形状和尺寸变更困难，要与绿化用途、栽植地基、管理状况等相结合，选定适当的栽植容器。在做规划时，最好栽植容器的形状和尺寸多种多样。本表采用经验值进行评价。

强度： 栽植容器的用途，用于固定土壤等，重要的是具有保持其形态的强度。对于人为的破损，常年使用后的老化、强度衰减等要进行评价。不易被人力所破坏的评价为○，容易变形、破损的评价为✗，中间的评价为△。

耐久性： 指材料本身及组成部分的耐久性，20年以上的评价为◎，20年左右的评价为○，10年左右的评价为△，10年未满的评价为✗。

施工后的可移动性： 利用栽植容器的优点之一就是可以移动，但是施工后，用人工移动土壤等的基础构造和植物的话，就很困难。在此，对使用搬运仪器进行移动的难易度进行评价。由于材料材质、形状、尺寸大小不同，很难设置评价标准，本表采用经验值进行评价。

（4）隔断材料的排水孔

植物在缺水或水量过多时，会急速地生长不良。因此，排水层要能及时排出多余的水分。在隔断材料开设排水孔，并要恰当地对排水孔的形状、大小、间隔和孔周围进行处理。

① 排水孔的位置、间隔、尺寸

积层型绿化时，排水孔一般开设在隔断材料的最下方，但是如果采用了底层灌溉系统，要在能够确保蓄水深度的位置开设。

隔断材料的排水孔根据屋顶斜面、集水面积来决定空间间距、尺寸大小，但如果考虑堵塞等因素，最好每隔2.0m，开设30mm×60mm左右的孔。沿坡度方向长度超过10m时，排水孔的尺寸要比上述的尺寸大，间距缩窄。排水孔不仅设在水流下方，水流上方也要设置。否则，水流上方容易生长苔藓，不仅不美观，还容易有使人滑倒的危险。

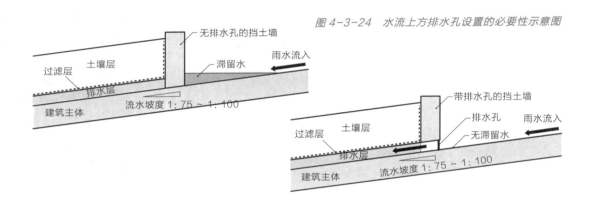

图4-3-24 水流上方排水孔设置的必要性示意图

② 隔断材料的排水孔周边排水对策

在隔断材料开设排水孔，暴雨时，整个栽植地区会有大量的雨水集中。从绿化地面渗透到底部的排水层，流到隔断材料时，从排水孔排水。如果排水孔铺设了无纺布或盆栽用的排水网等，很容易发生堵塞。因此，为使表面排水和集中到隔断材料的水顺畅排出，要选择用珍珠岩填装的网管、立体网状物这样的排水能力极高的材料，沿着隔断材料进行铺设是必不可少的。

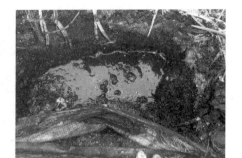

照片4-3-22 排水孔堵塞示例

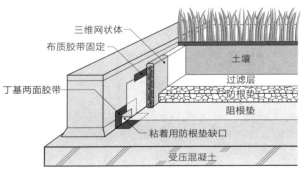

图4-3-25 隔断材料排水孔示意图

4）土壤层

为了能够支撑植物主体，持续稳定地给植物供应水分和养分，要有足够的土壤量。但是，屋顶绿化时，由于有荷载限制，可使用土壤量也受到限制。因此，要选择轻量质优，少量即可达到效果的土壤。屋顶绿化时，多数情况下，土壤里多余的水通过排水层排出，容易引起土壤干燥。反之，排水不畅的话，大量的水停滞在土壤中，会使植物的根腐烂。由此看来，屋顶栽植时，要保持适当的保水和排水，二者矛盾的性能并存是很必要的。

（1）土壤材料的选定

根据第三章"土壤基质的知识"，进行土壤选定。

屋顶绿化时，由于受到荷载限制的情况较多，在选择栽植基础材料上，土壤所占比重最高。土壤的性能好的话，即使采用数量少也可实现相应效果。例如，有效水分含量为 240L/m³ 的土壤，使用一半的量（120L/m³ 的土壤）就可达到同样有效的水分含量。对于屋顶绿化，这样的轻量质优的土壤是必不可少的。以往采用改良后的自然土，近些年来越来越多地使用人工轻质土壤。

人工轻质土壤中，有的材料长年使用后产生土壤耗损的现象。土壤耗损的话，确保通气用的粗大间隙减少，只剩下细小间隙，植物就会由于通气不足而衰竭、枯死。

图 4-3-26　土壤耗损示意图

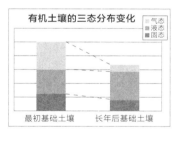

照片 4-3-23　土壤的耗损

照片 4-3-24　土壤的飞散

（2）土壤的必要重量

虽然植物根的生长状况与土壤的量有关，但比起土壤厚度，更受土壤面积影响。同样的土壤，在确保根钵厚度以上，树木不倒的土壤厚度的基础上，要尽量采用面积大的土壤，会更有效。

人工地基时，在有限的面积内绿化的话，比起排列使用单独的栽植盆，最好选用可以使之连续生长的栽植基础。但是土壤的厚度太薄的话，水分和温度变化大。作为控制土壤厚度的措施，有防止土壤表面水分蒸发的多功能栽植方法和灌溉方法。关于土壤的必要量参照前述有关说明。

（3）土壤的表面坡度

假山等制作时，要制造土壤表面坡度，当有表面草坪等地被植物覆盖时，其坡度是1：3以下，当栽植低矮树木时，坡度在1：5以下。如果坡度在此之上，在构造上，要防止土壤流失。

植栽面积大时，即使使用渗透系数好的土壤，下暴雨时渗透不了的水会流向意想不到的地方，流入室内造成漏水。因此，要有意识地制造土壤表面坡度，积水的地方设置沟渠和渗透用的设施，把水迅速导向土壤下面的排水层。这种情况下，为使水顺畅流入屋顶地漏，要设置透水管，和排水孔较大的隔断材料。

图4-3-27　土壤表面坡度

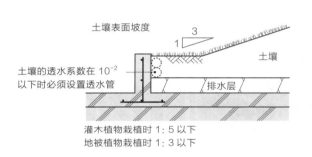
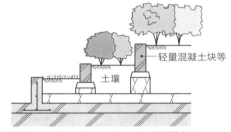

（4）墙壁边上的栽植

与墙壁相接处，土壤丰富的情况时，要避免靠近建筑的一侧低，相反方向高的情况。如果设计上无论如何都要采用这种形状时，要另外设置固定土的设施，与建筑分离（参照3-14"排水"的项目）。

（5）护栏护墙边上的栽植

要避免土壤厚度超过防水的边缘，容易造成漏水。外围护栏护墙作为隔断材料时，要在防水上端以下150mm为止。超过此高度，土壤过厚的话，就要与护墙隔开，另外单独设置隔断材料（土固定的边缘）。在这种情况下，为了清扫方便，间隔距离通常设置在60cm左右。

为促进其表面能迅速排水，要设置板状排水材料、立体网状物、砂石、碎石、泡沫苯乙烯、用黑碘石、重晶石填充的排水管等（参照3-11"绿化位置、范围"的项目）。

（6）利用目的和土壤

要根据使用场所，栽植的利用目的分开使用土壤。栽植容器用的土壤、庭院用的土壤、草坪用的土壤、菜园用的土壤、粗放管理用的草原土壤、粗放管理用的景天科植物土壤等，所要求的土壤性能也不同。

表4-3-26　按绿化场所、植物种类、管理状况，分别考虑土壤机能要素的必要性

		轻量性	透气性	保湿性	保肥料性	肥料部分	耐久性	耐凝固性
绿化场所（容器）	直接放土	◎	◎	◎	—	—	◎	◎
	大型容器	○	◎	○	—	—	◎	○
	小型容器	△	○	○	—	—	△	△
	吊篮	◎	△	◎	—	—	△	△
植物种类	树木	—	○	△	○	△	◎	○
	花草	—	○	○	◎	○	○	—
	蔬菜	—	○	△	○	◎	△	—
	草药	—	◎	△	○	○	○	—
	草坪	—	○	○	○	◎	◎	◎
	景天类	—	○	△	—	—	○	○
入内状况	进入绿地多	—	◎	—	—	—	◎	◎
	进入绿地少	—	○	—	—	—	○	○
	不进入绿地	—	○	—	—	—	△	△
灌溉方式	一般灌溉	—	○	○	○	—	—	—
	水箱式底部灌溉	—	○	○	△	△	—	—
	全面底部灌溉	—	◎	△	△	×	—	—
管理状况	极其节省管理	—	○	◎	◎	—	—	—
	节省管理	—	○	○	○	—	—	—
	普通管理	—	◎	○	○	—	—	—
	周密管理	—	◎	△	△	—	—	—

范例：◎：需要机能特别良好；○：需要机能良好；△：机能较弱；×：没有机能也可以；—：其他的应讨论的土壤机能要素。耐凝固性是根据评价项目和标准的加压压缩率、踩踏减少量来判断的。

5）紧固构件

菜园等完成后，使用铁铲等，频繁重复进行土壤挖掘等时，不要破坏防水层、阻根层，甚至排水层和过滤层。因此，在过滤层上方设置紧固构件很重要。

根据准备使用器材（小铲子、锄头、移植容器等）的强度，有必要更换紧固构件的材料。如果要使用铲子、锄头等强力工具的话，采用扩张金属和焊接网等，如果是移植容器的话，也可以使用卷曲铁丝网和树脂网等。但是，如果材料过细的话铸造强度就会下降，所以必要时，要用不锈钢材料等。

表 4-3-27　紧固构件的选定基准

材料名称	综合评价						备注
	尺寸调节性	耐线冲击性	耐点冲击性	重量	耐久性	施工性	
厚的无纺布	○	△	✕	○	✕	○	厚3～10mm，适用于没有较大冲击力的地方。针状物可以穿透。透气性有可能受阻
扩张金属	△	○	✕	△	△	△	使用融化镀锌等耐气候性能高的东西。最好使用小孔的东西
焊接金属网	△	○	✕	△	△	△	可用来作为支撑树木的基础构造。最好使用小孔的网格
卷曲金属网	△	○	△	△	△	△	
不锈钢焊接金属细网	△	○	△	△	○	△	最好使用粗线孔小的网格
树脂网	○	△	△	○	✕	○	

范例：○：有效；△：较差；✕：差。

尺寸调整性：现场铺设时，最好尺寸容易调节。根据需要进行截断、切断时，最好不需要使用特殊工具。尺寸调整特别容易的评价为○，需要使用特殊工具、尺寸调整困难的评价为✕，中间的评价为△。

耐线性冲击性：对铁锹等线性冲击的耐受性进行评价。通常使用，不易造成破损的评价为○，施工时需要加以注意的评价为△，容易破损、穿透的评价为✕。

耐点面冲击性：对针状物造成的冲击耐受性进行评价。

评价标准与线性冲击相同。

重量：超过10kg/m³ 的评价为✕，2kg/m³ 以下的评价为○，中间的评价为△。

耐久性：保护机能要进行长期维护，无论怎样都是材料本身的耐久性，20年以上的评价为○，10年未满的评价为✕，中间的评价为△。

施工性：工种数量少、作业量少的评价为○，数量多、作业量也多的评价为✕，中间性的评价为△。

6）垫高材料

混合种植高大树木和低矮灌木的情况时，如果按高大树木配置土壤厚度，会大幅增加荷载，因此在种植低矮灌木的部分下方使用垫高材料。另外，设置假山、可上人路面与栽植土壤表面相结合的地方等，可以在土壤的下部使用垫高材料。

垫高材料是用于水平调整的材料，其上方可以承受多少荷载，可否排水，是否有浮起的可能等，要进行判断后选定材料。另外，可否曲线、曲面施工也要确认。万一，有积水，屋顶上成水池状态时，下层最好考虑使用具有防止浮起的材料。

图 4-3-28　垫高材料示例

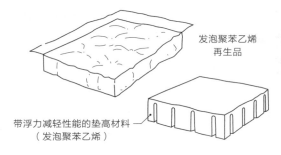

发泡聚苯乙烯再生品

带浮力减轻性能的垫高材料
（发泡聚苯乙烯）

照片 4-3-25　垫高材料的使用示例

COMATU

草坪下采用垫高材料以减少与树木种植间的高差

表 4-3-28 垫高材料的选定基准

材料形状	加固材料名称	形状	综合的评价						备注	
			重量	耐压性	耐久性	排水性	施工性	过滤		
聚合物	火山砂石	散装	△	○	○	○	×	要	可以曲面施工。重量较轻。最好使用无微粒子产品	
	回收玻璃聚合物	散装	△	○	○	○	×	要	可以曲面施工。重量较轻。最好使用回收材料	
	黑碘石重晶石	散装	○	×	○	○	×	要	可以曲面施工。重量轻。铺设时会有微小粉尘飞散的问题发生	必须是可以踩踏不易被压坏的强度。特别是土壤厚度较薄的情况时
		装入无纺布袋子	○	×	○	○	○	不	可以曲面施工。重量轻。施工时可以不用过滤	
		装入生物分解性的袋子	○	×	○	○	△	要	可以曲面施工。重量轻。施工时必须使用过滤	
		网状袋子排水管	○	×	○	○	○	要	重量极轻，可以曲面施工	
	发泡塑料回收品	装入无纺布袋子	○	△	○	○	○	不	可以曲面施工。重量极轻。泡沫塑料必须研碎	
		网状袋子排水管	△	△	○	○	○	要	重量较轻。可以曲面施工。泡沫塑料加热后减量	
块状	化学产品	EPS	○	○	○	△	△	要	重量极轻。可叠放。容易变更厚度。但容易排水不良	
		有排水机能的EPS	○	△	○	○	△	要	重量极轻。可叠放。但是不太容易变更厚度	
		有防止浮力机能的EPS	○	△	○	△	△	要	极轻量。厚度变更难。底部多棱状使浮力减轻。在最下层使用	
		合成树脂立体网	○	△	○	○	△	要	重量轻。可以曲面施工	
确保空间		空间隔段	○	○	○	○	○	不	可以微调。与上方材料相结合很重要	

范例：○：有效；△：较差；×：差。

重量： 关于垫高材料，用空间量（m³）来评价，超过 500kg/m³ 的评价为 X，100kg/m³ 以下的评价为○，中间的评价为△。

耐压性： 不仅要考虑由上方土壤重量产生的压力，还要考虑施工中、施工后由于人员产生的压力。施工中，即使使用重型机器，垫高材料没有变化的评价为○，施工中，人员的踩踏等高度不减少的评价为△，草坪等竣工后，由于使用者的踩踏，高度减少的评价为 X。

耐久性： 无论怎样都是材料本身的耐久性，60 年以上的评价为○，30 年未满的评价为 X，中间的评价为△。

排水性： 对纵向排水能力进行评价。240l/（m²·h）以上的评价为○，150l/（m²·h）以下的评价为 X，中间性的评价为△。

施工性： 工种数量少、作业量少的评价为○，数量多、作业量也多的评价为 X，中间性的评价为△。

过滤： 垫高材料上方是否需要过滤层。不需要的可以节省过滤材料和施工费用，省去这部分价格。

7）覆盖材料

具有减少土壤表面的水分蒸发，抑制杂草生长，防止土壤被风吹散，防止雨水的侵蚀，隔热等覆盖材料，不仅考虑效果，也要考虑外观、飞散、燃烧等因素进行材料选定。要注意在强风的地方，轻量材料或薄膜有被吹飞的情况。

表 4-3-29　覆盖材料的选定基准

分类	覆盖材料	概略评价											特征
		防止腐蚀	防止干燥	隔热	抑制杂草	改良土壤	修整景观	耐飞散性	耐火性	重量	耐久性	施工性	
有机物	铺设稻草	○	○	○	○	○	△	△	X	○	X	X	栽种树苗等时使用。大量购买比较困难。容易燃烧,不适用于有随意扔烟头的地方。另外,影响景观
	落叶	X	△	△	△	○	○	X	○	○	△	○	可使用时期有限。不用于期待有防止干燥和隔热等效果的时期。容易被风吹散
	牛粪堆肥	X	X	X	X	○	△	△	○	△	△	○	在黑褐色的牛粪上撒一些白色土壤作装饰后使用。注意腐熟度,不要使用未熟的东西
	剪掉的树枝等	○	○	○	△	△	△	△	○	○	△	X	用采伐、剪枝等掉下的树枝作材料。有的混入叶子,虽然土壤的改良效果好,但是会有长出蘑菇、缺乏营养等现象发生
	树皮碎片	△	○	○	△	△	○	△	○	○	○	○	属于树皮碎片,最好使用外观好的。有被雨水冲走、被风吹散的危险。颗粒直径从 3～4cm 左右到 1～2cm 左右等
	木头碎片	△	○	○	△	△	○	△	○	○	○	○	属于树木碎片,可以作为铺装材料使用。有被雨水冲走、被风吹散的危险。还有长出蘑菇、缺乏营养等现象发生
	树皮纤维	○	○	○	○	○	○	△	X	○	○	○	用针叶树皮制成的纤维物。纤维互相缠绕,受风和雨的影响较小。由于容易燃烧,不适用于有随意扔烟头的地方。也有难以燃烧的加工产品
无机物	黑土	X	X	X	X	○	0	△	○	△	△	△	防止人工轻质土壤的飞散及装饰等时使用
	火山砂石	△	△	△	△	△	○	○	○	△	○	△	有红色和茶色系产品。在风力强的地方等使用
	碎砖块	△	△	○	△	△	○	○	○	X	○	○	砖块有保水性,注意露出的部分表面温度不要太高
	豆类砂石	△	△	△	△	△	○	○	○	X	○	△	利用砂石的重量,用于风力强的地方
	人工轻量聚合物	△	△	△	△	△	△	○	○	○	△	○	以膨胀性页岩为主要材料的轻量人工聚合物(人工轻量骨材等),颜色呈黑褐色
	特殊的纸,无纺布	△	△	△	○	X	X	X	○	○	△	X	经常用于斜面树苗栽种。影响景观。注意不要被风吹散,要有充分的防风对策

范例:○:有效;△:较差;X:差。

防止侵蚀:防止由于雨水、灌溉用水对土壤的侵蚀,及土壤流失的机能。防止侵蚀机能性高的评价为○,没有机能的评价为 X,中间性的评价为△。

防止干燥:作为覆盖材料的主要机能,抑制土壤表面水分蒸发的机能。防止干燥机能性高的评价为○,没有机能的评价为 X,中间性的评价为△。

隔热:减少土壤表面热量向下方土壤传导的机能。隔热机能高的评价为○,没有机能的评价为 X,中间性的评价为△。

抑制杂草:抑制杂草的生长,有的阻止杂草种子的定着,有的抑制发芽,有的阻止生长。抑制杂草机能高的评价为○,没有机能的评价为 X,中间性的评价为△。

土壤改良:虽然并不是主要目的,一般作为附加伴随机能,但有时也是阻碍植物生长的主要原因。土壤改良机能性高的评价为○,没有机能的评价为 X,中间性的评价为△。

景观修整性:从外面可以看到的部分,是景观修整的重要因素。本表采用经验值进行评价。

防止飞散性:覆盖材料是否易被吹散,如果容易被强风吹散的话,屋顶等事故发生的危险性较高,是重要的评价项目。没有被吹散危险的评价为○,危险性高的评价为 X,中间性的评价为△。

耐火性:覆盖材料是否易燃,这是屋顶绿化的重要的评价项目。没有燃烧危险的评价为○,危险性高的评价为 X,中间性的评价为△。

重量:对通常的使用厚度进行评价。超过 $100kg/m^3$ 的评价为 X,$50kg/m^3$ 以下的评价为○,中间的评价为△。

耐久性:无论怎样都是材料本身的耐久性,60 年以上的评价为○,30 年未满的评价为 X,中间的评价为△。

施工性:工种数量少、作业量少的评价为○,数量多、作业量也多的评价为 X,中间性的评价为△。

3-6 植物规划和设计

关于植物规划和设计，根据屋顶的环境、基础构造（土壤等）、预定的管理水平来选定可以生长的植物。还有，从树木到花草，要充分了解各种植物的大小、形状、生长速度、鉴赏性和利用性，要与利用目的一致，在有限的空间决定植物的种类、数量和种植方法。

1）植物构成

根据环境条件及其缓和政策、观赏性、绿化目的、机能要求（防风、遮挡）、维护管理工作等，对栽植构成进行考虑。

在规划中要决定是使用单一还是多种的植物，采用单层栽植，还是高、中、矮树木等组合的栽植方式。

关于景天科植物等的单层栽植，与使用单一种类的植物生长状况相比较，使用复数种类的植物生长更良好。通过栽植高、中、矮树木，制造多种多样的空间，使并不适宜屋顶干燥、强风环境的栽植植物成为可能。

人们在树下可以感到平静、怡神，效果明显。关于广场草坪等，周围种一些高大树木，也可以改变气氛。

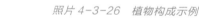
照片 4-3-26　植物构成示例

复合栽植

多品种景天类植物栽植

单一品种的景天类植物栽植（全部没有存活）

2）栽植结构

关于栽植面积广的栽植基础，外周是低矮、中等、高大树木组合密植，可以减弱进入植栽地内部的风量。外周种植耐干、耐风性高的常绿树木，那些秋天落叶多、耐干和耐风性弱的植物在中央栽植即可。

在狭窄的屋顶不要种植高大树木，栽植一些灌木、花草等比较好。围栏也要充分采取防风措施。另外，土壤表面不要露出，采用地被植物和覆盖材料，防止干燥、土壤流失或飞散。

图 4-3-29　栽植结构示意图

常绿的高大树木具有更好的防风效果

对环境压力适应性较弱的树木

对环境压力适应性较强的树木

中高树木和灌木植物的组合栽植，可以起到防风作用

中高树木
灌木

灌木

草花

地被植物

中高树木、灌木

3）植物种类的选定基准

　　根据绿化目的、绿化形式及栽植基础，选择与之相配的植物种类。植物的选定基准包括，环境是否适宜生长（温度、干燥、日照等）、植物本身所具有的功能（微气象控制等）、利用特性、维护管理，都要进行研究考虑。还要对生育特性、环境适应性、鉴赏性、适合功能性、管理性、社会性、材料调配性、施工时期、品质进行考虑，选定植物种类（参照第三章）。

　　还有，对于屋顶不适宜栽植的植物、使用栽植容器种植的植物等也要进行研究考虑。

（1）不适宜屋顶栽植的植物种类

　　种植高大树木时，要注意不要选择下木植物、植物急剧生长荷载增加较快的植物（银杏、榉树、樱类等）、容易被风折断的植物（洋槐类、鹅掌楸等）、容易倒的植物（垂柳、梧桐等）。另外，由鸟或风携带种子的植物，依据上述要求（梧桐、榉树、山桐子、女贞等），要在没有长大的时候就要拔出撤去。

　　关于靠地下茎生长的竹类植物，由于地下茎生长力很强，要注意不要穿过防水层、阻根层，同时要使用不易破损的坚固隔断材料。

　　关于椰子类植物，随着树干生长、肥大，要注意荷载的增加。

　　另外，如果种子借助风和鸟的力量大量散布的话，有可能在其他的屋顶萌芽，使生态系统紊乱等，要控制栽植种类。

　　还有，可以通过风和鸟等作媒介、容易从屋顶露出的植物、或有毒的植物等要控制栽植。

图 4-3-30　栽植高大树木的注意事项

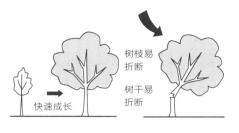

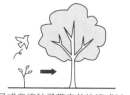

快速成长　树枝易折断　树干易折断　树木易倒　风或鸟将种子带来并快速成长

表 4-3-30　不适宜屋顶种植的植物种类

急剧成长增加荷载的树木

金合欢类	常绿
银杏	落叶
樟树	常绿
榉树	落叶
小樱类	落叶
女贞	常绿
七叶树	落叶
雪松	常绿
梧桐	落叶
糙叶树	落叶
水杉	落叶
桉树类	常绿
鹅掌楸	落叶

易被风吹倒的树木

金合欢类	常绿
枥树	落叶
金冠大果柏木	常绿
垂柳	落叶
白桦	落叶
梧桐	落叶
桉树类	常绿
鹅掌楸	落叶

其他（根系强大、根系繁殖）

竹类－细竹类	常绿
刺槐	落叶

由飞鸟和风运的种子，生长快的树木

野梧桐	落叶	鸟
山桐子	落叶	鸟
楮	落叶	鸟
梧桐	落叶	风
樟树	常绿	鸟
榉树	落叶	风
樱花类	落叶	鸟
臭椿	落叶	风
女贞	常绿	鸟
乌桕	落叶	鸟
糙叶树	落叶	鸟
鹅掌楸	落叶	风

表 4-3-31　在屋顶控制栽植的植物

	高大树木	中高、低矮树木	草本植物
容易被风等吹散的植物	枫类、梧桐、榉树、臭椿、杨树类、鹅掌楸	—	飞蓬属类、剑叶金鸡菊、山桃草、百咏根、垂盆草、诸葛菜、姬火炭母草、墨西哥景天、紫酢浆草类、柳穿鱼类、黄雏菊类
依靠鸟类作媒介容易逸出的植物	山桐子、金针菇、樟树、樱花类、棕榈、藤日本女贞、乌桕、日本女贞，糙叶树	落霜红、枸木、火棘属，紫珠类	白英、狼尾草类

（2）容器栽植植物的利用

如果屋顶绿化环境恶劣，最好研究使用容器栽植植物。使用容器栽植植物有以下优点：

①哪里都可以种植：屋顶、阳台、室内、铺路表面等，只需摆放栽植容器就可以进行绿化。

②栽植容易更换：不仅可以更换生长不良、枯死的植物，还可以更换强调季节变化的季花、红叶、果实等。

③可以栽植原来不适宜栽植的树木：不仅可以种植移植困难的树木，还可以栽植有时间限定的热带、亚热带树木。

④短期内完成栽植：无需插秧修剪，只需放置就可完成。

⑤可在特定期间进行绿化：活动会场等，最适合特定期间栽植的方法。

⑥栽植容器本身可以修整景观：根据栽植容器设计，可以充分取得修景的效果。

对栽植容器本身的性能要求是，美观耐看，具有耐破损性、耐久性，可以保持形状稳定，容易搬运。

照片 4-3-27 容器栽植植物

容器栽植植物　　　　　　花盆的盆栽植物　　　　　　重视景观设计的容器栽培植物

4）按不同绿化形式栽植的注意事项

根据绿化目的规划的绿化形式选定植物种类时，要注意根据植物组合的不同，绿化的重量和管理形式等也不同。

照片 4-3-28 绿化形式示例

庭园型　　　　　　　　　菜园型　　　　　　　　　　生态型

草坪型　　　　　　　　　草原型　　　　　　　　　　容器栽植型

（1）公园型

关于年龄、性别等多样化的，人可利用的公园，要有相应的、多样的利用形态，有丰富的栽植形态和植物种类。但在屋顶，可利用的空间有限，要想对应所有要求比较困难，从荷载的方面来看，绿化主体以草坪为主的情况较多。

如果采用草坪，会有很多人进入，在上面踩踏、横躺、奔跑等，因此要选择受踩踏也不会生长不良的栽植基础。

（2）庭园型

重视景观的庭园，植物的形状、颜色、花、季节变化是重要因素。另外，庭园的样式不同，使用植物也不同。

与屋顶环境相结合，尽量栽植同样性质（耐性、管理水平等）的植物，可以减少维护管理的工作。

如果周围的景观优美，要有借景的意识，外周不要栽植高大的植物。相反地，如果周围景观不美观，或要保护隐私时，要在周边栽植高大的植物。

（3）菜园型

在某种程度上，屋顶可以确保有充足的阳光和雨水，适合作为家庭菜园。由于土壤厚度受限制，比起需要土壤较厚的根菜类（25～50cm），选择叶菜类和果蔬类（15～25cm）更加合适。蔬菜需要比花草更多的阳光和养分，特别需要富含有机物质的土壤。

关于水田，所需土壤厚度最低为15cm，如果使用园艺用土，计算中加自来水的话，要在300kgf/m³左右。

关于果树，如果干燥培育的话，果实味道会更浓、更甜美，适合在屋顶种植。尤其蓝莓和树莓、山樱桃等小果树，不占空间，还可供享乐。

（4）园艺型

要考虑由业主来制作和维护管理可能的工作范围，不作无理规划。如果由施工方进行施工，也要注意业主的要求。另外，如果是业主自己进行施工，要选择容易管理的植物。

在屋顶进行园艺管理，适合种植有以下特性的植物：

①可长期持续开花；

②可繁茂生长；

③树枝和花可下垂；

④单个的花朵很小但可连成片。

（5）生态型

在屋顶培育生态系统时，要根据适合生存、生长的生物特性进行规划。虽然不一定要有池塘，但是如果有的话，可以让多种多样的生物栖息。设置水塘，最好种植水生植物。但是不必勉强种植不必要的生物或者本来附近就没有的生物。应该避开选择影响周边环境荷载的植物，尽量使用本地物种。

虽说生态型屋顶不需要管理，但是如果置之不理的话，加拿大一枝黄花草、鬼针草属、高芥草等植物可能长到 2 m 以上。包括藻类的生长在内，比其他的栽植形态，更加需要频繁地进行维护管理。

通过招来野鸟和昆虫，不仅可以满足个人享乐，还可以丰富城市整体的生物群。但是，不推荐设置饲料台，1 年当中喂养野鸟的话，会扰乱生态环境。最好种植可以开花结果的植物作为诱饵。在城市里，由于可以招引野鸟的地方（野鸟浴场）、沙滩很少，因此为它们提供这样的场所很重要。与地面不同，不用担心猫，在屋顶制作的水、砂浴场是很宝贵的空间。

也可以有招引蜻蜓的小水洼，在池塘里和池塘边种植水生植物的话，可以创造适合水生昆虫和蜻蜓幼虫生存的环境。根据蝴蝶种类的不同，可以作为诱饵的植物种类有限，通过栽植多种多样的蔬菜或无农药培育药草等，可招引各种蝴蝶产卵繁殖。由于蝴蝶的幼虫食草，会出现蛾幼虫，有些人讨厌看见，最好将这些植物种在不起眼的地方。另外，虽然食饵植物可以招引蝴蝶吸蜜聚集，但是不是幼虫来食草，因此不会出现蛾幼虫。

种植各种各样的植物，招引以其为食的昆虫和鸟类聚集，并且招引以这些昆虫等为食的昆虫、鸟出现，形成生态系统。如果形成了健全的生态系统，生物天敌的存在，可以预防特定的昆虫大量出现，因此受害不明显，可以减少农药的使用。

图 4-3-31　屋顶生物生存环境规划图

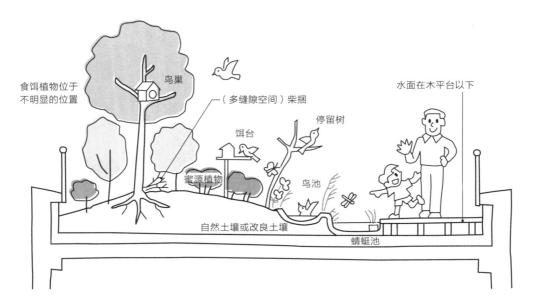

（6）草坪型

由于人们在草坪上面坐躺，或做运动，要对踩踏频率、强度等，以及景观修整性、基础构造的规格、维护管理的水平进行研讨，选定耐踩踏性的植物。

通常采用根据粘贴草坪、栽植匍匐茎、根据播种方法在当地制造草坪，还有其他的草垫施工方法、组件施工方法等，通过简单排列就可以建成的草坪系统。

基本上分为在冬天也可以继续生长的绿色草坪，和变黄、枯萎的茶色草坪。冬天，地上部分枯萎的称作"日本草"的代表植物有结缕草和细叶结缕草，但二者都耐干燥性强，使用15cm厚的改良土壤，可以忍耐36天无降雨无灌溉。使用人工土壤时，从有效的含水量来看也可以考虑。主要采用粘贴方式制作草坪，结缕草可采用播种方式，也不是不可能。

冬天也保持绿色时，称作"西洋草"，大多使用糠穗草、兰草、羊茅草、黑麦草等。这些都是属于寒冷地区的植物，因此怕日本的夏天，比日本草病虫害多。一年修剪次数最低要30次，比日本草多5次左右，相比之下，管理上更加费工夫。虽然主要靠播种来制造草坪，但也有粘贴草坪的例子。

近些年来，冬季采用耐寒草，即便冬天草坪也能保持绿色的施工方法得以普及。但它的维护管理以及夏季草和冬季草的更换等，需要专家的指导。

（7）草原型

关于多年草和灌木，采用黑土中混合珍珠岩的，厚15cm的改良土壤进行绿化，有的可以忍耐36天无降雨，无管理也生长良好。由此看来，如果屋顶只需保持单纯绿色，那么草原型可以作为一个选择。由于没有积极地考虑如何利用，所以不用限定植物种类。但是，考虑到屋顶荷载，主要以草本植物为绿化主体。

由于土壤不能太厚的情况很多，最好选择基础构造可以忍耐连续无降雨（大约30天以上）、无灌溉等的情况，并选定能够耐干燥、持续生长力极强的植物种类。加拿大一枝黄花草、小飞蓬等可以生长到2m，在冬季枯萎的话，有被火星点燃的危险。为减轻这种风险，栽植已经最终繁殖好的植物种类也是有效的。

关于节能管理型的草原，被认为刚开始栽植的植物和将来能持续生长的植物是不同的。由于屋顶草原容易向周边提供种子，要考虑使用没有种子自然撒布危险的植物。另外，在与自然土接近的地区做规划时，要考虑对周边环境的影响，最好选择本地植物种类进行绿化。

采用草原型时，在早期，使用结缕草、高丽草等进行粘贴，覆盖在土壤表面，可以防止土壤的飞散。采用播种方法制造时，要用专用的薄膜覆盖等，作为防止土壤飞散的措施是很重要的。

对于很难看到的屋顶，可以选定管理性少的植物种类，但对于可以看到的屋顶，要考虑屋顶景观，选择开花的和叶子颜色漂亮的植物。

（8）景天科植物型

景天科植物叶肉多，积蓄水分，是极其耐干燥的植物。在极薄的土壤也可以生长，而其他的植物因干燥而枯死。景天科植物种类非常多，但是现在可以使用的种类很少。无论是耐干燥性强还是耐湿性弱的植物，都有在旺盛繁殖后又枯死的现象。

通常，虽然从5月到6月覆盖率最大，但夏季一过覆盖率就下降，即使在冬季生长较好的情况下，覆盖率大多也只有30%左右。因此，基础构造的土壤有被风吹散的危险，所以要进行土壤补充和景天科植物的补种。

另外，耐踩踏性弱，不可像草坪一样坐在上边。有的由单一的景天科植物构成，由于天气、病害虫等原因受损严重。

关于景天科植物型，从基础构造到植物成套销售的较多，使用配套的景天科类植物。耐风对策、与地基的粘合、覆盖率的担保、没有过度生长的植物、多种植物的使用、管理体制、生长不良时的交换方法和体制以及价格等，要综合考虑进行选定。无论哪种系统，包括容器在内，总厚度在50mm左右，荷载在60kgf/m^{2}以下。

需考虑较强的景天科植物（没有过于旺盛生长）是否是在较大的环境压力下生产的，这在选定是否采用垫工法、板工法或单元工法生产时要注意。

（9）苔藓型

苔藓类植物极其耐干。不是从根部吸收水分，而是从叶子部分吸收水分。由于干燥的时候处于休眠状态，即使在长期连续无降雨的环境中也能生长，而其他植物由于干燥都已枯死。

种类很多，但现在可使用的种类很少。

虽然成活后耐干性强，但在培育期，耐湿性弱，到成活期为止，如果水的管理不恰当，会颜色变黑不能成活。在培育期间，在夕阳下山之后给少量的水即可。要注意的是，如果在太阳照射较强的时段浇水的话，植物有可能会闷热枯死。

（10）容器栽植型

容器栽植的最大特点是可移动性和临时设置性，应用范围广泛，从真正的绿化到简易的绿化都可以对应。栽植植物后的栽植容器，重量加重不容易被移动。对于不能靠人力来移动的大型栽植容器，要事先预备挂钩，并在下方设置人力叉车可插入的空间。

对于各个季节的植物替换，以及不适应于夏季高温和多湿环境、梅雨季节的大部分花草，如果使用可移动的栽植容器，就会较容易进行栽培。

原则上使用栽植容器预先种植植物。

（11）藤蔓型

屋顶上设置藤架等，利用藤蔓植物可以覆盖，形成天盖状绿化。由于藤蔓植物的根比天盖面积小，可以在其下面设计屋顶停车场等进行利用。还可以让人们享受屋顶葡萄园、猕猴桃园等水果采摘的乐趣。

覆盖藤架等时，适合采用间接攀缘或依靠型植物，但是在叶子下方垂着花和果实的植物（紫藤、葡萄、猕猴桃、葫芦等），适合从下往上看。

5）按不同植物形态栽植的注意事项

根据植物不同，绿化目的、绿化形式、绿化重量、管理形式也不同。因此在规划时，不进行合理搭配的话，现实与最初的规划就会相差甚远。

草坪类、景天类、苔藓类植物，在"按绿化形式分类植栽上的留意点"中有说明，所以在此不进行解释。

（1）高大树木

高大树木是绿化的主体，是绿地的象征，并有遮挡、防风、防日照的机能。如果使用构造物，使人有很强的压迫感，遮挡视线和防风等作用与植物也不协调。使用落叶树和开花的树木的话，可以让人通过植物切身感受到季节的变化，使用常绿树的话，一年四季都能看见绿色。

在屋顶上，虽然可以种高大的树木，但根据屋顶阳台管理规则等，禁用高大树木的情况较多。屋顶一般风力大，栽植基础的土壤很少，为了不让树木被风刮倒，要采用一些固定方式。压密根盆的方式、压密树干的方式、利用土壤重量的方式、利用建筑主体的方式等，都要加以考虑。

在屋顶上种植单干树木的话，风力全都作用在一棵树干上，被刮倒、树干折断的危险性很高。如果种植多干树木，每个树干所受风力就会减弱，可以使风力分散。

关于树木，近年来经过品种改良，市场上流通着很多开花树木类、彩色叶子类和受欢迎的针叶类等植物，可供人们欣赏各种颜色的花和叶子。因此，最好仔细考虑选择什么性质的植物进行栽植。

根据树木的高度所必要的土壤厚度不同，高3m左右的树木通常需要40cm以上的土壤厚度。

如果是单棵种植的情况时，周围的风等对环境的压力很大，最好能在某种程度上集中种植。如果在外周排列栽植的话，能够形成植物墙壁，可作为重要的防风措施。

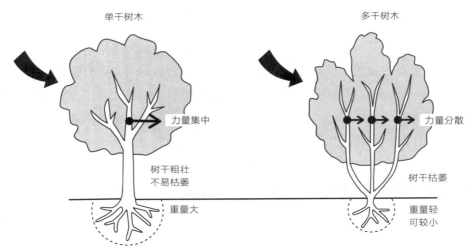

图 4-3-32　多干树木的特性

单干树木　　　　　　　　　　　　　多干树木

力量集中　　　　　　　　　　　　力量分散

树干粗壮
不易枯萎　　　　　　　　　　　　树干枯萎

重量大　　　　　　　　　　　　　重量轻
　　　　　　　　　　　　　　　　可较小

（2）中等高的树木

根据植物的大小、种类的不同所需要的土壤厚度不同，通常采用厚 30cm 左右的土壤。在风力很强的屋顶上要有预防被风刮倒的措施，但如果叶子密度不稀疏的话，可以利用简单支撑。关于栅栏状栽植，具有避风的机能，最好在某种程度上相对集中避风搭配种植。即使种植时是中等树木，将来也有成为高大树木的可能，因此要有防止生长过快的树种急速生长的措施。

虽然中等高的树木可以采用容器栽植方法，但在大面积的地基上生长的话，会生长得更好，管理上也比较轻松。

（3）灌木

种植小树苗时，使用土壤厚度为 15cm 就可以生长。如果土壤厚 20cm，可以种植高度不同的树种，但通常土壤的厚度为 25cm 左右。有几种植物与多年生草一样，可以采用厚度为 15cm 的改良土壤，能够忍耐 36 天无降雨、无灌溉的情况。

由于随着植物数量的增加，所需要的水分也会增加，所以在管理方面要采用植物修剪方法，使植物不要长得过于繁茂。

种植时，主要采用小盆的树苗或者植物根包进行种植，但也要考虑植物将来的大小，决定种植数量。

（4）草本（一、二年生草，多年生草植物）

草本植物分为一、二年生草和多年生草，但根据植物种类不同所需要的土壤厚度不同，最低 10cm，通常采用 15cm 厚的土壤进行绿化。有几种植物可以采用 15cm 厚的改良土壤，能够忍耐 36 天无降雨、无灌溉的情况。

关于一、二年生草，一年当中需要替换 1 ~ 6 次，会使管理费用增加，因此在花坛等有限区域内种植。

关于多年生草，分为常绿草和冬季地上部分枯萎草。由于种类非常多，所以要考虑草的高度、繁殖程度、花、叶子的颜色等，设计上要注意搭配。种植时，主要采用小盆的植物苗，但种类不同，扩大繁殖的面积不同，因此要注意种植棵数。

屋顶比地面上的庭院日照条件优越，适合种植喜阳的花草。如果完全没有遮挡的情况下，到了夏季，日照会太强，楼层越高越容易受强风的影响，因此要考虑防干燥、防风措施，选择适合这种环境的花草。

（5）地被植物

大面积覆盖在地表面的植物，本来草地也包含在内，但一般是指不可以在上面利用的植物。要考虑开花的植物、叶子颜色漂亮的植物等，根据景观选定植物。虽然主要采用多年生植物，但也使用灌木、藤蔓植物、一、二年生草。根据植物种类的不同所需要的土壤厚度不同，通常采用 15cm 厚的土壤进行绿化。

种植时，主要采用小盆的植物苗，但种类不同，扩大繁殖面积的程度不同，因此要注意种植棵数。可以用播种种子种植的植物，除了四叶草、马蹄金属植物等以外，发芽不良的情况较多，不宜进行播种种植。

（6）藤蔓植物

参照第六章"墙面绿化"的项目。

（7）蔬菜、药草

蔬菜大致分为叶菜、根菜和果蔬。叶菜可以在厚度为 15cm 的土壤中生长良好，特别是白菜、花椰菜等，在冬季，只需少量浇灌就可以收获。番茄、青椒等果蔬类也可以在厚度为 15cm 的土壤中生长。根菜所需土壤比植物的要厚，但是红薯、土豆等在土壤厚度为 20cm 左右时也能收获。

药草类植物中，耐干性强的品种较多，土壤厚度为 15cm 就可以生长良好。迷迭香、百里香等很多采用 15cm 厚的改良土壤，能够忍耐 36 天无降雨、无灌溉的情况。越干燥的地方生长得越好。

（8）果树

橘子可以在供水少的栽植容器内种植，可以栽植成味道浓甜的高级橘子。由于屋顶上供水条件有限，具备收获甜美果实的条件。特别是葡萄，耐干性强，由于需要大量光照，因此是最适宜在屋顶种植的果树。同时，矮小的果树中（山樱桃、树莓等）也有很多种类适宜种植。

（9）水生植物

在屋顶的水池边可以种植水生植物等，但是大多数情况是种植可以在浅水和湿地生长的植物。由于总是有水，周边植物的生长极其旺盛，因此要控制植物生长。特别是种子可随风播撒的芦苇、蒲穗等，在不应栽植的地方生长，还有如果地下茎生长旺盛的话，会压迫其他植物。沟荞麦、蓼类等植物生长繁茂，在短期内可以把水

面全部覆盖，因此要特别注意。

培育水性植物时，用土壤将池塘和小溪全面覆盖，并种植的情况较多。作为课题，需要讨论重量。如果使用花盆和笼子，或者有洞孔的塑料容器装土，可以简单种植多种高度不同的植物。最近有的用椰子纤维做成容器培养水草进行销售。

（10）强耐干性植物

如果用仙人掌类、龙舌兰类、松叶菊等极强耐干燥植物进行绿化时，可以在夏季40天以上连续无降水情况下也不会枯死。但是大多数植物的耐寒性和耐湿润性

较弱，因此在选择植物种类时要考虑这一点。另外，这些植物的生长速度缓慢，几乎很难扩展繁殖，基本不需要管理。

（11）野花

开花的一、二年生草和多年生草用播种种子的方式栽植，分为秋天播种和春天播种。

播种方式上有的以高大植物的种子为中心，有的以低矮植物的种子为中心，但是屋顶绿化，最好选择播撒低矮植物的种

子。无论哪种土壤厚度都为15cm左右。秋天播种，从冬天到春天使其生长，从春天到夏天使其开花，即使到夏季因干燥枯萎，秋天还可以重新耕地再次播种，一年只需要管理一次即可，可以循环利用。

6）种植密度

由于植物不断生长，因此要考虑栽植后的生长状况来决定栽植数量。但栽植完成的时间不同，栽植棵数会有很大的不同。

如果栽植初期植物间距合适，那么后期植物的叶子就会交叉覆盖。保留的间隙，以半年后、一年后植物生长、大致覆盖的密度为完成状态来进行调整。若间距过大，

表4-3-32　种植密度

低矮植物，盆栽树苗的情况	16 ~ 25棵/m²
卷根物	5 ~ 16棵/m²
多年草	20 ~ 36棵/m²
9cm盆栽苗	20 ~ 36棵/m²
12cm盆栽物	12 ~ 25棵/m²

受环境的压力就会增加，破坏植物生长发育。因此，选择时要考虑种植密度、植物种类的生长速度和环境耐受性等因素。

但是，花坛等，要求种植后就要满足外观要求，一般 36 ~ 50 棵 /m²。最近有很多小于 9cm 的小盆栽和插苗等，可以相互搭配种植。

7）树木的支撑

种植高大树木时，为防止被风刮倒，要选择设置适当的树木支撑装置。计算风压等，要对土壤厚度、土壤重量、土壤的黏性等进行研究，使其具有耐受这个数值以上的强度和抵抗力，选择设置适当的树木支撑装置。

只依靠土壤，支撑力不足时，要研究如何从建筑主体获得支撑力。

照片 4-3-29　树木支撑的图例

原有斜杆支撑型　　　　　　　　地中埋设型　　　　　　　　　钢板连接型

（1）原有工法

有足够的土壤厚度，或受风的影响较小时，一般使用支架支撑即可。

但是，如果使用人工轻质土壤，考虑到土壤厚度、土壤重量和土壤的黏性等，与根柱、压密混凝土等相接的地方使用钢板 + 安装用的五金工具等，以用来保护根部。

（2）地下式根盆固定施工方法（地下支撑）

如果自然地基不能采用基本的防风支撑，需要在基础构造下方铺设抵抗板和焊接网（金属网）等，可以用地下支撑等固定地下根盆。但是，对于高大树木，效果并不十分明显。关于地下支撑，是根据风压计算被风刮倒时的力矩，从而决定对抗的形式和构件尺寸等。

在风力很强的地方，即使有树木地下支撑也有倾斜的可能，必要时要与支架支撑和钢线支撑并用。

固定地下支柱根盆用的绑带，注意不要被植物根腐蚀，多年使用后要注意是否有松弛，并注意可分解材料的选择等。

（3）建筑主体固定施工方法

如果在建筑主体等设置钢丝支柱等固定材料，要与建筑施工方进行协调。

如果不确定栽植的位置，固定材料的位置、角度和方向等也无法确定，金属零件的强度也无法计算。

（4）建筑主体、压密混凝土的钢板焊接施工方法

如果在薄层土壤或非黏性土壤上进行屋顶绿化，可以用支架支撑固定，或在建筑主体和压密混凝土等处设置钢线支撑用的固定材料。作为方法之一，用大面积钢板等材料相接，固定压密混凝土等。

屋顶最上方使用压密混凝土时，虽然容易相接，但是绿化施工时会有穿透阻根层和保护层的可能，要对其周边进行处理。如果屋顶全面铺设阻根层，可以通过和钢板的连接来增加其强度。

表 4-3-33　树木支撑方式的选定基准

| 分类 | 支撑的种类 | 综合评价 | | | | | 适合树木 | 设置方法及特征 |
		修整景观性	耐风性	耐久性	施工性	费用	屋顶适用性		
树干上方支撑	支架支撑	×	○	△	○	○	×	高大树木、中高树木	一般用竹子和木头从三个方向支撑。土壤厚的情况时使用。承载力高。关于人工轻质土壤根的生长，与建筑主体、压密混凝土等粘结的钢板＋安装工具等，要有根部对策
	布挂支撑	△	△	×	○	○	×	低矮树木、中高树木	主要在中高树木的墙林和排列种植时使用，使用竹子和木头制成的方法。土壤厚的情况时使用。关于人工轻质土壤根的生长，与建筑主体、压密混凝土等粘结的钢板＋安装工具等，要有根部对策。并需要与其他支撑物并用
	钢线支撑	△	○	○	△	△	○	高大树木	使用钢线固定的方法。在建筑主体和压密混凝土等上设置支撑物和挂钩等时要注意防水层。与压密混凝土等相接的钢板处设置挂钩时，要注意粘结强度。注意支撑物和挂钩的强度
	埋地下型钢线支撑	△	○	△	△	△	○	高大树木	在土壤下方的熔接金属网、井字单管、抵抗板等处设固定栓和挂钩，用来固定钢线。土壤较薄时，要注意人工轻质土壤的支撑力
树干下方支撑	鸟居支撑	△	△	△	△	△	○	高大树木	使用高大树木的施工方法。用圆木组建鸟居的形状。土壤较薄时，与压密混凝土等相接钢板、安装金属工具等时，要有根部的保护对策
	金属管支撑	△	×	△	×	×	○	高大树木	考虑设计性时可以使用。随着树木生长，与繁茂程度相结合进行更换。通常打入地中的固定栓等要外套金属管。土壤较薄时，与压密混凝土等相接钢板、安装金属工具等时，要有根部的保护对策
地下根盆固定型	金属管支撑	△	×	△	×	×	○	高大树木	考虑设计性时可以使用。随着树木生长，与繁茂程度相结合进行更换。通常打入地中的固定栓等要外套金属管。土壤较薄时，与压密混凝土等相接钢板、安装金属工具等时，要有根部的保护对策
	焊接铁丝网固定型	○	△	△	△	△	○	低矮树木、中高树木	地下铺设熔接金属网来固定根盆的方法。土壤较薄时，要注意人工轻质土壤的支撑力。最好隐藏支撑，维持景观
	单管井字形固定型	○	△	△	△	△	○	低矮树木、中高树木	将支撑用的单管排列成井字形，铺设于土壤下来固定根盆的方法。土壤较薄时，要注意人工轻质土壤的支撑力。最好隐藏支撑，维持景观
	抵抗板设置固定型	○	○	○	×	△	○	高大树木、中高树木	使用抵抗板，铺设在地下来固定花盆的方法。不要使用易碎的花盆。土壤较薄时，要注意人工轻质土壤的支撑力。最好隐藏支撑，维持景观

风例：○：好；△：较差；×：差。

修景性: 支柱会影响景观。在本表中，从外部看不见的评价为○，可以看见的用经验值评价。

耐风性: 最重要的机能，能够承受风力 60m/s 以上的评价为○，45m/s 以下的评价为 X，中间性的评价为△（锚固的强度要另行考虑）。

耐久性: 材料本身和组装构件的耐久性，20 年以上的评价○，不满 5 年的评价为 X，中间性的评价为△。

施工性: 工种数量少、作业量少的评价为○，数量多、作业量也多的评价为 X，中间性的评价为△。

成本: 廉价的评价为○，昂贵的评价为 X，中间性的评价为△。

屋顶适用性: 适用于屋顶的评价为○，不适用的评价为 X，中间性的评价为△。

3-7　设施的规划和设计

进行屋顶绿设计时，除栽植和基础构造之外，还要规划利用目的所需的设施状况。

关于设施的规划，要对铺装、修景设施、实用设施等日常必要的实用设施，以及修整景观用的装饰设施等进行规划。有关这些设施的规划，还要考虑修景性、利用性和安全性等，并要考虑设置方法。

1）铺装

除屋顶栽植部分以外，如果混凝土露出的话，会很乏味。为提高可上人使用的效果和景观，为保护建筑防水层，铺装材料是最基础的设施。

重视利用功能，要考虑宽度、大小。防水抬高时，为防止栽植地区以外的利用部分受到冲击，铺装（地板）是必不可少的。可上人用部分和非上人用部分，要考虑改变材料。并且要考虑屋顶使用时的荷载、排水性，甚至要考虑被风吹散等因素。为保证进行管理工作时的安全，要注意规划管理用的通道的位置和宽度。

（1）铺装面的高度

在屋顶，从室内到室外通常有阶差，但是为了让人感觉不出来，增高室外地面高度，使其与室内地面高度相同。这样，栽植用地表面和可上人用地板没有高度差，可以减少绿化的不协调感。特别是设置了自然风格的水池等，可以创造良好氛围。

使地板增高，在铺装材料的下方有的铺设土壤、有的放入垫高材料。在屋顶，本来使用土壤的空间有限，因此在铺装材料下方放入土壤，对植物生长是有益的。另一方面，垫高材料非常轻，可以控制荷载的增加。

（2）铺装基础构造

在屋顶，采用沥青防水压密混凝土施工方法时，虽然用砂浆和砂子直接铺设砖或地砖，但尽量要在下方铺设排水层，表面不要积水，而是流到排水层。不使用砂浆的铺设方法和组合式方法，可以提高维修性能，容易再次利用。

采用涂膜防水和橡胶涂膜防水等施工方法时，要避免使用砂浆和砂子，最好是用瓷砖块或木块。为不伤害防水层，要铺设垫子等保护层。无论哪种方法，都要考虑其重量、不至于被风吹跑，或者使用胶粘剂等，防止被风吹散。

图4-3-33　铺装材料的铺设方法示意图

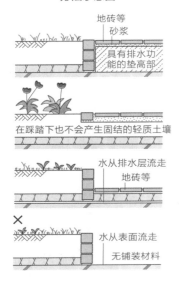

照片4-3-30　排水孔的位置

排水孔在铺装材的上面　　　　铺装材的下面设置排水层

（3）地板的选定

① 地板用材料

人可以在其上面行走，要使用可上人用的材料和结构。

照片4-3-31　可上人用地板材料

木板材料　　　　　　　木块材料　　　　　　　木屑铺装材料

表 4-3-34　可上人用地板材料的特性

铺装材料	特征
木板	很多装饰公司销售各种地板、木板等。材质有何大区别。重量，耐久性，颜色，触摸感，价格等都有不同。设置时，要注意地板材料下方不要透风，还要考虑进行整体固定。由于可以在木板、木地板上裸足行走，感觉很舒服，很受欢迎，但是一年需要1～2次用木板清洁剂清理，否则会损坏。南洋木材的风铃木和柳桉树等有耐久性，即使不作防腐处理也可以还用15年左右
木块	60cm见方、45cm见方、30cm见方，厚3～6cm左右的木块较多。下方是塑料片或橡胶板与上方木板相接。如果作为抬高防水的保护层，下方最好用橡胶板。木块相互之间容易连接和固定，外行人也可以铺设，适合在阳台等狭窄的地方进行铺装
瓷砖	根据素材和烧制温度，分为陶器、石器、瓷器，有的表面上釉，有的不上釉，各种各样。一枚的尺寸越大、越厚，单位面积的重量就越大。可以在屋顶压密混凝土上直接铺设，但除此之外很难利用。素烧风格的瓷砖使用后会让人感觉很温暖
瓷砖块	与木块相同，在下方的塑料板上铺设瓷砖。30cm见方的较多。塑料板有腿，可以直接在阳台铺设，不用担心漏水。安装简单，外行人也可以简单安装
砖块	砖块也有各种形状。地板用的砖块要比一般砖块（厚6cm）的薄，可以尽量减少荷载。铺设方式也有很多种，根据空间设计进行选择。进口产品颜色丰富，仿古风格的瓷砖也有
混凝土平板	从简单的混凝土板到彩色平板，冲刷平板、研磨平板、有图案的平板，种类多样。最近还有仿真石平板，几乎与真的石头没有区别。大小一般从60cm见方到30cm见方，还有长方形、不规则形等。即使使用单调的平板，在种植植物上下功夫，也可以享受铺装的快乐
橡胶碎块，块状	用橡胶碎屑固化成块状，有的用旧轮胎。尺寸从60cm见方到15cm左右，除正方形以外，还有相互组合的其他形状。厚度从1cm到3cm的较多，由于有透水性，表面不积水。橡胶有缓冲性，因此适合上人。另外，橡胶碎屑被太阳照射后，会比其他材料温度高，要加以注意
草坪，块状	在塑料容器中种植草，由于相互可以连接，制造草坪较为容易。大小从50cm见方到30cm见方，整体厚度从5～10cm，但要注意的是，有的需要在下方设有蓄水机能的装置。草坪主要用高丽草，但若希望冬天也能保持常绿的话，可以使用西洋草。但是，西洋草的管理极其困难，能够保持一年以上良好状态的品种很少
草坪保护材料	频繁进入草坪的话，会使草坪有磨损，土壤凝固，影响草坪生长发育。为了防止磨损，有的采用铺设草坪保护材料的保护手段。地面上使用压密混凝土和砖块较多，屋顶一般采用轻量的塑料制品
人工草坪	外观美，施工简单，但是夏季表面温度会比混凝土表面还高。根据产品不同，有的降雨后排水不良，总是湿漉漉的
木屑铺装	用聚氨酯系列胶粘剂将木屑固定。轻量并有透水性，可以在土壤上方铺设
其他	有的材料把砂石和小碎石粘在网上，有的在砂浆上铺设或只在接缝处用砂浆填充。有的产品在塑料整形板的表面，用树胶粘贴砂石，有的用自然碎石块或人工石等。也可以使用木块和瓷砖块等，根据形状，质感，价格进行选择。铁平石等自然石中的平石或踏脚石等，一般用于日式风格的庭院。如果踏脚石的重量过重，可以考虑使用FRP轻量石。如果用泡沫橡胶填充的话，中空空洞的声音会减弱

② 非上人用

对非上人部分进行装饰，既要重视外观，也要考虑屋顶和阳台的荷载等基本事项。

表 4-3-35　非上人屋顶用地板材料的特性

铺装材料	特征
砂石	根据砂石大小，颜色变化，可以进行多种多样的设计。有儿童的家庭，要注意不要让孩子向外乱跑。一般砂石的重量是，铺设厚度5cm时，重量会超过100kg/m²。若用火山岩石，同样厚度重量为50kg/m²。日本自古以来，使用白川砂砾、锜砾石、伊势砾石等颜色柔和的石头比较多，最近用碎砖块和建筑石材碎块制成多彩的砾石。 为了改善排水效果，有的铺设在多孔材料上方，为此这样的材料也容易贩卖，即使在小空间也容易施工
木屑、树皮碎屑	木屑和树皮碎屑由于重量轻，容易被雨和风吹移，因此要在框内使用

（4）地板选定基准

选定地板时，参考下列项目和基准进行。

表4-3-36　地板选定参考标准

分类	铺装材料名称	厚(cm)	重量(kg/m²)	修整景观性	尺寸调节	上人效果	耐磨损性	耐久性	施工性	保水性	透水性	温度特性(白天)	温度特性(夜间)	备注
可上人用	压密混凝土	10.0	230	△	○	○	○	○	×	×	×	×	×	当场按压成型，有各种样式。为了保护着色，作防水加工处理的较多。用水泥固定
	石材	3.0	84	○	×	△	○	○	×	×	×	×	×	有形状整齐的石块，和不整齐的自然石块。用水泥固定
		5.0	140											
	瓷砖	1.0	28	○	×	○	○	○	△	△	×	×	×	下方有树脂材料，可以作为干式铺设的材料。厚度越厚，一枚的尺寸就越大
		2.0	56											
		3.0	84											
	混凝土平板	3.0	69	△	×	○	○	△	△	×	×	×	×	开发了漂浮式地板构造，拟石平板的使用增加
		6.0	138											
	砖块	3.0	57	○	×	○	○	○	○	○	×	×	×	有保水性和透水性的回收砖块。有的产品不使用砂浆
		6.0	114											
	木材（硬木）	2.0	22	○	△	△	△	△	△	×	△	×	○	下方有树脂材料，可以作为干式铺设的材料。作防水加工的情况较多
	木材（软木）	3.0	24	△	△	△	△	△	△	×	△	×	○	
	木材（枕木）	14.0	140	△	△	△	△	○	△	×	△	×	○	注意防腐剂
	回收木材	2.0	20	△	△	○	△	△	×	×	×	×	△	废旧木材或塑料的回收利用
	橡胶碎屑	3.0	33	△	△	○	△	○	△	△	△	×	△	重量轻，容易倒。一般用于医院或老人院的屋顶等
	人工草坪	1.0	10	△	△	○	△	△	△	×	△	×	△	降雨后感觉湿漉漉的。被阳光照射后，很多温度会变得极高
	固化砂石	1.0	21	△	△	○	△	○	△	△	○	△	○	丙烯等的树脂固化。下方需要铺设混凝土
	固化木屑	3.0	30	△	△	○	×	△	△	△	△	△	○	丙烯等的树脂固化。下方需要铺设耐踩踏的土壤
	沥青成型板	1.0	10	△	△	△	△	△	○	×	×	×	△	散步用。极轻量化的景天绿化等时使用
	草坪保护材料			△	△	△	△	△	○	○	○	○	○	在草坪上下铺设，保护草坪。尤其在频繁被踩踏的地方使用
非上人用	装饰石	3.0	63	○	○	—	○	×	○	△	×	×	△	粒径大约5～30mm，用筛子区分
		5.0	105											
	火山砂石	3.0	42	△	○	—	—	×	○	△	○	×	△	粒径大约5～30mm，用筛子区分
		5.0	70											
	装饰碎石	3.0	57	○	○	—	○	△	○	△	△	△	△	粒径大约5～15mm，用筛子区分
		5.0	70											
	木屑	3.0	30	×	○	—	—	×	○	△	△	△	○	作为覆盖材料使用，长期使用老化，数量减少
		5.0	50											
	树皮碎片	3.0	24	△	○	—	—	×	○	△	△	△	○	作为覆盖材料使用，长期使用老化，数量减少
		5.0	40											

备注（非上人用）：下方铺设无纺布，不与下面的土壤直接接触

范例：○: 有效；△: 较差；×: 差；—: 无此项。

修景性: 从外部可以看到的部分，修整景观是重要项目。本表采用经验值进行评价。

尺寸调节性: 现场施工时，容易进行尺寸调整，如果需要修剪、切断时，最好不需使用特殊工具就能进行。特别容易调整尺寸的评价为○，需要使用特殊工具的评价为 X，中间性的评价为△。

上人效果: 作为上人用铺装材料，容易行走是重要因素，有必要对上人效果进行评价。用经验值对其软硬度和凹凸程度等进行评价。

耐磨性: 作为可上人用铺装材料，多年使用后机能也不改变是很重要的，有必要对耐磨损性进行评价。频繁走动也不容易磨损的评价为○，容易磨损的评价为 X，中间性的评价为△。

耐久性: 是材料本身和组装构件的耐久性，20 年以上的评价○，不满 5 年的评价为 X，中间性的评价为△。

施工性: 工种数量少、作业量少的评价为○，数量多、作业量也多的评价为 X，中间性的评价为△。

保水性: 虽然是与温度特性相关的评价项目，但在雨水利用方面也是屋顶绿化的必要功能。保水性高的材料评价为○，没有保水性的评价为 X，中间性的评价为△。

透水性: 为了雨水的有效利用，下部基础构造最好使用可以让水浸透的材料。透水性高的评价为○，没有透水性的评价为 X，中间性的评价为△。

温度特性（白天）: 关于屋顶绿化，如果铺装面积广，要注意对热岛效应的影响。根据铺装面的太阳光、长波长反射率，铺装材料的热容量、热传导率，转变为潜热等的多少，白天的温度特性不同。如果转换为潜热比较多的，比气温稍高的话评价为○，夏季表面的最高温度超过 50° C 的话评价为 X，中间性的评价为△。

温度特性（夜晚）: 夜晚的温度特性，根据铺装材料的热容量、热传导率，转变为潜热等的多少而不同。如果铺装材料的热容量、热传导率少，夜间温度下降的评价为○，夜间也维持高温的话评价为 X，中间性的评价为△。

2）修整景观设施

关于绿化设计，修整景观是很重要的因素，影响规划的质量。

虽然与屋顶绿化同样，在此对屋顶绿化特有技术的注意事项进行说明。

（1）栅栏类（篱笆、围栏等）

划分栽植区域或遮挡视线用的竹篱、网格栏、栅栏等围栏，具有功能性的同时，也要根据样式规划庭院景观。虽然素材、式样多种多样，但要设想设置藤蔓等植物的情况，基础构造要能承受风荷载，这是很重要的。

（2）藤架等

藤架、藤棚和葡萄架既可遮阳，又可享受收获的果实，还能营造庭院的氛围。这些也需要考虑风荷载，确保基础构造的安全强度。有压密混凝土时，在压密混凝土和阻根层处连接钢板，在钢板上安装金属固件、支柱用以抵抗风荷载。

（3）水池、喷泉等

在屋顶、屋顶阳台上，可以设置真正的水池和喷泉，还可以组合自然风格的瀑布和溪流。

制造真正的水池时，可以使用池塘用防水膜和膨润土系的防水涂膜、土木用防水膜等。但都必须进行水的循环和过滤、排水和溢水处理。还有，要知道水是相当重的，因此维护管理相当费工夫。在屋顶不能制作地面下挖式池塘，要注意与土壤表面、铺装面的水平差。

为了使池塘里的水循环，最好设置简单的水泵。虽然池底可以排水，但也可以用循环装置排水。而且在不特定的地方有可能会有溢水现象，所以最好设置溢出管，或者决定排水口位置，确保排水。

（4）庭院石头、灯笼等

日式庭园中经常使用庭院景石和石子、灯笼、水盆等石材产品，由于重量相当大，在屋顶使用时要注意。有轻量的FRP产品，可以利用这样的产品来减轻重量。但是，像石子和洗手池等，可以实际触摸，最好确认实体感觉和质感等是否协调。另外，庭院景石等也可以使用天然轻石。

（5）雕刻等

西式花园中可以设置装饰盆、雕刻、神座、日晷、风标鸡等花园用品。招引野鸟用的饲料台、鸽子水池和巢箱，甚至帮助蚜虫的天敌瓢虫越冬用的小鸟屋，都可以作为观赏点。但都需要了解整体气氛，各种设置要与其相配。

3）实用设施

虽然与修景设施一样，是屋顶利用的必要设施，但在此要对屋顶绿化特有技术的注意事项进行说明。

（1）长椅、椅子、桌子

属于人要利用的东西，要考虑其利用空间，并且要考虑其设置空间的地板处理。有木制、铸造、钢铁、陶瓷、塑料等各种各样的材质和设计。要与使用场所和频率、

照片 4-3-32　长椅、椅子、桌子的示例

桌椅　　　　　　　　　　　　带棚架的长椅　　　　　长椅

时间、使用人、目的、庭院风格相结合进行选择。

（2）烧烤设施

家庭聚会等设置烧烤炉子时，四周要有足够的空间。同时，其热量不会传到防水层结构也很重要。还有，万一烹调和燃料用油洒了，也可以擦掉，不会直接渗透到防水层结构，要做好万全对策。防水层对火、热和油的抵御力都很弱，要充分注意。

（3）遮阳

即使有蔽日用的遮阳膜，也要注意那些不能移动的部分，被看做是建筑。另外，即使不看做是建筑，最好使用不可燃材料。上方的材料不仅要有耐风强度，还要规划防止被风吹散、考虑固定方法、强风时的移动和收纳等。

（4）洗手间、洗手池

水龙头和水池是工具类和收获物的清洗、洒水等的必需品，要使给水排水等的点检和保养容易进行。设置流水槽时，还要配置污水管道。

（5）物品放置

可以收纳维护管理用的各种各样的工具、材料等。放置物品也要与花园的气氛相结合，针对风的影响，需要固定。

（6）其他

孩子游乐用的沙地和秋千等游乐器具、狗等宠物用的设施等，规划时要考虑安全。管理工作使用的机械设备，选定时要考虑可否收纳。

3-8 设备规划

根据屋顶空间的利用目的，要对必要的电气设备、照明、供水、污水排水、洒水装置、雨水利用等进行规划。

1）电气设备

根据屋顶空间的利用目的，不仅要设计照明用的，还要设计管理用的电动设备、灌溉装置、喷泉、甚至运营方面各种活动等要用的电气设备。

关于电气设备，为使各种设备正常运转，要充分考虑其容量，要对引入位置、地线等方面进行规划。另外，不要露出配线，要考虑隐蔽的配线方法。要设置管理用和其他用途的插座。并要考虑插座的安全性及地线防水插座的使用。

绿化面积规模小的情况时，给水龙头、水池循环泵用的电机，照明、管理用的室外插座等，一般要用 100V。

2）照明设施

按照屋顶绿化的目的，为建筑的住户提供"休闲场所"等，还要考虑各种事项。如果考虑屋顶的夜间利用，要充分考虑"安全确保照明"、"配合利用目的的照明"，进行必要的照明规划。

① 为确保安全的照明

设置庭园时，沿着公园小路等适当地设置照明，确保使用者的安全是很重要的。

② 配合利用目的的照明

进行屋顶绿化用照明规划时，应该考虑以下几点，明亮度、炫目的降低、光影、照明空间、演色性、与周围环境的协调、保养、追求经济性等。因此，要熟悉光源的特性和设备的功能，再进行规划。由于利用目的不同，应该考虑的事项变化很大，必须充分掌握目的后进行照明规划。另外，也要考虑对建筑周边环境的影响，以及对植物的光的影响。

③ 照明度

在外部空间，各种设施的照明度，虽然可以参照 JIS 照明度基准和 CIE（国际照明委员会）的《景观照明手册》等，但最好采用下表推荐的照明度。

表 4-3-37　屋顶绿化各种设施的推荐照明度

场所	推荐照明范围（lx）
树木，造型物	70 ~ 150
树木，造型物	整体 3 ~ 7，部分 30 ~ 70
散步道	3 ~ 7
池塘	3 ~ 7
广场	7 ~ 15

④ 光源

选定光源时，要考虑效率、寿命、演色性、色温，要选择适当的光源。

小面积的光源，选择白炽灯、荧光灯、LED 灯等比较适合，大面积的、远方照明用的话，选择水银灯、金属卤化物灯、钠灯等比较适合。另外，花坛等种植地，从演色性等方面选择白炽灯、荧光灯等比较适合。

表 4-3-38　各种光源示例

光源种类		定格寿命（h）	光的颜色			主要用途
			颜色温度（K）	平均显色评价数（Ra）	颜色的大概表现	
白炽灯	白炽灯泡	1000	2800	100	橙白色	花坛、植物种植的地方、庭院的局部等
	迷你卤素灯	2000	3000	100	弱橙白色	
荧光灯	温和白色	6000～7500	3500	60	弱茶白色	
	白色		4200	61	白色	
	白昼色		6500	74	蓝白色	
水银灯	透明型	12000	5800	14	蓝白色	聚光灯、路灯、从高处往下照射的灯
	荧光型		4200	40	白色	
金属卤素灯	透明型	9000	4700	65	若有蓝光的白色	
	荧光型		4300	70	白色	
高级显色金属卤素灯	白色	6000	4300	96	白色	
	白昼色		5200	93	弱蓝白色	
高效本位形高压钠灯	透明型	12000	2050	25	黄白色	隧道、植物工厂等
	扩散型		2050	25	黄白色	
显色本位形高压钠灯	透明型	9000	2800	49	橙白色	花坛、植物种植的地方，广场
	扩散型		2800	49	橙白色	
LED		40000	根据发光器及组合形式的不同而不同			整体照明

颜色温度：正午的太阳光大概是 6500K。

平均显色评价：以下午 3 点左右从室内北侧的窗户照射进的光，所见物体的颜色"显色"作为标准，白炽灯照射后的显色评价为 100。

⑤ 照明器具的选定

屋顶绿化时，要考虑各种照明对象，根据所期待的照明效果和重要度，分别选定适当的照明器具。关于照明器具的选定，要注意以下几点：

a. 眩目性要小。

b. 不易受灰尘或昆虫等污染。容易清洁去污。

c. 是防水构造。

d. 不易破损，构造坚固。

e. 设计上与白天、夜晚的景观和环境相协调。

f. 在屋顶，为防止因荷载或风压而倒塌，照明器具要选择安装在较低的位置。如果是安装在建筑的墙壁上，也可以将照明器具安装在较高的位置。

g. 照明器具要有设计式样，自身可成一景。

⑥ 照明器具的基本形状

关于屋顶绿化，要空间整体照明的话，除桌子四周等以外，其他部分不用考虑。用于树木等照明的聚光灯系，最好把灯隐藏起来。比较适合的有水银灯、金属卤化物灯、钠灯等。

确保庭园道路等的照明，选用的照明器具本身具有式样。比较适合的有白炽灯、荧光灯，为提高 LED 灯的亮度，也要注意灯罩的选择。

⑦ 照明器具的配置

进行照明规划时，考虑白天的景观，一般将照明器具设置在树木和景石的背阴处。如果设置在醒目的位置，要使用与周围相协调的，有式样设计的照明器具。针对代表性的照明对象，要显示照明器具如何配置。

a. 树木（高大、中等）：照树木时，有的从前上方照射，也有的从树的前下方照射，使夜晚同白天一样可以欣赏景色。另外，如果从树木内侧下方进行光照，可以令人享受从叶子透过来的柔和光景。无论哪种都是点照射，在有一定距离的位置照射。根据屋顶上的利用目的及树木的种类和大小，恰当地进行配置。

b. 花坛，低矮植物区：将高度较小的照明器具放在花坛或低矮植物区，或者设置在附近。如果重视绿色和花的颜色，可以使用演色性好的光源。

c. 通道：为确保使用者的安全，最好不要有黑暗处。在庭园小路等处，使用散光灯照射较低的位置比较好，抑制向上的光照。

d. 喷泉：喷泉喷水时，在喷嘴附近或水的落下点设置照明器具，但要注意落下的水对照明器具有冲击力，安装要坚固。

⑧ 其他注意事项

根据植物自身的色彩和排列，可在夜间观赏和谐的自然美，照明也有可能会对生态系统产生影响。另外，还要考虑节能和对地球环境的保护。

因此，要采用日光传感器和计时器等照明控制装置，在需要的时间进行照明。另外，也要充分考虑对建筑周边的光的影响，要决定照明时间。如果使用太阳能发电充电，即使没有电源也可以使用，或者天黑后具有自动点灯的设备。

⑨ 12V 的照明器具

如果有孩子或宠物狗等，配线时要考虑到可能被摆弄、被啃咬等事故发生，因此，关于家庭的屋顶绿化，要考虑使用 12V 的照明器具等。现在，有很多 12V 的照明器具（园路灯、聚光灯、水灯、照明度传感器、人感应器等）在出售，式样也很丰富。

照片 4-3-33　12V 照明器具和照明系统

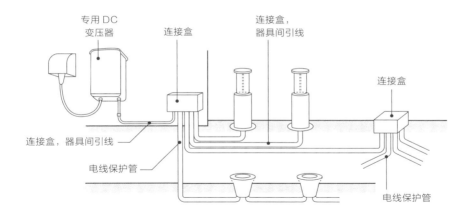

3）供水、污水排水

屋顶绿化时，不仅要有灌溉用的水，还要有洗手和洗东西用的水。即便采用了自动灌溉装置，作为预备用，也要另外设置人力洒水用的水龙头，使用大量的水时，还要考虑雨水的储存利用。

如果在屋顶等处没有设置污水配管，就无法设置洗手池这样的需要有污水配管的必要设施，因此在建筑改修工事时，有必要进行污水配管设置。

（1）供水

屋顶等栽植地的供水，主要是靠雨水，但想到持续无降雨的时候，也要设置给水设备。为补充植物维持生长的必要水分，要根据栽植规模设置相应粗细的供水管。

不要让供水管外露，要考虑配管途径、隐藏的方法。如果使用高架水槽，要注意确保水压。

表4-3-39 水的种类和性质

水的种类	性质
上水	一般用于灌溉、池塘等。由于有屋檐，雨水的供给少，会引起盐分堆积，影响植物生长（中水也是一样）
中水	由于中水中的成分，容易引发果冻状（黏土）的形成。灌溉装置要有闪光灯开关。如果成分中氮素过多，需要调整施肥量
蓄留雨水	为防止蓄留水中害虫的发生，需要加设盖子。如果雨水污染较严重的话，需要进行沉淀，设置过滤层
井水	要注意水质，垃圾较多时需要设置过滤层。如果水中氧气量较少就直接使用的话，可能会引起根部腐烂

① 自来水的利用

进行地下灌溉时，水道法禁止配管直接与自来水管相接。虽然有先用水罐储水，

再用加压泵给水的方法、安装止回阀的方法、安装气阀防止逆流的方法等，但由于

各地区基准不同，要与水道局进行咨询确认。比如高架水槽，在绝缘状态下供水时，本管的边缘切开，虽然法律上没有问题，但从卫生角度上还是再度分离比较好。别墅等使用自来水时，灌溉控制器作为临时设置，应该可以拆卸，如果不再考虑灌溉，应可以拆除。

水的费用为自来水费和排水费，但是如果可以证明洒水时只使用了自来水，在有的自治区可以免除下水道费用，因此需要确认。

② 雨水的利用

尽量有效地利用雨水，进行水的管理，这也是今后推行屋顶绿化非常重要的技术。关于雨水的利用，有很多方法，尽量采用使雨水蓄留在土壤和栽植基础的方法、尽可能减少灌溉频率的方法、先把雨水储在水罐中再用加压泵灌溉的方法、还有这些方法并用的方法。从屋顶流下的雨水积蓄到地下蓄水槽，经过滤槽过滤，可以用于灌溉，但是因为刚刚施工后的构造物会溶解出碱性物质，因此要调查水质的pH值。

③ 中水的利用

配置中水管道的建筑很少，公共的工业用水，或者建筑自身的中水，其水质不同。有的含氮素和磷酸，有的水温高，有的水中氧分极少等，因此事先进行水质调查是至关重要的。

④ 井水的利用

对水质、水温、含氧量、可利用水量等进行调查，水质有问题的话要安装过滤装置。

在夏季，由于水温比气温低，先将水放置，水温升高后再使用。而在冬季，水温比气温高的情况比较多。

⑤ 水压

灌溉用的水压，根据利用软管的种类和铺设长度、高低差而不同，但是自来水出口的水压需要在 $1 \sim 4kgf/cm^2$ 之间。

水压不足时，要采用加压装置或调整减压阀。

（2）雨水利用设备

利用雨水时，雨水的取水装置（分流器）和储存装置（雨水水罐等）、抽水装置是必要的。

214

① 雨水的取水装置（分流器）

从屋顶、屋檐流下的雨水，一般从设置在纵向导水管中途的取水装置（分流器）取水。如果有地下蓄水槽，可以把雨水全部储存，过滤后再使用。

一般雨水取水装置（分流器）与雨水水罐的销售是同一厂商。但堵塞的可能性较高，几次降水之后如果不及时清扫，储水罐将不能储水。有的产品价格较高，管内侧有纵向网状物，只分流雨水，只有少量垃圾与雨水一起落入纵向导水管下部。这种产品十年清扫一次也没有问题，几乎不会发生管道堵塞。

图 4-3-34　雨水利用示意图

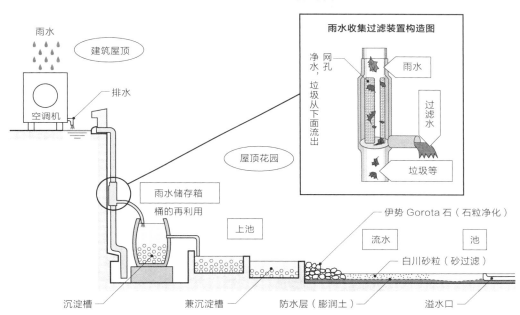

② 雨水蓄留装置（雨水罐）

储存雨水的装置有雨水罐、地下蓄水槽等。雨水罐有很多的企业在销售，但是由于量少，可以再利用葡萄酒、威士忌酒桶，修景性也很好。

关于地下蓄水槽，有的采用树脂做框，外包防水膜，可以根据规模大小进行施工，而且价格便宜。

③ 雨水抽水装置

为了利用积存的雨水，要在屋顶等处设置抽水装置。有的用水泵抽水，直接与洒水装置相接，抽水的同时进行灌溉。有的在屋顶上设置小规模的雨水箱，用泵灌溉。利用高低差的施工方法，使用小规模太阳能发电装置进行抽水，甚至用更小的太阳能发电装置控制阀进行开关。

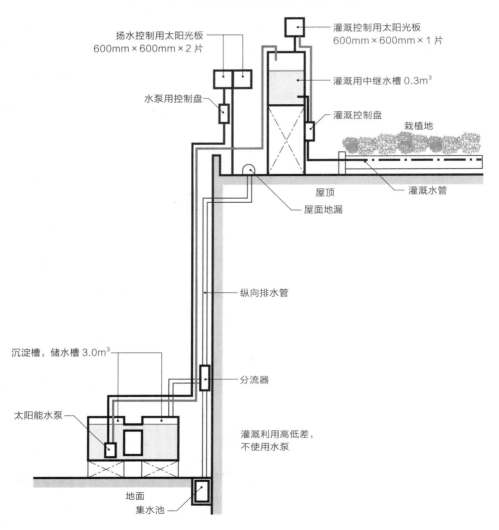

图 4-3-35 配置太阳能水泵的雨水利用示意图

扬水控制用太阳光板
600mm×600mm×2 片

灌溉控制用太阳光板
600mm×600mm×1 片

水泵用控制盘

灌溉用中继水槽 0.3m³

灌溉控制盘

栽植地

屋顶

灌溉水管

屋面地漏

纵向排水管

沉淀槽，储水槽 3.0m³

分流器

太阳能水泵

灌溉利用高低差，
不使用水泵

地面

集水池

（3）排水设施

不设置洒水龙头，只有水阀的情况时，即使排水方式是合流式的区域，也需要连接污水配管，而不是与建设区域内的雨水管道相接。

4）灌溉设施

由于屋顶与地面不同，无法抽取地下水，所以只有依赖自然降雨。但是，即使保水性强的土壤，持续无降雨时水分也会逐渐丢失，植物有枯死的可能，所以要设置灌溉设备。

为补充植物维持生长的必要水分，要根据种植规模，设置相应粗细的供水管。并要考虑隐藏供水管的配管路径，使其不要外露。需确认配管的距离、管径、粗管的水压等，要确保水压。

栽植面积大的地区，如果用人力灌溉，需要相当多的时间。因此，在短时间内完成灌溉工作的话，水无法渗到土壤的深层，这样，只是表面是湿润的土壤，水很容易被蒸发，马上会变得干燥。即使每天浇灌，也会发生枯萎的现象，反而对植物不好。

由于人力洒水相当费时费力，因此最好安装灌溉装置来补充水分。

关于植物供水材料，要根据供水（自来水、中水、雨水）、水压、栽植形态、管理形式等因素，选定灌溉方式和材料。根据灌溉方式，进行必要的电气配线，如果是自来水等加压水的话，可以不用电气配线，而是使用电池式开关。

（1）给水装置

根据规划地区的水道管理规定，要确认可否直接接地下灌溉水管，由于使用的机器不同，要咨询之后再研究处理方法。

一般设置储水罐，可以控制连续供水，但有的自治区，使用气阀、止回阀等，可以不设置水槽。

照片4-3-34 给水装置的示例

储水罐式

气阀式

（2）灌溉控制器

根据灌溉装置的控制方法不同，所需的最适合的装置也不同，因此要根据管理体制等研究灌溉和控制的方法，并确定设置灌溉控制器的方法。

为保证植物生长，仅设置定时器是不够的，更重要的是，要根据植物的状态和天气情况不断进行调整。

灌溉装置的控制器有计时控制和半自动控制，采用定流量自动停止开关。定时器除采用AC100V电源之外，有的还采用

太阳能和干电池方式，也有的无法采用电源方式，要根据现场的情况进行区分。定时器单独式、定时器与雨水传感器相组合可以控制降雨时的灌溉开关，依靠土壤水分传感器感知土壤水分含量，控制灌溉装置的启动等，是完全自动型灌溉控制器。

电池式的计时器可以直接购买，即便没有电器配线的地方，只要有自来水的水阀就可以使用。

关于定量自动停止阀，根据天气，当

灌溉装置被人为开启时，即便忘记安关闭开关，只要事先设置好出水量，设定好的水量流出后会自动停止。如果只在连续无降雨的情况时使用这种装置进行灌溉的话，可以相当地节约水。在确保植物生长所需土壤厚度的屋顶，夏季连续 14 天以上，无降雨的情况时才启动，之后每连续 7 天无降雨时启动，通常每年灌溉次数，夏季为 5 次左右（春秋季每 21 天 + 每 10 天一次，冬季每 28 天 + 每 14 天一次）。

照片 4-3-35　灌溉控制的示例

家庭用电池定时器（内置电磁阀）　　　　定流量自动停止阀

表 4-3-40　屋顶绿化灌溉控制的选定基准

控制方法	灌溉控制装置		综合评价					特征 - 适应性
			控制难易度	有无电源	耐故障性	耐久性	耐施工性	节约用水性	
手动	人工浇水		×	无	○	—	—	○	受操作员的经验影响。一次灌溉不足每天都要进行灌溉的情况较多
	定量自动停止阀		△	无	○	○	○	○	灌溉面积较少时有效。只能手动开启开关。根据降雨状况判断
	渗出管道自身		×	无	×	△	×	△	常年，每天 24h 开启，根据周边土壤水分，管道本身来控制灌溉量。水量开得过大的话，灌溉量会远大于于需求量，反之开得过小的话，只有部分植物可以保持绿色，管道之间的植物将会枯死。由于管路的调节非常困难，需要定期进行检查确认
自动	检测土壤水分		×	—	△	△	△	○	检测土壤水分后启动灌溉装置。与定时器联动，只在 ON 的时候检测后启动灌溉装置，OFF 的时候，只由定时器启动灌溉。设置检测位置及恰当的深度等比较困难
	检测降雨		△	—	△	△	△	△	检测降雨量，联动定时器的 ON 开关，使之停止灌溉。由于接雨水用的容器较小，蒸发快，节水效果并不明显
	定时	一体电池型	○	无	△	△	△	×	由电池制动，电磁阀与控制面板一体化。最好选择易懂的控制面板
		一体型，太阳能	○	无	△	△	△	×	用太阳能电池作电源制动。电磁阀与控制面板一体化
		一体型，电源式	○	要	△	△	△	×	用 AC100V 的电源制动。电磁阀与控制面板一体化
		电磁阀分离型	○	要	△	△	△	×	控制面板与电磁阀分离型。有几种电磁阀可以使用，但各自都要有各自的电气配线。可以集中管理，也可以与液体施肥装置组合
	底部灌溉	浮标 + 滚针形式	△	要	×	△	△	×	供水管前端用滚针与开关装置直接相连。直接用浮标表示液面的上下，使滚针制动。液面上下浮动空间较小，会频繁开启或停止灌溉。如果想利用雨水，需要将排水设置在比较高的位置
		表面感知型	○	要	△	△	△	△	由感应器探测液面的上下，启动开关 ON、OFF。探测液面上下的幅度较大，可以利用雨水。给水管可以设置电磁阀，不用设置其他的灌溉装置

范例：○：有效；△：较差；×：差；—：无此项。

控制难易：是灌溉控制装置中最重要的评价项目，包括对确实性的评价。本表采用经验值进行评价。

是否需要电源：装置启动是否需要电源作为评价项目。

耐故障性：虽说任何装置都有可能发生故障，但是其发生频率、修理的难易程度等需要进行评价。本表采用经验值进行评价。

耐久性：是材料本身和组装构件的耐久性，20 年以上的评价为○，不满 5 年的评价为 X，中间性的评价为△。

施工性：工种数量少、作业量少的评价为○，数量多、作业量也多的评价为 X，中间性的评价为△。

节水性：虽说没有任何浪费的灌溉装置是最好的，但是由于有人为判断因素存在，本表采用经验值进行评价。

（3）灌溉方式

灌溉方式有地表、地下、底部灌溉，如果采用地表洒水的洒水车和洒水管洒水，有的会被风吹走，没有浇到植物。地表灌溉可以使用软管，并可以确认灌溉，虽然破损容易维修等，但外观不够美观。这种情况下，软管要选择耐紫外线强的材料。

地下灌溉是将软管铺设在地表以下 5 ～ 10cm 左右处，有可能因为恶作剧等受到损坏或因紫外线照射而老化。但是，也有可能因为不能定期检查或者移植植物时被切断，使得前方切断的部分植物因缺水而枯萎。要引起注意。

底部灌溉是在地下设置水罐或储水装置，利用土壤和无纺布的毛细管现象给上方的土壤供给水分。另外，在屋顶，水容易被风向外吹散，因此最好采用点滴灌溉等水不易被吹散的供水管。

表 4-3-41 灌溉方法的种类

种类	特征
1. 手浇水 （软管、喷壶等）	根据植物的种类，调节水量，比较费工夫。容易灌溉量不足
2. 手动灌溉	利用套装设备和人工操作，根据土壤干燥状态进行浇灌
3. 自动灌溉	土中有湿度感应器，需要定期检查操作状况。注意要根据季节进行切换

表 4-3-42 灌溉位置

位置	内容和注意事项
地表灌溉	在地表面浇水灌溉。 虽然容易修补，但影响外观。要注意紫外线的照射。喷水器、洒水管等
地中灌溉	在地中进行灌溉。 栽种部位容易破损，破损部位不易被发现。根据土壤干燥状态进行浇灌
底部灌溉	土壤底部蓄水，植物靠毛细血管现象吸收水分。蓄留的水盐分过高，需要清洗

（4）灌溉装置

灌溉装置各种各样，但是，如果选择自来水管道的水，不需要设置特殊的水罐或水泵。

① 洒水器

对于大面积的灌溉，洒水器是非常有效的，但因风的方向或树荫等原因容易被吹得喷洒不均匀，所以做规划时要充分考虑。另外，如果风力强，水可能会从屋顶落下，所以在屋顶上设置时要充分考虑。

大型洒水器有水罐和加压装置，一台可以在大范围内洒水。草地上使用凸起式

洒水器时，要设置在与草坪表面同一高度，洒水时，器具从上方出来的形式较多。

如果利用水管道的压力进行洒水，一台洒水器的洒水范围很窄，但相对比较便宜，可以多设置几个。有的还可以进行喷雾式洒水。

图4-3-36　灌溉装置

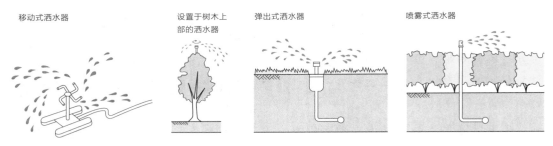

移动式洒水器　　　设置于树木上部的洒水器　　　弹出式洒水器　　　喷雾式洒水器

② 简易洒水器

使用软管与水阀连接，有的移动式洒水，有左右洒水，有旋转式洒水。大

范围洒水时，都需要时常移动。

③ 洒水管

铺设在地面上，一定间隔的管上面有小孔。虽然水可以喷射在管两边1m左右，但有些地方不易喷到。市面上有的软管首

尾出水量几乎不变。但是由于价格便宜，使用寿命较短。

洒水管

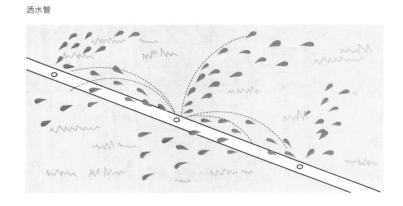

④ 滴流灌溉水管

安装在管道上的滴流装置（有滴流口），让水滴落。有的安装在管外和有的安装在管内，但内置的话，不用担心因踩踏而脱落，可以安心使用。滴流装置自身可以一边调整水压，一边定量出水（1～4L/h）。如果不能采用压力调节，前端和手边出来的水量会有变化，调整起来比较困难。也可以采用埋入地下的方式，既能防止喷洒不均匀，又能防止喷洒到栽植区域外侧。农业用价格极其便宜，但是使用寿命短。

大多数系统，从一个滴流装置1h流出2L左右的水。内置的滴流装置，一般每隔30～50cm安装一个滴头。为能均匀地洒水，管的间隔最好为50～100cm，但土壤厚度越薄，间隔就要越狭窄。

滴流灌溉水管（滴流口后安装）

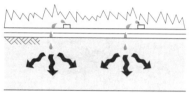

滴流灌溉水管（滴流口内置）

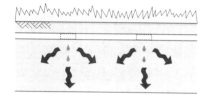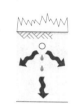

⑤ 渗出管

渗出型是在软管上有无数细小的孔，从各个小孔有水渗出。但是水压过大的话，渗出水分就会过多，压力太小的话，水又不容易渗出，因此需要很多减压阀和电磁阀。

通常埋设在地下，使用一点点压力，将水从水管向外渗出。由于使用的是常用水，因此，如果配管漏水的话会造成很大的浪费。长期不灌溉的话，管内会进入空气，之后有些地方就会不出水，因此，要在管子末端安装阀门，通水后再启动灌溉装置。

T35 渗出水管道

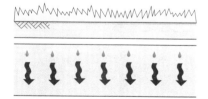

⑥ 底部灌溉装置

使栽植地下面全部储水，从底部进行灌溉的装置。用无纺布等将水吸上来的土壤底部有空气流通，而水面和土壤直接接触的系统，空气不流通，根容易烂。从土壤表面蒸发的水分少，可以控制供水量，延长供水间隔，减少管理频率。但是，从土壤流过的水还有植物的废物、植物吸收不了的养分、病菌等，容易造成植物生长不良。给水装置简单，利用屋顶上的坡度，全面供水的形式很多。

3. 屋顶绿化的规划和设计

⑦ 水箱式底部灌溉装置

土壤下方设置水罐，利用土壤和无纺布的毛细管现象进行供水，耗水量很少。因此，供给间隔变长，管理频率变少。必须从水龙头供水，不要让土壤表面的水流入水罐。如果在雨水少的阳台等，进行长期栽培的话，表面会有盐分（养分）堆积，所以每隔几个月就要用大量的水冲洗。

如果在栽植容器的底部设置给水水罐，一般设有水量衡量器，既可以知道水位的减少，又可减少盐类损坏的发生，而且可以明确知道流入蓄水设备内水量的多少。

自动灌溉装置中心部

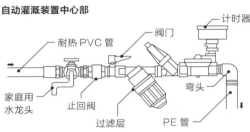

灌溉装置

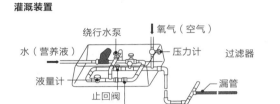

溶液培养植物

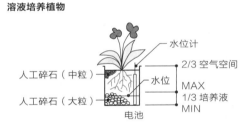

MONA 系统

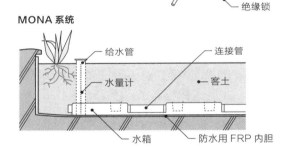

（5）灌溉装置选定基准

选定灌溉装置时，参考以下项目和基准进行。

节水性：灌溉用水是否被植物利用，对此进行评价。特别优秀的评价为◎，确实能灌溉的评价为○，在需要洒水的地方以外洒水，或者有必要洒水的地方没有洒到水，评价为 X，中间性的评价为△。

是否加压：通常的自来水水道的压力可否利用，对此进行评价。需要更高压力并且需要设置加压装置的表示为 [要]，不需要的表示为 [否]。

施工性：工种数量少、作业量少的评价为○，数量多、作业量也多的评价为 X，中间性的评价为△。

耐久性：指材料本身及组成部分的耐久性，20 年以上的评价为◎，20 年左右的评价为○，10 年左右的评价为△，10 年未满的评价为 X。

耐故障性：虽说任何装置都有可能发生故障，但是其发生频率、修理的难易程度等需要进行评价。本表采用经验值进行评价。

管理：对管理的容易度进行评价。本表采用经验值进行评价。

表 4-3-43 屋顶绿化的灌溉控制器的选定基准

灌溉位置	灌溉装置		综合评价						适合的绿化形式	特征/适应性
			节水性	是否要加压	施工性	耐久性	耐故障性	管理		
地上	洒水软管		○	否	○	×	○	×	小庭院、花坛、菜园	在塑料软管等上加一个喷嘴进行人工洒水。灌溉水量不足的情况较多。洒水花费的时间长。虽然可以适当灌溉，但需要工作经验和时间
	洒水器	简易移动式	△	不	○	×	○	×	小规模的草坪	与软管相接，人工制动或移动。洒水范围窄，而且不均匀多，经常有忘记关闭洒水开关的现象，要特别注意
		移动式	△	要	○	○	△	×	极大面积的草坪	与软管相接，人工制动或移动。洒水范围窄，而且不均匀，经常有忘记关闭洒水阀门的现象，要特别注意
		上方设置式	×	要	○	○	×	△	树林、树木	设置在树木上方位置，可以洗净叶子并给予叶子水分。洒水不均匀。注意不要洒到行人身上
		弹出式	△	要	×	○	△	△	大面积草坪	洒水范围大，洒水工具不明显。可以设置在与草坪表面同样的高度
		喷雾式	◎	要	△	△	△	△	表演用地	雾状洒水，洒水面积窄，受风的影响。对青苔等生长有效
		微喷式	◎	要	△	△	×	△	表演用地	不需要加压装置，直接利用上水。洒水范围窄，需要很多喷嘴
	洒水管		○	否	○	×	○	△	中等规模栽种区域	在地表设置水管进行洒水。用低压就可以大面积浇灌。受风的影响，会出现洒水不均匀的现象
地表－地中	滴水管	后带滴水棒	◎	否	○	△	△	◎	一般的屋顶庭院和栽种区域	踏踏会使滴水棒脱落 / 高效节省能源型。洒水均匀，但一次灌溉量不足，只有滴水棒周边的植物生长良好。虽然配管较长，但植物周边没有水飞溅
		后带滴水棒	◎	否	○	△	△	◎		可以埋入地中。滴水棒之间有一定间隔，如果需要大量水时，可以在后面增设滴水棒
	渗出管		△	否，要减压阀	×	△	△	×	高低差别较小的栽种区域	本应该24h灌溉，但是水量调节比较困难，地基有高有低的地方需要设置几条水压调节管。如果灌溉量少的话，只有管的周边生长良好。如果只在一定的时间内灌溉的话，管中会进入空气，容易产生灌溉不均匀现象。管的末端设置阀门，可以确认管的整体通水性
底部	底部灌溉		○	否	○	○	△	○	专用灌溉系统	高效节省能源型。设置蓄水层，通过毛细血管现象吸收水分的方式。还有水箱式和溶液培养植物等系统。除系统以外，要特别注意土壤的透气性

范例：◎：特别有效；○：有效；△：较差；×：差。
加压与否中的"否"通常指水压在 3kg/cm^2 时制动，不需要特殊的加压装置。

3-9 屋顶绿化的安全措施

建筑和绿化部分，了解法律法规的同时，还要对安全、合理利用和管理进行规划。很多人利用时，要考虑确保避难路线、开放时间和上锁等安全管理措施。另外，还要确保维护管理工作用的管理通道。比

起绿化，更要防止发生危险，必须优先考虑人的安全。要注意回避危险。

要确保屋顶绿化的施工、利用和管理中的安全措施，应考虑以下几点：

①建筑、绿化检测用通道：建筑外壁

的清扫，屋顶排水的清扫，检查防水抬高高度等，最好在外周阳台设置宽度600mm以上的通道。

②扶手栏杆的高度：从人利用的角度，一般扶手的高度设在1100mm以上，但是根据利用目的、利用者的年龄构成等，要考虑设置更高的扶手。如果到屋顶围墙为止，或者包括围墙在内进行绿化，土壤的厚度就使护栏的高度相对降低。因此，根据建筑基准法，围墙的高度规定从地板开始1100mm以上。如果做不到的话，距离围栏宽600mm的位置，设置隔断材料并栽植植物。把这个空间作为检查通道来利用。

③球场设施：作为球场等使用时，要设置铁丝网护墙等，使球飞不出来。要采取充分的措施。

④应急照明：夜间使用时，通往避难楼梯等路径上要设置应急照明设备。

⑤屋顶设备仪器周围：屋顶变电室、空调室外机、高架水槽等建筑用的设备、设置场所的周边，要设置带锁的护栏，防止屋顶利用者进入。

⑥监控摄像头：设置监控摄像头，对万一发生的事件、事故等如何处理也要考虑。明示有监控镜头，可以预防事件或事故等的发生。

1）确保儿童安全

如果在护栏附近设有垫脚台一样的栽植容器，或网格等，会有小孩子攀爬跌落的危险。如果在护栏附近由于放置了东西发生事故的话，将是放置东西的人的责任。如果是大孩子，没有这样的危险，自己承担责任。另外，可以通过栽植等，使人无法靠近栏杆。

设置网格时，要选择网孔细小的，防止绊脚。另外，在建筑外周，不要栽植可以攀爬的大树。

图4-3-37 儿童的安全措施

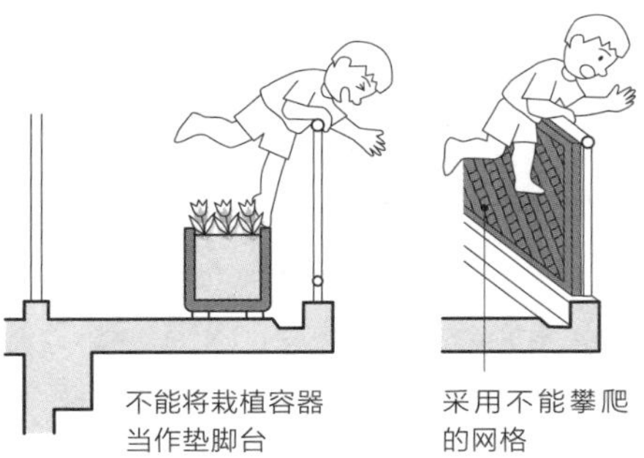

不能将栽植容器当作垫脚台

采用不能攀爬的网格

2）其他的安全措施

如果需要清扫建筑外壁，和其他点检保养用的通道，要确保距离外周围栏宽度600mm以上的通道。

在建筑设备的设置位置，高架水槽、屋顶变电室、空调室外机等处，虽然要设置容易接近的通道，但也要防止非特定的多数人的出入，要设置带锁的护栏等。如果夜间利用次数较多，要在出入口和楼梯通道上设置应急照明。另外，也要考虑监控摄像头等的设置。

3）景观的问题

景观上的问题，虽然要与周边环境相协调进行规划，但即使比护栏低，最好也不要设置明显破坏近邻景观的东西。

4）没有护栏的屋顶

没有护栏的屋顶，基本考虑禁止进入利用。因此，也没有计算地板可承载的荷载，也不能制作可以让人进入并利用的绿化空间。

尽管如此，如果要绿化，应尽可能采用轻量的、管理少的施工方法。还要考虑安全措施，进行适当的处理。特别是坡屋顶，由于有跌落等危险，因此要设置绳索和安全皮带等设施。

3-10　概预算

屋顶绿化的规划内容，必须考虑工程预算总额，要计算出实施规划方案所需要的工程费用。

"概预算"是根据设计图纸，正确计算各个必要的工种数量，然后用数量乘以各个单价，最后把各工种求出的金额相加。这样获得的金额，通常直接用来表示成本。另外，把获得的各工种的累计数量写在图纸上，作为数量计算书提出的场合也较多，因此也是重要的设计工作。

概预算是由设计人员算出的工程总金额，和施工方提出的报价一起作为基础资料。虽然对于施工者来说很重要，但是由于设计和施工两者大体上相同，为避免重复只在这章里进行解释说明。

1）概预算上的注意事项

计算的数量与实际有差异的话，会直接影响工程费用。尤其在屋顶和阳台，材料等的过多或过少，需要再次搬上或搬下货物，会产生过多花费，对工事工程有很大影响。

关于材料，由于变化率、切割损失、接头（搭接）等数量的问题，以及品种多却使用量极少，从而产生价格上升的问题。另外，施工中，还要根据各种各样的工种配置专门的工作人员，要对工作损失、工作顺序的等待时间等进行充分的考虑。如果没有加以注意，设计者的累计金额和工程企业的报价金额会发生很大的差异。

从图纸表现方面，一般不标记商品名，而是使用一般总称的情况较多（特别是进行公共工程时），为了能选择与设计意图相关的材料，在图纸表现上也要下功夫。

2）施工方法的选定

关于屋顶绿化，同样的资材搬入形状不同，价格也会不同，从而施工费也会发生变化。因此，选择屋顶上的作业和培育期间尽量短的施工方法是很重要的，在规划阶段就应开始考虑施工方法，进行预算。

而且屋顶绿化的卸货费、搬运费、设置重物费用等，都比地面绿化施工费用高，

要充分考虑施工方法，选择最适当的方法进行人工和材料费用的计算。特别要注意的是，不能用重型机械等进行搬运和施工的情况很多，一切都要靠人力来施工等时，与地面施工不同，数量计算会存在很大差异，要考虑适当的施工方法、数量计算、材料单价。

3-11 施工方法、施工后期工作

计算工程费，要明确表示材料的式样和施工方法等，施工方按照设计意图进行报价。关于施工，要有书面文字明确表示关于施工上的注意事项，要极力避免问题发生。

近年来，一些没有进行屋顶绿化工程

经验的企业，也开始接受屋顶绿化工程订单。由此原因，单纯的失误便会造成施工上发生问题。为避免施工时发生问题，设计人员要告知预想到的注意事项，这是十分重要的。

3-12 维护管理的设计

关于栽植的管理规划，要在绿化目的和绿化形式的基础上，预测树木的生长和病虫害的发生等的变化和工作内容，与栽植规划同时进行。

制作费和维持费有密切的关系，控制制作费时，如果不提高维护管理水平，就会影响植物的生长（详细参照"5.屋顶绿

化的维护管理"）。

屋顶绿化规划、设计时设计者根据对维护管理的基本态度和预想的管理规划，制作了"维护管理基本规划表（绿化规划时）"，施工方和维护管理的后续工作很重要（参照"维护管理基本表"）。

3-13 检查项目表

完成屋顶绿化设计后，还要再次对屋顶特有的检查事项，以及利用目的的适合性等

进行检查，确认是否有问题。若荷载超载或屋顶排水不能清扫等意外发生的话，就必

须再次进行调整，创造事后没有任何问题发生的绿化空间。根据屋顶绿化的问题点和对策检查一览表，不仅对屋顶绿化规划和设计，还要对施工规划和管理规划进行检查，确认是否有遗漏。另外，在进行施工和管理时，也要活用这个检查一览表。

有关荷载，特别需要研究屋顶的面积、地震力计算时的活荷载、梁计算时的活荷载、地板计算时的活荷载等，检查是否超出屋顶绿化所规划的荷载。如果超出，要使用屋顶绿化荷载检查表，采取轻量化（规划、材料的变更等），控制在荷载范围之内。

表 4-3-44　屋顶绿化的问题点和对应措施的检查项目表

现象		主要原因，个别地方	原因 绿色的字表示特别容易发生的问题	建筑规划、绿化设计时的对策，施工、维护管理时的对策	检查项目			
					建筑设计	绿化设计	施工	管理
建筑结构		基本承载荷载的设定		绿化用荷载作为固定荷载进行设计	■	/	/	/
				用一般的承载荷载进行设计	■	/	/	/
		绿化用主体防水式样		压密混凝土下方设置阻根层	■	/	/	/
建筑结构歪斜	超载	规划、设计缺陷		重量计算要彻底。要选择轻量优质土壤	/	/	/	/
		施工不完备		减少或排除铺设时候的踩踏	/	/	■	/
		植物生长		避免选择生长巨大的树种。要有生长抑制管理	/	■		/
	负载不均匀	规划、设计缺陷		设计上要避免极端的荷载不均匀	/	/		/
建筑	漏水	建筑设计有缺陷	屋面地漏尺寸、数量不足	设置恰当的数量和尺寸。之后施工时要设置溢出管	■		/	/
			凹处设置屋面地漏	凹处不要设置屋面地漏。应该用排水盖将凹处全都盖住	■		/	/
		屋面地漏	土壤、落叶等造成堵塞	设置排水盖。并定期检查、清扫				/
			植物的根造成堵塞	设置排水盖。并定期检查、清扫				/
			点检、清扫疏忽	要确保通往排水管的通道。设置容易点检和清扫的排水盖。构建定期检查、清扫、操作确认的管理体制	/			/
		围栏	土壤装入过多	考虑绿化土壤的厚度，设置围栏的形状和尺寸。土壤上方要在防水边缘 15cm 以下。施工时要按照设计的数值。并要对落叶进行管理，以防堆积	■		■	
		防水层破损	建筑结构歪斜	建筑结构不要歪斜。参考建筑结构歪斜项目	/			
			防水施工方法选择错误	选择适合绿化的防水施工方法		/	/	
			防根材料的选择和施工错误	根据植物种类选择恰当的防根材料。恰当地铺设防根材料，对重叠的部分要恰当处理			■	
			施工造成破损	设置冲击缓冲层。对操作人员的教育，施工的监督管理要彻底。之后的清扫和整理要彻底	/		■	
			管理造成破损	铺设防铲材料。操作时要注意	/			■
			根造成破损	铺设阻根层。不要栽种细竹等地下根强的植物。栽种时，不要在防水层下方铺设隔热材料等	/			
			阳台等的简易防水	用容器进行绿化，不要直接放入土壤	/			
		与墙面接触部分	流下的雨水使土壤流失，使屋面地漏堵塞	栽种区域要远离墙壁。用 U 形水槽等将雨水顺着屋面地漏排出。如果墙面面积小，可以降排水材料铺设在墙面上，用下方的排水层将水诱导排出	/		/	
			流下的雨水向周边渗出	同上	/			
		排水区规划	不经过土壤，确保排水通道	即使透水性良好的土壤，由于充满植物的根，透水性会变弱，因此要确保有直接的排水层，以及屋面地漏雨水的流入通道	/			
		出入口	由于渗水、雨水流入	防水边缘要比其他部位高。屋面地漏与排水沟相接，将流入的雨水排出	■			/
安全	风的影响	被风吹倒，枝干折断	台风等强风时	使用不易被风吹倒，树干、树枝不易被折断的植物。依靠树木支撑材料防止被风吹倒。栽种密度越高，风越不易进入。不要种植高大树木。适当施工。要定期检查修补支撑材料	/		■	
		地基板的飞散	强风时	采用不易被风吹散的固定方法。做到确实施工。通过检查排除飞散的可能性	/		■	
		其他飞散	强风时	施工中使用防风网等的对策、防止轻量土壤飞散的对策。收纳、整理、清扫工作要彻底	/		■	
	高空落物	外周	安全对策	外周不要种植果实较大的植物，施工时要彻底进行安全管理。扶手外侧不要挂花盆。外周不要放置东西	/		■	

	现象	主要原因，个别地方	原因 绿色的字表示特别容易发生的问题	建筑规划、绿化设计时的对策，施工、维护管理时的对策	检查项目			
					建筑设计	绿化设计	施工	管理
安全	跌落	儿童，工作时	规范 故意 安全对策	与使用者相结合设置防止外人进入的栅栏。与栽种区域相接的最低的扶手，要确保与最低的栽植表面相距1.1m（根据建筑标准法）。设计中不要有可以脚踩、攀登的地方。要设置可以挂扣安全带的地方。外周施工时要使用安全带。管理时要注意	■		■	■
	火势蔓延	防火区域，预备防火区域	规范 区域对应	地板等使用防火材料	/		/	/
	避难	紧急避难时	规范（消防法：避难通道）通行受阻	设计规划避难通道，以及紧急时可进入的通道。不要在避难通道上放置不可移动的物品	/		/	/
植物生长发育	发育不良	绿化系统不完备	绿化系统自身问题（地基飞散、土壤飞散、植物减少、绿皮减少、杂草繁茂等）	把握系统特性。对各系统进行比较。与现场设计相结合，选择绿化系统。由于各个厂家的规格不同，对不完备的地方要进行讨论	/	■		
		土壤厚度不够	规划、设计不完善	采用轻量优质的土壤。选择耐干性植物。确保适合植物的土壤厚度，并确保不足部分的面积	/	■		
			施工不完备	恰当地计算土壤变化率。施工时注意不要过度踩踏	/	/	■	
		长时间的变化	变质	采用变质少的土壤	/	■		
			凝固、减量	采用不易凝固的土壤。不要过度踩踏。限制进入使用	/	■		
			飞散	采用不易飞散的土壤。挖掘后一定要洒水使土壤沉降	/	■	/	
		干燥	土壤的有效水分不足	采用轻量优质的土壤。选择耐干性植物	/	■		
			灌溉不足	设置灌溉设备。确实进行灌溉	/	■		/
			风	有防风对策。有支撑柱等。植物密度越大风越不容易进入。不要栽种不耐风吹的植物。铺设覆盖材料。确保枝叶密度，注意修剪	/	■		
		过湿，向土壤内渗水	排水层能力不足	选择排水好、踩踏不易破损的材料。防止施工时防水层的破损。防止管理时防水层的破损	/	/	■	/
			透水层堵塞	选择不易堵塞的透水材料。采用不易造成堵塞的土壤	/	■		
			土壤透水不足	采用透水性好的土壤。施工和管理时要注意，不要使土壤固结。灌溉管理时，不要让土壤表面形成土膜	/	■	/	/
			灌溉过多	适当地进行灌溉管理（不必每天浇灌，隔几天进行）	/	/		■
			隔断材料的排水孔堵塞	适当地进行排水孔处理。适当地进行施工。要定期检查、清扫	/		■	■
		透气不良	土壤透气不足	采用透水性好的土壤。施工和管理时要注意，不要使土壤固结。灌溉管理时，不要让土壤表面形成土膜	/	■	/	/
			排水层的渗水	采用在排水层上方有空气层的材料	/	■		
		寒冷、暑热灾害	栽种环境了解不足	根据栽种区域的环境条件恰当地选择植物种类。要有阻止热季风和寒流等流入的对策	/	■		
		日照不足	光的环境了解不足	了解光照环境，根据条件选择适当的植物种类。植物之间恰当地设定种植间隔。排除植物之间争夺光照的现象（剪枝修整）	/	■		
		大气污染、海风灾害	栽种环境了解不足	选择耐大气污染、海风的植物种类。强风过后要进行清洗	/	■		
		肥料	过多	不要使用肥料过多的土壤。控制施肥量。还可以增加阳台的灌溉量，洗净土壤	/			■
			过少	使用肥料多、保肥力强的土壤。施肥	/			■
	过于繁茂	肥料	过多	不要使用肥料过多的土壤。控制施肥量	/			■
		生长过剩	管理不足	选择不易生长繁茂的植物种类。通过材料检查排除。适当地进行抑制管理、障碍管理	/	■		■
	病虫害	生病	菌类、细菌类、病毒等原因	选择病害少的植物种类。通过材料检查排除。早期检查适当防护	/	■		
		害虫	棉红蜘蛛、甲壳虫、蚜虫、毛虫等	选择虫害少的植物种类。通过材料检查排除。早期检查适当防护	/	■		
		令人不快的害虫	蚊子、蜜蜂、老鼠等	不要出现水洼，不要堆放垃圾。早期发现适当防护排除	/	/		■
	杂草	混入土壤	常在自然土壤中发生	采用没有混入种子的土壤。初期管理时要彻底除草	/	■		■
		混入植物	花盆里的土壤	初期管理时要彻底除草	/	/		■
		飞来种子	依靠风、鸟等	后期管理时要彻底除草	/	/		■

本应在设计阶段就讨论的对策没有进行，往往在施工和维护管理时才进行。在此将本来应该进行的设计位置在检查项目中设定。

问题发生时，按照管理－施工－绿化设计－建筑设计的顺序检查，确定责任所在。

如果是绿化系统的问题，由选定的设计者担责任。

深色栏为主要业务检查项目，淡色栏为次要业务检查项目。

表 4-3-45　屋顶绿化荷载检查表

材料	形状大小	数量	×	单位重量	=	总重量	总重量
抗冲击材料		m²		kg/m²		kg	
防根材料		m²		kg/m²		kg	
保水、排水材料		m²		kg/m²		kg	保水排水材料 保水状态时的重量
过滤材料		m²		kg/m²		kg	
土壤		m²		kg/m²		kg	湿润时的重量
容器		基		kg		kg	湿润时的重量
隔断		m		kg/m		kg	按材料和高度计算
隔断		m		kg/m		kg	
树木	高 =　　　 m 目测周长 =　　 cm	棵		kg/棵		kg	按高度和周长计算
树木	高 =　　　 m 目测周长 =　　 cm	棵		kg/棵		kg	
树木	高 =　　　 m 目测周长 =　　 cm	棵		kg/棵		kg	
低矮树木	高 =　　　 m	棵		kg/棵		kg	
低矮树木	高 =　　　 m	棵		kg/棵		kg	
花草		m²		kg/m²		kg	
草坪		m²		kg/m²		kg	
铺装材料		m²		kg/m²		kg	按材料计算
铺装材料		m²		kg/m²		kg	
池塘、藤架、网格等 所有东西						kg	池塘等水的重量
栽种区域重量合计						kg	
使用者的重量						kg	按一人 60kg 计算
其他使用的东西						kg	
室外机、高架水槽等						kg	
栽植外的重量						kg	
合计总重量						kg	

屋顶整体检查	所有可能承载荷载的计算	整个屋顶面积　× m²	地震荷载 = kgf/m²	总承载荷载 kgf
	总荷载合计　　　　　　kgf	可能的总荷载合计　　　kgf	< ok ≥超重，需要调整	

关于梁 荷载检查 （每一根梁的计算）	一根梁所承担地板面积　× m²	梁承载荷载　　= kgf/m²	梁可能承担的荷载 kgf
	检测对象的梁荷载合计　　kgf	梁可能的荷载合计　　　kgf	< ok ≥超重，需要调整

关于地面 荷载检查 （以梁框的地板面积 为单位进行计算）	一枚地板所占地板面积　× m²	地面承载荷载　= kgf/m²	地板可能承载的荷载 kgf
	作为检测对象的 地板荷载合计　　　　　kgf	地板可能承载的荷载　　kgf	< ok ≥超重，需要调整

4. 屋顶绿化的施工

由于屋顶绿化是在建筑上方进行，因此与通常的地面上的工程不同，注意事项也多。如果明知如此却不进行细致的施工，就会发生漏水或工程远远超过预定状态。作为绿化的对象空间，都是以建筑等的构造物为地基，因此与建筑相关的工种和工序的调整是重大的课题。

在这里，只记述屋顶绿化特有的事项，与一般造园工事共通的部分不作说明。

4-1　施工前的注意事项

屋顶绿化施工时，事先要进行调查、确认的事项很多。如有疏忽，就会提高施工中发生问题的概率，产生预料之外的费用。

1）施工前调查

对以下项目进行调查，为顺利施工进行准备。有很多事项应在做规划的时候就已确认，尽管如此，还要与施工方再次确认，如果发现问题，可以迅速与设计人员、建筑方、建筑施工方等协商，解决问题。

（1）防水层的种类、寿命、损害程度

采用防水层外露施工方法时，要先说明缓冲冲击的措施，然后再进行施工。由于缓冲冲击对策对于施工后的屋顶利用，维护管理是很重要的，还要考虑对策的恒久性。使用寿命、损伤等问题发生时，必须进行修补、改善。

（2）容许承重荷载、建筑年限

要确认绿化规划在容许承重荷载范围之内，再进行施工，但有时也会有超出荷载的现象，需要考虑轻量化。建筑年份在 1981 年（新耐震法施行）以前的建筑，要特别注意是否已经充分检查了建筑结构。

（3）屋顶的排水坡度、防水抬高的高度

通过确认屋顶地面的排水坡度，判断排水的规划是否恰当。如果有不足之处，可以作为处置方法的判断因素，进行规划的修正，追加资材的设置等。特别要注意防水抬高高度与出入口的高度差，即使屋顶有积水，也可以采取防止水流入室内的措施。另外，屋顶排水、排水层的构造、排水孔等的位置，要考虑屋顶整体的排水坡度的方向，一定要确认排水的路径是否恰当。

（4）屋顶排水管的数量、位置、屋栋等的排水路径

特别是从屋栋等排出的水通过屋顶上方时，必须确保排水路径。由于墙面等流下的雨水流量无法计算，只有通过屋顶排水管的直径和数量等进行判断，因此建筑方要对管径的增加和数量的增设进行研究。如果增设困难的话，可以考虑由绿化施工方来设置溢出管等，或者提供记录事故发生时的免责文书。

（5）设备的整备状况

屋顶绿化施工时，电、自来水是不可缺少的。特别是从建筑施工到绿化施工开始时，电、自来水的供应还没有完成的情况下，必需确认供给的开始日期。如果在没有供电、供自来水的情况下就开始进行绿化施工，要设置临时电源、临时供水的设施。

（6）确认现场的施工条件

屋顶绿化施工时，如何搬运货物是最重要的工种，因此，必须确认搬运货物的方法，地面和屋顶的卸货地点。如果与建筑施工共同使用电梯和起重机等时，要确认使用期间和时间段，进行必要的调整。另外，使用起重机等时，要确认起重机可到达的范围，及可使用的道路。

（7）确认施工的时期

根据施工时期，植物培育方法和材料的采购难易度、成活率等不同，因此必须确认施工时期和期间。

（8）风的环境

施工时期，要掌握风的环境，以免发生施工材料被风吹散等。特别是货物搬运、卸货、铺设土壤时，要注意风的环境。另外，作为基础资料，检查树木支撑装置等的风荷载也很重要。

（9）居住者和使用者

对于原有的建筑，由于有居住者和使用者，防止噪声和振动等的措施，事先要考虑施工方法和器材的使用。根据公寓等管理条约的规定，其中注明了很多禁止项目和避难通道的确保等重要事项。因此，要确认之后，进行施工规划。

（10）与近邻的关系

在原有建筑进行施工前，要先和周围的近邻打好招呼，这是使施工顺利完成的重要事项。

2）设计图纸的检查

把握屋顶绿化施工的内容，掌握现场诸多条件的同时，理解设计图的内容。

（1）设计宗旨和设计说明书的理解

通常，交到施工方手中的设计有平面图、各种详细图和式样说明书等。

关于设计意图等，可以参照设计宗旨说明书，或者最好由设计人员直接对屋顶绿化目的、设计意图、留意点等进行说明。

（2）建筑结构等相关设计图的确认

参照建筑和设备等的设计图，确认是否完备，检查工程区分是否有差异。还要确认屋顶绿化利用者和维护管理的安全措施，如果不够完备，需要与建筑方、建筑和设备相关人员进行协商。

（3）绿化详细图的确认

即使设计书中没有记载的部分，也有很多需要施工的地方。施工方要充分理解本篇中的"2.屋顶绿化的规划、3.屋顶绿化的规划·设计"，并判断设计图是否合理。如果没有办法进行大的变更，要与设计人员等协商，修改设计。即便是轻微的修正，如果数量较多，也会导致施工费用增加，因此必须充分商讨。

另外，要再次确认设计图上表示的施工数量表、屋顶绿化施工订货时制订的累计表，并计算材料的减容率、切割损失、重叠等，算出实际施工所要的数量。

在施工现场，经常发现以下设计问题：

①栽植区域内，屋顶排水四周的处理不完备；

②隔断材料的排水孔的尺寸、间隔不完备；

③同一排水孔四周的处理不完备；

④上层的排水处理不完备（流路对策等）；

⑤出入口四周的处理不完备（阶差、排水等）；

⑥基础构造材料的铺设顺序、材料选定不完备；

⑦土壤表面坡度处理不完备；

⑧系统型栽植的耐风性和耐久性不足、灌溉规划不完备；

⑨树木支撑材料的详细内容不完备（由于变更，树木费用超出，支撑材料产生费用）；

⑩灌溉装置的详细内容不完备（系统配管延长，阀门类等）。

4-2　施工规划

关于屋顶绿化施工，如果不与建筑、设备、栽植施工进行调整，就不能顺利进行。因此，要充分掌握并考虑施工的时期和施工场所，要考虑工程管理、品质管理和安全管理，制定合理的规划是很重要的。

屋顶绿化施工时，尽量减少现场加工，使施工单纯化和简便化。如果土壤中要混合改良材料时，要考虑预先在土坑等处将材料混合后再使用。由于不能使用机械施工，因此可以利用已有的材料和器材，及施工方法。

另外，建筑的各种施工有相应的施工条件。每天的施工量、施工空间等也有空间限制。因此，施工规划中，要对搬运货物、临时放置、施工顺序等进行规划。

照片 4-4-1　屋顶绿化的施工

L 型围墙　　　　　　　　　　在屋顶进行土壤混合　　　　　　　用 1m³ 的集装袋吊运施工材料

1）施工规划书的制作

为使屋顶绿化的施工安全、高效，并高质量，专业技术人员（造园施工管理技术员等）要充分考虑与建筑、设备等主体施工进行调整。必须事先制定施工规划书，充分考虑屋顶绿化施工时的栽植施工时期和地点。

表 4-4-1　屋顶绿化工程表（例）

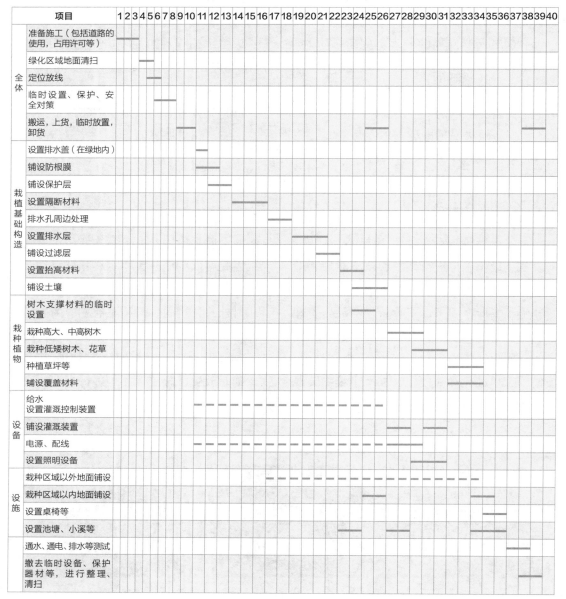

2）工程表的制作

确认设计图的内容和现场条件，对相关工种进行调整的同时，制订工程表时，要包括材料的搬入、卸货、临时培育等的准备。关于屋顶施工，要充分考虑具体的

施工方法，根据每个工种所需劳动力，与使用机械等组合，与工程相结合。

由于在屋顶有限的范围内进行施工，因此材料的供应要与货物搬运顺序和施工速度相结合。如果一下子把材料全部放在狭窄的施工范围内，就会妨碍施工，容易发生危险。另外，需要进行复杂的工程管理，一个工种接着另一个工种施工时，货物搬运的同时，可以利用不用的空袋子将不用的材料运走等。因此，最好不用柱状图，而是使用网状图制作工程表。

3）施工人员构成规划

关于屋顶绿化施工，一个工种相对施工规模较小，因此在有限的空间内，进行多种施工的情况比较多。为了减少不合理的施工，确保适当的施工顺序，要调整材料的合理搬运，各工种人员的恰当配置。如果平行施工，与其他工种一同进行时，要事先做好调整规划。

5. 屋顶绿化的维护管理

　　屋顶绿化是通过广泛研究绿地存在的目的、效果、价值进行规划和建设的，为保证规划意图和建设最初的样子不衰退，绿化的维护管理是必不可缺的。

　　因此，要有长期的展望、与规划的意图相结合，考虑将来的景观、环境和利用进行维护管理是很重要的。在做绿化规划时，要尽量明确将来的样子，向着这个目标制定维护管理规划。

5-1　屋顶空间的维护管理目标

　　屋顶绿化的维护管理，对绿化空间的质量有很大的影响。但是，由于屋顶绿化的各自绿化目的、内容、质量水平不同，维护管理的目标也不同。因此，要根据各自的绿化空间采取相应的维护管理。

1）屋顶绿化空间的基本概念（运营方针）

　　人可利用的绿化空间，由于利用形态的不同，对绿化的印象和要求的质量等也不同。特别是以盈利、召集顾客为主要目的的绿化，成败与否和绿化的质量有直接关系，因此必须研究与绿化目的和内容相结合的运营方针。

　　根据立体公园制度、公开空地制度等规定进行绿化时，要考虑设定可利用时间、开放时间，包括巡回、上锁等安全措施。

　　如果绿化部分与餐厅相邻等时，与绿化的一体化可以获得集客的效果。另外，进行收取费用的体育项目和菜园的利用、园艺疗法、教育等收益事业或社会贡献事业时，要比最初周密的设计更能推进运营规划。

　　有些企业通过考虑环境教育的实施、花园导游等、社会贡献，获得企业姿态的宣传效果。

2）按绿化目的区分的屋顶空间管理和运营

　　由于绿化目的不同，进行管理的基本理念也不同，要根据以绿化目的为依据的基本理念进行屋顶绿化空间的维护管理和运营规划。

3) 管理运营目标的条件整理

作为管理对象的绿地，对各种条件和情报进行整理。

表 4-5-1 管理运营的条件

绿化目的	对绿化空间的设计、规划、绿化目的及设计概念进行了解
绿化空间	整理建筑用途、绿化部位等内容
绿化内容	整理种植平面图、使用土壤、植物种类等
利用者	非特定人群，大厦员工，活动时间，收费，何时，何人等数据整理（表示安全对策）
可能承载荷载	确认荷载多余部分（表示植物将来生长后的尺寸）
关于管理的情报	管理路线，通道的完成状况，操作空间的确认
关于设备的情报	确认洒水阀门、水压等设备的条件
建筑管理情报	巡视、安全检查、确认上锁等条件
预算规模	确认预算规模
其他条件	对各种活动的规模等条件进行整理

4) 屋顶绿化空间的维护管理水平

与绿化空间的绿化目的、绿化内容相结合，设定维护管理的水平，以及相应的继续管理形式。基本的管理水平有下列内容，但同一水平内也存在一些差别。

照片 4-5-1 管理水平

常驻管理

年内数次管理

问题发生时管理

管理水平 1（常驻、半常驻管理）

注重人们的视觉效果，要求维持最良好的栽植状态而进行的管理。要求促进开花、结果、去除凋谢的花瓣、整枝、修剪、剪草、除草、除病虫害等，进行细致的管理，因此最好指派常驻管理人员进行管理。

由常驻管理员进行持续管理是很重要的，因此交替工作时，要事先设定充分的交接期间，使管理者交替工作时没有问题发生。

管理水平 2（每周 1 次左右的管理）

保持良好栽植状态而进行的管理。栽植管理形式中，有培育管理部分和抑制管理部分，但是与管理水平 1 相比，培育管理部分较少。

频繁进行检查、调查（每周 1 次左右），可以避免重大问题和生长障碍等发生，并针对设计的将来景观，与植物的生长状况相结合进行随机应变的处理。

管理水平 3（每月 1 次左右的管理）

保持某种程度的栽植状态而进行的管理。栽植管理形式中，抑制管理部分较多，培育管理部分较少。定期进行检查、调查（每月 1 次左右），可以避免重大问题和生长障碍等发生，但是检查、调查间隔过大的话会使风险增加。最好在植物的生长期间和其他的期间调整检查频率。

管理水平 4（每年数次管理）

无严格要求的栽植质量的管理。不进行定期检查、调查等，只设定管理项目和次数进行管理。栽植管理形式中，进行抑制管理或保护管理。虽然是以往使用最多的管理方法，但针对植物的生长状况、病虫害的发生、问题的发生等，不能对应的情况较多。关于病虫害的防治，进行预防性的全面撒药等，对生物环境来说并不是好的措施。

管理水平 5（只在问题发生时进行的管理）

不签订管理合同，无绿化管理，只在问题发生时进行的管理。

栽植管理形式是保护式管理。发生重大问题时，有可能超出通常的维护管理费用。经常用在景天科植物绿化等的开发初期，但是现在认识到景天科植物绿化的管理是不可缺少的，因此这种管理渐渐不被使用。

5）管理规划的制定

与绿化的管理水平相结合使管理印象具体化，研讨施工的质和量。并设定管理体制，确立管理项目、管理日程，按各个项目决定详细的工作内容。由于每个绿化空间的管理水平不同，要按划分的区域进行规划。

按每个区域、每种植物表示栽植管理形式（参照培育管理、控制管理、保护管理）。由此决定修剪的次数和强度、施肥的次数、数量和质量等。

表 4-5-2 绿化目的和维护管理的水平

绿化目的（效果）		管理方法				
		常驻、半常驻管理	每周一次管理	每月一次管理	每年一次管理	问题发生时的管理
都市环境改善	都市气象改善	△	○	○	○	△
	大气净化	△	○	○	○	△
	雨水对策	△	○	○	○	△
	自然生态系统恢复	△	○	○	△	×
	景观形成	△	○	○	△	×
经济效果	建筑保护	△	○	○	○	△
	节能	△	○	○	○	△
	宣传、集客、收益	◎	○	△	×	×
	未利用地方的利用	△	○	○	○	△
	建筑空间的创造	△	○	○	○	△
	取得建筑许可	△	○	○	○	△
利用效果	物理性的环境改善 微气候的缓和	○	○	○	△	×
	向楼下传声减少	△	○	○	○	×
	生理、心理效果 观赏	○	○	△	×	×
	遮挡	△	○	○	○	×
	休闲运动	○	○	△	×	×
	园艺疗法	○	○	△	×	×
	教育场所	○	○	△	×	×
	个别利益 菜园等的收获	○	○	△	×	×
	游乐趣味场所	○	○	○	△	×
	交流圈的形成	○	○	○	△	×
	防灾	△	○	○	○	×

范例：◎：最适合；○：适合；△：可以；×：不可以。

表 4-5-3 绿化形式和维护管理的水平

绿化目的（效果）	管理方法				
	常驻、半常驻管理	每周一次管理	每月一次管理	每年一次管理	问题发生时的管理
公园型	○	◎	△	×	×
庭院型	◎	○	○	△	×
菜园型	◎	○	△	×	×
花园型	◎	○	△	×	×
生态型	○	○	○	△	×
草坪性	△	◎	○	△	×
草原型	×	△	○	◎	△
景天型	×	△	○	◎	△
苔藓型	×	△	○	○	○
容器型	△	○	◎	△	×
棚架型	△	○	◎	△	×
墙面型	△	○	◎	△	×

范例：◎：最适合；○：适合；△：可以；×：不可以。

第四章

5. 屋顶绿化的维护管理

（1）管理形象的具体化（按区域分）

每个绿化空间，与绿化管理水平相结合制定具体的管理形象。这个施工中，绿化规划者要把具体的绿化式样用图、插图、数值、说明书等明确表示，进行维护管理时，使景观和质量按照式样随时间推移。

① 基本管理方法的明确表示

设定绿化管理的基本方针，并明确表示。基本方针的例子如下所示，但设定时要与现场相结合，进行考虑。

- 关于落叶和修剪的枝叶的处理，要表示出栽植区域内的处理、堆肥化，或运出处理等基本的方法。
- 关于土生土长的植物的处理，要注明"为接近本土的森林，作为选择的植物种类"、"因破坏绿化式样需要除去"、"由于增加荷载，易被风吹倒，应除去"等。
- 关于病虫害的防治，注明天敌、嫁接植物的利用、捕杀、撒药、预防性撒药等手法。虽然要尽量减少对环境的影响，但根据管理水平，预防性撒药也是有可能的。
- 关于花草的管理，要注明除去凋谢的花的程度、部分更新、全部更换、防止被其他植物压盖的措施。
- 关于花坛管理，以维持景观为第一位，

采取早期更换，或是设定更换期间。
- 关于草坪管理，日本草和西洋草的草坪修剪、撒药次数有很大的不同，因此要根据规划的植物设定管理次数和质量。
- 关于灌溉管理，要注明灌溉方式。如根据指标植物进行的灌溉、根据无降雨期间及温度等气象数据进行的灌溉、根据降雨传感器的检测而进行的灌溉、根据土壤水分传感器的检测而进行的灌溉、根据单纯计时器等而进行的灌溉等。
- 根据指标植物进行灌溉时，如果种植规划中有过街柳等容易干燥、枯萎的植物的话，在设计无降雨期间等时，要根据土壤质量和植物种类决定灌溉开始前的无降雨天数。

② 明确表示具体的绿化示意图

明确表示目标式样图、插图、式样的照片、具体数值（高度、叶子伸展、密度等），防止向与目标不同的方向发展。

- 关于树木，要表示树木高度、形状线等，要具体指示修剪多少厘米恢复到目标高度。要讨论荷载，对承重荷载有影响时，要实施轻量化对策。
- 关于宿根草等，表示理想的开花数量、草的高度、密度和范围，并指示如何进

行管理。
- 关于花坛等，表示更换、修剪等的基准（花的数量、草的高度、密度等）。
- 由于草坪上的上人效果、草的高度、外观（颜色、杂草占有率等）等根据管理状况的不同而不同，所以要详细指示说明。

图 4-5-1　目标规划图例

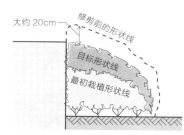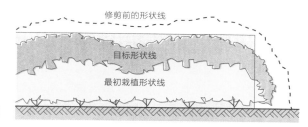

（2）工作量和质量的设定（预算化）

根据绿化的质量水平、绿化的管理水平和基本的管理方法，以及具体管理的式样来设定管理工作的量和质量。另外，从工作量计算出预算。

由于第一年和第二年以后的维护管理的工作量和质量不同，所需费用也不同。第一年度，在管理上首先考虑的是让植物成活，对灌溉和防止树木的摇晃特别需要注意。关于杂草的管理，如果努力提高除草次数和程度，那么下一年度的除草工作就可以减少。在管理规划中，可以预测第二年度以后的生长状况，并可以考虑几年后都需要做些什么。

管理上重要的还有上下水道费用、电费等的计算，可以早期发现庞大的水费支出问题，及时采取相应措施。具体的方法是，中水和雨水的利用、根据指标植物进行灌溉、根据无降水天数进行灌溉等。

5-2　管理体制和管理合同

在现有的屋顶绿化空间中，由于最初没有明确绿化目的，因此有很多是临时管理或者是无用的管理。通过管理后，形成与最初设计的绿化式样完全不同的景观。

制作维护管理规划时，首先要明确管理的内容，并按管理体制进行分配，针对个别内容的形态、手法和水平进行考虑。

对这些管理工作要进行详细说明，建立完备的管理体系很重要，即使更换管理人员，也能很好地继续进行管理。因此，需要制订以下内容，按内容进行管理。

①规划里要记录绿化的目的、意图、功能等；

②图纸类；

③机器的使用说明书；

④管理手册；

⑤管理检查表。

1）管理体制

依据管理工作的数量和质量，设定与之相应的管理体制。为提高管理效率，要将管理项目和工作内容列表，制作适当的管理体制。

由于管理的内容和方法不同，有些是个人无法完成的技术水平、有危险度，因此要考虑委托专业人员进行管理。

（1）管理体制的设定

在大规模的绿化空间，管理体制不仅要考虑管理人员，还要对管理内容进行考虑。虽然考虑运用花园俱乐部等志愿者的管理手法很有价值，但是在这种情况下，有管理能力的服务人员变得很重要。

绿化设施改造后一年内，是保修期间，在此期间如果有枯损、衰退的话，不管谁的责任也要承担。最好由绿化施工方进行管理，由其他企业管理的话，要决定责任追究的方法，这是很重要的。

（2）管理分配

关于屋顶绿化，由于是在建筑上进行绿化，因此与建筑管理的分工很重要。如果是大型建筑，日常的建筑管理中有保安巡视等，因此容易发现病虫害、栽植障碍等变化。并且，通过利用者的反馈，可以及时掌握栽植变化的前兆。

关于屋顶排水的清扫、整体清扫，利用者的管理（监督）等，原本属于建筑管理的范围，但随着绿化的进行，管理频率和工作量增加，需要明确建筑管理和绿化管理的范围。另外，如果没有常驻管理的话，可以委托建筑管理者不定期地开关灌溉装置，从而减少绿化管理人员的工作量。

（3）基本的操作体系

关于基本的操作体系，要按日常工作、调查／检查／简单操作、集中操作分开考虑。属于集中操作的管理项目，也可以在日常工作、调查／检查／简单操作中进行，不需要进行集中操作。

① 日常工作

关于凋谢花瓣的处理、多年草的修剪、除草等，近处可以看到或很在意的部分，要每天进行管理。如果平常就进行除草等工作，就不必进行集中管理。每天的业务中有调查／检查／简单操作，可以观察得更加细致，能够维持高质量的绿化。

在管理中，管理水平1是不可缺少的管理方法。只要能够正确操作就可以进行管理，最好有栽植检查／调查技能的人才来进行管理。

② 调查／检查／简单操作

每周一次，或每月一次等定期地进行调查／检查／简单操作，可以发现问题并进行处理。具体来说，屋顶排水的检查、阻碍道路树枝的发现、病虫害的发生状况以及其他部分全面进行调查／检查，从而进行屋顶排水的清扫、障碍树枝的消除、病虫害发生的树枝的除去、捕杀并撒药，当连续无降雨时开启灌溉阀，有明显杂草时进行除草等简单操作。

另外，是否进行修剪、割草、施肥、

除草、撒除草剂、防治病虫害、填土、通风、碾压、树木支撑的检查/修补、草花的更换等，要判断进行时期、方法和程度。此外，植物生长是否会对道路通行、日照、通风、视野等有影响，要考虑紧急清除障碍的手法并指示集中操作的日程等。

在管理中，管理水平 2、3 是必要的管理方法。在栽植检查/调查的同时，要自己能够正确地完成操作，因此最好由有技能的人才来负责。

③ 集中施工

关于修剪和割草、施肥、除草、撒除草剂、防治病虫害、填土、通风、倒压、树木支撑的检查/修补、草花的更换等要集中进行管理。

管理水平 4 执行次数设定管理，进行管理只需要决定次数。

（4）管理体制的形态

作为管理体制的形态，要考虑以下形式。

表4-5-4　根据管理体制的优缺点

管理体制	优点	缺点
①业主（管理员）自主管理	成本低	技术上有比较难的地方
②居住者的主动管理	成本低，居住者之间交流增加	确实进行管理的可能性低，共用部分有独占的可能
③绿化管理专业人员和业主、居住者共同分担管理	可以相对减少管理费用，技术上的专门部分和简单部分可以分开管理	管理范围不明确
④分别委托专门管理人员和绿化专业人员管理	管理操作的可靠性高，可以进行高技术水平的管理	费用高，管理范围的划分混乱
⑤委托专门大厦管理人员管理（管理体制一体化）	管理工作明确责任到位，可进行高技术水平的管理	费用极高

关于屋顶绿化的管理体制，人员进出等每天的管理由建筑业管理人员进行，但是屋顶排水的检查/清扫、灌溉装置等绿化设施的管理、修剪/施肥等实际的管理工作，以及工作时期的判断，最好由造园企业等专业人士进行检查/调查工作。

2）管理合同

维护管理是长期持续的行为，为进行维护管理，一开始就与客户之间达成基本协议是很重要的。按照合同的约定，安排合同内容，依据现场各施工水平的维护管理项目检查表，进行二次确认是非常重要的。

交付合同时，在签订的合同附件中，要明确说明作为维护管理对象的设施概要的资料。特别是有其他企业进行施工的现场，要确认和评价施工是否恰当等。

以一年维护管理检查表等为依据，管理操作项目容易理解进行。要对管理操作进行详细描述，这样即使替换负责人，也可以很好地继续进行维护管理。建立这样的管理体制是很重要的。

（1）交付合同前的确认事项

①合同内容要明确设施概要、有施工图、施工要领、设备式样书等。并且，应该事前确认设备的内容、功能、施工方有无瑕疵、有无保证期等。这些都可作为合同的附加文件。

②由绿化设计、绿化施工者提交"维护管理基本表"和"屋顶绿化的问题点和对策的检查表"，当有问题发生时，可以明确责任所在，这是很重要的。并要确认合同的日期是否在设计/施工者的保证期间范围之内。

③合同期间，以一年维护管理检查表为基础，容易理解进行管理。

（2）交付基本合同前的确认事项

合同的名称：屋顶绿化设施维护管理的备忘录

①目的：注明合同当事人的关系，合同目的物（件名），维护管理相关事项。一般来说，二者之间以甲、乙方来表示。

②内容：维护管理的主要内容（注明是否以检查为主，有标准操作时，要包括范围、维护管理的标准操作内容和金额等），合同金额的有效期最好考虑经济形势的变化，每年进行更新。

③协议：合同不可预测的事态发生时的条款（不能预测的事情发生时，要有甲、乙双方互表诚意的内容），合同外的人工操作时，要写明个别的处理方法（每次内容、报价内容等）。

④注明合同期间：作为维护管理，最好以5年为一周期。

·竣工后立即签订保养合同：对施工方造成的不良后果进行担保，责任要明确化（由于设计/施工不足造成的故障等的处理），注明免费保修期过后的有效性。

·免费保修期期满后签订保养合同：写明设备机器的使用寿命，管理周期（有电池的话，注明交付后等）。

·写明合同生效日期。

⑤合同内容的变更：关于合同内容的变更，要明文规定进行协商（使双方具有灵活性）。

⑥合同续约：注明合同继续的确认期间和SFC通告期间，或注明自动继续合同。

⑦合同数量：如果是甲、乙两家公司之间签订的合同，要作成2份，由双方进行保管的条文。

⑧合同当事人签名盖章：签署合同人的姓名，写明合同签订日期。

3）维护管理基本表

屏顶绿化规划、设计时，以设计者对维护管理的基本要求为基础，制订"维护管理基本表"，并与业主确认管理的基本方针。

此外，为监督实际工作，制作维护管理负责人的工作日程表和检查表，按照日程表进行操作。

表4-5-5 维护管理基本表（签订管理合同时）

建筑名称							业主					
地址												
电话							责任管理者					
竣工年月日							施工保证期限					
维护管理合同							契约期间					
占地面积				建筑面积				绿地面积				
建筑用途							周边状况					
建筑结构	RC SRC 木质 铁制 其他（ ）						层数			大门		
绿化位置							绿化层数			方位		
绿化目的							利用形态					
建筑形态							绿地属性	专有公用 共有专用 共有公用 公开 非公开				
日照	良好 普通 恶						扶手高度					
风	极强 强 中度 弱						外周风的对策					
栽植形态	高大树木	中高树木	低矮树木	宿根草	草坪	花坛	地被	菜园	池塘	铺装		其他
面积	m²	m²	m²	m²	m²	m²	m²	m²	m²	m²		m²
土壤厚度	cm	cm	cm	cm	cm	cm	cm	cm	cm	cm		cm
排水	形状						栽种区域内		个地方	栽种区域外		个地方
防水层	防水施工方法						阻根层					
	保护施工方法						过滤层					
排水层	种类						覆盖材料	种类				
	形状尺寸							厚度				
土壤	种类						加固材料	种类				
								厚度				
支撑，除风												
隔断材料							铺装材料					
非绿化部分的完成							其他附带设备					
灌溉装置	灌溉水源	上水		雨水		再生水	洒水阀门					
	控制器						灌溉装置					
管理合同上的管理形态、方式、次数等	管理标准	集中管理		半集中管理		粗放管理	其他					
	管理体制											
	建筑管理						排水管清扫					
	检查管理											
	地基管理											
	栽种管理	继续管理形态		保护管理		培育管理	抑制管理					
		修剪枝条										
		割草										
		除草										
		施肥										
		防病虫害										
		花草管理										
	灌溉季节设定	间隔			夏季			秋季			冬季	
		量	春季									
		时间										
	设施管理											
	安全对策											
特殊事项												
绿化设计							造园施工					
管理公司							负责人					
地址							电话					

5-3　管理的实施

　　根据管理内容的不同，管理工作本身就有很大差别。实施管理工作时，绿化管理负责人要对实际工作人员讲解操作说明书、管理日程，检查工作状况并留下记录，这是很重要的。根据记录对管理工作进行评价、改善工作，对个别施工不良的地方，考虑进行再次施工。

1）管理内容

　　管理的内容分为建筑管理、检查、调查和绿地管理。绿地管理又分为栽植基础管理、栽植管理、绿化设施管理。尤其要注意以下三点内容：

　　①建筑管理：建筑排水设备的堵塞、防水层的老化、漏水等的检测和调查、通往屋顶的出入口的门锁、照明等机器设备的确保和检测。

　　②检测和调查：对地基、栽植、植物支撑材料、绿化设施等进行检测和调查、轻微的修补工作，随时发现随时进行。

　　③绿地管理：分为以下三项：
- 栽植基础管理：灌溉装置的设定变更和过滤网格的清扫、土壤的固定和飞散、老化等的处理
- 栽植管理：灌溉、施肥、修剪、割草、落叶处理、除草、病害虫防除、植物替换等。中、高大树木的修剪是不可缺少的。
- 绿化设施管理：池塘的清扫、藻类的消除、支撑的检测维修、设置物的检测维修等。

2）管理项目、管理日程（次数）的设定

　　根据与绿化管理水平相结合的管理式样、操作的质和量，以及管理体制，设定管理项目和管理日程。

　　关于管理项目和管理日程的设定，根据各个绿化空间，以植物种类、各种设施为单位列出详细的管理项目。对每个管理项目应该考虑何时进行操作，包括管理次数、安排管理日程。另外，关于台风对策、鸟害对策等应该考虑不定期进行处理。

3）管理指示说明书的制作

　　在实施管理工作之前，要先制作管理工作的指示说明书，注意不要有遗漏，按照指示说明书，对抽取的项目可以准确无误地进行操作。

　　如果有很多的工作人员，根据每个分配的管理工作制作指示说明书。工作结束后，要报告是否按照指示说明书进行了操作，如果有不完备的地方，要采取再次施工等措施。

4）工作日程管理

通过填写规划和实际实施情况，编写可以检查工程偏差的操作日程管理表。在栽植管理方面，施工时期是很重要的因素，要在适当的时期进行施工。栽植管理中，花芽形成前的修剪、病虫害发生初期的对应、落叶的消除等，被期间限定的情况比较多。全年的施工日程，以月为单位制作施工日程表，尽量在适当的时期进行管理工作。

5）工作检测

检查管理工作是否按照指示顺利进行，是否有不完备、不足的地方，每天的工作结束时，要填写检查表。

为确保进行了检查，在指示书上设置检查栏目。检查后，分析不完备、不足的原因，进行正确处理。

6）管理记录

对指示书、工作日程表、工作状况、重新检查事项等进行记录，为以后的管理工作提供资料。

根据记录，提高管理工作的效率和质量，通过更好的管理，建立更好的绿化空间。

5-4　管理工作

实际的管理工作按照管理的内容分别阐述。

1）建筑管理

与建筑是否有屋顶绿化无关，要定期对建筑整体进行清扫，定期进行防水层的检查/维修、排水设备的检查/清扫等。

特别是，如果进行了绿化，要频繁检查漏水事故起因的排水孔和屋顶排水。

（1）屋顶排水管

在屋顶漏水事故中，很少是因为防水层本身的破损而造成的。很多是因为屋顶排水管的堵塞，使屋顶积水成池，水面超过了防水抬高高度而造成的。屋顶排水的堵塞，主要由于风和雨，造成植物的枯叶和土壤的堆积。有的由于强风，使塑料袋盖住了屋顶排水口，因此经常进行检查是很有必要的。要清扫排水沟和排水管部分，如果经常清理垃圾的话，可以防止垃圾堆积，以免积水。

图 4-5-2　漏水发生的原理示意图

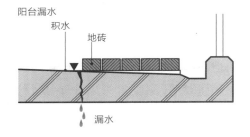

排水流道被遮挡时的漏水

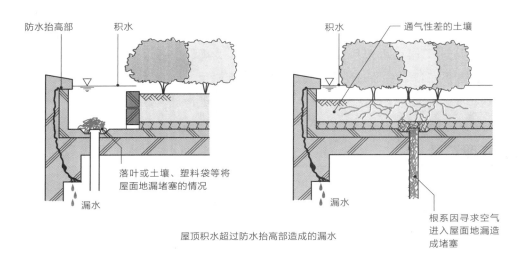

屋顶积水超过防水抬高部造成的漏水

照片 4-5-2　屋顶排水的现状

清扫落叶

草坪修剪造成的堵塞

土壤造成堵塞

（2）防水层

有屋顶绿化时，对防水层的平面部分进行检查几乎是不可能的，因此对防水抬高部分要检查以下几点：

①密封材料是否有剥离和裂缝发生。

②防水完成的部分是否有土砂、落叶等堆积。

③是否发生膨胀异常现象。

④防水层是否正常（是否有破损、起泡、吸水等）。

⑤是否有漏水的地方。

根据检查的结果进行维修、改修施工。最好每半年进行一次这样的检查。

（3）屋顶出入口的门锁等和人员的进出

不仅是屋顶有绿化的情况，屋顶上人员的进出也是建筑管理上的重要事项。可利用时间以外，确认是否有人员进入，要进行巡视管理。通常作为建筑管理业务的一部分，但由于屋顶绿化使进出的人员增加，应该建立相应的措施。

2）检测和调查

检查是维护管理的前提，因此关于植物及其支撑的绿化设施，要有丰富的知识和经验，根据情况能够给出正确的判断。

关于修剪、割草、施肥、除草、撒除草剂、防治病虫害、填土、碾压、树木支撑的检查和维修、凋谢花瓣的收取、草花植物的更换以及灌溉等，确认是否进行，如果进行的话，何时进行、如何进行、采用哪种方法和程度，要给予判断。此外，如果植物生长对通行道路、日照、通风、视觉等有影响时，要考虑每次紧急清除障碍的手法，指示如何施工。还有，如果植物过大生长，到达更新树龄，或者由于病虫害的影响机能低下，那么就要考虑采用何种方法进行采伐、伐根、移植、补种和更换土壤等，指示如何进行施工。

若能早期发现病虫害的话，采用简易的小规模的防除方式就可以防止。如果发现得晚，不仅扩大受害的范围，还大大增加了防治费用。此外，随着近年来环境意识提高，使用药物防治的方法越来越被拒绝，要求使用不用药物的防治方法。管理者要能够早期发现病虫害，能够准确地进行剪枝或用手捕杀等操作，需要有一定的技能，也就是说，检查、调查栽植的同时，最好确保拥有可以进行简易操作的人才。

3）栽植基础的管理

只需少量土壤就能生长的植物，和盆栽植物一样，多年后，植物的根渐渐没有伸长的空间，容易发生根部堵塞现象。这种情况下，需要进行土壤改良或者土壤更换。

屋顶的土壤经多年使用后，功能（保湿、排水、通气、养分）逐渐下降，但是整个更换屋顶绿化是很困难的，因此，每3～5年，按顺序依次更换土壤。那时，剪切植物的根让新根长出，但是作为支撑作用的粗根和直根，如果剪切掉的话，会对承重荷载和扁平钢块造成不良影响。

关于景天科植物的绿化，根据季节的不同，植物的覆盖率有很大的变化，容易引起土壤的飞散。发生土壤飞散时，需要补充土壤等。被人们踩踏的草坪等地域，多年后土壤会干枯结块，容积也会减少等。因此，需要定期进行检查，及早发现固结的地方，采用挖土、换土、加入改良剂等对应方法。

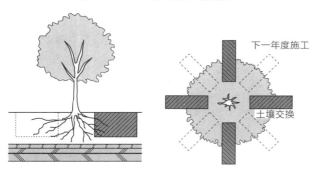

图 4-5-3　屋顶上的土壤更换

下一年度施工

土壤交换

照片 4-5-3　景天科植物土壤飞散的修补

4）栽植管理

为保持栽植植物长期生长，有必要进行灌溉、施肥、病虫害防治、修枝、剪枝、剪切等管理措施。特别是屋顶绿化，与地面庭院等条件不同，要根据情况采取必要的管理措施。

进行绿化的屋顶或阳台，植物的急剧生长会造成荷载的增加，对建筑本身产生影响，因此需要特别注意。由于每个季节搬入大量新的植物，也有可能增加荷载，因此可承重荷载如果不足时，需要把枯萎的植物和土壤运出去。

以下是按绿化形式和植物种类分类的管理内容，以及栽植管理形式和管理手法的注意事项。

（1）栽植管理形式

维持绿化空间质量的基本是栽植的管理形式，分为初期管理、持续管理、障害管理、更新管理。其中，继续管理又分为保护管理、培育管理、抑制管理。

① 初期管理

栽植后的植物继续存活的管理，通常栽植一年左右进行。

特别重要的是，栽植后马上进行灌溉管理，并采取防止根盆的土壤、栽植用土壤、草坪接缝等处杂草种子发芽，作为杂草茂盛生长的措施，频繁进行除草至关重要。另外，由于栽植后的植物的根生长得还不够充分，在持续无降雨的情况下要进行灌溉。还有，由于风吹，根盆的晃动也有碍根的生长，有必要进行植物支撑的检查和重新捆扎。

种植 1 年左右后，由于需要进行周密的管理，之后的持续管理另作考虑。

② 持续管理

是初期管理之后的管理方式，有栽植存在就需要进行持续管理。管理的程度分为以下几点。

保护管理：为了不让植物枯萎，使植物生长得最低限度的管理。

培育管理：发挥植物本来的属性，提高其功能的培育管理。使其开花、结果并展现植物本来的美。对于开花的草本类植物，最好进行培育管理。

抑制管理：对于增加过多或生长过度的植物，要在一定程度上进行控制。为维持植物的利用性和美观性进行管理。尽量不要产生突发性的障害管理和更新管理，因此平时的生长抑制管理、随鸟粪和风吹而发芽的植物的消除等也很重要。在承重荷载不充足的绿地，尽量避免种植中高大树木。

③ 障害管理

当植物生长茂盛，对生长、通行、日照、通风、视野等有影响时，要随时进行紧急障碍清除管理。根据利用者的出入频率等，管理水平也不同。

障害管理是不定期的管理，通过检查，通过调查，决定采取何种处理方法。问题较轻的话，最好在检查时就进行解决，需要检查人员有一定的技能。

④ 更新管理

如果植物生长过大，或达到树龄需要更换时，或由于病害虫而机能低下等情况时，需要进行砍伐、伐根、移植、补植、土壤更换等的管理。

应该制作绿化规划时编入的内容，预先规划好需要几年进行一次更换管理。并根据现状进行适当的调整。

明确短期的、长期的荷载变化和景观目标，重新设定 10 年、20 年后的管理方法。

图 4-5-4　培育管理和抑制管理示意图

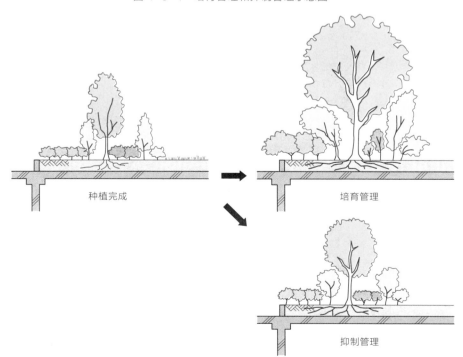

种植完成

培育管理

抑制管理

（2）按绿化形式区分的管理

由于绿化形式的不同，维护管理的方法也不同，因此在此只记述要点。

① 公园型

由于公园的使用形态、栽植植物种类不同，管理方法也不同，但要特别重视安全性。要注意栽植可能造成通行障碍，遮挡其他物品等。

② 庭园型

根据栽植的植物不同，管理方法也不同，但由于对外观经常有要求，要经常通过管理来保持形状。如果特定的植物生长旺盛，注意在不破坏平衡的同时，还要控制重量的增加。

③ 菜园型

在菜园里进行耕种的情况较多，但每次都会造成土壤飞散，因此施工后要充分浇水，使土壤保持稳定是很重要的。关于基础构造的缓冲冲击层，或者没有实施防止铁锹等对策的屋顶，注意耕种时要使用细小的工具，尽量不要使用有刀刃的工具。

由于是要入口的食物，所以尽量不要使用药物栽培。为此，频繁地检查可以较早期预防病虫害，在轻微受害中，及早采取切除、捕杀等措施。为提高收获成果，需要根据植物的状态适当地进行施肥。

④ 园艺型

由于庭园由所有者自行维护管理，完成后增加植物种类的情况较多。种植新的植物时，要确保植物的生长场所。如果在不受雨水的地方，肥料不易流出，土壤里肥料积蓄过多，会造成植物生长不良，要特别注意。

⑤ 生态型

关于小型生态系统，虽然认为可以不进行维护管理，但实际上，比其他的绿化形式更需要细致的管理。

极力抑制撒药，采取捕杀、剪枝等处理，促进天敌生物的栖息生存。特别是拥有丰富水域的小型生态系统，在夏季植物生长茂盛，不仅有损景观，还促进不受欢迎的生物繁殖。这种植物放任不管的话，到了冬季变得枯萎，容易发生火灾。尽管以复原自然环境为目标，但外来的杂草优先茂盛生长的例子也很多。为防止这种现象，细致的管理工作是必不可少的。

⑥ 草坪型

西洋草可以在冬天也继续生长，保持绿色，一年当中需要割草至少 30 次，通常为 50 次。预防性地防治病虫害次数多，灌溉管理也是必不可少的。结缕草、细叶结缕草等日本草，冬天地上的部分会枯萎，一年当中通常割草 5 次左右。防治病虫害一般在发生之后才进行，不发生的情况下不进行防除。

日本草一年当中一般施肥 2 次左右，使用细粒状的肥料。西洋草一次性大量施肥的话，会生长得极高，因此要少量多次进行施肥。日本草一般一年要除草 3 次左右，而西洋草草坪通过增加修剪次数，可以抑制杂草生长，与之共存。但是，关于西洋草，在夏季，由于杂草面积的扩张、挤压，使西洋草会枯死，因此要彻底进行除草。

在承重荷载有限的屋顶，每年无法进行接缝处理，因此很少采用草坪型。另外，随时间的推移，土壤枯竭，需要改善空气环境，但如果铺设了灌溉水管就不能进行施工。

⑦ 草原型

关于草原型，不进行修剪、除草、施肥、灌溉等的例子较多。但是，北美一枝黄花、小飞蓬等可以长到 2m 左右，为避免在冬季因火星引起火灾，需要考虑每年割草 1 次以上。

⑧ 景天科植物型

有的厂商宣传可以不用维护，但是景天科毕竟是植物，完全不用维护是不可能的。景天植物一般不耐潮湿，过度繁茂会闷热枯死，因此要注意调整密度。另外，冬季的覆盖率减少，地基的土壤易被风吹散，土壤量变少时，需要补充土壤。到了春季，覆盖率不上升，或是多年使用后覆盖率减少时，需要补充景天科植物的茎叶或小插苗。

还有，持续无降雨的情况时要进行灌溉，在连续降雨的情况时要进行除草等，有必要进行不定期的管理。即便是景天科植物，也需要一年进行 1 次少量施肥。如果由单一的景天科植物构成，受天气、病害虫等毁灭性的打击，有必要进行全面的修复。

⑨ 容器型

容器型会使根的延伸范围受到限制，因此频繁的灌溉管理不可缺少。由于根的生长范围有限，生长量也会减少，一旦生长不良，恢复会很缓慢，因此需要细心修剪树枝。另外，需要少量多次进行施肥。

容器型植物可以被移动，因此，可以根据日照情况考虑移动位置。另外，可以通过移动位置来改变布局。

⑩ 棚架型

棚架上有植物攀附时，根据植物种类需要诱引、捆扎。另外，关于开花的植物和结果实的植物，为确保开花、结果，需要进行施肥和修剪。

⑪ 墙面

墙面绿化的维护管理取决于是否可以接近墙壁，即便可以接近，是否可以容易进行也很重要。易接近的话，容易诱引、修剪和药剂播撒，但不容易接近的话，只能进行限定管理（参照第六章"墙面绿化技术"）。

（3）按植物形态分类的管理

植物形态的不同管理方法也不同。关于景天科植物、草原、草坪、蔬菜与药草类的维护管理，按绿化形式分别说明维护管理的项目。

① 高大的树木

在屋顶上，不希望树木急剧生长造成重量增加，因此控制生长是很重要的。在承重荷载有限的屋顶，需要最低限度地进行施肥和修剪。为使风从树木外侧流动，需要增加密集的树冠，相反地，减轻抵抗时可以减少枝叶。

② 中高树木

通过修剪、切割可以控制高度，包括施肥，一年进行 2 次左右的比较多。围墙型可以调整形状，增加修剪次数的情况很多。病虫害防除，一旦发生，使用药物的很多。生长快的树种，为了不极端变大，需要频繁地进行修剪、整枝等的措施。

③ 低矮树木

虽然低矮树木的修剪、整枝、施肥等，大概一年 2 次左右的较多，但重要的是，修剪时期要在花芽形成时期之前。除草主要是除掉飞到树枝上的杂草。根据植物种类的不同，为控制植物的生长量，修剪方法也不同。六道木属、绣球等，从根部长出很多茎，最好从根部减掉老的茎。栀子、犬黄杨等容易发生特定的害虫，需要播撒预防性的药剂。

④ 草本（一二年草、多年草）

一二年草需要一年更换 1 ~ 6 次，按照植物种类，制作规划时需要预先考虑种植位置。由于新种植物的土壤已经施过肥，因此只适用于同一植物长期生长时进行施肥。

关于多年草，需要收集凋谢的花瓣、摘花蕊、割枯草、施肥等。由于植物种类不同，有的土壤不适合，有的被其他植物挤压等，因此要预先考虑补种的情况。由于植物经常被拔掉，因此除草时要能区分栽植的植物和杂草。

⑤ 地被植物

根据植物种类的不同管理方法也不同。有的种类地下茎等可以侵入到其他栽植地区，因此要控制这种现象。除草时清除飞到地被植物上的杂草。植物种类不同，施肥的量也不同，应该根据植物进行相应的施肥，包括施肥量、施肥时期和次数，但在现实中，是与其他植物相结合同时进行。

⑥ 藤蔓植物

参照第六章"墙面绿化技术"。

⑦ 果树

修剪果树和摘掉部分果实很重要，将影响最后的收获成果。详细内容最好参照专业书籍。但是，有的果树种类，管理上相对比较简单，即使放置不管也可以收获果实，可以作为一种栽培方法。

⑧ 水生植物

由于花菖蒲等可以开很多漂亮的花，因此需要进行施肥培育管理。进行生态型绿化，栽植各种各样的植物时，要注意特定的植物不能生长过于繁茂，必要时要除去。在屋顶，灌溉水量充足的话植物也会生长旺盛，与其他植物相比，需要修剪或除去等，比较费工夫。

⑨ 超耐干性植物

耐冷性弱的植物，特别在冬季，要注意过度潮湿的情况。这些植物，在冬季不用浇水也可以存活。另外，要注意，在夏季因其他植物生长茂盛，会造成植物根际过度潮湿，另外除草也很重要。

⑩ 野花

扩展的茎和叶在冬季将会枯萎，要注意不要被火星点燃，在初冬需要进行割草。为使花长期开放，需要进行施肥。使用强健植物的情况较多，即使发生病虫害，放置不管也不显眼。采用秋季播种，冬天到春天生长，春天到初夏开花的方式，认为一年当中不进行浇灌也可以生长。

5）栽植管理方法

在此讲述栽植管理的具体方法，但屋顶绿化还包括管理方法的说明。

（1）修剪、整枝

屋顶绿化时，由于与荷载有关，因此不希望植物生长大幅增加荷载。为防止重量急剧增加，首先要考虑进行修剪。另外，为避免植物被风吹倒或枝条折断等，修剪也是需要的。一般进行修剪的时期如下。

落叶树：从落叶到次年春天萌芽期为止。

常青树：5～6月生长一段时期后。

但除此之外，还要根据情况进行。

但是，关于开花树木和果树，需要确认各树种的开花、发芽的形成时期，再进行修剪。还有，修剪时要注意花芽。

修剪的方法有除掉多余的树枝、使枝条透光（通风、采光良好），剪枝（在枝条中间折断，促进新枝条的生长），修整（整理树冠），折断树枝（粗大枝条从根部折断），修剪（在新芽上方位置进行修剪，调整枝芽的生长方向），因此要选择适当的方法。

（2）割草

剪草不仅仅是为了降低草的高度，还可以促进草坪扩展和匍匐茎的伸长，增加草坪密度。另外，草坪的密度增加，可以减少杂草的侵入。根据草的生长速度、环境条件、修剪高度以及草坪利用途径的不同，修剪次数也不同。特别重要的是生长速度，在草坪生长旺盛的时期，缩短修剪

间隔，增加修剪次数。如果修剪间隔过长，一次会有大量的茎叶被修剪掉，会使草坪生长能力衰退。修剪高度（剪高）要根据草的种类、生长特性、利用目的的不同而不同，但日本草通常修剪 3cm 左右。

修剪工作，可以使用很多种机器，有发动机式的汽车，自动驾驶的、电动式

照片 4-5-4　割草

割草作业（狭窄地方用背挂式割草机）

以草坪割草高度的变化来确保生物的生息空间

和手动式的小型机器。要考虑修剪的面积、操作人员的技能和安全性进行型号的选定。

在屋顶，一定要清理割草后的残渣，放置不管的话会引发屋顶排水堵塞，一定要加以注意。

（3）杂草的管理

杂草既影响美观，又影响植物的生长，因此除草非常有必要。

屋顶绿化时，因考虑周边环境，使用特殊土壤等，在多数情况下，与通常栽植状况不同，因此极其需要进行人工除草。

一般在春天大小趋于成熟的时候、盛夏生长旺盛的时候、夏季结束的时候，要除草 3 ~ 4 次等。关于草地，由于特别明显，需要增加除草次数。无论怎样，重要的是要在开花、结果形成种子之前除草，如果播撒草种，第二年除草工作将会大幅增加。

除草有以下的方法。

① 用手拔草

适用于小面积的除草。使用除草工具时，要注意不要挖掘土壤，不要损伤栽植的花草等。

② 用镰刀或切割机进行割草

适于中小型面积除草。使用镰刀和切割机时要十分注意，不要伤害到工作人员及周围的人。

③ 使用除草剂进行防除

适用于大面积的除草。要注意如果除草剂选择失误，会导致栽植的植物枯死，因此要确认各产品的标签和注意事项，选择与目的相符的药物。另外，还要防止除草剂向周边飞散。

除草剂的剂型分为粒状和液体。另外，按药效分为发芽抑制剂、选择性接触剂、非选择性接触剂。

表 4-5-6　除草剂的特征

药剂	特征
发芽抑制剂	主要用于草坪的生长，抑制杂草发芽
选择性接触剂	主要用于草坪的生长，接触药剂后草坪之外的植物枯死。枯死的植物主要是双子叶植物，也有莎草科和稻科植物
非选择性接触剂	在道路、停车场等不允许植物生长的地方使用，所以的植物枯死。也有涂刷到叶子上使植物枯死的药剂

（4）施肥

在屋顶，伴随植物生长，荷载也会增加，因此对施肥要进行控制。

如果屋顶绿化采用的是轻量专用土，需要注意与通常使用的土壤保肥效力不同。土壤的保肥效力一般使用 CEC（阳离子交换量）来计量，数值越高保肥效力越高。如果 CEC 数值低，不追加肥料的话，特别是使用液体等速效性肥料的草花，会对生长造成不利影响。同样，过度施肥也会对生长造成不良影响，因此要预先做好管理规划，根据植物的生长状态进行施肥。隆冬时如果使用速效性肥料施肥，要注意植物的根部容易腐烂。

与肥料不同，活力剂可以增加植物的活性，促进生长。使用活力剂不仅可以增加植物活性，还可以恢复衰弱植物的生长，对有病虫害的植物也有效。植物旺盛生长的时候病虫害也少。关于各种资材，有很多书籍可以拿来参考。

在屋顶绿化中，多余的水会被排出，因此肥料成分过多的话，会增加污水处理场和河川的负担。因此，为了不造成肥料浪费，最好选择缓效性肥料，或者使用不溶于水却溶于植物的根酸等的肥料。这样的肥料比其他速效性肥料价格高，但考虑到施肥所花费的人力、物力，反而可以减低总成本。另外，对于没有保肥效力的土壤也是有效的。

（5）病虫害防治

屋顶绿化，由于干燥、风等因素，容易有生长不良、受病虫害影响的现象。如若发生病虫害，需要迅速捕杀、切除整个枝条，如果发生大量病虫害的话，则需要使用杀虫、杀菌剂进行驱除。关于草花或草坪，可以通过事先施予渗透性杀虫剂来预防病虫害，但考虑到生物的生息环境，应该尽量避免使用这个方法。病虫害发生时，要根据症状，对症使用适当的杀虫、杀菌剂。关于主要的病害虫，最好参考根据树种和草种进行总结的相关专业书籍。

药剂大致分为杀菌剂和杀虫剂。杀菌剂分为对霉菌有效的、对细菌有效的，应该区别使用，但植物的病害属于霉菌类的较多。关于害虫，比如毛毛虫等吃叶子和根，蚜虫等吸取树汁，因此杀虫剂的种类也不同。棉红蜘蛛需要不同的药剂，另外还有驱虫作用的药剂。在菜园等处，不要使用可以渗到植物内的渗透性杀虫剂。另外，也最好不要使用容易附着药剂的粘着剂。

无论哪种药物，都必须对药效、毒性、残留性、使用方法进行详细考虑后再使用。撒药时要注意药物的飞散等，充分考虑对周边环境的影响。

照片 4-5-5　常见害虫

茶毒蛾

黄杨绢野螟

咖啡透翅天蛾

（6）草花的管理

草花特有的管理，需要摘芯、修剪、花瓣处理、补种、植物更换等。关于花草，一旦缺水就会枯萎，因此要注意浇水。生长过于旺盛的话，要进行摘芯、修剪、整形，使新的花芽长出。通过摘芯可以扩大草花的姿态，延长开花时期。

开花结束后，如果不及时处理花瓣，养分会被果实吸取，那么将不能陆续开花。另外，也将成为致病的原因。

关于多年草，开花后不用拔去，以用于第二年继续开花进行施肥培育管理。关于一年或二年草，由于开花后将被替换，种植其他花草，因此要预先考虑年间替换规划。

6）绿化设施的管理

关于绿化设施的管理，包括树木支柱、固定土的材料等直接支撑栽植的设施，还有地板铺装材料、网格等的栅栏类、水池和喷泉、棚架、长椅、桌子等的维护和管理。

（1）植栽设施管理

① 树木支柱的检查和维修

安装树木的支撑材料，防止树木被风吹倒、防止倾斜的同时，还可以防止树木晃动使新生的根折断，起到保护作用。要检查这里使用的材料是否有损坏、松动，是否充分发挥了功能。如有问题发生，要进行维修改建。

② 隔断材料

检查是否有破损、晃动、裂缝和发霉腐烂等，如若发现，要迅速修补。另外，要检查处理土壤是否有损耗或溢出。特别要细致检查隔断材料的排水孔部分，如果排水孔有堵塞的情况，要迅速进行清除等处理。

（2）铺装等的其他管理

铺装材料在建筑结构的下部，起到保护防水层的作用，因此有破损的话要紧急修理。

关于棚架、网格还有扶手等，不能安装过重的东西，或者受强风荷载的东西，另外对藤蔓类植物的繁茂生长也不能疏忽大意。

此外，屋顶上所有的设施，如果由于强风强雨，造成设施和器具的破损等，要及早进行维修，以免酿成大的事故。还有，在紫外线照射强烈的屋顶，有涂料和防水剂等涂装材料，需要提前并且定期重新上色，可以持续其耐久性。

一旦发现这些设施有细小的损坏征兆，都不能忽视。因此，屋顶绿化的区域要经常清扫，保持舒适、美观。

7）灌溉的管理

屋顶或屋顶阳台基本上可以接收雨水，但与大地不同的是没有地下的水分上升。因此，即便使用保水性好的土壤，长期连续无降雨的话，土壤就会缺水。灌溉水量因土壤的质和容量的不同而不同，同时，也因种植植物的水分需要量的不同而不同。在屋顶上，夏季灌溉是不可缺少的，但与干燥枯死现象相比，更多时候是由于过度潮湿造成根部的腐烂。因此，要进行

适当的灌溉管理，这是很重要的。

土壤有一定厚度的话，不需要频繁地进行灌溉。如果可以细致地进行灌溉管理，则不需要计时器、雨量检测控制器或土壤水分检测控制器，而是由工作人员根据无降雨的天数、雨量等进行判断，开启定流量的自动停止阀门等来进行灌溉，这样也比较节约用水。

（1）灌溉的方法

如果每天都少量浇水的话，植物的根就会接近地表。另外，如果水从地表蒸发较多的话，则不容易发现土壤下部的干燥状态等，疏忽灌溉造成植物枯死。因此，最好间隔几日后再进行充分的灌溉。

灌溉时间要避开中午，最好早上进行，如果在傍晚浇水的话，只会使植物猛长。

特别是有花盆或种植器皿等的情况，如果在冬季的傍晚进行浇水的话，有可能会容易产生冻结。一般地，当花盆表面土壤干燥时，要从土壤表面一直浇到盆底有水流出为止，但是如果不考虑干燥状况，每天浇水是不可取的。

照片 4-5-6　灌溉失败的示例

灌溉用水管之间因异常高温干燥而枯死

（2）灌溉的间隔和量

在最为干燥的夏季，从草坪等栽植地蒸发的水量认为是每 $1m^3$ 相当于 4L。这个时期，在有效水分保持量为 $200L/m^3$ 的土壤，厚度为 10cm，草坪的保有水分为 $20L/m^3$，根据计算，土壤 5 天就会缺少水分。但实际上，由于植物的耐性等原因，枯死的现象并不多，但生长渐渐地开始受到影响，如果连续超过 15 天无降雨的话，就会有植物枯死的现象。

举个实际例子，黑土中混合 30% 的珍珠岩，厚度为 10cm 的土壤生长草坪，在夏季 10 天没有降雨的话就会开始枯萎，20 天的话就会变成褐色，但此后如果有降雨的话，到了秋天还可以恢复绿色。因此，在这种情况下，每周大量浇一次水的话，就不会发生枯死现象。

虽然灌溉量要在土壤的保水量以下，但考虑到灌溉后有可能有降雨的情况，因此最好使用 1/5 ~ 1/2 左右的量。在有效水分保持量 $200L/m^3$，厚 15cm 的土壤，草坪保有水量为 $30L/m^3$，因此认为使用其 1/3 的量，用 $10L/m^3$ 左右的水进行浇灌比较恰当。滴式灌溉时，滴孔间隔 30cm，滴管间隔 50cm，$1m^3$ 平均 6.7 个滴管，1h 流出 $13.4L/m^3$ 的水。因此，如果进行 $10L/m^3$ 的灌溉，大约需要 45min。

如果通过计算连续无降雨的天数进行灌溉的话，对于土壤厚 15cm 的草坪，每年灌溉 5 次左右就可以了。

表 4-5-7　年灌溉量和所用水费

屋顶面积	200m²	土壤厚度 =15cm		
土壤有效水分保有量	20%（0.2）	1 次灌溉量 = 水分保有量的 1/3（自动灌溉的情况）		
1 次灌溉量	土壤厚度 15cm× 土壤有效水分保有量 20%（0.2）=30L/m²			
	30L/m²÷3=10L/m²			
自动灌溉间隔	期间	次数	计数降雨灌溉	
春、秋　4 日 / 次	6 个月 ×30 日	45 次	计数降雨天数，只有在夏季 14 天以上，春秋 21 天以上，冬季 28 天以上连续无降雨时，才打开灌溉阀门进行灌溉，一年灌溉 5 次左右	
夏　3 日 / 次	4 个月 ×30 日	40 次		
冬　7 日 / 次	2 个月 ×30 日	9 次		
合计		94 次		
一年的灌溉量	自动灌溉	94 次 ×10L/m²=940L/m²×200m²=188000L=188m³		
	雨水量	200m²×30L/m²×5 次 =30000 L=30m³（1 次灌溉量 = 有效水分保有量）		
一年的水费	自动灌溉	188m³×700 日元 /m³=131600 日元（包括水费）		
	雨水量	30m³×700 日元 /m³=21000 日元（包括水费）		

（3）按季节变更自动灌溉装置的设定

与地方的气候、风土、植物种类、使用土壤的特性和土壤的厚度相结合，按季节设定是很有必要的。一般来说，植物在冬季活动量不大，因此 1 ~ 2 周左右 1 次灌溉，春秋 3 ~ 7 天一次，夏天 2 ~ 3 天 1 次左右进行充分浇水，以此作为大致的灌溉基准。

但是，有的土壤保水性好，并有一定的厚度（15 ~ 20cm 以上），除异常缺水情况外，有很多只靠雨水就可以生长的例子。虽说是自动灌溉，其实要一边观测植物的样子和那年的气象状态，一边作细微的调节，这关系到植物的健全培养和节约用水。

表 4-5-8　按季节的灌溉间隔和水量（每 1m³ 的升数）的标准

季节	地域	土壤厚度		10cm		15cm		30cm		60cm	
		期间		间隔	量	间隔	量	间隔	量	间隔	量
春季	寒冷地区	4 ~ 6 月		3 日	6L	4 日	10L	4 日	15L	4 日	20L
	温暖地区	3 ~ 5 月									
夏季	寒冷地区	7 ~ 9 月		2 日	6L	3 日	10L	3 日	15L	3 日	20L
	温暖地区	6 ~ 9 月									
秋季	寒冷地区	10 ~ 11 月		3 日	6L	4 日	10L	4 日	15L	4 日	20L
	温暖地区	10 ~ 12 月									
冬季	寒冷地区	12 月至翌年 3 月		停止		停止		停止		停止	
	温暖地区	1 ~ 2 月		6 日	6L	7 日	10L	7 日	15L	7 日	20L

土壤有效水分保有量用 20% 计算，土壤厚度 10、15cm 时是 1/3，30cm 时是 1/4，60cm 时是 1/6。
* 寒冷地区是指冬季最低气温在 - 3℃ 以下的区域。

（4）灌溉装置的维护管理

检查灌溉装置的状况，查看控制器是否运作正常，间隔和量的设定是否恰当，喷嘴是否有堵塞，管是否有断裂等现象，每次根据状况进行判断处理。灌溉装置大致可以分为灌溉水管、电磁阀、计时器。

点滴软管等长期使用时，会因水垢而堵塞，或因紫外线照射而老化等，因此一般被认为是消耗品。灌溉水管的管理要通过目测，检查是否有破损或弯曲易折的地方。无论何种情况，如果水不能从有异常的地方流过，将会导致枯死现象。

关于电磁阀和过滤器，需要每半年 ~ 1 年清理检查 1 次。有的因为电位阀被异物卡住，水不断流出，造成巨额的自来水水费产生。平常经常检查水量和水费的话，可以防患于未然。

关于计时器，如果是电池式的话，不要忘记每半年 ~ 1 年需要更换电池。如果是太阳能式的话，大约每 5 年进行一次地基检查和替换。关于雨水感应器，需要每年进行一次感应器部分的检查和替换。无论哪种装置，都要确认制造商的产品说明，正确使用是很重要的。

在寒冷地区，要事先抽掉水管里面的水，使用保温材料以防机器类被冻结，有时还要卸下机器保管起来。

8）安全管理

如果有东西从高层屋顶上掉落的话，重力加速度会导致死亡事故发生，因此是非常危险的。向建筑外伸出树枝的树木，可能会有树木的果实和枯枝掉下，或因强风树木本身掉下等，因此要经常注意进行修剪，并移植到安全的地方。另外，有的东西因强风会被风吹到屋顶以外，因此要把容易被风吹起来的东西收拾妥当，日常的清扫、整顿也是有必要的。

虽然水、落花、落叶、鸟粪等不会引起事故，但会给邻居和楼下的人添麻烦。最好平常就留意细小的问题，可以保持良好的邻里关系，不至于有大的问题发生。

当有台风或强风时，要把耐风力弱、放置不稳的设施搬到室内，或者集中收纳，与建筑主体固定在一起。在离海很近的地方，为防止海盐的伤害，需要尽快浇水和清洗植物。

5-5　管理内容的评价和管理的修正

对栽植管理工作的实施状况进行评价，评价绿化管理的实施状况，根据抽出的问题点，分析主要原因，考虑改善策略等，可以创造更好的景观，并可以确保植物的生长。记录评价结果，作为修改管理规划的依据。特别是，绿化管理水平越高，评价的重要性越高。

1）管理的评价标准和评价方法的设定

设定管理的评价标准和评价方法。根据评价标准进行管理评价，可以提高绿化质量，减少维持绿化的管理工作量。

设定评价标准要与绿化管理水平相结合。要求的水平是否恰当，景观是否符合目标，或者是否朝着目标方向发展，要以此为依据来制定基准。

荷载增加、受其他植物的遮挡和覆盖、植物和设施的使用寿命等，以及常见的被忽略的长期的生长变化都要进行评价。

进行评价的方法包括使用竣工图、样式示意图等，以及一边确认景观和生长的状况一边进行评价。根据绿化管理水平的不同，参与评价的人员也不同，但负责绿化管理的人员主要由绿化规划者、建筑管理者、建筑所有者等组成。主要负责人在现场把其他人的意见和要求记录在图纸上，记录评价结果，尽量不要有评价疏漏的地方。

2）管理的评价实施和记录

根据评价标准和评价方法，现场进行确认，根据结果进行评价。记录这个评价过程，可以帮助日后工作的改善，反映对将来的预测。

通过评价，要及时处理需要紧急对应的地方。同时，对日后的管理方法要进行修改，考虑改良方案，对将来进行预测。

3）因时间变化需进行的修正（荷载、背阴、寿命）

通过衡量长期使用后引起的变化，考虑处理方法。特别是渐渐引起的荷载的变化，受其他植物影响背阴环境和使用寿命的变化等，通常难以察觉，因此要预测随

时间推移引起的变化来制定应对方法。尽快处理的事项、日后变化待处理的事项，以及过几年后推测的事项，要分别考虑应对方法。

4）对应方法的制定和管理规划的反馈

对长期使用后引起的变化，制订对策的同时，还要对管理规划进行反馈。根据管理评价和长时间使用后引起的变化，重新衡量管理规划，可以不断提高管理质量和工作效率。最好进行以下具体工作：

①根据变化重新进行评估，重新构造景观、管理模式。

②要考虑重新构造后的工作量和质。

③通过考虑工作量和质，计算变更后的管理费用。

④在现有的管理体制下，考虑是否可以进行管理。

⑤重新制定管理项目和管理日程。

⑥按照各个管理项目，根据长期使用后引起变化的结果和对策，重新考虑需要变更的工作内容。

⑦关于管理的实施，同样也要根据上述内容变更管理规划。

⑧管理实施后，要再次进行评价，并重新进行反馈。

第五章

坡屋顶绿化技术资料

1. 坡屋顶绿化规划的准备

在建筑的坡屋顶进行绿化时，大前提是有使植物长期地良好生长发育的环境。与绿化目的相结合，要考虑栽植的基础构造、栽植植物、维护管理等多方面的内容，并对周边环境也要考虑，采取一系列的方针政策，恰当地进行绿化规划。

根据建筑的种类、用途、绿化目的的不同，坡屋顶绿化的规划也不同。推进规划时，要掌握现状，并与绿化目的、设计、构造、环境结合进行调整，并对安全措施进行考虑。

1）掌握坡屋顶绿化的前提条件

制作坡屋顶绿化规划时有以下四个要点。整理绿化目的、绿化形式等的同时，对其地理位置，周边的自然环境、社会环境也要进行充分调查，掌握现状。对现有的建筑规划坡屋顶进行绿化时，还要对建筑进行调查和诊断等。

坡屋顶绿化，要掌握地理位置的自然环境、社会环境，进行合理的绿化规划是很重要的。

①买方的希望与条件。

②地理位置的自然环境、社会环境条件。

③建筑结构物的条件。

④规范、制度等的掌握。

（1）购买方的希望与条件

要掌握买方的希望和要求，与之相结合制定绿化规划。具体地，最好以填写附件中的"坡屋顶绿化买方的希望和要求调查表"的形式进行调查。特别重要的是，要充分了解绿化目的，希望绿化的内容，希望完工的时期，工程费用，管理费用等的预算，以及买方的意向。其中，如何管理，由于绿化基础构造、栽植植物种类、灌溉装置等的不同，要在规划的初期阶段，很好地掌握管理的水平、制度、形式和方法等。

（2）地理位置的自然环境和社会环境

进行坡屋顶绿化时，与屋顶绿化一样，要充分了解所在位置的自然环境后再制定规划。

由于注意事项与屋顶绿化相同，可以用填写"关于屋顶绿化自然环境和社会环境调查表"的形式进行调查。

照片 5-1-1　英国的坡屋顶绿化

照片 5-1-2　兵库县的屋顶草坪

（3）建筑的调查和诊断

在原有建筑上进行绿化时，要进行适当的事前调查和建筑诊断，结合对建筑结构、可承载的荷载、屋顶表面整体结构的规格、老化问题等的判断，对坡屋顶绿化进行考虑。

可以用填写"关于屋顶绿化建筑和构造物调查表"的形式进行调查。

表 5-1-1　建筑的调查诊断项目（新建时在规划中要考虑的项目）

建筑主体构造、屋顶构造	屋顶形态（单坡屋顶、双坡屋顶、四坡屋顶、歇山屋顶、拱顶、圆屋顶……） 屋顶地面构造（RC、PC、ALC、金属板、木质，其他） 斜面屋顶
屋顶完成（屋顶铺设材料）的规格（包括防水、防湿状况）	屋顶铺设材料（沥青压密混凝土、沥青防水抬高、防水膜、涂膜防水、折叠板、沥青混合材单板、胶体板、防水层、瓦片、石板、彩色铁板、不锈钢板……）。关于瓦片屋顶，石板屋顶，金属屋顶，水泥屋顶等的下层铺设材料（简易防水材料）是在屋顶材和金属材料的下方施工
屋顶本身的荷载支撑力，固定螺栓等的支撑力	
可否与屋顶铺设材料结合，可以的情况时的结合方法	
规划屋顶表面的风压力（特别是负压）	
天窗、排烟装置等的位置和尺寸	
栽种基础构造的位置、尺寸（包括可以设置基础构造的个别地方）	
设备	
施工、维护管理用的空间	
方位和日照	

图 5-1-1　坡屋顶的风荷载

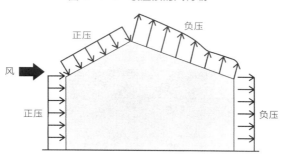

（4）关于坡屋顶绿化的相关法律、规范

规划坡屋顶绿化时，要检查建筑基准法、消防法等，要在充分考虑安全、防灾的前提下进行绿化规划。

还有，因为有一些坡屋顶绿化的相关制度，如可算作绿化面积的制度、融资制度、减免税制度、绿化费用的补助制度等，因此要调查规划绿化用地的诸多制度，遵守并灵活运用相关规定。

关于屋顶绿化的意见

关于消防法中的防火地区，街区的建筑屋顶必须铺设不可燃材料。如果是RC造、ALC造等的建筑，由于建筑主体就是不燃材料，因此可以在屋顶绿化中设置木平台等，但由于各自治区、县的消防意见不同，因此要进行确认。一般不认为屋顶绿化所用土壤是不可燃材料。

2）对建筑规划的调整

为决定规划的基本方针，要对建筑规划和绿化目标二者相关的部分进行调整。建筑改造可能的话要进行改造。

表 5-1-2　关于坡屋顶绿化买方的希望和要求的调查表

建筑名称				
业主名		负责人		TEL
地址				
绿化目的	都市气象改善 建筑保护	大气净化 节能	抑制、延缓雨水流出 建筑空间的创造	自然生态恢复　　景观 建筑许可的取得
基本绿化形式	水平地基	喷漆、块状、板状地基	垫子、膜	多层地基　　覆盖
希望植物				
绿化培育样子	栽种后完成	6个月后完成	一年后完成	
灌溉方法	自动控制	手动控制	人工洒水	基本不用灌溉
希望预算	绿化施工费用　　　　日元		维护管理费用　　　　日元/年	
希望施工时期	年　月 ～　年　月			
管理水平	经常景观管理	适当景观管理	最低限景观管理	无管理
管理体制	直营管理 其他（	委托管理	直营委托混合管理	其他（　　　　　　） 　　　　　　　　　）
备注				

表 5-1-3 关于坡屋顶绿化栽植环境条件的调查表

建筑名称								
所在地址								
立地条件	市中心	郊外	农村	海岸	山间	（其他		）
周围社会环境	商业用地	住宅用地		工业用地	田园用地			
	相邻建筑的高度、规模：				空间开放朝向：			
一般风的方向								
标准风速				地表面粗糙度				
温度区分				降雨量		多	中 少 （ ）	
台风影响	大	中 小 （ ）		海风影响		大	中 小 （ ）	
建筑风的影响	大	中 小 （ ）		大气污染影响		大	中 小 （ ）	
绿化屋顶的朝向	北	南 东 西						
日照条件	良好	普通 差 非常差		（				）
对周边环境的考虑								
备注								

表 5-1-4 关于坡屋顶绿化建筑和构造物的调查表

建筑概要	建筑名称						
	住址						
	所有者		建筑管理者				
	建筑用途		竣工时期				
	占地面积		建筑面积				
	容积率		建筑面积率				
	层数	地上 层，地下 层	算入绿地面积		有	无	
	用途地域		防火指定	防火	准防火	无指定	
	主体构造		屋顶下方构造				
	设计者		施工公司				
	设计图	外观 构造 设备 无	构造计划书		有	无	
斜面屋顶绿化场所的概要	绿化位置	楼屋顶（地上 m）	容许荷载			kgf/m^2	
	屋顶面积		可绿化面积			m^2	
	屋顶表面的样子	近观 远观 从其他建筑物看	看不见				
	屋顶朝向	南 北 东 西	天窗		有	无	
	屋顶材料	RC（抬高防水） RC（压密混凝土） ALC（抬高防水） 顶棚 金属 砖瓦 石板 折叠板					
	屋顶材料的可燃性	不可燃性 难燃性 可燃性					
	屋顶坡度	均匀坡度 曲面坡度 形状（ ）	曲面坡度	最大坡度：			
	安全对策	有扶手等 有安全带安装位置 无安全对策					
	雨水处理	屋檐流水槽 导水管 垂流 其他（				）	
	屋顶加工，防止滑落对策	可安装固定螺栓 可利用已有金属物 可以用鞍状材料 可用粘结施工方法 不可加工					
	给水设备	上水 中水 雨水 无	给水管径			mm	
		上水的地中配管： 需要水箱可安装空气阀门等					
	电气设备	插座 有（ 个）无	电压，电容		V	A	
	货物搬运通道及管理用通道	电梯 台阶 降段 升降口 梯子 起重机 踏板 其他（					）
	搬运车辆的可能性	货物装卸用地 有 无	位置，大小				
		搬运车辆用地 有 无	位置，大小				
		电线保护 需要 不需要	道路使用许可		需要	不需要	
	备注						

2. 坡屋顶绿化规划

　　规划坡屋顶绿化时，要考虑建筑用途、绿化空间的位置和形状等，还要详细考虑绿化的目的、绿化形式、管理形式和体制等，与建筑的整合性相结合，恰当地进行规划。另外，要充分掌握绿化位置的环境（地理位置、自然环境、社会环境、周边环境等），为植物能够持续良好地生长，选择适当的栽植基础、植物种类等。

　　规划的第一阶段，首先要整理规划的前提条件、可能绿化的空间、绿化目的、绿化形式、维护管理体制，在此基础上制定坡屋顶绿化规划。

① 规划的前提条件：建筑用途，预算，地理位置，建筑的现状，自然环境、社会环境，希望完成时期。

② 绿化基础构造的空间：规模、形态、绿化规模（全面，部分，个别地方）。

③ 绿化目的：城市环境对策，提高景观，保全生活环境，恢复自然环境等。

④ 绿化形式：积层型，面板型，覆盖型等。

⑤ 管理体制：管理形式，管理成本。

1）坡屋顶绿化的未来目标

　　要确认栽植基础、植物种类、植物支撑材料、灌溉装置等全部在内的耐久性，与绿化目的、绿化形式相结合，考虑绿化整体的使用寿命。

　　一般的绿化是半永久性的绿化，但坡屋顶绿化，其耐久性需要在构造物的耐久性范围以内。

2）坡屋顶绿化规划要点

　　坡屋顶绿化的规划，要在屋顶设置能够适应植物生长的栽植基础，并配置适当的搭配植物。将影响植物生长的不良因素减少到最小限度是进行实际规划的要点。

（1）根据绿化目进行绿化规划

　　将坡屋顶绿化规划具体化时，要根据绿化目的、建筑设计、栽植基础、栽植规划等，使其效果能够得到最大限度的发挥。

表 5-1-5　根据绿化目的进行绿化规划

	绿化目的	绿化规划要点
1	改善都市气象环境	绿化面积越大，绿化量越多，就越需要栽种的持续性。植物的枝叶越繁茂效过越大。如果屋顶整体绿化的话，效果更好
2	大气净化	绿化量越多，就越需要栽种的持续性。一般选择吸附污染物质能力强的种类进行栽种
3	雨水对策	与平面屋顶相比，效果较差。土壤越厚，土壤保水力越强越有效。屋顶整体绿化的话，效果更好
4	恢复自然生态	考虑到鸟类、昆虫等的栖息条件，种植规划里要有可作为诱饵的树种。尽量栽种多种植物，创造多样的生物生存环境
5	景观	从外部观看效果好。与地面的绿植相搭配，考虑建筑物整体的设计效果
6	节能	绿化可以帮助建筑物进行日照调节，隔热，防止散热等，在规划中可以预测效果。植物枝叶越繁茂越有效
7	建筑保护	可以减少太阳光照或急剧温度变化，可以保护建筑物和防水层。屋顶整体绿化的话，效果更好。植物枝叶越繁茂越有效果
8	观赏	通过种植鲜花、果树等，可以修整景观，享受花香，可以与个人爱好相结合

（2）根据绿化基础构造的位置进行坡屋顶绿化规划

在坡屋顶上进行栽植时，设置基础构造的方法将增加很大的荷载。因此，要对栽植基础的位置进行考虑，但也有一些不用设置基础构造的方法，比如从自然地基爬上来的藤蔓植物覆盖的方法，或从相邻的平面屋顶等爬上来覆盖的方法，再或者从屋顶下方或屋顶中间设置的容器爬上来的方法等，因此要根据景观、维护管理等因素，综合评价后再进行选择。

表 5-1-6　根据绿化基础构造的位置进行坡屋顶绿化规划

	绿化基础构造	绿化规划要点
1	自然地基	依靠自然地基长出的藤蔓植物形成绿化的方法。 土壤条件不良的情况时，需要全面更换土壤、土壤改良等。 适合栽种的土壤，尽可能确保较大的范围。 要考虑到从屋顶流下的大量雨水的处理，和排水处理
2	人工地基	基本与屋顶绿化的基础构造相同，由阻根层、排水层、透水层、土壤层组成。考虑到植物生长，要尽量确保土壤量。要在建筑物承载荷载范围之内。要留意防水层的保护，雨水排水，灌溉方法等
3	容器型	考虑到植物生长，要尽量确保土壤量，但要注意荷载条件。由于土壤量有限，要使用保水性、保肥性、轻量质优的土壤，最好设置灌溉装置
4	屋顶基础构造	基础构造种类、安装方法等各种各样，要根据各种施工方法进行规划，尤其比较重的基础构造要有一定的支撑力。 注意土壤的流失、飞散、老化和耐久性，不要影响植物生长。 灌溉装置不可缺少，要研究水的循环、液肥的利用等。 基础构造大多情况施工较薄，有需要替换的情况，因此需要讨论基础构造的维护管理，操作人员到达屋顶的方法、手段

（3）根据绿化形式进行绿化规划

根据水平基础构造型，基础构造拼接型，垫子、薄板型，块状，网状，积层型，覆盖型等绿化形式，制定的绿化规划也有变化。可以使用的植物种类也有不同。

表5-1-7　根据绿化形式进行斜面绿化规划

	绿化形式	绿化规划要点
1	水平基础构造型	在斜屋顶，水平阶段式设置绿化基础构造进行绿化。 需要有基础构造，负重越重，所需要的费用越高。由于要分阶层施工，管理操作较为复杂
2	基础构造拼接型	在斜面屋顶，直接铺设基础构造材料和植物（种子、苔藓等）。长期使用后，基础构造和植物会有流失、飞散。要有防止对策 为了防止基础构造的剥离，要有禁止入内的对策
3	垫子、薄板型	有的基础构造材料铺设在垫子状的容器中，有的薄板本身就是基础构造材料，都需要事先种植好植物，并在某种程度上进行养护之后使用。 整体需要有防风对策，防止被强风吹散。尤其要注意边缘的破损
4	块状、网状	基础构造本身为块状、板状，或在板型框架中铺设，需要事先种植好植物的情况较多。 要有防止基础构造表面的剥离、流出、飞散的对策，防止底盘整体滑落，以及被强风吹散的对策
5	积层型	斜面屋顶的基础构造为多层构造，可以栽种植物，也可以通过播种栽培植物。 要有防止基础构造整体滑落，底盘表面剥离，流出、飞散的对策。 由于管理时会有踩踏，要有防止基础构造错位滑落等对策。 要确保又长又大的斜面屋顶雨水流下的通道顺畅，雨水沿着斜面流下还是沿着管线集中流下，要对下方的排水处理进行讨论，不要让雨水蓄留
6	覆盖型	使用藤蔓植物，覆盖整个屋顶的绿化。 尽量悬空，不要受屋顶表面热量的影响。 可以使用种植在自然地基、人工地基、容器等的植物，也可以使用攀附型、垂挂型植物

图5-1-2　绿化构造形式

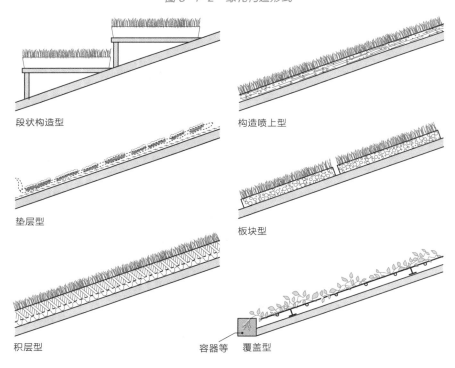

段状构型　　　　　　　　　　构造喷上型

垫层型　　　　　　　　　　　板块型

积层型　　　　　　　容器等　覆盖型

3）坡屋顶绿化的栽植规划的注意事项

进行栽植规划时，要了解坡屋顶的环境，考虑植物种类等，要与绿化目的、绿化形式相结合，同时设定管理方法、管理形式、管理内容等，综合推进规划。

植物的生长，受栽植基础和灌溉、施肥、修剪、病害虫防除等管理的影响，如果栽植基础不够充分的话，管理上需要费很大的工夫。

关于坡屋顶绿化，要考虑屋顶结构、屋顶材料、抗风措施、以土壤为首的栽植基础、环境对策、安全措施及其他因素，对构成材料、植物种子类等要进行详细考虑再决定。

特别要注意下列事项。

①掌握当时的环境压力并考虑处理方法。

②掌握屋顶结构、屋顶材料、支撑力和风荷载，并考虑处理方法。

③根据栽植问题的掌握和处理方法的考虑，选择绿化形式。

④基础构造的安装方法、土壤的厚度、土壤的种类、基础构造构成的设定。

⑤灌溉、保湿、排水方法的设定。

⑥植物种类的选择、栽植构成的设定。

⑦管理形式、内容、方法的设定、管理用机器的设定。

（1）结构

根据绿化目的、绿化形式，考虑栽植的构造。在规划时要决定是选择单一的植物构造，还是复数的植物构造。另外，还要考虑选择撒种方式还是植物苗的方式进行绿化，或者直接采取植物更换的方式。

与屋顶绿化、墙面绿化相同，栽植复数的植物种类时，确保生物生存空间多样性的同时，还要防止因环境变化导致植物枯死，病虫害的大面积发生。

（2）植物种类的选定

根据绿化目的和绿化形式，以及栽植的结构，选择合适的植物种类。要考虑可否在那个环境生长，植物的效力（微气象的控制等），维护管理等。

（3）灌溉装置

坡屋顶绿化时，由于雨水会迅速排出，因此最好设置灌溉装置。根据水源（自来水、中水、雨水）、水压、栽植形态、管理形式等选择灌溉方式和材料。

根据灌溉方式，有的需要电器配线，有的通过电池式的开关可以给水加压形成加压水，则不需要配线。

4）坡屋顶绿化的施工和管理及调整

坡屋顶绿化时，若在规划阶段就对施工和管理进行考虑，就会防止之后的生长不适应或生长不良等现象。

建造费与维持费有密切的关系，如果控制建造费用，不提高维护管理水平的话，植物就会生长不良。

关于坡屋顶绿化，进行管理时，由于要登上屋顶操作，因此，关于斜面的屋顶作业的安全措施是不可缺少的。另外，由于人站在基础地基上，有可能造成基础构造偏离，因此要有防止偏离的措施，要确保工作人员操作的通道。关于施工，能否确保施工操作的空间，对工作效率及成本有很大的影响。

5）坡屋顶绿化的成本规划

为制作预算方案，在制作规划阶段就要根据绿化规划、种植规划、管理规划进行成本概算，关于初期成本和运行成本，与坡屋顶规划一样需要进行考虑。

对于坡屋顶的绿化，如果不对维护管理的设备进行严密的规划，则会产生庞大的费用，增高运行成本，必需加以注意。

3. 坡屋顶绿化设计

设计时，要根据绿化规划的方针，一边对完整性进行调整，一边进行详细的研究，制定可以实现的坡屋顶绿化设计。

设计坡屋顶绿化设计时的注意事项如下：

① 坡屋顶绿化大多是栽植后的维护管理比较困难，因此栽植基础设置充分是很重要的。

② 选定绿化形式时，要考虑屋顶结构、屋顶材料、可承载的荷载等。

③ 选定适当的植物时，要考虑环境条件、绿化形式和景观等因素。

④ 要对搬运通道和工作空间、维修管理路线、维护管理空间等进行考虑，并对施工方法、维护管理方法等进行考虑。

1）坡屋顶的环境

坡屋顶的自然环境条件，根据屋顶的朝向不同而有很大的不同。因为日照会使温度变化。另外，斜面的角度也会使自然环境的条件改变。

坡屋顶一般没有高大植物，因此主要是由风造成的负压问题。沿着斜面方向，屋顶下方会积有大量的雨水，因此如果不制订排水对策的话，有可能会引发不可预测的事故。

2）绿化形式

坡屋顶绿化的形态要根据绿化目的、坡屋顶的环境、坡屋顶的形状、维护管理的预算和体制等来决定。根据段状基础构造型、基础构造喷注型、铺垫型、块状板型、积层型、覆盖型等绿化形式，坡屋顶绿化的设计也不同。

根据建筑屋顶的可承载荷载，来规定绿化形式。根据各绿化形式的概算重量，从轻到重排列，覆盖型 < 基础构造喷注型 < 垫子、薄板型 < 块状、网格型 < 积层型 < 段状基础构造型。

4. 栽植基础的设计

在坡屋顶，由于没有植物生长用的土壤，因此需要从外部搬入，根据绿化形式的不同，基础构造的形状和保持方法等也不同，因此在设计上要与绿化形式相结合进行选定。

在坡屋顶的基础构造内，水的流动方向不仅仅是上下方向，也沿着屋顶的斜面方向流动。因此，如果斜面方向的距离过长，就会容易产生斜面上方干燥、下方过度潮湿的现象。为减轻此现象发生，要确保基础构造下方的排水层可排出大量雨水，斜面方向分成几个段落，对分段集水排水的方法进行考虑。

关于水平的基础构造，由于与积层型几乎相同，因此可以参照积层型的基础构造项目。

1）喷注型基础构造

在屋顶材料的上方直接铺设基础构造的施工方法，或者在排水材料上方铺设基础构造的方法。

在屋顶材料的上方直接铺设基础构造时，要注意不要因为降雨或浇水使基础构造材料流失，首先要确认是否与基础构造材料相互有附着性，可以考虑混入纤维材料。另外，基础构造不能太厚，只能选择适于在超薄基础构造生长的植物。

如果在排水材料上铺设基础构造材料也是一样，不过，基础构造相对较厚，可以播种一些草等。

2）铺垫型基础构造

用袋子装并压薄成垫子状的绿化基础构造，或者植物能够扎根的薄板型基础构造。

关于垫子型的绿化，由于基础构造包裹在垫子里，即使上面有雨水或浇灌的水，中间的基础构造材料也不会流失，因此可以直接铺设在屋顶上。当然，最好铺设排水层。这样基础构造内部的水分不会极端地偏向一方。

关于薄板型，在薄板上植物可以扎根，因此不需要排水层。

无论哪种，都很难在坡屋顶中间部位固定，只有在坡屋顶的上方和下方固定。因此，规划时，要对负压的强度和上下部位的固定强度进行计算。

3）块状、网格型绿化的基础构造

基础构造材料本身就是块状或板状，也有的是在板状的框内填充基础构造材料，这些都是采用一个一个设置在坡屋顶上的施工方法。

一般地，块状、板状基础构造的每一块都有各自的下部构造，但多数是使水通过的构造。尤其是与屋顶表面密接的情况时，浮贴安装的话可以确保雨水和灌溉用水的水流通道。

板状的内部结构虽然依据生产厂商提出的规格，但是要选择那种土壤等基础不会从表面流出或飞散的基础构造。安装板状基础构造后，要确认即使工作人员在上面进行管理，也不会破损、脱落，也不会因踩踏造成土壤的偏移。

4）积层型绿化的基础构造

为保护屋顶材料，阻根层、排水层、过滤层、土壤以及土壤的容器需要相互组合，但基本上与屋顶绿化所用材料没有两样。

制定规划时，要注意防止基础构造整体的偏移，防止滑落，以及表面土壤的流出、飞散，防止因踩踏造成土壤移动。还有，要确保不会因暴雨造成大规模的滑落或土壤流失，要确保排水通道通畅。

土壤有黏性的话，不易被风吹散，但是有黏性的土壤会增加重量。安息角（可堆积的角度）越大，即使坡度很陡也很少会自然落下。

关于过滤层，最好选择不易层内积水，能迅速向下透过的过滤层材料，如果层内有水，或表面也有水，当有暴雨时，上部的土壤等有滑落的危险。

关于排水层，要使水在材料的下方流动，不能在材料的表面流动。而且水的流动空间要尽量大。

关于防止基础构造整体的偏移或滑落，防止表面土壤的流出、飞散，防止因踩踏而造成的移动，防止因暴雨引发大规模的基础构造的滑落，流出的排水处理，并且坡屋顶末端的处理等，要考虑以下几点进行设计。

（1）防止基础构造整体的偏移、滑落

当屋顶坡度大于 1 : 5 时，要有防止基础构造整体偏移、滑落的措施。设置土的固定材料比较多，当固定材料下端与下一个固定材料的上端相接时，坡度最好不要超过 1 : 5。如果有草坪等覆盖土壤表面时，坡度最好不要超过 1 : 3（参照"土壤表面坡度"的内容）。

① 压密混凝土的保护，在压密混凝土上固定，防止坍塌

规划设置防水压密混凝土时，与斜面正交，或多少有些角度，在压密混凝土完成保护的基础上设置防止坍塌构造。建筑施工后，在压密混凝土上设置轻量的砖块等。

如果斜面方向的距离较短，在防止坍塌的栅栏处设置排水孔，可以使水从下方流走，但是如果斜面方向较长的话，要在防止坍塌的栅栏的上部铺设排水管等，或者与屋顶地漏等相接，直接排水（参照"图 2-3-3"）。

② 防止坍塌构造，抬高防水的固定

在钢筋混凝土的结构，没有防水的压密混凝土，一般使用抬高防水的施工方法，但也可以利用防水层的接缝部分固定防止坍塌构造的施工方法。在这种情况下，要对防止坍塌构造进行考虑，不要过重，并且水能迅速流出。例如，防止坍塌构造是不锈钢打孔金属材料，水可以自然流下（参照"图 2-3-4"）。

③ 设置防止坍塌构造

除钢筋混凝土结构以外，屋顶的基本构造本身不能承受过多荷载，因此用缆绳、钢筋棒等吊挂防止坍塌构造。在两面斜面均衡的屋顶，可以用缆绳、钢筋棒等横跨两面进行吊挂（参照"图 2-3-2"）。

④ 蜂巢构造材料、法框架材料

使用蜂巢构造材料、法框架材料等使机械固定，或者利用施工方法，使与屋顶铺装材料相接的基础构造整体不会偏移。由于框架有透水性，需要某种程度上的刚性，同时水可以通过框架流下，如果土壤填充得不够均匀，会使框架的上部产生间隙。

⑤ 三维网状体等的铺设

利用粗孔化学纤维编成三维网状体等，全面铺设在栽植的基础构造的下方，可以防滑，防偏移，对于坡度不是很陡的屋顶可以有效利用（参照"图 2-3-4"）。

（2）防止表面土壤的流出、飞散、因踩踏造成的移动

对于薄板粘贴、垫子植物的粘贴、草皮等栽植，要有防止表面土壤和植物飞散的措施，播种时采用纤维喷涂等处置。在边缘种植树苗等时，要另外采取必要的措施。

① 土囊

将土壤装入囊中的施工方法。有的预先在土囊中放入草种等。种植植物时，在种植的位置将布袋划开进行种植，但是种植开始时的外观并不美观。

② 网状物

覆盖在土壤表面或者栽植后全面覆盖的施工方法，网孔越大越有效果。特别是，可以防止因踩踏造成表面土壤的移动。边缘的固定很重要，如果有松弛的话，会有植物被风吹受损的危险。

③ 立体网状物

在土壤表面铺设装有土壤的立体网状物的施工方法。虽然不容易进行栽植，但是提高了防止因踩踏造成土壤移动的效果，而且施工不明显，对景观影响较小。

④ 覆盖材料

在土壤表层铺设覆盖材料的施工方法。虽然对表面土壤的流失、飞散的防止效果好，但对防止因踩踏造成的表面土壤移动的效果较差。另外，针叶树的景观虽然很好，但是脱落的树皮易燃，随意丢弃的香烟头会造成危害，因此要控制使用。

（3）排水处理

关于坡屋顶，屋顶面的下方容易积雨水，因此水量和水的压力也会增加。如果排水处理出问题的话，会发生大规模的基础构造流出，有侵蚀的危险，因此要注意。

①尽量要让水排出，不要造成积水。

②尽量扩大基础构造下部排水层的排水空间。

③如果斜面距离很长，途中要进行排水处理，将收集的水全部排出，不要流到下方。

④铺设鱼骨状输水管收集雨水的时候，要注意不要使雨水流到输水管以外的地方。

⑤铺装斜面的途中收集雨水的时候，当有暴雨时，雨水可穿过，仅这个部分可以逆倾斜处理。

（4）坡屋顶末端边缘的处理

关于坡屋顶末端的排水，基本上不用点状处理，要用面来处理。

如果屋顶表面的水全部排出的话，只需要考虑防止表面土壤的流失即可。但是多数屋顶的下方需要进行排水处理。

处理收集的雨水时，重要的是让防止坍塌用的栅栏可以整体排水。绿化基础构造最下端的防止坍塌用的栅栏，采用点状排水孔是不够的，很多情况是使用不锈钢打孔金属。这时，不仅用打孔金属固定土壤，中间还要用碎石等铺设沟缝，使水流动顺畅（参照"照片 2-3-1"）。

利用屋顶地漏输水时，虽然要注意因垃圾等堆积造成的堵塞，还是要设置溢流管等，建立对策，以防万一因屋顶地漏堵塞造成建筑内漏水。

5）覆盖型绿化的基础构造

关于覆盖型绿化，应考虑如何确保栽植的基础构造而改变相应的规划。为自然地基的情况时，需要检查土壤现状，建立土壤改良等的措施。为人工地基或容器的情况时，需要参照屋顶绿化的基础构造考虑基础构造的构造。

关于覆盖型绿化，有攀附或垂吊的情况，向下垂吊时，由于基础构造设置在屋顶的上部，需要对基础构造的重量进行考虑。

如果在屋顶表面直接种植，由于会有植物的高温障碍、屋顶材料的损伤、雨水流下等影响，因此要设置支撑材料，使植物与屋顶表面隔开，可使植物生长茂盛。设置支撑材料时，要考虑植物繁茂状态下的风荷载，规划安装强度。

6）灌溉装置

根据坡屋顶绿化的绿化形式的不同，采用不同的灌溉装置。进行浇灌时，为了不影响下方过往的行人，要对灌溉方法和时间等进行考虑。

表 5-4-1 坡屋顶绿化基础构造和灌溉方式的相关性

绿化基础构造 灌溉方式	阶层基础构造	铺设型基础构造	块状、网状	垫子、薄板型	积层型	覆盖型 自然地基	人工地基	容器	备注
手洒式	×	×	×	×	×	○	△	△	用带有洒水栓的软管洒水
喷雾	×	△	×	×	×	×	×	×	喷洒
微喷雾	○	△	○	○	◎	◎	◎	◎	基础构造，屋顶喷雾器
洒水器	△	△	○	○	○	△	△	×	绿化规模小的地方效果好
洒水阀	○	×	×	×	○	○	△	△	基础构造表面洒水
滴水管	◎	×	×	×	○	○	◎	◎	从基础构造上方滴下
点滴管	×	×	×	×	×	×	×	○	滴入各个基础构造
渗出管	○	×	×	×	○	○	○	○	从基础构造上方和中部渗出
底部灌溉	△	×	×	×	○	×	△	○	从基础构造底部注入
循环式	△	△	○	○	◎	×	×	△	下面要有接水盘
液肥输送管	△	△	△	△	△	×	△	△	绿化规模小的地方效果好

范例：◎：最适合；○：适合；△：根据情况适合；×：不适合。

7）安全管理方针

关于坡屋顶绿化，由于要在斜面进行管理工作，因此安全措施是有必要的。至少要有安全带、吊绳等配套设施。

5. 栽植规划

坡屋顶绿化，根据绿化形式的不同，可能使用的植物种类也不同。选择植物种类时，要考虑绿化形式、绿化基础构造、绿化目的、景观修饰效果、维护管理形式等。

适合坡屋顶绿化的植物，一般具有以下特征条件：

① 对于多年生草本，尽量选择可以恒久绿化的植物。

② 生长旺盛，可以很快大面积覆盖。

③ 植物的姿态、绿化状态美观。

④ 病虫害少，容易成活，容易进行维护管理。

⑤ 易繁殖，有市场性。

⑥ 抗旱，即便土壤不肥沃也能生长良好。

由于种植植物单一的话容易产生病虫害，最好种植多种植物，与自然环境近似。

水平基础构造的绿化，与积层型几乎一样，可以参照积层型绿化植物种类的项目。

1）喷注型基础构造的植物种类的选择

在屋顶上喷涂基础构造材料和植物的施工方法，可以使用的植物、耐喷涂的藓类和种子很有限。

使用的藓类有砂藓、大灰藓、山苔等。种子由于受基础构造厚度的影响，因此比较矮小，抗旱性强的植物比较适合。经常采用的草类品种有结缕草、假俭草、百慕大草、黑麦草类等。其他还有三叶草、野花、法面喷涂用的种子等，但使用例子较少。

照片 5-5-1　野花

2）铺垫型绿化的植物种类的选择

由于铺垫型是事先让植物长出根后再设置，所以，在生产阶段就要决定植物的种类。无论哪种，大多数的基础构造都很薄，因此抗旱植物、不易被风吹倒的低矮植物比较适合。

由于屋顶表面使用铺垫材料，所以植物的茎不易固定，会生长得枝叶繁茂，范围较大。

3）块状、网格型绿化的植物种类的选择

由于块状、网格型都是事先让植物长出根后再设置，所以，在生产阶段就要决定植物的种类。板型绿化由生产厂商决定植物种类，因此可选择性很小。

板型绿化很多是使用景天科植物，但是很多只使用单一品种进行生产。因此，要考虑屋顶环境、植物生长、生物多样性、管理等因素，最好使用多种植物进行绿化。

以灌溉为前提的施工方法，使用匍地柏等低矮灌木的例子很多。也有利用植物自身的根形成垫子的垫子式植物。现在这种垫子式植物开始生产很多种类，可以根据需要供应更多种类的植物。

4）积层型绿化的植物种类的选择

关于积层型的绿化，虽然可以栽植各种植物，但是由于基础构造的厚度很薄，所以抗旱性强，耐风的低矮植物比较适合。

插苗、薄板的粘贴、垫子植物的粘贴、铺草、树苗等施工方法都可以使用。

（1）播种

利用播种进行绿化时，从种子发芽到植物扎根期间，要有防止表面土壤流失、飞散的措施，培育和管理是很重要的。作为防护对策，要考虑粘贴材料、纤维材料的铺设，薄板的粘贴，少量、频繁地浇灌，暴雨时薄板的养护等。

① 西洋草，寒地型：黑麦草类、黑麦类、蓝草类、糠穗草类。
② 暖地型：百慕大草类、假俭草、日本结缕草。

③ 其他：白诘草、马蹄金。
④ 野花：薰衣草、南庭芥、高雪轮等。

（2）播撒转轮、插苗

植物的转轮或插苗的播撒方法，从发根到扎根期间，要有防止表面土壤流失、飞散的措施，培育和管理是很重要的。作为防护对策，与播种的情况一样。

① 转轮——百慕大草类、景天科植物。

② 插苗——景天科植物、龙须海棠类。

（3）薄板的粘贴

把植物的地下茎种子，或植物夹在板状物上，粘贴在土壤表面的施工方法。从发芽到扎根期间，采取防止飞散的策略，培育和管理是很重要的。特别要防止薄板本身被风吹飞，即使用钉子固定住也不够安稳，需要用网状物罩住，或者到扎根坚固为止进行频繁、少量灌溉，要总保持湿润状态。

① 景天类薄板。　② 苔藓薄板。　③ 种子薄板。

（4）垫子植物的粘贴

在生产阶段，植物的根互相缠绕形成垫子状，作为粘贴材料进行施工的方法。从发根到扎根期间，采取防止滑落、飞散的措施，培育和管理是很重要的。由于垫子植物具有一定的重量，因此铺设后要有防止滑落（偏移）的措施。

① 麦冬、草樱、姬岩垂草等的根部相互缠绕形成的垫子。
② 三维网状体中填充土壤进行栽植。
③ 垫状物体上栽植。
④ 用控制板＋无纺布等包住田埂等的土壤进行栽植。

（5）铺草

去掉草本植物的地下茎、地上茎，包括土壤，进行粘贴的施工方法。从发根到扎根期间，采取防止滑落、飞散的措施，培育和管理是很重要的。粘贴后，要有防止被乌鸦等叼走，或者滑落的措施。

①西洋草－寒地型：黑麦草类、蓝草类、混合；
　暖地型：偏序钝叶草、百慕大草类。
② 日本草：结缕草、沟叶结缕草、细叶结缕草。

（6）栽植树苗

利用花盆栽植树苗或小树的施工方法，防止风吹造成的摇摆、拔根，直到植物的根充分扎入土壤为止，要做好防止表面土壤流失、飞散的措施，植物的培养和管理也很重要。因此，大面积繁茂生长，土壤中可以扎根的植物比较适合，但是注重景观修饰的话，密植植物，或者采取某种对策，能够使用多种植物。

① 繁茂、延伸性生长的植物：姬岩垂草、委陵菜属、匍枝百里香、针叶蓝天绣球、常春藤类、扶芳藤类。
② 攀缘性植物：枸子属、姬蔓长春花、铺地柏。
③ 其他：勋章菊、金丝桃属、金边阔叶麦冬。

5）覆盖型绿化的植物种类的选择

采用藤蔓植物，覆盖屋顶的形式进行绿化。其中卷须型、卷叶柄型、卷蔓型的植物比较适合，但是附着盘型、附着根型、寄花型的植物则不适合。

关于坡屋顶绿化，如果植物直接与屋顶表面接触，由于不适合维护管理，或进行降雨时的排水处理等，因此直接攀缘的植物不适合。另外，由于诱导操作等次数少，所以不能攀附于支撑材料上的植物不适合。因此，设置支撑材料，能间接攀登的卷须型、卷叶柄型、卷蔓型的植物比较适合。

生长方向有沿着攀缘方向的，也有向下垂的。当为攀缘的情况时，植物本身叶子会减少，为下垂的情况时能够达到均匀覆盖。

坡屋顶绿化的目的，为了在夏季节省能源，抑制城市热岛效应现象，因此可以利用只在夏季茂盛生长的植物，使用一年生草就可以充分达到绿化的效果。这时，屋顶全部用网状物覆盖，还可以种植南瓜、西瓜、香瓜、哈密瓜等，既能期待果实丰收，又有绿化的效果。在有台风的秋季，将网状物收拾起来，可以防止受风害。

表 5-5-1 覆盖展开的特性

形态	特性	攀缘型	植物名称
自己生长延伸	放置不管即可覆盖展开	卷须型	水果西番莲、西番莲、葡萄类
		卷垂型	通草、猕猴桃、紫藤、野木瓜
容易方向诱导	通过方向诱导，覆盖即可展开（需要一年 1～2 次方向诱导攀爬，终止攀爬）	卷须型	号角滕瓜、佛手瓜、丝瓜
		卷叶柄型	棉团铁线莲、铁线莲蒙大拿、仙人草
		卷垂型	南五味子（美男葛）、南蛇藤、夏雪藤、羽衣茉莉、啤酒花
		依附性	云南迎春花、中子花、山牵牛、木香花
必须方向诱导	不附着在屋顶表面，必须要引导覆盖方向	附盘型	地锦、紫葳藤
		附根型	常春藤类、凌霄花、金叶络石、熊掌木
方向诱导困难	即使引导，也不易伸长，覆盖困难（需要频繁引导、捆扎）	卷垂型	卡罗来那茉莉、金银花、珊瑚豌豆、牵牛花
		依附性	蔷薇、爬蔓蔷薇类
	较高的地方覆盖困难	卷叶柄型	铁线莲、铁线类
		卷垂型	绿玉菊
		依附性	树莓类
		攀爬型	九节龙、矮桧、迷迭香、蔓长春花

照片 5-5-2 覆盖型绿化的例子

从屋顶绿化部分向坡屋顶延伸的例子

自行车停车场屋顶的绿化例

6. 坡屋顶的施工

坡屋顶施工时，要注意施工用具、材料等不要落下，在屋顶中间或下方设置防护栅栏。如果可能，设计水平台阶放置材料。

工作人员必须系安全带，使用安全绳索进行操作。另外，操作中要特别小心不要破坏屋顶铺贴材料。

由于物体从高空落下是非常危险的，因此，屋檐下面要先防止其他人员进入，再进行施工操作。

其他的参照屋顶绿化的内容。

7. 坡屋顶绿化的维护管理

关于在坡屋顶进行维护管理，由于是斜面，脚下不够平稳，工作时，要特别注意安全，必须使用确保安全的安全带和登山用品。

工作时，如果从屋顶上有枝叶等不慎落下，要好好收集处理并对操作工具进行细心管理。

关于坡屋顶绿化，要在出入口处上锁，以防孩童进入，从屋顶跌落。

进行灌溉时，要注意时间段，不要让水飞溅到下面的行人身上。

第六章

墙面绿化技术

墙面绿化技术，不仅指建筑的墙面，还指主体结构的内立面、土木构造物的垂直面，栅栏，柱体等独立的构造物的垂直面，以及近似垂直的部位进行绿化的技术。还包括使用藤蔓植物，因此又称作是绿色窗帘、覆盖（凉亭等）绿化等绿化形式。

1. 墙面绿化项目的准备

建筑的墙面等进行绿化时，大前提是要有让植物能长期良好地生长的环境。根据建筑的种类、用途、绿化目的的不同，墙面绿化的规划也不同。要针对和绿化目的相称的栽植基础、栽植植物、维护管理等诸多方面进行探讨，还要考虑周边环境，制定合理的绿化规划。

墙面绿化时，开始时要事前调查、掌握现状，整理已知条件，掌握法律规定和补助、助成制度，综合进行绿化规划、种植规划和维护管理规划。

1）墙面绿化前提条件的掌握

墙面绿化规划时，整理绿化目的、绿化形式等的同时，还要充分调查并了解所在地理位置，周边地区的自然和社会环境。另外，关于墙面绿化的法律规范等也要预先进行调查。

对已有建筑进行墙面绿化规划时，要对建筑进行调查、诊断。

要掌握以下几点前提条件：
①建设单位的希望与条件。
②所在位置的自然环境和社会环境条件。
③建筑、构筑物的条件。

2）建设单位的希望与条件

制定规划时，要与订货人的希望与条件相结合。

调查时，以填写"墙面绿化建设单位的希望与条件调查表"的形式进行。重要的是绿化目的、绿化形式、预算和管理形式。其中，如何进行管理，要根据绿化基础构造、栽植植物种类、灌溉装置等的不同而不同，因此重要的是，在拟定规划的初期就要规划好管理级别、管理体制、形态和方法等。

3) 所在位置的自然环境、社会环境

进行绿化时，一方面要注重栽植管理，一方面要了解植物的生长与周边的自然环境是密不可分的关系。因此，制定规划时要充分掌握所在位置的自然环境和社会环境。

调查时，以填写"关于屋顶绿化的自然环境、周边社会条件调查表"的形式进行。

①由于气温的不同，栽植植物的种类受到限制，因此气温作为选择植物种类的绝对条件。由于墙面型绿化的基础构造和灌溉装置容易冻结，因此最低气温低于 $-1.1℃$ 的地区，要考虑防止配管冻结的措施，最低气温低于 $-6.7℃$ 的地区，还要考虑防止基础构造冻结的措施。

②降水量的不同，影响栽植植物种类的选定，基础构造材料的保水性、排水性的研究，以及灌溉方法的选定。对积雪多的地方，期间也要充分了解。

③风的方向、强度，不仅影响植物的生长，还对防止墙面绿化本身的剥离、飞散等也有影响。墙面绿化时，最有影响的是负压力，因此风荷载的计算并不仅是绿化部分，而是要对整个建筑进行计算。关于计算方法等，可以参照屋顶绿化关于风的项目的说明。另外，有海风影响的地方要选择有耐潮性的植物。

④日照条件，不仅决定了植物是否可以生长，还影响生长量、开花等，同时土壤和植物水分的蒸发量也有差异。照射到墙面的太阳光，根据墙面的朝向和季节的变换，会有很大的不同，因此要作准确的

调查。在都市里，对其他建筑等的影响也较大，因此对周边建筑也要进行调查。

⑤有大气污染时，要选择抗污染的植物种类。另外，通过栽植 NOx 等吸附能力高的植物，可以积极地起到净化大气的作用。

⑥利用已有建筑的周边地域时，要对土壤进行调查，判断是否适合栽植。不适宜栽植的土壤要考虑如何改良或者客土。关于调查方法和改良方法的详细内容参照设计项目的说明。

a. 在规划阶段和施工前等，预测到土壤的现状会改变

· 在建筑规划和设计阶段，要确保有效栽植地区的面积，有效土壤的厚度以及土壤的质量，要达到墙面绿化所需的必要数值。

· 当地下水位，地下板、基础等的宽度和深度成为障碍时，要对排水层等的措施进行考虑。

· 进行建筑工程等时，对墙面的土壤会有很大影响，因此要掌握土壤现况的同时，预测改变后的情况，判断是否要进行土壤改良。

b. 在现有土壤进行栽植

· 要调查有效栽植地的宽度和有效的土壤厚度，要考虑栽植的可能性，是否需要对栽植面积和土壤厚度进行变更。

· 基础（基盘）等的地下构造物使有效土壤的厚度不足时，由于不能增加土壤厚度，因此要考虑通过土壤改良的方式，来提高土壤的质量。另外，防水层的深

度，在总有效土壤厚度以内的情况下，由于过度潮湿会影响植物的生长，因此要设置排水层或在外部设置排水管等。

· 碎石含量多的情况下，要除去碎石，与土壤改良剂混合进行考虑。

· 地下水位高的情况下，要有使地下水位下降的措施，对排水层的设置等进行考虑。

· 存在还原状态的土壤的情况下，由于进行土壤改良很困难，因此考虑使用客土。

· 排水性不良的情况下，要考虑如何改良排水的性能。

· 土壤硬度不良的情况下，通过耕耘，混合土壤改良材料，对土壤改良进行考虑。

· 土性不良的情况下，通过混合土壤改良剂等，对土壤改良进行考虑。对于强黏性土等，及其土性不良的情况下，由于进行土壤改良很困难，因此要考虑使用客土。

· pH值不良的情况下，通过混合土壤改良剂等，对土壤改良进行考虑。

· 对现状的有效土层进行调查，判断现状的土壤可否进行栽植，判断通过土壤改良后是否可以进行栽植，判定不可的情况下，考虑使用客土。

⑦墙面绿化时，不仅要研究是否适合绿化，还要考虑是否影响街景，提高景观效果是很有意义的。

4）建筑的调查和诊断

既存建筑的墙面进行绿化时，事前要恰当地进行调查，并对建筑进行诊断，对建筑结构和墙壁加工材料的规格、老化程度等进行判断和研究。根据调查、诊断的结果，墙面绿化有问题的情况下，要规划改造建筑。

必须掌握建筑主体结构、完成结构、可利用空间和施工的空间。以填写"关于墙面绿化，建筑和构筑物调查表"的形式进行调查。

具体的建筑调查诊断项目，按以下内容（新建建筑在规划时要考虑的项目，建筑设计后图纸确认项目）：

①墙面外包加工设计（防水防潮状况）。

②墙壁主体的荷载支撑力，锚固螺栓等的支撑力。

③窗户等开口部位及尺寸。

④设备。

⑤施工，维护管理空间。

5）建筑规划的调整

决定规划的基本方针时，要对与建筑规划和绿化目标相关的部分进行调整。对可以建筑改造的地方进行改修。

关于墙面绿化，建设单位的希望和条件调查表

建筑物名称				
业主名			负责人	TEL
所在地地址				
绿化目的	都市气象改善 建筑保护	大气净化 节能	自然生态恢复 建筑空间的创造	景观 建筑许可的取得
基本绿化形式	墙面直接攀缘 墙壁前方	辅助材料攀缘 墙壁基础构造	下垂 覆盖	
地基位置	地基	屋顶等	容器	墙面
单独种植、混合种植	单一植物	少数种类混种	多数种类混种	
希望植物				
绿化模样	栽种后即完成	6 个月后完成	一年后完成	三年后完成
灌溉方法	自动控制	人工控制	手洒水	基本无灌溉
希望预算	绿化施工费用		日元　维护管理费用	日元
希望施工时间	年　月　~　年　月			
管理水准	常时景观管理	适当时间的景观管理	最低限的管理	无管理
管理体制	直营管理	委托管理	直营委托混合管理	其他（　　　）
备注				

关于墙面绿化，栽植环境条件调查表

建筑名称		
地址		
立地条件	市中心　　郊外　　农村　　海岸　　山间　　（其他　　　　　　）	
周围社会环境	商业用地　　　住宅用地　　　工业用地　　　田园用地	
	相邻建筑的高度，规模：	空间开放朝向：
一般风的方向		
标准风速		地表面粗糙度
温度区分		降雨量　　多　中　少　（　　）
台风影响	大　中　小　（　　）	海风影响　　大　中　少　（　　）
建筑风的影响	大　中　小　（　　）	大气污染影响　　大　中　少　（　　）
降雨条件	降雨可接收　　迎风向接收不到降雨　　有屋檐接收不到降雨	
绿化墙壁的朝向	北　　南　　东　　西	
日照条件	良好　　普通　　差　　非常差　　（　　　　　　）	
对周边环境的考虑		
使用施工当场的土壤时	有效土壤厚度　　　　　　cm　　有效栽种宽度　　　　　　cm	
	土壤排水状况：　　良好　　不良　　改良必要性：　　有　　无	
	土壤特性　　土壤硬度：　　pH 值：　　EC：	
	有效水分保有量：　　渗透系数，当场渗水量：　　其他：	
备注		

关于墙面绿化，建筑和构造物调查表

<table>
<tr><td rowspan="14">建筑概要</td><td>建筑名称</td><td colspan="3"></td></tr>
<tr><td>住址</td><td colspan="3"></td></tr>
<tr><td>所有者</td><td></td><td>建筑管理者</td><td></td></tr>
<tr><td>建筑用途</td><td></td><td>竣工时期</td><td></td></tr>
<tr><td>占地面积</td><td></td><td>建筑面积</td><td></td></tr>
<tr><td>容积率</td><td></td><td>建筑面积率</td><td></td></tr>
<tr><td>层数</td><td>地上　层,地下　层</td><td>算入绿地面积</td><td>有　　　　无</td></tr>
<tr><td>用途地域</td><td></td><td>防火指定</td><td>防火　　准防火　　无指定</td></tr>
<tr><td>主体构造</td><td></td><td>屋顶下方构造</td><td></td></tr>
<tr><td>设计者</td><td></td><td>施工公司</td><td></td></tr>
<tr><td>设计图</td><td>外观　　构造　　设备　　无</td><td>构造计划书</td><td>有　　　　无</td></tr>
</table>

<table>
<tr><td rowspan="18">墙壁绿化场所的概要</td><td>墙面朝向</td><td colspan="2">南　　北　　东　　西</td><td>容许荷载</td><td>kgf/m²</td></tr>
<tr><td>壁面面积</td><td colspan="2"></td><td>可绿化面积</td><td>m²</td></tr>
<tr><td>墙壁的有无</td><td colspan="4">有　　通道后面　　半高　　无（有地板）　　无（无地板）</td></tr>
<tr><td>窗户, 出入口</td><td colspan="4">有（开关）　　有（固定）　　无　　其他（　　　）</td></tr>
<tr><td>墙壁下方通行</td><td colspan="4">可通行　　通行限制　　不可通行　　（备注　　　　　　）</td></tr>
<tr><td>墙面材料（有无涂装）</td><td colspan="4">RC 清水混凝土　　RC 涂装　　PC　　气泡混凝土　　轻量块　　瓷砖　　砖　　玻璃
木质砂浆　　纯木　　木造油漆　　纯金属　　金属涂层　　石材　　石堆</td></tr>
<tr><td>安全对策</td><td colspan="4">墙面有安全带安装位置　　屋顶有安全带安装位置　　没有安全对策</td></tr>
<tr><td>雨水处理</td><td colspan="4">屋檐流水槽　　导水管　　垂流　　其他（　　　　　　　）</td></tr>
<tr><td>攀缘辅助材料的安装方法</td><td colspan="4">可安装固定螺栓　　可以粘结施工　　上方护墙可用金属扶手
下方使用地中固定螺栓　　独立基础　　不可加工</td></tr>
<tr><td rowspan="2">给水设备</td><td colspan="2">上水　　中水　　雨水　　无</td><td>给水管径</td><td>mm</td></tr>
<tr><td colspan="4">上水的地中配管：　　需要水箱　　可安装空气阀门等</td></tr>
<tr><td>电气设备</td><td colspan="2">插座　　有（　个）　　无</td><td>电压, 电容</td><td>V　　　A</td></tr>
<tr><td>货物搬运通道及管理用通道</td><td colspan="4">屋檐　　阳台等　　梯子　　吊绳
踏板　　高空作业车　　其他（　　　　　　　　）</td></tr>
<tr><td rowspan="3">搬运车辆的可能性</td><td colspan="2">货物装卸用地　　有　　无</td><td>位置, 大小</td><td></td></tr>
<tr><td colspan="2">搬运车辆用地　　有　　无</td><td>位置, 大小</td><td></td></tr>
<tr><td colspan="2">电线保护　　需要　　不需要</td><td>道路使用许可</td><td>需要　　不需要</td></tr>
</table>

<table>
<tr><td>备注</td><td></td></tr>
</table>

6）关于墙面绿化的规范

规划墙面绿化时,要检查建筑基准法、消防法等,要充分考虑安全、避难、防灾、近邻的现况等。

因为有墙面绿化可以算入绿化面积的制度、融资制度、税减免制度、绿化费用补助制度等,所以要调查绿化规划用地的各种制度,遵守并活用各种规定。另外,窗户不合适时（采光、排烟、换气、紧急出入口、消防法规定的台阶等）,避难口、通道不合适时,都必须进行规划。

关于墙面绿化面概预算入绿化面积的制度,根据各自治体的计算方法不同有很大的差异,因此事先要收集相关信息。

2. 墙面绿化规划

墙面绿化的规划，要整理墙面绿化的前提条件，考虑建筑用途，绿化空间的场所和形状等，对绿化目的、绿化内容、管理形式和体制等进行周密考虑，探讨与建筑整合的同时推进规划。还要对绿化的寿命有所认识。另外，在规划阶段还需整理维护管理的注意事项。

2-1　墙面绿化规划要点

在考虑墙面绿化规划要点的基础上，还要对绿化的寿命，使用可能的总承载荷载，植物所必要的土壤厚度，绿化和建筑，防水，风对策的整合，栽植规划，设施、设备规划，安全措施等进行考虑。

整理"墙面绿化的前提条件的掌握"中的条件，选择供植物良好生长的基础构造、植物种类等，推进绿化规划。

①规划的前提条件：建筑用途、预算、所在位置、建筑现状、自然环境、社会环境，周边环境等。

②绿化空间：墙面绿化位置、规模、形态、绿化规模（全面、部分、个别处）和绿化施工的空间及维护管理空间。

③绿化目的：城市环境对策，提高景观，恢复自然环境，保全生活环境，防灾，心理效果，经济效果等。

④绿化内容：直接、间接攀缘，垂挂，墙面基础构造，墙壁前的种植等。

⑤管理体制：管理形式、管理水平、管理成本。

1）根据绿化目的进行墙面绿化规划

具体进行墙面绿化规划时，要按照绿化目的，使其效果最大限度地发挥，对绿化式样、栽植基础、种植规划等进行设计。制定规划时，要掌握墙面绿化对所在的城市环境、建筑、利用者的作用，在此基础上决定绿化目的是很重要的。通过栽植藤蔓植物，可以遮阳、避风，但是包括辅助资材在内的防风措施也要做好准备。

2）根据绿化位置进行绿化规划

与绿化位置（建筑 - 结构 - 方位）相结合，使绿化目的最大限度地发挥，进行规划。

表 6-2-1　根据绿化目的（效果）进行墙面绿化规划

绿化目的		绿化规划要点
都市环境改善效果	改善都市气象环境	绿化面积越大，绿化量越多，越需要栽种的持续性。植物的枝叶越繁茂越有效。尤其朝西墙面效果高，北面效果低
	大气净化	绿化量越多，越需要栽种的持续性。一般选择吸附污染物质能力强的种类进行栽种。植物之间空气越流通效果越好
	恢复自然生态	考虑到鸟类、昆虫等的栖息条件，种植规划里要有可作为诱饵的树种。尽量栽种多种树种，创造多样的生物生存环境
	景观形成	外部视觉效果好，一年四季枝叶越茂盛越有效果。立体绿化可以促进都市景观形成。尤其可看到的地方绿化越多效果越高
经济效果	建筑保护	可以减少紫外线或急剧温度变化，可以保护墙面主体和表面完成材料。一年四季，植物枝叶越繁茂越有效果。尤其朝西的墙面温度变化急剧，效果最好
	节能	朝南和朝北的墙面效果较差，朝西的墙面效果好。夏季枝叶繁茂遮挡阳光照射，冬季落叶后，墙面可以直接接收到阳光照射。对绿化墙面内侧的房间有效（绿色窗帘效果）
	宣传，修整景观	通过绿化墙面，可以美化建筑的外观。设计时要与建筑整体式样相结合。尤其周边场所，经常利用的地方更有效果
	创建建筑空间	根据城市绿地法规，在有些自治体，可以作为一定比例的绿地面积计算。根据各个自治体的规定，绿地计算方法不同，事先要进行调查并对应
利用效果	微气象缓和	尽量扩大绿化的覆盖密度，及覆盖面积。朝西的墙面和阳台等效果好，绿色窗帘的效果也好
	生理、心理、观赏、趣味	通过种植鲜花和有果实的植物，可以体验四季变化，享受花香等，最好在绿化规划中注明，尤其在建筑周边，经常利用的地方更有效果
	防火、防热	防止火势蔓延，火灾时对建筑物进行保护，确保避难通道等。大量种植常绿植物效果更好。尤其在反射热强的墙面全面种植效果更好

表 6-2-2　根据绿化位置进行绿化规划

绿化位置		绿化规划要点
建筑物	建筑墙面（有建筑主体结构） 朝南	根据墙面的日照时间和太阳高度，夏季日照量少，对城市环境的改善效果要比朝西的墙面小。虽然在夏季入射的能量变小，但并不影响植物生长
	朝西	夏季的下午(高温时)日照量多，对城市环境的改善效果强。其中节能效果、保护建筑等效果，是墙面绿化中效果最强的。但是另一方面，作为植物的生长空间，条件最差，藤蔓植物的叶子容易晒焦，需要有充足的基础构造、灌溉等对策
	朝东	夏季的上午（低温时），日照量多，节能和微气象缓和效果要比朝西墙面低。适合藤蔓植物良好生长
	朝北	日照量少，城市环境改善效果低。如果北侧的空间较开阔，可以接收较多光照，也适合藤蔓植物良好生长
	建筑垂直面（非墙面主体，指垂直面，有窗户的部分等）	由于背面没有墙面，对建筑物内部的节能效果差，但是，阳台的绿色窗帘作用，可以降低室内的温度。由于风从双方向吹来，不适合种植需要诱导、捆扎等附着根型的藤蔓植物
工件	挡土墙	如果到墙背面上方边缘有土壤的话，适合采用下垂型的墙面绿化。但要注意自然石块垒砌的地方，中间有空隙，容易受到植物根的侵入，易造成破坏。是以恢复自然生态环境为目的的一种绿化方式
	护墙	为确保栽植的基础构造，要注意护墙的基本构造。如果使用轻量混凝土等垒砌时，会因植物湿气增加，砖块易碎，还会容易生青苔等
	围栏	植物生长繁茂时，构造设计时注意风的正负压荷载影响。由于植物使湿气增加，要有防止生锈等的对策
	覆盖	可以从上方遮挡日照，对微气象的缓和效果特别强。栽种紫藤等，可以增加景观形成，修景效果。种植猕猴桃、葡萄等，可以收获果实

表 6-2-3　绿化目的（效果）与墙面绿化位置

绿化位置	方位	都市环境改善效果				经济效果				利用效果		
		都市气象改善	大气净化	自然生态恢复	形成景观	建筑保护	节能	宣传，修景	创造建筑空间	微气象缓和	生理、心理观赏	防火、防热
建筑墙面（有建筑主体结构）	朝南	△	△	△	○	△	△	△	△	△	○	○
	朝西	○	△	△	○	○	○	△	△	△	○	○
	朝东	△	△	△	○	△	△	△	△	△	○	○
	朝北	X	△	△	○	△	X	△	X	X	○	○
建筑垂直面（非墙面主体）		△	△	△	○	△	X	○	X	△	○	△
挡土墙		△	△	○	○	X	△	△	X	△	○	○
护墙		△	△	△	○	△	X	△	X	△	○	○
围栏		△	△	△	○	△	X	△	X	△	○	△
覆盖		△	△	△	○	△	X	△	X	△	○	○

范例：○：有效；△：较有效；X：无效。

3）根据绿化基础构造进行绿化规划

墙面绿化中，能否确保栽植的基础构造，对规划有很大的影响。基础构造不同，绿化形式和使用的植物种类也不同，同时是否需要灌溉装置也有不同。

人工地基是在建筑主体上制作的基础构造（土壤等），容器型是与建筑主体分开，另外设置的基础构造（土壤等）。二者基本上与屋顶绿化的基础构造研究项目相同，因此可以参照"屋顶绿化"的具体内容。墙面基础构造虽然是覆盖在墙壁上，但根据施工方法，也有和容器型一样的东西。

图 6-2-1　绿化基础构造

天然地基

 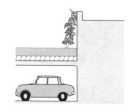

人工地基

和建筑结构的基础部分相连，因多采用回填土，所以一般情况下，天然地基的土壤中杂质较多，对于植物的生长非常不利。在土壤条件非常恶劣时，多采取土壤的置换或进行土壤改良。尽可能确保足够的土壤范围用于满足植物的生长。并需要进行排水处理，用于解决由墙面流下大量雨水的情况。

原则上是以屋顶绿化的基础为标准，设有阻根层、排水层、过滤层以及土壤层。为满足植物的生长需求，应尽可能确保较多的土壤量。需采用保水性、保肥性、轻量性等各方面优质的土壤，并尽量设置灌水装置。屋面荷载需满足承重设计荷载，并注意防水层的保护和雨水排水等问题。

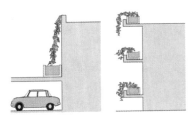

容器型

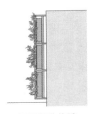

墙面绿化构造

根据植物生长的需要，应尽可能地保证足够的土壤量，但又因承受荷载的原因，需对土壤量加以控制，所以，要使用保水性、保肥性、轻量性等质量好的土壤，并配置灌溉装置。对于建筑，特别是阳台等的荷载应控制在可承重范围之内。

绿化方法需根据各工法的不同来进行合理的规划，在墙面绿化时，更要注意重量较重的绿化构造是否合适。要注意是否会发生土壤的飞散，流失，构造的劣化是否会对植物生长产生影响，构造是否具备耐久性，是否有没有注意到的地方。灌溉装置也是必不可少的，需考虑到排水的处理，水的循环，植物肥料的使用等。因绿化构造系统内的水分量上下会有很大的不同，所以可灌溉间隔的缩短，保持水分充足，根据植物种类的不同，虽然可减少上下的生长差别，但由于分灌溉装置会发生故障，导致植物急速枯死的现象也会发生。绿化构造采用薄形工法较多，因此需要构造自身的交换，所以绿化构造的维护管理是否可能，是否有攀缘墙体的方法等都需要考虑。

4）根据绿化形式进行绿化规划

根据绿化形式，直接攀缘，间接攀缘，垂挂，墙面基础构造，墙壁前种植等，绿化规划也会随之改变。相反地，根据绿化形式，对墙面外装的完成、承载力，管理用通道等进行规定。另外，可以使用的植物种类也会不同，灌溉装置的重要性也有不同。根据绿化形式，关于耐久性和绿化成本，参照表6-2-6进行考虑。

表6-2-4 根据绿化形式制定墙面绿化规划

绿化形态	绿化规划要点
直接攀缘型	可以直接攀缘，不需要特殊材料和装置，使用附着盘型、附着根型植物。但绿化范围的控制比较困难，需要经常修剪，如果攀附的墙壁表面较光滑，由于风吹或自身重量会发生剥落现象。另外，如果种植植物的苗，覆盖整个墙面需要一定的时间
间接攀缘型	在墙面安装攀缘支撑材料，种植卷附型、卷须型、卷叶柄型植物，或依附性植物，通过诱导、捆扎使其攀缘。由于有支撑材料，相对控制了绿化范围，但时，当藤蔓从墙面垂下，或者向墙面前方伸出等时，需要进行修剪。较多植物在墙面上方部位生长繁茂。选择支撑材料的形状和尺寸时，最好根据植物种类，同时也要注意墙面主体结构的荷载支撑力和固定螺栓等的支撑力
直接攀缘、间接攀缘混合型	在墙面安装棕榈垫子、无纺布等片状或金属网等格子状的攀缘辅助材料。可以种植直接攀缘型或间接攀缘型植物。不易发生植物剥落现象，不受建筑主体墙面形状的限制，可以种植多种植物。其中，片状的攀缘辅助材料吸附雨水后荷载会增加，要注意计算固定螺栓的强度
下垂型	在墙面上方或中部铺设栽植基础构造，种植下垂型植物，使之下垂生长。植物不断从根部长出新枝，但无法穿透上方的枝条，生长过长时需要将下面的部分剪掉。经过长年累月，厚度会增加，需要剪除内侧的部分。另外，垂到地面的藤蔓会长出吸收根（陆生根），覆盖地表面，需要及时剪除。由于风吹，摇曳的枝条会擦伤或弄脏墙面，最好设置支撑材料。但使之下垂时，由于不会长出吸着根，没有必要设置促进根扩张的支撑材料
墙壁前种植型	在墙壁前面种植，与一般种植没有太大区别。通常可以使用中高大树木，但也有沿着墙面，使枝叶扩展延伸的搭设支棚架等方法。以温热效果为目的时，距离墙面越远，越需要大面积的绿化。在墙面上设置格架或栅栏等诱导植物生长的方法，与间接攀缘型基本相同
墙面基础构造型	在墙面上设置基础构造，不仅可以种植藤蔓植物，还可以种植多种植物进行绿化。根据各种基础构造，及各种安装方法，选择相应的植物种类及浇灌方法。绿化范围相对受到基础构造材料的限制，但是，当植物生长过多，超出墙面，下垂延伸，向墙面前方伸出时，需要修剪。垂直面上的基础构造在下雨时，无法确保植物生长所需的水分，需要灌溉装置。但是，装置发生故障的话，植物就会枯死。栽植基础构造的重量虽然与施工方法有关，但垂直面的施工要比其他施工有更大的荷载，要注意墙面主体的荷载支撑力和固定螺栓的支撑力。由于强调修整景观，主要使用常绿植物

图 6-2-2　墙面绿化模式图

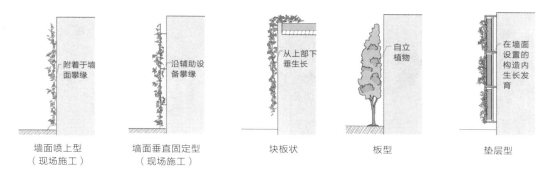

墙面喷上型
（现场施工）

墙面垂直固定型
（现场施工）

块板状

板型

垫层型

表 6-2-5　墙面绿化目的（效果）与墙面绿化形式

绿化目的	绿化形式	直接攀缘	间接攀缘	下垂	墙面基础构造	墙面前方栽种	备注
都市环境改善效果	改善都市气象环境	○	○	○	○	○	枝叶的繁茂程度决定效果
	大气净化	○	○	◎	△	◎	空气透过绿化墙面后效果高
	恢复自然生态	◎	○	○	○	○	基础构造易产生令人不快的害虫
	景观形成	○	○	○	△	○	墙面基础型可利用多种植物
经济效果	建筑保护	○	△	○	○	△	与建筑墙面密切接触的话效果高
	节能	○	△	○	○	△	与建筑墙面密切接触的话效果高
	宣传、修整景观	○	○	◎	◎	○	可更换的话效果高
	创建建筑空间	○	○	△	○	△	墙面基础型可利用多种植物
	微气象缓和	○	○	○	○	○	进入绿化内侧的话效果高
利用效果	生理、心理、观赏、趣味	○	○	○	○	◎	自然的感觉效果更高
	防火、防热	○	○	◎	◎	○	可更换的话效果高
	创建建筑空间	△	△	△	○	△	有基础构造的话效果高

范例：◎：特别有效；○：有效；△：较有效。

表 6-2-6　绿化形式的耐久性和成本

绿化形式	制作成本	管理费用	改修费用	耐久性	备注
直接攀缘型	◎	◎	○	○	改修时的墙面清扫等除外
间接攀缘型	○	○	△	○	制作成本包括攀缘辅助材料
下垂型	△	◎	○	○	基础构造制作成本可以用容器试算
墙壁前种植型	○	△	△	○	制作成本包括攀缘诱导辅助材料
墙面基础构造型	×	×	×	×	灌溉装置不可缺少

范例：◎：费用非常低；○：费用低；△：费用较高；×：费用非常高。耐久性○：耐久性高；×：耐久性低。

297

5）根据植物内容（形态）进行绿化规划

根据植物形态的不同，适合的墙面绿化不同。虽然很多墙面绿化使用藤蔓植物，但在墙面基础型的绿化中，也可以使用一些低矮的植物。

表6-2-7 根据绿化植物进行墙面绿化

绿化目的 \ 绿化形式·绿化规划	直接攀缘	间接攀缘	下垂	墙面基础构造	墙面前方种植	绿化规划要点
附着盘型	○	○				卷须前端可呈吸盘状附着在墙面上，附着力强。根据卷须本身的机能，可以借助格子状辅助材料攀缘，还可以连接格子，攀缘容易
附着根型	○	○	△	○		枝条（茎）的节和节之间长出不定根，可以附着，但根据植物种类，附着力不同。不能直接借助格子状的辅助材料攀缘，需要设置诱导格子并捆扎后才能攀缘，多数植物覆盖整个墙面后，向墙面前方伸出短枝并开花，下垂的枝条一般没有附着根，不附着在墙壁上
卷须型		○	△			通过茎或叶子的变化，卷须可以借助其他东西攀缘。利用格子辅助材料时，单面攀缘生长的例子较多。考虑木本性的植物卷须会枯萎脱落，可以采用诱导方式（连接格子，捆扎），辅助材料不要太粗，否则卷须无法附着。关于一年生草的卷须植物，如果利用格子攀缘辅助材料的话，枯萎后处理很容易
卷叶柄型		○				伸长的叶柄可以卷住其他东西攀缘。不用花盆栽种时，需要注意不要落叶太多。其他注意事项与卷须型相同
卷蔓型		○				从树干、枝条伸出藤蔓卷附在其他东西上攀缘，根据植物种类，卷附能力不同。有的植物完全没有卷附功能。如果利用格子状辅助材料，需要修补等时，拆卸会很困难。因此，一年草卷蔓型植物，采用格子状辅助材料的话，枯萎后拆装需要费很大工夫，最好使用线状材料。栽种初期使用攀缘辅助材料诱导后，便可以自行攀缘，不需要捆扎，捆扎材料在短时间内就失去捆绑功能，因此很容易拆掉。多数植物，没有卷附的话，会伸出短枝并开花
依附型		○	○	△	△	攀附在树干、树枝（茎）和叶子上面，依靠刺，逆向生长的树枝等挂住其他东西进行攀缘。或者，单纯依靠覆盖其他植物生长。诱导材料必不可少，不把大生长或生长较慢的植物可以使用格子状辅助材料，生长肥大的植物还要进行捆扎，有的根据肥大状况还要重新捆扎
下垂型			○	○		使用覆盖型或依附性植物，使之下垂生长。覆盖型植物可以在种植初期就下垂生长，而依附型植物，需要引导才能沿着墙面生长。沿墙壁下垂生长的话，上方的边缘容易被磨损，这部分最好使用辅助材料来进行保护。还有，有的植物会对墙面造成划伤，也可以设置辅助材料进行保护。墙面基础型绿化也可以使用
一般高中等树木					○	沿墙面诱导，叶间隔较小的植物要缩小种植间隔。诱导时需要捆扎，根据生长肥大状况重新捆扎。利用果树的情况较多，可以收获很好的果实。与依附型植物的区别在于，一般情况下可否独立生长
一般低矮树木				○		主要用于墙面基础型绿化。因此，使用不易长高的植物或覆盖型植物。最好使用常绿的，叶子小而密的，生长慢的植物
一般的多年生草				○		主要用于墙面基础型绿化，墙面基础型绿化中，除了托盘型、口袋型以外，也可以使用不易长高的覆盖型植物
一般的一年生草				○		墙面基础型绿化中，仅限使用托盘型、口袋型、花盆型绿化。相比其他的施工方法，更注重修景效果，适合使用全面开花的植物

2-2   墙面绿化的未来目标

墙面的绿化，作为外部景观，要求植物在建筑上能够良好地生长。由于墙面绿化利用藤蔓植物较多，栽植后能够覆盖整个墙面，因此规划时要估计覆盖速度、覆盖厚度和开花状况等，设定将来绿化的样子是很重要的。

关于栽植基础、植物种类、植物支撑材料、灌溉装置等整个栽植系统，要确认耐久性，与绿化目的、绿化形式相结合，建立全体绿化的未来目标。

一般绿化的话，采用半永久性的绿化，但是墙面绿化，采用构造物寿命范围内的绿化。如果因墙面改造等，暂时去掉墙面绿化时，直接攀缘型植物的撤去工作很困难。另外，为墙面基础构造的情况时，由于耐久年数有限的较多，基础构造耐用年

限以上的话是不能继续绿化的，因此确认年数是很重要的。在墙面基础构造中，花盆插入型的植物，由于最短的时候要1周更换一次，所以作为展示、临时性的绿化。

相反地，一年草等期间限定的绿化，在教育方面，城市的温热环境方面可以发挥很好的效果。因此，采用可装卸的攀缘支撑材料等，在冬季可以将植物撤去的绿化方法。关于一年草和多年草的绿化，每年根据预定的规划选定并设置绿色基础构造和攀缘用辅助材料。如果预定收获时，还要在规划中考虑攀缘用辅助材料的装卸等。

尤其，目标绿化覆盖后，关于植物的生长，要事先制订好管理方法和未来目标。

2-3   墙面绿化中关于栽植规划的要点

栽植规划，要了解墙面的环境，要与绿化目的、绿化形式相结合研究栽植基础，决定植栽位置、树的种类、栽植植物的大小等。同时，要设定管理方法、管理形式、管理内容等，综合推进规划。要尽量减少影响植物生长的恶劣环境，与实际相结合

进行规划是制定栽植规划的要点。

关于植物的生长，与栽植基础和灌溉、施肥、修剪、防病虫害等的管理密不可分，如果栽植基础不够充分的话，那么在管理上会花费很多工夫。

1）植栽规划的推进方法

墙面绿化，要掌握规划墙面的环境压力和风荷载，以及安装墙面结构、攀缘辅助材料、基础构造材料等的承载力，还有

外包装材料的防水防潮状况。而且，还要确认现有的地基可否利用（可以的话，要了解土壤特性），基础构造的设置场所

（在屋顶和阳台使用时的耐荷载和安全性等）、设置形态等。

关于上述项目，首先要考虑环境对策，与墙面的调整、风对策，土壤，然后考虑栽植基础、安全措施等，详细研究管理形式、内容、方法、结构构件、植物种类、灌溉方法等后再决定规划。

2）墙面绿化的高度、规模

关于墙面绿化、墙面高度，以及接近墙面的通道，与施工和管理成本密切相关。有的会有因设置接近墙面的通道而增加墙面绿化自身成本的情况。

由于藤蔓植物不能无限伸长，根据植物种类，有的可以决定伸长长度和高度，但有的并不明确。还有，表面蔓延程度也一样，甚至可以根据基础构造的土壤量规定蔓延规模。由于大多采用藤蔓植物幼苗进行栽植，因此每年可以预测生长多少，扩展多少，计算墙面全面被覆盖需要花费多少年，在此基础上进行规划。还有，在墙面全面植物繁茂生长的状态下，要进行风的荷载（负压）计算，攀缘辅助材料等的强度计算。

3）绿化系统的选定

根据绿化目的、绿化形式，选定与之相结合的绿化系统。由于适用于绿化系统中的植物种类有限，因此要进行考虑。由于与维护管理密切相关，因此要与管理规划相结合。

4）栽植结构

根据绿化目的、绿化形式，要对栽植结构进行考虑。要决定采用单一植物种类构成，还是采用复数的植物种类构成。另外，还要考虑是用植物苗进行绿化，还是小棵植物进行绿化。与屋顶和坡屋顶绿化一样，采用复数的植物种类栽植时，确保多种生物生息空间的同时，由于环境的变化，可能导致大面积枯死、病虫害发生。

5）植物种类的选定

根据绿化目的、绿化形式和种植结构，选定合适的植物种类。

植物选定的基则是，要考虑可否在那个环境中生长，植物的生存力（微气象的控制等），利用特性，以及维护管理。尤其是攀爬型的植物，由于墙式树木的诱导是不可缺少的，没有它就无法进行墙面绿化，因此对管理方面要充分进行考虑。

6）灌溉装置

关于灌溉装置，如果是人工地基型绿化，由于土壤量有限，最好安装灌溉装置，如果是容器型绿化，需要在管理方面加以考虑，如果是墙面基础型绿化，灌溉装置是不可缺的。根据获得的水（自来水、中水、雨水）、水压、栽植形态、管理形式等选定灌溉方式和材料。

2-4　墙面绿化的施工和管理调整

从规划阶段就考虑施工和管理方法，可以防止发生植物生长不适应、生长不良等。

制造费和维持费有密切的关系，如果抑制了制造费，若不提高维护管理水平，植物就会生长不良。因此，在管理特性的基础上，有必要在规划阶段对施工后的管理进行调整。

尤其墙面基础型的绿化，灌溉管理是不可缺少的，要设置能够实时监测灌溉装置启动情况的装置和管理体制，比起绿化本身的费用，接近墙面的措施、监测装置、管理体制等费用有可能更高。

2-5　墙面绿化的成本规划

由于要制定预算，在规划阶段成本的概算要根据绿化规划、栽植规划、管理规划，对修改成本和运营成本进行考虑。

进行墙面绿化时，不仅要注意绿化设施，还要注意维护管理用的设备占很大荷载。如果未对这些设施进行周密规划，墙面绿化就会很难维持，产生巨大的维护管理费用。

3. 墙面绿化的设计

墙面绿化的设计要依据绿化规划的方针，对整合性进行详细的考虑，完成可实现的墙面绿化设计。

设计墙面绿化时要留意以下几点：

① 墙面绿化，由于栽植后不容易进行维护管理，因此要充分整备栽植基础；

② 要考虑环境条件和景观等因素，选定适当的植物；

③ 关于攀缘辅助材料，要考虑材料的材质、颜色、形状、耐久性和设置方法等；

④ 用藤蔓植物绿化时，要知道到完成阶段需要花费的时间；

⑤ 要考虑货物搬入通道、工作空间、维护路线、维护管理空间等，还要考虑栽植树木的大小和施工方法、维护管理方法等。

图 6-3-1 墙面绿化

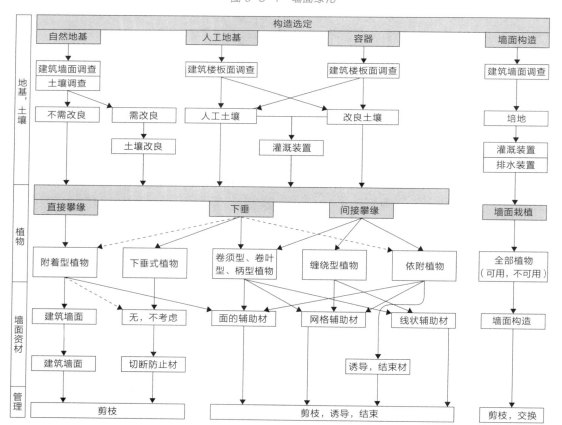

3-1 墙面的环境

墙面的自然环境条件，与墙面的朝向有关，朝向不同条件不同。特别是由于太阳照射产生的温度变化。另外，风也随季节改变，与周边环境的关系因风向而改变，因此事前要做好调查。这些要素都根据墙面的朝向不同而不同，因此在进行规划时，要掌握墙面朝向，对环境条件进行周密调查。

1）日照状况

关于墙面，朝南的日照量一般夏季少冬季多。朝北的一年的日照量都很少，从秋分到春分为止都完全没有日照。东面由于上午气温较低，日照量多也不会有太大影响，但是西面由于下午气温升高，日照量增加，容易产生高温障碍。因此，根据墙面朝向、周边建筑状况、墙壁颜色（白色的容易反光,黑色的反射少）等的区别，日照条件和温度条件会有很大变化，因此要考虑日照条件选择植物。

屋顶的天空率基本按照从100%进行减法计算，但墙面的天空率基本上从50%减去周边建筑等的阴影数值。根据前述内容计算出日照条件，选择植物。

根据第三章图3-2-1，照射到墙面的太阳光，朝南墙面与屋顶等水平面相比，夏至的时候为1/10，立夏和立秋时为1/5，春分和秋分时为2/3，需要冷气期间的入射能源非常少。相反，冬至时针对水平面朝南墙面是2倍，立冬和立春的时候为1.5倍，但这个时期是太阳光照射的好时期。朝东及朝西的墙面，从夏至到立夏和立秋的时候，针对屋顶等水平面为1/2左右，春分和秋分的时候为2/3左右，有一定的热环境改善效果，但是，无论哪种情况，都是太阳从水平线升起到落下时的比较，在城市，实际上对其他建筑等的影响很少。

关于日照条件等的考虑，对应的提示 -1

用鱼眼镜头拍摄天空照片和垂直照片并绘图，将太阳的轨道图重叠，可以了解这个地点的日照时间和方向，除光环境外，还可以掌握周边构造物、树木等产生的遮蔽状况。

2）风

墙面的风的环境很复杂，在受风墙面会遇到上升风、下降风和旋风等，侧面有很强的剥离风，越往上风速越大，因为风吹，植物有被剥离的危险。因此，要事先调查，设计里要反映出金属安装件的强度等。

图 6-3-2　正西偏北 34°墙面的太阳轨道图

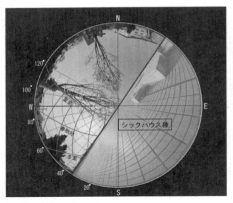

墙面上天空的太阳轨道图

墙面垂直面的太阳轨道图

使用攀缘辅助材料等进行的绿化，由于风将绿化墙面吹起，可以看到墙面的边角处等受风较强的部分，比其他墙面的植物生长更为不良。竖直攀缘墙面的绿化，植物在墙面的边角处生长良好，在朝西的墙面中央部等由于高温生长较差。

另外，由于风吹容易干燥，因此在经常被风吹的地方要选择耐干燥的植物等。

3）温度

墙壁的温度，根据墙面外包装的构成材料等有所不同。如果材料易冷易热，在夏季高温和冬季低温时特别成问题。在夏季，朝南西和西方向的墙壁，受日光直射，墙壁的温度可接近 50°左右，而在冬季，朝北的墙壁，由于低温会给植物的生长带来障碍。墙壁高温的原因如下所述，但是用植物覆盖的话，墙壁高温就会消失。

①墙壁材料属于金属类、混凝土、石头、瓷砖等热传导率高、保温性高的材料。但木材和橡胶、瓷砖等的热传导率、保温性很低，只在表面特别高温的材料上，才很少看见高温障碍。

②墙面绿化植物的攀缘辅助材料使用粗大金属。

③表面颜色使用热吸收率高的黑色系。

4）雨

确认墙面受雨的状况，进行规划。根据风向，雨水冲刷墙面容易使土壤流失，可能会有意想不到的事故发生。宽大的墙面，顺墙壁流下的雨水不要直接流入基础构造，要有控制流入量的措施。

关于墙面基础型的绿化，如果没有横向的降雨，除个别的基础构造需要雨水外，灌溉规划中基本上不计算降雨量。

5）墙壁构造和完成加工

根据墙壁的构造和完成，适当的墙面绿化的绿化形式和植物种类不同，要考虑它们的相互作用从而推进规划，因此要掌握墙面自身的状况。

3-2 墙面绿化的形态

根据绿化目的、墙面环境、墙面形状、基础构造的存在、维护管理费用和体制等，决定墙面绿化的形态。根据直接攀缘、间接攀缘、垂挂、墙面基础构造、墙壁前的栽植等绿化形式，墙面绿化的设计是不同的。

根据调查规划绿化的墙面主体的强度、墙面环境、墙面完成形状等，进行墙面绿化设计（参照表6-2-4"根据绿化形式制定墙面绿化规划"，表6-3-2"墙面完成形状与墙面绿化的相关性"）。

根据建筑的墙壁是否需要人工操作，来决定绿化形式。

也就是说一切墙面工作不需要人工操作，不能粘贴植物，也不能钉锚固等，只能采取墙壁前栽植型或攀缘辅助材料独立型的绿化。有的采用上方固定在屋顶阳台上，下方用锚固等固定在地上，墙壁本身不需要施工，只需装卸攀缘辅助材料的方法。

只允许墙面粘贴植物时可以采取直接攀缘型绿化，或者在屋顶等设置栽植基础，采用垂挂型绿化。

允许设置锚固时，间接攀缘型的绿化也是可能的，如果可以使用坚固的锚固或在墙面施工等，可以采用墙面绿化基础构造型绿化。

关于墙面绿化形式（施工方法）的选定，要考虑墙面本身、攀缘辅助材料、墙面基础构造等的相关性，再进行规划。

照片6-3-1　墙面绿化形式

直接攀缘

间接攀缘

间接攀缘②

下垂

墙前栽植

墙树（孔雀）

表 6-3-1　墙面绿化形式和墙面本身、辅助材料、墙面基础构造等的相关性

分类	墙面绿化形式	综合评价						备注
		修景性	耐久性	控制性	施工性	管理性	成本	
直接攀缘型	墙面主体	△	◎	✕	◎	○	◎	很久以来使用的方法。使用附着盘型和附着根型藤蔓植物。从树苗开始栽种，覆盖需要花费一定时间。根据墙面材料及整体材料，植物的附着力不同
	平面材料，墙面安装	○	○	△	○	○	○	为提高植物附着力，使用表面容易附着的材料。离墙面越近，安装金属工具的力矩越短
	平面材料，独立	○	○	△	△	○	△	与墙面分开，独立安装的面板型材料。考虑到容易倒塌，根据垂直面的荷载，最好在墙面上设置锚固来抵抗可能跌倒的水平力
	格子材料，墙面安装	◎	○	✕	○	○	◎	使用常春藤类等附着力不强的植物进行绿化，即使从辅助材料剥离，也不会落下
	平面材料、格子状材料的并用	○	○	○	○	○	△	平面型和格子状的材料混合使用，可以使用附着型和卷附型两种类型的植物
间接攀缘型	支撑材料，墙面安装	○	○	○	○	○	○	支撑材料离墙面越远，锚固等所需力矩越大。在墙面上安装格子状、线状材料，使卷附型植物攀缘。也可以使用已经生长一定时间的植物
	支撑材料，挂于屋顶，地基	△	✕	○	○	○	○	是用树脂纤维网从屋顶铺设到地面，使一年生藤蔓植物攀缘生长。考虑到台风等强风影响，可以卷起来，放到下面。植物枯萎后也可以取下来存放
	支撑材料，独立	○	○	○	△	○	△	与墙面分开，独立安装的支撑材料。设计基础构造时要考虑倒塌因素。在墙面上安装锚固，可以抵抗跌倒时的水平力，减轻支撑材料的负担
下垂	无支撑材料	○	◎	○	○	○	◎	使植物下垂生长，即使是附着型植物，可在墙面上附着的植物种类也有限。不需要支撑材料
	辅助支撑材料，墙面安装	◎	○	○	○	○	○	下垂较长时，根部会使建筑物的边角受损，并损伤墙面，作为防止对策，最好设置辅助材料。在墙角等处设置的情况较多
墙壁前方栽种	无支撑材料	○	◎	○	○	△	◎	可独自站立的树木，枝条不用横向诱导时，不需要支撑材料。频繁修剪防止树形变形
	支撑材料，墙面安装	◎	◎	◎	○	△	○	可独自站立的树木，枝条需要横向诱导时，需要辅助材料。在英国等国家和地区，有与锚固一体化的捆扎材料
	支撑材料，独立	○	✕	○	○	△	○	像栅栏一样，将柱子打入地里，设置支撑材料。如果使用可独自站立的植物，也可以在树干上安装支撑材料
墙壁基础构造型	基础构造，墙面直接有	○	✕	○	△	✕	成本	墙面上直接带有基础构造，不需要与荷载相关的力矩，可以不设置锚固
	基础构造，墙面安装	◎	△	○	△	✕	✕	墙面上安装基础构造，与墙面距离越大，荷载所产生的力矩越大，要讨论恰当的安装方法。与墙面之间设置通道的话，可以方便管理
	基础构造，独立	○	△	○	○	✕	✕	由于要承受所有基础构造材料和植物的重量，需要坚固的基础。垂直方向的重量由支撑材料承担，由于风等造成倒塌的力，由墙面的锚固来承担，来减轻支撑材料的负担

范例：◎：特别有效；○：有效；△：较差；✕：差。

3-3 墙面绿化系统

根据直接攀缘、间接攀缘、垂挂、墙面基础构造、墙壁前的栽植等的基本的绿化形式，墙面绿化的系统不同。

直接攀缘型的绿化施工方法，并没有系统化，而是由设计人员根据墙面和基础构造的状况决定栽植种类。间接攀缘型的绿化施工方法也是一样，虽然需要安装各种攀缘辅助材料，以及特定的金属元件组合，但是都不能称为绿化系统。

照片6-3-2 墙面绿化系统

直接、间接攀缘复合型

容器，辅助资材一体型

墙面基础型

（1）直接、间接攀缘复合型的绿化系统

直接、间接攀缘两种形态植物种类的绿化系统，由板状攀缘辅助材料和格子状攀缘辅助材料复合而成。可以使用多种植物，植物的剥离现象难以发生。主要是从墙面下方攀缘的形态，若是宽大的墙面，要全面覆盖的话需要一定的时间。

（2）容器和攀缘辅助材料一体型绿化系统

由容器和格子状攀缘辅助材料组合而成，先在生产苗圃让植物在一定程度上覆盖格子后再设置到现场。宽大的墙面上，可以分段设置。虽然与墙面基础型绿化系统很难区别，但是可以确保一定的土壤量，土壤表面可以保持水平。虽然收纳容器需要一定空间，但在做规划时，可以考虑与管理用通道并用等措施。

（3）墙面基础型绿化系统

关于墙面基础型绿化系统，夏季如果不利用灌溉装置的话，几天就会发生枯死的现象，因此异常时的警报装置是不可缺少的，并且要构筑快速修复异常的体制。如果没有这样的装置、管理体制的话，最好不要采用墙面基础型的绿化系统。

3-4 栽植的攀缘辅助材料、基础构造及其他

进行绿化的墙面环境，墙面形状，绿化攀缘辅助材料、绿化基础构造，灌溉装置，管理用通道等，与墙面绿化形式的相关性要进行考虑，研究使用适当的材料和固定方法。

1）主体墙壁

设计墙面绿化时，要根据规划绿化的墙面主体的强度、墙面环境、墙面完成形状等。另外，还要考虑藤蔓植物对墙面的影响。

表6-3-2 墙面完成形状与墙面绿化的相关性

墙面整体材料名称	综合评价				备注
	植物附着性	耐久性	辅助材料安装性	管理性	
玻璃	×	○	×	◎	任何直接攀缘型植物几乎都不易攀缘。即使可攀缘，附着力也极弱，容易剥落
清水混凝土	○	○	○	○	表面越粗糙越容易附着，如果有条纹的话更容易附着。植物附着后湿气重，要注意防潮。铺设混凝土后1~2年，会变碱性，另外，模板材料剥离会影响植物攀缘
气泡混凝土	△	△	△	△	与清水混凝土相比攀缘困难，附着坚固的很少
任意贴瓷片等	△	◎	×	◎	瓷质材料附着力弱，但石器，陶瓷材质的附着力强。打磨后的砌块附着困难，但割开、切成小块等后附着力强。缝隙间藤蔓很难侵入，不易产生因植物肥大瓷砖等剥落的现象
瓷砖等 圆片粘贴或安装	×	○	×	×	接缝处容易有藤蔓侵入穿出，植物肥大生长容易造成瓷片等剥落。因此，这样的墙面不宜种植直接或间接攀缘植物，不适合墙面绿化
花园墙，围墙	×	○	×	△	接缝处容易有藤蔓侵入穿出，肥大生长容易发生破损现象。因此，不适于墙面绿化
金属	△	○	◎	△	如有植物附着的话，涂层等处不易修补，因此使用没有涂层的材料。根据金属材质和表面完成度，植物的附着力不同，表面过于平滑的话附着力弱
木质	△	×	△	△	木板材料，会因肥大生长的藤蔓侵入，造成破损。需要根据预测植物附着后的荷载、风压力等确保木板厚度。另外，还要参考平面支撑材料的内容
木造钢丝网砂浆	×	×	×	×	与清水混凝土基本相同。设计时要考虑植物附着后的荷载和风压力等因素，但是施工很难达到所需强度，因此不适宜墙面绿化
天然石头堆积	○	○	○	△	各型植物都可坚固附着。有空隙的地方如果有土壤的话，附着根会在地中生根，肥大生长会毁坏石墙，因此要频繁进行检查
砖块堆积	○	○	○	○	各型植物都可坚固附着
轻量混凝土块状堆积	○	△	○	○	各型植物都可坚固附着。长期使用后，会因植物湿气增加，边缘处会长青苔等，砖块会变脆，易碎
土墙	×	△	×	×	考虑到附着根会变成地中根，不适宜墙壁绿化。墙面喷涂后，由于有碱性，短期时间内不易攀缘
涂装完成	×	△	△	×	绿化的话，由于涂装不易改变，不适宜进行绿化。但可以更换涂装同时替换绿化模样。根据涂装材料、地基材料及植物附着度各异
喷漆完成	△	△	△	△	如果是亲水性材料，各型植物都可坚固附着。但如果是防水材料附着力弱。要讨论植物的重量，植物繁茂时的风压力，采用与地基材料附着力强的施工方法

范例：◎：特别有效；○：有效；△：较差；×：差。

附着型的藤蔓植物，有的不使用攀缘辅助材料也可以攀爬生长，但要在这种附着墙面的表面进行凹凸处理或采用诱导的东西，这样容易得到比较良好的攀爬效果。如果墙面的主体强度有问题，采用轻量墙面绿化或是设置独立的攀缘辅助材料。如果有防水、防潮的点和瓷砖剥离等问题发生时，要考虑对墙面进行改修。如果墙面太平滑，直接攀缘的植物受到强风时可能会剥离，因此在墙角等部分安装攀缘辅助资材。

朝西的墙面，由于太阳光的直射产生高温，如果使用容易吸热的黑色的话，要注意植物种类或者尽量改变墙面颜色。

藤蔓植物对墙面的影响

如果墙面有裂缝（裂纹）等，容易侵入间隙的只有大叶苎麻和常春藤等根附着型藤蔓植物。这些植物的根能深入裂缝，为粗大生长，要满足以下条件：

①存在适当大小的裂缝；
②裂缝经常处于潮湿状态；
③原有的根的吸水能力衰退。

一般的建筑，全部满足这些条件的非常罕见，如果采用根附着型藤蔓植物进行墙面绿化的话，绿化施工前要调查墙面的状态，如果有影响，需要对墙面进行维修等。

2）攀缘辅助材料

攀缘辅助材料有，使间接攀缘型的植物体互相缠绕的东西，防止垂挂型植物体被风吹的东西，或是保持墙面基础型植物的基础构造的东西。

进行设计时，不仅要考虑攀缘辅助材料的材料特性，还要考虑与规划墙面的构造合适与否，与植物种类的相关性，攀缘辅助材料本身的耐久性，安装的耐久性等。

攀缘、垂挂辅助材料要能长期使用，由于维护比较困难，因此使用材质要有强度和耐久性。

照片 6-3-3　攀缘辅助材料

面状材料

平面格子

立体格子

（1）板状攀缘辅助材料

与墙面分开设置时，要考虑风荷载的正压和负压，紧贴墙面时考虑负压，从而决定安装强度。紧贴墙面时，藤蔓如果进入墙面里面，材料会有被剥离的可能，因此在管理工作交接时，要注明不要让藤蔓进入辅助材料的里面。

（2）格子状攀缘辅助材料

考虑风荷载的正压和负压来决定安装强度，但用受风面积来计算植物的茂密幅度。与墙面分开安装时，距离越大安装材料的力矩越大，需要对强度进行计算。独立设置辅助材料时，要计算植物繁茂状态下的风压，从而决定地基的形状和大小。

（3）线状攀缘辅助材料

考虑风荷载的正压和负压来决定安装强度，但用受风面积来计算植物的茂密幅度。如果固定用的金属之间的距离较长，要考虑因风等摇摆的幅度。是与植物最重要的相关项目，需要取人选定的材料是否容易偏移滑落。

关于线状攀缘辅助材料，除线材本身外，还开发了新的线固定材料、收放材料、上下用的轨道材料等。

① 螺旋线

合股不锈钢线成螺旋状，表面用树脂涂层处理，使植物卷附在坚固的材料上。

图 6-3-3　与螺旋线相关的材料

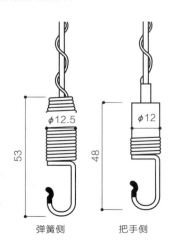

② 定零件、张拉用材料

ALC 板等对墙壁施加张力的话，会给建筑很大的负担。为了不对墙面过度用力，在绳子的一端内置发条，确保规定的拉伸力。由于经常要保持一定的张力，时间一长需要防止绳子变得松弛。

发条一方的金属零件内置夹子，只要插入绳子就可以被锁定，同时使用操作针，可以解除锁定。

③ 绿化轨道系统

绿化轨道系统，应用广泛，可以设置组合各种功能的绿化。使用铝制绿化轨道，安装配套的专用螺旋线。轻薄细长型的轨道不显眼，可以与建筑和周边空间一体化，与绿化环境相协调。低成本就可将轨道连接（横×纵），从小规模绿化到大规模为止，设置多样变化的同时，可以对应自由造型规划。

并且，在灌溉型绿化轨道内，组装专门的点滴式灌溉装置，或在绿化轨道的上层，在连接绳索一端的发条内部嵌入供水滴管。将水滴灌沿着螺旋线旋转滴下，靠离心力洒到植物的叶子的表面。

④ 防止恶作剧的机能金属零件

不仅纵向，横向也有钢丝牵引时，在钢丝的交叉部位设置金属环，可以使交叉部位活动。这样，如果打算登的话，容易偏离掉落下来，具有防止"恶作剧"的功能，防盗性和安全性很好。

⑤ 锚固的材料

在钢丝支架系统中，开发了设计简洁的金属零件。

表 6-3-3　锚固的材料

类型	特征
多样型	用钢丝一条一条地拉伸成一条线，斜向交叉成两条线，垂直交叉成两条线，垂直＋斜向可以形成三条线或四条线，还可以根据情况自由组合
夹子型	夹住钢丝，就可以只用一根钢丝连续拉拽连接，也可以斜向交叉。不需要使用终端金属件等，只需夹住钢丝一端就可以施工
简易型	可以简易安装。通过将一根钢丝穿过螺栓，就可以连续拉拽

照片 6-3-4　各种锚固的材料

各种锚固构件

（4）攀缘辅助材料的选定标准

关于攀缘辅助材料的选定，要与绿化目的相结合，对板状、格子状、线状材料等进行考虑后选定。并且要对修景性、重量、耐久性、尺寸调节性、施工性、管理性、成本、已有建筑的合理性等进行考虑。

（5）攀缘辅助材料的尺寸、安装尺寸

关于铁丝网、线材格子等材料，要考虑管理方便，因此网孔的尺寸，最好在10cm以上，这样人的手可以伸进去操作。如果20cm的话，手腕也能伸进去，更能提高工作效率。关于线材，一般用2～6mm粗细的线，但是要注意藤卷型的植物，线太细的话，只螺旋式生长却不伸长长高。相反地，如果过粗的话，藤卷型、卷须型、卷叶柄型植物不能攀缘。如果绿化使用的是1年性的植物、宿根性植物、铁线莲类等，在冬季地上部分会枯萎的植物的话，在构造上设置可拆卸的攀缘辅助材料，这样容易撤去枯萎的藤蔓。

在墙面设置攀缘辅助材料时，要防止落叶的堆积，考虑到管理等工作，最好间隔10cm以上，如果间隔20cm以上会更加提高工作效率。但是，与墙面分开安装攀缘辅助材料时，采用各种各样的施工方法，必须使用一些安装材料，从而增加了经费。特别是从西南到朝西的墙面，必须考虑墙面辐射热的危害。如果在墙面和绿化攀缘辅助材料之间设置通道，可以更方便管理。

（6）攀缘辅助材料的安装方法

设置攀缘辅助材料时，需要考虑锚固所受的垂直荷载、拉张力和强风时产生的负压进行，从而决定设置方法。可以固定多个锚固来分担荷载，或者至少在一处承受较大的荷载，因此要对墙面主体结构和完成部分进行考虑来决定。锚固的受力情况根据杠杆原理，随与力点的距离而变化，因此需要充分考虑（参考图6-3-5、图6-3-6）。另外，考虑到植物的卷曲攀附运动和管理的工作效率，要将攀缘辅助材料设置在离开墙面10cm以上的位置。但是，如果与墙面拉开距离，根据杠杆原理就会增大锚固的受力。

关于图6-3-5中的3（拉紧方式）、4（吊挂下垂方式），由于上方的安装金属件是固定在屋顶阳台上，下方的安装可以利用在地基上或地面里的金属件或锚固。这样，不需要在墙面上穿孔来锚固等，也可以不用手就可以拆卸攀缘辅助材料。

表 6-3-4 攀缘辅助材料的设置方法

分类	设置方法		与材料的相关性					备注
			格子材料	柱子+格子材料	格子材料连接	棒状	线状	
1	粘贴方式		○	×	○	○	×	多数需要锚固
2a	基础方式	无控制	×	△	×	○	×	需要较大倾覆力矩
2b		可控制	×	○	×	○	×	倾覆力矩较小
3a	拉紧方式	无控制	×	×	○	×	○	减少锚固数量，拉张荷载增加
3b		可控制	×	×	○	×	○	拉张荷载减小，需要增加锚固数量
3c		利用护墙	×	×	○	×	○	不用墙面穿孔
3d		基础利用	×	×	○	×	○	不用墙面穿孔，但工种增加
3e		地中固定	×	×	○	×	○	比基础容易施工
4a	吊挂方式	无控制	×	×	×	△	×	受风影响容易摇晃，通常不用于施工
4b		可控制	×	×	○	○	△	即使风吹也不易摇晃，需要增加锚固数量
4c		利用护墙	×	×	○	○	△	不用墙面穿孔
5	水平拉力方式		×	×	×	○	○	线性材料要有很大张力，棒状材料需要有刚性

范例：○：适合；△：较适合；×：不适合。

图 6-3-4 攀缘辅助材料的设置方法示意图

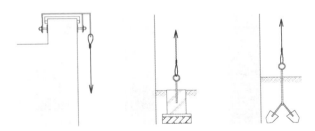

照片 6-3-5 攀缘辅助材料的安装材料

夹住护墙型构件

地中锚固件

打入型锚固件

锚固件捆扎材

地中锚固件的打入器具

图 6-3-5　攀缘辅助材料的设置方法与重力荷载及风的负压荷载

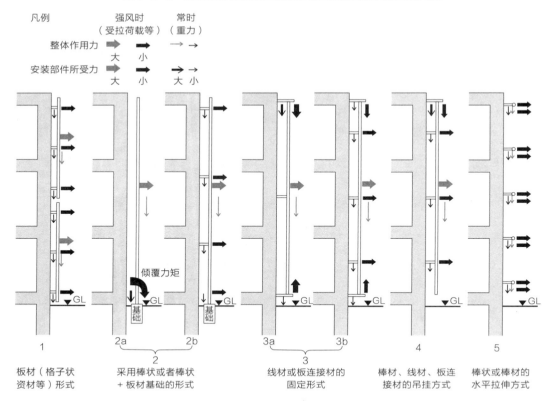

凡例　　　　　强风时　　　常时
　　　　　　（受拉荷载等）（重力）

整体作用力　➡　➡　　→　→
　　　　　　大　小

安装部件所受力　➡　➡　　➡　→
　　　　　　　大　小　　大　小

倾覆力矩

1　　　　　2a　　　2b　　3a　　3b　　4　　　　5
　　　　　　　2　　　　　　　3

1	2	3	4	5
板材（格子状资材等）形式	采用棒状或者棒状＋板材基础的形式	线材或板连接材的固定形式	棒材、线材、板连接材的吊挂方式	棒状或棒材的水平拉伸方式

（7）攀缘辅助材料的安装强度

安装金属件和锚固部分的力如图 6-3-6 所示，从拉力计算范围分别计算垂直方向和水平方向的数值。拉张力的计算 1 的情况，力点的拉张力 A 和锚固作用点 B 的拉张力相同，因此 $A=B$ 的公式成立。

拉张力的计算 2 和 3 的情况时，力点的拉张力 A 和锚固作用点 B 的拉张力由于和支点的距离不同，则 $B=A \times a / b$。

① 重力的荷载

墙面绿化中植物本身的重量，比如常春藤、加拿利风铃花约 $7.9 \mathrm{kg/m^3}$。再加上攀缘辅助资材的重量，大约为 $15 \mathrm{kg/m^3}$，称为这一安装金属件、锚固负担面积上的荷载。但与下面的风荷载相比数值很小，因此只需要根据风荷载的计算考虑安装金属件和锚固的强度就可以。

攀缘型绿化、下垂型绿化，植物茂盛生长，厚度增加，重量也加大，因此要注意辅助材料本身的强度和变形的量，设置强度。

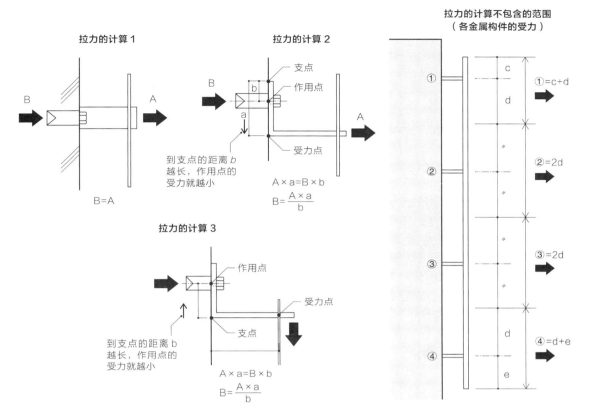

图6-3-6　安装金属件和锚固件的作用力

拉力的计算1

B=A

拉力的计算2

到支点的距离 b 越长，作用点的受力就越小

$A \times a = B \times b$

$B = \dfrac{A \times a}{b}$

拉力的计算3

作用点

受力点

支点

到支点的距离 b 越长，作用点的受力就越小

$A \times a = B \times b$

$B = \dfrac{A \times a}{b}$

拉力的计算不包含的范围
（各金属构件的受力）

①=c+d

②=2d

③=2d

④=d+e

② 风荷载

墙面绿化中，对于预计的风荷载，要确保墙面本身和锚固等的支持强度，这是很重要的（要对附着用辅助资材的薄膜等进行考虑，防止植物覆盖前飞散等）。

在建筑基准法和国土交通部的告示中，有关于风的强度对建筑的影响方面的定义，因此要根据标准计算风荷载。根据进行绿化建筑的整体高度、绿化部位的高度、周边建筑、所在位置（地方、地域）的不同，计算所依据的数值也不同。计算风荷载时，有风产生的正压和建筑的引力产生的负压，但是墙面绿化的情况时，只进行负压的计算（风的计算参照"风荷载计算方法"）。

③ 墙面绿化材料所受风荷载（负压）的计算示例

东京地区的标准风速为34m/s，地面环境为Ⅲ（通常的街道）的地区，如果建筑高度为20m，计算角落（最大荷载部位）地方墙面绿化的辅助材料所受荷载（W）的话，根据书中的计算示例1，计算风的负压大约为130kgf/m³。

墙面绿化的中央位置安装金属，锚固产生的力（A），金属锚固所占面积（C）为

$2m^2$，叶子的密度和被风吹等风的风力系数（C_f）为 0.7 的情况时，按以下的式子计算结果。

$$A = W \times C \times C_f = 130kgf/m^2 \times 2.0m^2 \times 0.7$$
$$= 182kgf$$

当攀缘辅助材料与墙面的距离（a）为 10cm，与安装金属固定棒的支点（b）

的距离为 3cm 时，金属固定棒所受荷载（B）按以下的式子计算结果。

$$A \times a = B \times b$$
$$B = A \times a/b = 182kgf \times 10cm/3cm = 606kgf$$

*1《墙面绿化的 Q&A》财团法人 都市绿化技术用开发机构 特殊绿化共同研究会 编 P-081

（8）安装的金属件和锚固的强度

选择安装用金属零件和锚固的材料时，要考虑与墙壁材料（安装源材料）的关系，对耐久性和强度进行考虑。

如果是 RC 钢筋混凝土的结构，一般采用钉入固定杆的方式较多，如果是 ALC 板或中空墙壁的情况时，一般使用 IT 衣架型的固定杆。如果是木材或石膏板等柔软的墙面素材，很难确保墙面绿化所需要的强度，因此要避免直接安装锚固类材料。在这种情况下，可以在墙面里的构造材料（钢架等）上设置锚固，或者采用设置新的铁骨支撑等措施。

（9）防止藤蔓侵入窗户、通风口、上一层、相邻地面的措施

针对植物生长到窗户和通风口的四周，以及最顶部等区域的情况，要事先考虑防止植物侵入到规划绿化区域以外的措施。虽然可以设置一些防范装置等，但为了防止侵入，有必要进行管理操作，要考虑昆虫诱引和修剪的时期，操作方法，制订操作顺序等。

关于防止侵入的金属零件，有的可以改变藤蔓的下垂生长方向，但是植物茂盛生长的话，此效果会逐渐变弱。因此，如果不希望被植物侵入，重要的是，不要在这个位置设置攀缘辅助材料或具有同等功能（导水管、电线、设备配管等）的材料。

图 6-3-7　藤蔓植物伸长的防止板

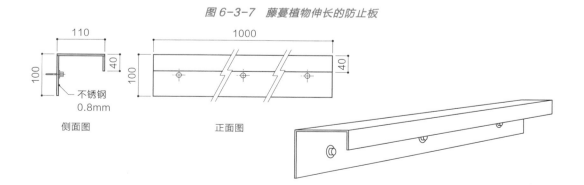

侧面图　　　　正面图

110　　1000

100　　40

不锈钢
0.8mm

（10）捆扎材料

如果捆扎材料过度耐用的话，会使硕大生长的植物折断。因此，根据硕大生长的状况有必要卸下捆扎材料。进行栽植时，有的为了诱导捆扎终止，因此要确认植物的攀附状况，有必要撤去捆扎材料时，要将后续工作的注意事项，向施工、管理者正确传达。

表 6-3-5　捆扎材料的选定标准

捆扎材料名称	植物相关性	耐久性	施工性	安装性	备注
棕榈绳	○	△	○	△	日照雨淋的地方，3～5 年后容易老化，捆扎效果消失。适合用于依附型植物等伸长后的捆扎，但考虑到肥大生长，捆扎不要太紧
麻绳	○	△	○	△	与棕榈绳相同，但捆扎操作容易
稻草	○	×	○	○	被雨淋的地方，1 年后容易老化，捆扎效果消失。适合用于栽种自身攀缘型植物
铁丝、包塑铁丝、铜线等	×	○	△	×	依附型植物等伸长后需要捆扎，但肥大生长后会嵌入树干，因此需要定期检查，重新捆扎
园艺用包塑铁丝	△	○	○	△	可防止不用诱引线的卷附生长而造成的肥大与松弛，但不会嵌入植物，强风时可以拆下来
树脂尼龙松紧带	△	△	○	×	依附型植物等伸长后需要捆扎，但肥大生长后会嵌入树干，因此需要定期检查，重新捆扎
树脂绳	○	×	○	△	日照雨淋的地方，1 年后容易老化，捆扎效果消失。适合自身攀缘型植物栽种时的捆扎，但阳光照不到的地方需要撤去
农业用捆绑带	○	×	○	○	稳固地用绑带固定，绑带宽度要使其不易嵌入植物，撤去后，也不影响肥大生长。适合自身攀缘型植物栽种时的捆扎
农业用光分解捆绑带	○	×	○	○	稳固地用绑带固定。各种绑带颜色不同，3～10 个月分解，适合自身攀缘型植物栽种时的捆扎
园艺用自身附着性绑带	○	×	○	○	缠绕绑带的动作由手控制停止。缠绕次数少的话，肥大生长会使其变松。3 年后分解。适合自身攀缘型植物栽种时的捆扎

范例：○：有效；△：较差；×：差。是否需要安装：○：不要；△：有时需要；×：需要。

照片 6-3-7 捆扎材料

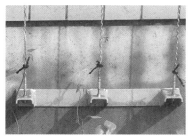

用棕绳捆扎的例子

简易树脂绳捆扎的例子

包塑铁丝捆扎的例子

3）基础构造

关于墙面绿化，在什么位置可以确保栽植的基础地基，决定什么样的绿化形式。自然地基的情况时要根据现有地基的土壤状况制订对策。人工地基，当为栽植容器的情况时，可以参照屋顶绿化的地基进行考虑。墙面基础构造的情况时，需要根据施工方法分别进行考虑。

（1）土壤的质量（自然地基：大地）

如果利用建筑周围已有的地基，要对现有的土壤进行调查，决定是否需要土壤改良。关于建筑周边的土壤，由于建设工程并不处于自然状态，而是混入了很多土渣或碎片，根据地基的改良材料，会有pH值异常等各种问题发生。如果通过土壤改良，并不能达到很好的效果时，需要撤去现有的土壤，换成优质的土壤（客土）。

对现有土壤要根据下列内容进行调查，但调查手法，判定标准要参照《造园建设业协会的土壤诊断士》等资料进行判断。

① 碎石含量；

② 土壤硬度；

③ 颗粒直径（可判定野外土性）；

④ 有效水分保持量；

⑤ 透水系数，现场渗水量；

⑥ pH 值；

⑦ 导电量（EC）；

⑧ 土色；

⑨ 土壤的种类；

⑩ 地下水位，防水层；

⑪ 其他：盐基交换容量（CEC）、植物腐烂含量、全氮、有效体磷酸、磷酸吸收系数等。

表6-3-6 土壤调查项目和基准值的示例

调查分析项目，分级	单位	1（优）	2（良）	3（不良）	备注
①土壤硬度（长谷川式土壤贯入计）	cm/drop	1.5～4.0	10～1.5、4.0<	1.0>	当地调查
①土壤硬度（山中式土壤硬度计）	mm	10～15	10>、15～24	24<	当地调查
②现场透水（长谷川式简易透水试验器）	mm/h	100<	30～100	30>	当地调查
土性（手指触摸）		壤土	砂壤土，填壤土	砂土，重填土	当地调查
②饱和透水系数（不要弄乱试样）	m/s	（10^{-4}）	（10^{-4}～10^{-5}）	（10^{-5}<）	对①、②任意一个进行调查即可
有效水分保持量（pF1.8～3.0）	l/m²	120<	120～80	80>	
含碳量	wt%	20>	20～40	40<	
pH 值（H_2O）		5.6～6.8	4.5～5.6、6.8～8	4.5>、8.0<	
导电量（EC）	ds/m	0.2）	0.2～0.5	0.1>、2.0<	
盐基交换容量（CEC）	me/100g	20<	20～5	6>	
全氮素	g/kg	1.2>	1.2～0.6	0.6>	

出处：（社）日本造园学会《关于绿化事业栽植基础构造制造手册》（2000）断面设计研究63（3）部分变更=3（不良）追加

（2）土壤量

根据墙面绿化规划面积、高度、栽植植物种类、植物的大小等，所需的土壤量不同，要确保适当的土壤量，露出土壤的面积。

在使用自然地基的规划中，即使从周边土壤（周围，下方）供应水分，但为了保持植物的根的活性，应确保良好质量的土壤量和地基露出面积。

通常的墙面绿化，适当的优质土壤的范围在每1m² 40 ~ 50L，自然地基在40L/m²左右。

表6-3-7 自然地基的客土量（土壤的置换量）和土壤改良的范围标准

墙面长1m

墙面高度（m）	客土量（L）	改良宽度（m）	改良深度（m）
2.0	90	0.30	0.30
4.0	160	0.40	0.40
6.0	240	0.60	0.40
10.0	400	1.00	0.40
20.0	800	1.60	0.50

出展：墙面绿化的Q&A（财）都市绿化技术开发机构 特殊绿化共同研究会编辑。

通常，针对墙面绿化的水平投影的延长，最好确保地基露出面的宽度在50cm，土壤厚度40cm以上。

（3）人工地基

关于人工地基、栽植容器等，从周边没有水分供应，只有依靠栽植基础供水，因此要确保供水量不影响植物生长。详细内容最好参照关于屋顶绿化的基础地基。

（4）容器

参照屋顶绿化的基础构造内容。

（5）墙面基础构造

关于墙面基础型绿化，施工方法很多，有墙面喷注型基础构造，墙壁上直接粘贴基础构造，块板状基础构造，板状基础构造，薄膜基础构造，容器袋子基础构造，花盆插入型、多段容器栽植型基础构造等。根据施工方规定的基础材料、安装方法、植物种类、管理状况等不同，要根据绿化目的、墙面结构、形状、设备、管理体制、经费等统筹考虑进行设计。

关于墙面基础型绿化，根据基础构造材料、攀缘辅助材料、安装材料、灌溉装置等的耐久性决定使用寿命，因此要比较研究绿化的持续时间和各墙面基础型绿化的施工方法的耐久性。

另外，与攀缘型绿化进行比较，因为有重量，为了保持墙面本身，坚固的结构是必不可少的。如果墙面不能制造坚固的构造，只能以自然地基等承受设计的基础荷载，只能用锚固来防止墙面倒塌。

如果考虑到维护管理工作，最好在绿化墙面的前面设置管理通道、脚蹬用的攀缘辅助材料。如果在建筑和墙面基础构造之间设置可上人通道的话，虽然可以进行基础构造的交换等，但不能进行栽植的管理工作。

图 6-3-8　墙面基础型绿化的施工方法示意图

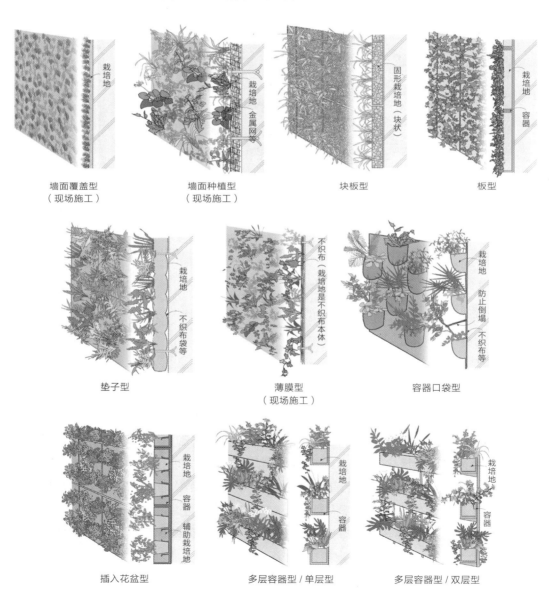

墙面覆盖型
（现场施工）

墙面种植型
（现场施工）

块板型

板型

垫子型

薄膜型
（现场施工）

容器口袋型

插入花盆型

多层容器型/单层型

多层容器型/双层型

表 6-3-8　墙面基础构造绿化系统的选定标准

墙面基础形状	综合评价							备注
	植物多样性	重量	耐久性	尺寸调节性	施工性	灌溉特性	管理性	
墙面覆盖型	×	○	×	○	○	×	×	墙面上直接铺设基础构造材料。直接铺青苔等植物的施工方法。为防止剥落，粘贴一些板条和网子等。需要对墙面进行防潮处理。仅限不易长长的苔藓类植物
墙面直接种植型	△	△	△	○	△	△	△	在墙面上直接粘贴板条等，在板条之间填充基础构造材料（岩棉、树皮纤维、人工土壤等），然后当场种植植物的施工方法。需要有墙面防潮处理，防止表面土壤剥落的对策。对于不平整墙面也可以使用。大量灌溉，确保上方的植物生长，下方栽种耐潮性植物
膜型	△	○	×	△	○	×	×	膜本身（无纺布等）就是基础构造材料，事先种植物，并培育一段时间之后，再安装的方法。要制作比较长的膜，施工后可搬移。要确认膜的强度，防止强风的对策，并讨论墙面上的固定方法。大量灌溉，确保上方的植物生长，下方栽种耐潮性植物
垫子型	○	△	△	△	○	△	△	垫子状（无纺布、金属网、树脂网等）的容器内填装基础构造材料的施工方法，事先种植植物的情况较多。可以制作比较长的垫子，施工后可搬移。要确认垫子的强度，防止强风的对策，并讨论在墙面上的固定方法。重点检查基础构造材料的耐久性和损耗。大量灌溉，确保上方的植物生长，下方栽种耐潮性植物
块板型	△	×	△	×	×	△	×	使用基板本身为块状、板状（泥炭压缩块、棕榈纤维块、多孔混凝土、陶瓷、人工固化土壤等）的东西安装。事先种植植物或当场种植。块的大小最大 60cm 见方。安装时，要有防止基础构造材料本身破坏的对策。重点检查基础构造材料的耐久性和损耗。上方块的排水不流入下方块的话，上下植物的生长差别不大
板型	△	×	△	×	△	△	△	平面状框架（树脂制、金属网制等）中填充基础构造材料的施工方法。事先种植植物的情况较多。面板的大小最大在 1m 见方左右。安装时，要有防止填充材料、基础构造材料脱落的对策。重点检查基础构造材料的耐久性和损耗。上方平面的排水不流入下方平面的话，上下植物的生长差别不大
多层容器型	○	×	○	△	○	○	○	段状容器连续叠层摆放的施工方法。土壤面是水平状态。植物可自然生长。容器间隔由植物的大小决定。间隔过于狭窄的话，替换植物等时会很困难。重量比其他的施工方法沉，但可以确保土壤量，植物可以良好生长。上方容器的排水不流入下方容器的话，上下植物的生长差别不大
容器口袋型	○	×	△	△	△	○	○	墙面安装盘型、口袋型材料（金属、组合金属、树脂、无纺布、织布等），并填装基础构造材料的施工方法，可以现场施工种植植物。施工稳定，但基础构造材料的量限制植物生长。要有防止植物被风吹倒的对策，还要有防止飞散的对策。上方托盘的排水不流入下方托盘的话，上下植物的生长差别不大
插入花盆型	○	△	×	△	△	△	△	墙面安装盘型、口袋型材料，直接放置购买好的花盆，或者从花盆中拿出，用岩棉或无纺布等包裹，再插入口袋中的施工方法。由于土壤量有限，临时使用草花等植物较多。要有防止植物飞散的对策，防止被拔出的对策

植物多样性中，只能用特定植物时用 × 表示，一般使用的植物用○表示。

范例：○: 有效；△: 较差；×: 差。

照片 6-3-8　墙面基础型绿化系统

墙面直接种植型

垫子型

板型

多层容器型

容器口袋型

插入花盆型

4）灌溉装置

根据墙面绿化的基础构造，设置的灌溉装置不同，同时，还必须设置监测装置、异常时的警报装置。

另外，墙面基础型绿化，连续几个月以上种植同一种植物的话，很难维持，需要进行施肥，考虑使用液肥，因此需要设置可以混入液肥的装置。同时，排水设备也是不可或缺的，要对水的循环使用进行考虑。

灌溉装置和控制器的选定参照"灌溉装置"的项目。

①自然地基时，即使没有灌溉装置，在夏季只要不是极端的连续无降水的情况就没有问题。

②人工地基，栽植容器的情况时，可以人工浇灌。

表6-3-9　墙面绿化的基础构造与灌溉方式的相关性

绿化基础构造　灌溉方式	自然地基	人工地基	容器	墙面基础构造								备注
				墙面覆盖型	墙面直接粘贴型	膜型	垫子型	块板型	面型	容器口袋型	插入花盆型	
手洒式	O	O	O	X	X	X	X	X	X	X	X	用带有洒水栓的软管等洒水
墙面喷雾	—	—	—	◎	O	O	△	△	△	X	X	向墙面喷洒
微喷雾	O	O	O	△	△	△	△	△	△	X	X	向基础构造、墙面喷洒
洒水器	△	△	X	X	X	X	X	X	X	—	—	绿化规模小的地方效果好
洒水阀	O	O	△	—	—	—	—	—	—	—	—	基础构造水平面洒水
滴水管	◎	O	◎	—	—	—	—	—	—	△	—	从基础构造上方滴下
点滴管	X	X	O	—	X	△	△	—	◎	◎	◎	滴入各个基础构造
渗出管	O	O	△	X	X	X	X	X	X	X	X	从基础构造上方和中部渗出
底面灌溉	—	△	O	—	—	—	—	—	—	△	—	从基础构造底部注入——蓄水
循环式	—	X	△	—	△	O	O	O	O	O	O	下面要有接水盘
液肥输送管	X	△	△	△	O	O	O	O	O	◎	O	绿化规模小的地方效果好

根据高度，水量调节阀不可缺少。
范例：◎：最适合；O：适合；△：较差；X：差。—：不适合。

③墙面基础构造时，灌溉装置是不可缺少的，灌溉设备的故障会直接导致植物枯死。

④墙面基础型的水灌溉装置启动时的监视器，以及异常时的警报装置是不可缺少的。需要建立恢复体制，可以迅速向管理者报警，或者迅速恢复异常。

⑤花盆插入型的情况时，需对各花盆单独浇水，因此要细心，确保每个花盆都被浇水，即使更换了工作人员，也要确实进行浇灌，对应方案是必不可少的。

墙面基础型的绿化，灌溉发生故障直接导致植物全面枯死。其他设备等施工后，忘记打开灌溉设备总阀门，一直关闭造成植物枯死的例子非常多，这是很危险的。要查明损害的原因，由起因者承担责任，这是很重要的。要在醒目的地方安装"经常开启"的告示牌和"流水确认"的告示牌，要固定，不要轻易拆除。另外，为了确认流水是否通畅，要设置检查用阀门等，万全的措施是必不可少的。并且，设置流量计、土壤水分计、监视摄像机等，管理员通过无线网络得知情报，并考虑引进电磁阀的自动开关系统。

5）管理方法

为了进行墙面绿化中垂直部分的管理工作，从地面等到手可触及的范围为止，要设置的是某种器材和装置。如果需要在高处设置器材或装置，要对安全性进行考虑，最好设置管理用通道等，但是会增加经费。

攀缘辅助材料等的强度是让人可攀缘的程度，但在防犯上令人担忧，有工作效率、安全方面的问题。

墙面基础型的墙面绿化，墙面的管理工作是不可或缺的，由于工作量远比其他的墙面绿化形式多，最好在绿化的前面安装永久性的管理通道。尤其利用高空操作车等进行管理工作时，需要有操作车停靠的位置，不让周围的普通人进入的措施。

3-5 栽植规划

墙面绿化中，根据绿化形式的不同可以使用的植物种类不同。选定植物种类时，要考虑绿化形式、绿化基础构造、绿化目的、修景效果、完成的年数、维护管理形式等。

适合墙面绿化的植物，一般满足以下的条件：

①木本植物或者多年生草本，尽可能持久绿化的植物。

②生长旺盛，表面覆盖速度快。

③植物的形态、绿化状态美观。

④病虫害少，容易进行维护管理。

⑤繁殖容易，具有市场性。

⑥耐干燥，土壤不够肥沃也能比较良好地生长。并且关于攀缘特性、管理性等，要对以下的条件进行考虑。

⑦按植物种类考虑攀缘形态和能力等。

⑧按植物种类考虑维护管理的方法等。

⑨对可否进行施工及管理工作、难易度、方法等进行考虑。

由于种植单一的植物容易发生病虫害，因此最好混合栽植多种植物，接近自然状态。

需要对已经决定了的植物进行市场性的调查，是否有生产，是否可以买到，包括植物的大小。最近生产出了很多盆栽植物或者预先在网状物上直接栽植多种植物的材料。

藤蔓植物的生长长度一般为一年10cm，但是扩展面积也需要考虑。一般落叶型比常绿型藤蔓植物生长迅速，草本（一年生草本植物的丝瓜、葫芦，多年生草本植物的王瓜、啤酒花等）比树木生长快。

1）植物种类的选定

选定的植物种类必须适合栽植预定位置的自然环境。最基本的是温度条件，选定的种类可以在比规划地的最低温度低的情况下生长。其次是日照条件，要考虑土壤和基础构造的保水、通气条件。并且根据利用目的、温热的效果、景观等条件选定植物。另外，根据墙面绿化的地基和基础构造的不同，考虑与植物的相关性，墙面本身和攀缘辅助材料的相关性，进行植物种类的选定。

（1）根据耐自然环境的特性选定植物

关于植物种类的选定，参照第三章"3 植物的知识 7）屋顶和墙面绿化中的植物种类特性一览表"，确认各种植物的耐性后进行选定。

（2）根据绿化目的选定植物（包括景观条件）

根据墙面绿化目的，最大限度地发挥效果而选定植物种类。

① 以对环境的效果为目的

微气象缓和，防火和防热，建筑和构造物的保护、节能，城市气象的改善，节省资源，净化城市空气等目的中，比起植物种类的问题更主要的是绿色覆盖量和持久性。因此，选定植物种时要考虑以下内容。

以抑制城市热岛效应现象，节省能源的效果为目的的话，在冬季墙面有阳光照射，因此可以选择落叶型植物、宿根植物、一年生植物。以防火、防热、净化城市大气等的效果为目的的话，使用常绿植物比较适合。

② 以对人的效果为目的

为生理和心理的，宣传、共生型的城市建设作贡献等，以此为目的，各植物种类的花、果实、叶子颜色、香味、姿态是选择植物的重要标准。

为了欣赏花和果实，根据植物种类、修剪方法等有所不同，因此选定植物种类时要注意。很多植物向墙外伸出短枝开花结果，因此修剪时的经验很重要。

③ 以重视景观为目的

这是墙面绿化的重要因素，要考虑墙面的景观，选定适合的植物。

表6-3-10　按生育类型区分的植物修景性

①直接攀缘型的主要植物	
常绿植物	薜荔、菱叶常春藤、长节藤、常春藤类
常绿开花漂亮的植物	紫葳藤（吊钟蔓）
常绿叶子漂亮的植物	西洋扶芳藤园艺品种、长节藤园艺品种、常春藤园艺品种
落叶开花漂亮的植物	岩络、仙鹤绣球花、凌霄花
落叶叶子漂亮的植物	地锦

②自身间接攀援型的主要植物	
常绿开花漂亮的植物	卡罗来那茉莉、棉团铁线莲、岩络、蔓花茄子、西番莲、羽衣茉莉
常绿果实漂亮的植物	南五味子、野木瓜
落叶开花漂亮的植物	铁线莲蒙大拿、夏雪藤、凌霄花、紫藤类
落叶果实漂亮的植物	通草、猕猴桃、南蛇藤、葡萄类
宿根草	葛、啤酒花、淮山
开花漂亮的一年生草本植物、宿根草	牵牛花、西洋牵牛花、葫芦、铁线莲园艺品种
果实漂亮的一年生草本植物	苦瓜、葫芦、倒地铃、丝瓜

常绿，落叶植物不仅是木本植物，还包括草本植物。

③间接攀援型，需要诱导，捆扎的主要植物	
常绿开花漂亮的植物	云南迎春花、黄素馨、九重葛、木香蔷薇
常绿果实漂亮的植物	蔓胡颓子、火棘
落叶开花漂亮的植物	爬蔓蔷薇类、光叶蔷薇
落叶果实漂亮的植物	树莓类、枸杞子
果实漂亮的一年生草本植物	番茄

④适合下垂生长的主要植物	
常绿植物	铺地柏、覆盖性针叶树类、常春藤类、野芝麻
常绿开花漂亮的植物	岩垂草类、蔓马缨丹、长春蔓、长节藤、小蔓长春花、松叶菊类、覆盖迷迭香
常绿果实漂亮的植物	枸子属
落叶开花漂亮的植物	爬蔓蔷薇类、野蔷薇、光叶蔷薇、单叶蔓荆
宿根草	红薯、垂盆草
开花漂亮的一年生草本植物	金莲花

⑤适合支棚架生长的主要植物	
常绿植物	红豆杉、犬黄杨、东北红豆杉
常绿开花漂亮的植物	山茶花、性质小叶山茶、山茶、檵木、木香蔷薇
常绿果实漂亮的植物	枸子属、火棘、柑橘类
落叶植物	枫类、卫矛
落叶开花漂亮的植物	花海棠、四照花、木瓜、连翘
落叶果实漂亮的植物	石榴、梨、海棠、桃子、苹果

（3）根据地基和基础构造选定植物

根据自然地基、人工地基、容器和墙面基础构造的类型，选定的植物形态不同，因此要与之相结合选定植物。

表6-3-11　地基、基础构造与植物的选定标准

地基、基础构造名称		附着盘型	附着根型	卷须、卷叶柄型	卷蔓型	下垂型	依附型	高大、中高树木	高大灌木	低矮灌木	高大多年生草	低矮多年生草	高大一年生草	低矮一年生草	草本播种	苔藓类	草坪类	景天类
自然地基		○	○	○	○	○	○	○	△	×	△	—	△	—	—	—	—	—
人工地基		○	○	○	○	○	○	○	△	×	△	—	△	—	—	—	—	—
容器		○	○	○	○	○	○	△	△	×	△	—	△	—	—	—	—	—
附着盘型	墙面覆盖	—	—	—	—	—	—	—	—	—	—	—	—	—	○	○	△	△
	墙面粘贴	△	△	×	×	△	△	—	○	○	○	×	△	△	△	△	△	○
	膜型	×	△	×	×	△	△	—	×	○	○	○	△	△	△	△	△	○
	垫子型	×	△	×	×	△	△	—	△	○	○	○	△	△	△	△	△	○
	块状	×	△	×	×	△	△	—	△	○	○	○	△	△	△	△	△	○
	面状	×	△	×	×	△	△	—	△	○	○	○	△	△	△	△	△	○
	托盘，口袋型	×	×	×	×	○	△	△	○	○	○	○	○	△	×	×	×	×
	插花盆型	×	×	×	×	△	△	×	×	△	△	○	△	○	×	×	×	×

分类中的"地基"是指从此处开始往上攀缘还是往下垂挂的方式。
范例：○：效果好；△：较差；×：差。—：不可栽种。

326

（4）根据墙面基础构造选定植物

关于墙面基础型绿化，虽然可以使用很多种植物，但根据各绿化的施工方法，选择植物时在一定程度上受到限制。另外，与基础构造一体型的比较多，在生产阶段就已决定了植物种类。

关于墙面基础型绿化，植物种类选定的标准，除了墙面绿化全体的基本事项之外，还要注意以下事项：

①即使横向栽植之后，生长方向也有可能向上或下垂。

②从墙面向前方不伸长。

③扎根牢固，不易被风等吹动或折断。

④墙面的上方和下方，水的环境不同，要选择耐干燥、又耐过于潮湿的植物。

⑤可以忍耐肥料不足，或肥料过多。

⑥生长慢，需要修剪等管理工作的量少。

关于墙面基础型绿化，在此列举一些比较常用的植物。

a. 苔藓类：东亚砂藓、大灰藓。

b. 景天科植物：墨西哥万年草、大唐米、逆万年草、珊瑚毯草、森村万年草。

c. 草本类：常春藤、天竺葵、葡萄筋骨草、勋章花、松叶菊、金边麦冬。

d. 木本类：枸子属类、木藜芦属、金丝桃属类、倒地柏、爬地松。

e. 藤蔓植物：常春藤类、长春花类、美国扶芳藤类、络石、贯月忍冬。

（5）根据墙面素材及攀缘辅助材料选定植物

要考虑墙面及攀缘辅助材料的相关性，选定适当的植物。

表 6-3-12 根据墙面本身、攀缘辅助材料选定植物的标准

分类	材料名	尺寸等	附着盘型	附着根型	卷须型	卷叶柄型	卷蔓型	下垂型	依附型	高大、中高树木
墙面自身		玻璃等	—	—	—	—	—	·	—	·
		混凝土	○	○	—	—	—	·	—	·
		瓷砖等	○	△	—	—	—	·	—	·
		金属	○	△	—	—	—	·	—	·
		木材	○	○	—	—	—	·	—	·
		天然石、砖块垒砌	○	○	—	—	—	·	—	·
		轻量块垒砌	○	○	—	—	—	·	—	·
		涂装面	△	△	—	—	—	·	—	·
面状材料	穿孔板	孔径 10cm 以上	○	△	—	—	—	·	—	—
	金属	孔径 5cm 左右	△	△	—	—	—	·	—	—
	桫椤材、木材		○	○	—	—	—	·	—	—
	棕榈垫子		○	○	—	—	—	·	—	—
	无纺布		○	○	—	—	—	·	—	—

分类	材料名	尺寸等	附着盘型	附着根型	卷须型	卷叶柄型	卷蔓型	下垂型	依附型	高大、中高树木
格子状材料	熔炼金属钢	格子 15cm 见方以上	△	×	○	○	○	×	▲	▲
		格子 10cm 见方以上	△	×	△	△	△	×	▲	×
		格子 5cm 见方以上	△	×	△	△	×	×	▲	×
	金属网		△	×	△	△	×	×	▲	×
	菱形金属网		△	×	△	△	×	×	▲	—
	树脂防球网等		△	×	△	△	×	×	×	—
	木制格子等	格子 10cm 见方以上	△	×	△	△	○	×	●	×
		格子 5cm 见方以上	△	×	△	△	×	×	●	×
	竹篱笆等		△	×	△	△				
格子状材料	金属线径 1cm 未满	线径 5mm 以上	×	×	●	●	○	—	×	—
		线径 3mm 以下	×	×	▲	▲	△	—	×	—
	金属线径 1cm 以上	线径 10mm 以上	△	△	●	●	△	—	▲	×
		线径 5cm 以下	×	×	●	●	○	—	▲	×
	绳子等	线径 1cm 以上	×	×	●	●	○	—	▲	
		线径 5mm 以下	×	×	▲	▲	△	—		
	桫椤材，木材，竹子	线径 10cm 以上	○	○	●	●	△	—	▲	×
		线径 5cm 以下	△	△	●	●	△	—	▲	×
	固定材料、捆扎材料		▲	▲	×	×	×	—	▲	●
	藤架、棚架		×	△	○	○	○	—	▲	—

范例：○：有效；△：较差；×：差；—：无效。
· 墙面自身材料不限；●▲ ×：需要引导捆扎。

（6）根据辅助材料选定植物

对攀缘型植物和组合的攀缘辅助材料进行整理。

防划痕材料，是指在植物下垂，树枝与墙角等接触的部分，因被风吹，树枝与墙面产生摩擦，因此使用的防止产生划痕的材料。

钉入墙面的材料，可以把依附型植物引向墙面，终止攀爬，还可以设置在任意地方，能够制造出独具匠心的墙面绿化。但是只有石头、砖、混凝土等的墙面容易使用，其他材质的墙面上需要使用各种方法。

立体格子型的材料，对于弛缓卷蔓攀缘型的植物是有效的，对于其他型的植物使用平面格子就足够了。

表 6-3-13　根据攀缘辅助材料选定植物标准

攀缘型	攀缘特性	攀缘辅助材料							攀缘辅助材料使用上的注意事项
		墙面自身	面状	线状	平面格子	立体格子	防擦伤	钉入墙面	
附着盘型	通过卷须前端的吸盘附着攀缘。附着力强	◎	◎	△	○	△	—	△	由于直接在墙面上攀缘，不需要攀缘辅助材料，但卷须型植物，通过设置面状、格子状的攀缘辅助材料，会更有效绿化
附着根型	通过附着根附着攀缘。附着力根据植物种类有很大差别。墙面的材质、形状不同附着力不同	◎	◎	—	△	△	下垂○	△	由于直接在墙面上攀缘，不需要攀缘辅助材料，但平滑的墙面容易剥落，设置格子状的攀缘辅助材料可以防止整体落下。由于内侧没有墙壁，有风通过时，植物生长会受影响的情况较多。需要事先使其浓密生长，或设置面状攀缘辅助材料
卷须型	通过卷须附着攀缘	—	—	○	○	○	—	△	适合使用格子状的攀缘辅助材料，为方便管理，格子大小最好在 15cm 以上，可以将手伸入。攀缘辅助材料前面的植物生长较好，卷须、卷叶柄枯萎后有落下的情况，需要绑在格子上诱导
卷叶柄型	伸长的叶柄通过接触刺激卷附攀缘	—	—	○	○	○	—	△	
卷蔓型（茎螺旋式卷附攀缘。根据种类、卷附能力不同） 牢固卷蔓攀缘型		—	—	◎	◎	◎	—	△	适合使用线状的攀缘辅助材料
松弛缓慢卷蔓攀缘型		—	—	○	◎	◎	—	△	适合使用格子状的攀缘辅助材料，立体格子更有效
跳跃卷附攀缘型		—	—	○	◎	◎	—	△	线状、格子状的攀缘辅助材料都可以使用
依附型	依靠刺、钩、逆枝等拉伸攀缘。仅在其他东西上覆盖生长，弓形生长	—	—	—	◎	○	下垂○	◎	墙面上的攀缘引导和捆扎不可缺少。适合使用格子状的攀缘辅助材料。也可以在墙面上直接设置捆扎工件。使其下垂生长时，需要设置防划痕对策
下垂型、覆盖型	地面覆盖式生长。草本植物沿着墙面下垂生长。木本植物呈弓形下垂生长的较多	—	—	—	—	—	下垂○	○	使之下垂生长，不适合攀缘。虽然不需要设置攀缘辅助材料，但经常有风的情况时，需要有防止根部折断的对策

范例：◎：最适合的攀缘辅助材料；○：有效材料；△：有时有效的材料；—：无效材料。

2）藤蔓植物的分类

对墙面绿化使用的植物进行分类，以往文献中有一些记载，但是没有关于墙面绿化用植物的分类文献，因此收集了经验值，对数据进行总结。

（1）按攀缘机能分类的藤蔓植物

表6-3-14　藤蔓植物按攀缘性能的分类

攀缘型	攀缘特性	植物形态	代表性藤蔓植物
附着盘型	通过卷须前端的吸盘附着攀缘。附着力强	常绿木本	紫葳藤（吊钟蔓）
		落叶木本	地锦
附着根型	从茎伸出不定根，根据植物种类不同，附着力有很大差别。墙面的材质和形状不同，附着力也不同，材料的保湿力越强附着越坚固。下垂的枝条一般不生附着根，不附着	常绿木本	美国扶芳藤以及园艺品种类、白背爬藤榕类、薜荔、菱叶常春藤、扶芳藤、长节藤以及园艺品种、洋常春藤（西洋菱叶常春藤）以及园艺品种类，加拿利常春藤、常春藤.天竺葵、熊掌木
		落叶木本	美国紫葳、岩络、仙鹤绣球花、紫葳、地锦、五叶地锦
		常绿多年生草	喜树氧心、石柑、龟背竹
卷须型	通过茎或叶子变形，伸出的卷须卷住其他东西进行攀缘。卷须形态多样。通过接触刺激，发生卷附运动，但粗大的支撑物不易卷附	常绿木本	蒜菠萝（蒜攀缘茎）、白粉藤类、紫葳藤（吊钟蔓）、西番莲（半落叶，都市中基本常绿）
		落叶木本	地锦、五叶地锦、葡萄类、花叶地锦、山葡萄
		一年生草	黄瓜、苦瓜、葫芦、倒地枔、丝瓜
		常绿多年生草	水果西番莲
		宿根草	王瓜、宿根甜豆、佛手瓜
卷叶柄型	伸长的叶柄通过接触刺激卷附攀缘。但太粗的支撑物不易卷附	常绿多年生草	棉团铁线莲、铁线莲
		落叶多年生草	转子莲、铁线莲蒙大拿、葡萄叶铁线莲、钝齿铁线莲、铁线莲·川铁线莲（夏季落叶）
		宿根草	铁线莲以及园艺品种类
卷蔓型	枝干和茎呈蔓状伸出，螺旋状缠绕在其他物品上。种类不同卷附力不同，太粗的支撑物不易卷附，太细的线，或太平滑的地方也不易攀缘。分为左卷式，右卷式，左右卷式	常绿木本	卡罗来那茉莉、南五味子、金银花、贯叶忍冬、红皱藤、紫哈登柏豆、多花素馨、粉红色紫葳、野木瓜、长节藤以及园艺品种
		落叶木本	通草、美国紫葳、猕猴桃、南蛇藤、紫葳、木天蓼、三叶通草、紫藤、山藤
		一年生草	牵牛花、西洋牵牛花、落葵、月光花、茑萝
		常绿多年生草	绿玉菊、蔓花茄子、马达加斯加茉莉花
		落叶多年生草	落葵薯、宿根牵牛花、何首乌、夏雪藤
		宿根草	葛、啤酒花、淮山
依附型	附着于茎和叶子上依靠刺，钩，逆枝等拉伸攀缘。仅在其他东西上覆盖生长	常绿木本	云南迎春花、黄素馨、龙吐珠、蔓胡颓子、火棘、九重葛、木香花
		落叶木本	树莓类、枸杞、爬蔓蔷薇类
		一年生草	番茄
		常绿多年生草	山牵牛
覆盖型	地面覆盖式生长。木本植物向墙面前方伸出后马上下垂生长的较多（弓形下垂生长）。草本植物沿着墙面下垂生长	常绿木本	枸子属、九节龙、密生刺柏、铺地柏、覆盖型针叶树类、硬骨凌霄、玉山悬钩子、覆盖型迷迭香
		落叶木本	迎春花、光叶蔷薇、野蔷薇、单叶蔓荆
		一年生草	金莲花
		常绿多年生草	非洲冰草、盾叶天竺葵、岩垂草以及改良品种类、南美蟛蜞菊、海滨柳穿鱼、勋章菊、芝樱花、石竹类属（红瞿麦）类、爱之蔓、头花蓼、蔓长春花、长春花小（姬蔓长春花）、松叶菊类、野芝麻、铁丝藤
		宿根草	红薯、垂盆草
吸盘型，卷须型，吸根型的复合型		落叶木本	地锦
吸盘型，卷须型的复合型		常绿木本	紫葳藤
吸根型和卷蔓型的复合型		落叶木本	长节藤类
		常绿木本	凌霄花

常绿多年生草：草本（茎不肥大不木质化），冬季不落叶保持常绿。落叶多年生草：草本（茎不肥大不木质化），冬季落叶，第二年藤蔓前端长出新芽
宿根草：草本。冬季地上的部分都枯死，第二年的春天，地下部或地边伸出藤蔓等
复合攀缘型植物，根据各型记载。

图 6-3-9　攀缘形态示意图

附着盘型植物

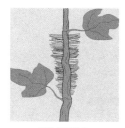

附着根型植物

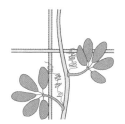

卷须型植物

卷叶柄型植物

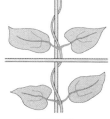

卷藤型植物

依附型植物

（2）卷蔓型植物的攀缘形态详细说明

至今，卷蔓型植物被认为和其他藤蔓植物一样，但是详细观察蔓卷方法的话，可以分成几种形态。

表 6-3-15　卷蔓型植物的详细攀缘形态

卷蔓型植物的详细攀缘形态

形态	特性	攀缘型	植物种类名称
坚固蔓藤攀缘型	线状材料卷附分枝较少	卷蔓型	卡罗来那茉莉、金银花、多花青馨茉莉、牵牛花
松弛蔓藤攀缘型	卷附缓慢，适合使用格子状的攀缘辅助材料	卷蔓型	南五味子、贯叶忍冬、长节藤、夏雪藤、珊瑚豌豆
跳跃型蔓藤攀缘型	距离 2m 左右的地方也可以卷附	卷蔓型	通草、猕猴桃、南蛇藤、紫藤、野木瓜

图 6-3-10　藤蔓植物的详细攀缘形态示意图

坚固蔓藤攀缘型

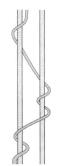

松缓蔓藤攀缘型

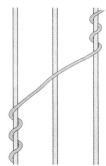

跳跃型蔓藤攀缘型

（3）藤蔓植物的开花特性

表6-3-16　藤蔓植物的开花特性

开花特性

形态	特性	攀缘型	植物名称
长枝开花型	主要在当年枝上开花	卷须型	西番莲、葡萄类、水果西番莲、苦瓜、丝瓜
		卷叶柄型	铁线莲类
		卷蔓型	紫哈登柏豆、夏雪藤、牵牛花
短枝开花型	藤蔓生长中也开花	卷叶柄型	棉团铁线莲、铁线莲·蒙大拿
		卷蔓型	卡罗来那茉莉、贯叶忍冬、多花青馨茉莉
	主要在生长停止后开花（植物整体生长旺盛期不开花）	附着根型	岩络、薜荔、仙鹤绣球花、长节藤、常春藤类
		卷蔓型	通草、猕猴桃、南五味子、金银花、南蛇藤、紫藤、野木瓜

（4）藤蔓植物在藤架上的展开特性

至今，虽然没有关于藤蔓植物在藤架展开特性的文献记载，但是为使植物在藤架上展开，已经在一定程度上了解到需要付出多大的努力。

表6-3-17　藤蔓植物在藤架上的展开特性

形态	特性	攀缘型	植物名称
自行向藤架生长	放置就可以展开	卷须型	水果西番莲、西番莲、葡萄类
		卷蔓型	通草、猕猴桃、紫藤、野木瓜
通过诱导，容易向藤架生长	通过诱导，容易在藤架上展开（1年要诱导、捆扎一两次）	卷须型	紫葳藤、苦瓜、丝瓜
		卷叶柄型	棉团铁线莲、铁线莲蒙大拿
		卷蔓型	南五味子、长节藤、夏雪藤、多花素馨
		依附型	云南迎春花、九重葛、木香花
向棚架处诱引困难	通过诱导，也不容易在藤架上展开（需要频繁诱导、捆扎）	卷蔓型	卡罗来那茉莉、金银花、珊瑚豌豆、牵牛花
		依附型	火棘、爬蔓蔷薇类
	生长达不到高藤架处	卷叶柄型	铁线莲、铁线莲类
		卷蔓型	绿玉菊
		依附型	树莓类
		覆盖型	九节龙、铺地柏、覆盖型迷迭香、蔓长春花

（5）藤蔓植物的年伸长量（根据营养状况、日照条件而不同）

表6-3-18 一年的伸长量

一年的伸长量	形态	主要植物种类（依附型、覆盖型除外）
5m以上	常绿	水果西番莲
	落叶	地锦、紫藤类、夏雪藤
	宿根草	葛、啤酒花
	一年生草本	苦瓜、葫芦、丝瓜
3~5m	常绿	卡罗来那茉莉、棉团铁线莲、金银花、蔓花茄子、西番莲、多花素馨、紫葳藤、野木瓜
	落叶	通草、猕猴桃、铁线莲蒙大拿、宿根牵牛花、凌霄花、紫藤、葡萄类
	宿根草	佛手瓜
	一年生草本	牵牛花、西洋牵牛花、黄瓜、倒地柃、月光花、茑萝
1~3m	常绿	菱叶常春藤、南五味子、贯叶忍冬、长春蔓、长节藤、常春藤类、木香花
	落叶	转子莲（铁线莲）类园艺种类、南蛇藤、爬蔓蔷薇类
	宿根草	铁线莲类园艺品种
	一年生草本	落葵
1m以下	常绿	常春藤天竺葵、美国扶芳藤类、薜荔、扶芳藤
	落叶	迎春
	宿根草	垂盆草
	一年生草本	金莲花

木本植物种植树苗后3年左右1年之间的藤蔓伸长量，草本植物当年的藤蔓伸长量。
常绿、落叶植物不仅包括木本植物，还包括草本。

（6）藤蔓植物的肥大生长量（根据营养状况、日照条件而不同）

表6-3-19 30年后的大概粗细

30年后大概粗细	形态	主要植物种类（依附型，覆盖型除外）
直径20cm以上	落叶	薜荔、菱叶常春藤、长节藤类、扶芳藤类、紫葳藤、常春藤类、野木瓜
直径10cm左右	常绿	菱叶常春藤、紫葳藤、粉色凌霄花、斑叶加拿利常春藤、洋常春藤、野木瓜
	落叶	铁线莲类、淮山
直径5cm左右	常绿	美国扶芳藤类、白背爬藤榕、薜荔、白粉藤类、南五味子、金银花、贯叶忍冬、扶芳藤、长节藤、西番莲、珊瑚豌豆、水果西番莲
	落叶	卡罗来那茉莉、棉团铁线莲、南五味子、金银花、贯叶忍冬、蔓花茄子、西番莲、多花素馨、木香花
直径1cm以下	常绿	卡罗来那茉莉花、多花素馨、绿玉菊、蔓花茄子
	落叶	变色牵牛、铁线莲类、何首乌、夏雪藤
主要藤蔓几年后置换（包括依附型、覆盖型）	常绿	卡罗来那茉莉花、多花素馨、绿玉菊、蔓花茄子、云南迎春花、黄素馨、木香花、玉山悬钩子
	落叶	变色牵牛、铁线莲类、何首乌、夏雪藤、黄梅、树莓类、爬蔓蔷薇类、光叶蔷薇、野蔷薇、单叶蔓荆、盾叶天竺葵、头花蓼、蔓长春花、小蔓长春花、野芝麻

常绿、落叶植物不仅包括木本植物，还包括草本。

（7）藤蔓植物的繁茂形态（根据日照条件而不同）

表6-3-20　藤蔓植物的繁茂形态

上方繁茂，下方繁茂	形态	主要植物种类（依附型、覆盖型除外）
全面繁茂	常绿	薜荔、菱叶常春藤、长节藤类、扶芳藤类、紫葳藤、常春藤类、野木瓜
	落叶	宿根牵牛花、地锦、五叶地锦、花叶地锦
	宿根草	铁线莲类、淮山
	一年生草本	牵牛花、西洋牵牛花、落葵、苦瓜、风船葛、月光花、茑萝
上方繁茂（下方粗）	常绿	卡罗来那茉莉、棉团铁线莲、南五味子、金银花、贯叶忍冬、蔓花茄子、西番莲、多花青、木香花
	落叶	通草、猕猴桃、铁线莲·蒙大拿、凌霄花、南蛇藤、爬蔓蔷薇类、夏雪藤、紫藤类、葡萄类
	宿根草	葛、啤酒花
	一年生草本	葫芦、丝瓜
下方繁茂（下方垂密）	落叶	石龙藤、常春藤类、蔓长春花等依附型、覆盖型植物
	落叶	光叶蔷薇依附型、覆盖型植物

常绿、落叶植物不仅包括木本植物，还包括草本。

（8）藤蔓植物的覆盖状况（根据营养状况、日照条件而不同）

表6-3-21　覆盖密度

覆盖稀疏度	形态	主要植物种类（依附型、覆盖型除外）
密	常绿	薜荔、菱叶常春藤、长节藤类、扶芳藤类、紫葳藤、常春藤类、野木瓜
	落叶	地锦、紫藤类
	宿根草	铁线莲类、淮山
	一年生草本	苦瓜
较密	常绿	卡罗来那茉莉、棉团铁线莲、南五味子、金银花、贯叶忍冬、蔓花茄子、西番莲、多花素馨、木香花
	落叶	通草、猕猴桃、宿根牵牛花、凌霄花、葡萄类
	宿根草	佛手瓜
	一年生草本	葫芦、丝瓜
稀疏	落叶	贯叶忍冬、南蛇藤、蔓花茄子、熊掌木
	落叶	铁子莲（铁线莲属）园艺品种、铁线莲·蒙大拿、南蛇藤、爬蔓蔷薇类
	宿根草	铁线莲类园艺品种
	一年生草本	牵牛花、倒地铃

常绿、落叶植物不仅包括木本植物，还包括草本。

（9）藤蔓植物的覆盖速度（根据营养状况、日照条件而不同）

表6-3-22　面覆盖速度

面覆盖速度	形态	主要植物种类（依附型、覆盖型除外）
快	常绿	水果西番莲、西番莲、紫葳藤、野木瓜
	落叶	薜荔、菱叶常春藤、长节藤类、扶芳藤类、紫葳藤、常春藤类、野木瓜
	宿根草	葛、啤酒花、佛手瓜
	一年生草本	铁线莲类、淮山
一般	常绿	卡罗来那茉莉、菱叶常春藤、棉团铁线莲、南五味子、金银花、贯叶忍冬、蔓花茄子、长节藤、多花素馨、常春藤类、木香花
	落叶	卡罗来那茉莉、棉团铁线莲、南五味子、金银花、贯叶忍冬、蔓花茄子、西番莲、多花素馨、木香花
	宿根草	铁线莲类园艺品种
	一年生草本	牵牛花、西洋牵牛花、黄瓜、倒地柃、月光花、茑萝
慢	常绿	薜荔、扶芳藤类、熊掌木
	落叶	爬蔓蔷薇类
	一年生草本	落葵

常绿、落叶植物不仅包括木本植物，还包括草本。
栽种树苗后3年左右，用一棵植物的表面覆盖速度进行比较。

（10）藤蔓植物向前方伸出幅度

表示从墙面向前方伸长出多大幅度。特别是附着攀缘型植物，全面覆盖墙面后，有向前方伸出并开花的特性。如果修剪掉伸出的枝条会影响开花、结果，因此也可以作为抑制开花、结果的方法。

表6-3-23　向前方伸出幅度

前方长出距离	形态	主要植物种类（依附型，覆盖型除外）
1m左右	落叶	岩络、仙鹤绣球花
50cm左右	常绿	薜荔、菱叶常春藤、长节藤类、扶芳藤类、紫葳藤、常春藤类、野木瓜
	宿根草	地锦、凌霄花、通草、猕猴桃、南蛇藤、爬蔓蔷薇类、夏雪藤、紫藤类、葡萄类
	宿根草	铁线莲类、淮山
25cm左右	常绿	扶芳藤类、西番莲、常春藤类（大叶种）
	落叶	卡罗来那茉莉、棉团铁线莲、南五味子、金银花、贯叶忍冬、蔓花茄子、西番莲、多花素馨、木香花
	宿根草	宿根甜豆、淮山
	一年生草本	苦瓜、葫芦、丝瓜
10cm左右	常绿	薜荔、常春藤、扶芳藤类、长节藤类、常春藤类（小叶种）
	落叶	岩络、仙鹤绣球花
	宿根草	垂盆草
	一年生草本	牵牛花、风船葛

附着型植物全面附着后，墙壁前方伸出距离用斜体字表示。卷附型植物缠绕后有一定厚度时的大小。
常绿、落叶植物不仅包括木本植物，还包括草本。

（11）藤蔓植物叶子的面积

如果知道叶子的面积，就可以控制线材和格子的间隔。绿色蔓帘一般使用叶子组织较软的草本类植物较多。此时，如果叶子的面积较小，容易被风吹破，因此使用的网孔最好在 10cm 以上。

表 6-3-24　叶子的面积

叶子面积	叶子形态	主要植物种类（依附型，覆盖型除外）
100cm² 左右以上	单叶	猕猴桃、熊掌木、葡萄、山葡萄、黄瓜、葛、水果西番莲、佛手瓜、葫芦、丝瓜
	复数叶	薜荔、菱叶常春藤、长节藤类、扶芳藤类、紫葳藤、常春藤类、野木瓜
50cm² 左右	单叶	岩络、仙鹤绣球花、地锦、斑叶加拿利常春藤、牵牛花、宿根牵牛花、西洋牵牛花、落葵、苦瓜、啤酒花、月光花
	复数叶	铁线莲类、淮山
25cm² 左右	单叶	白背爬藤榕、常春藤、棉团铁线莲、南五味子、红皱藤、南蛇藤、珊瑚豌豆、洋常春藤（中型叶种）、常春藤、天竺葵、木天蓼、何首乌、夏雪藤、倒地铃、淮山
	复数叶	卡罗来那茉莉、棉团铁线莲、南五味子、金银花、贯叶忍冬、蔓花茄子、西番莲、多花素馨、木香花
12cm² 左右	单叶	才才白背爬藤榕（成叶）、洋常春藤（小型叶种）、绿玉菊、马达加斯茉莉花
	复数叶	多花素馨
6cm² 左右以下	单叶	美国扶芳藤类、薜荔（嫩叶）、卡罗来那茉莉、金银花、贯叶忍冬、扶芳藤、长节藤、蔓花茄子、莴萝

常绿、落叶植物不仅包括木本植物，还包括草本。

3）关于墙面藤蔓植物的栽植

墙面绿化中，栽植藤蔓植物时有以下注意事项。

（1）植物种类的组合

① 直接攀缘型植物之间相互组合

在平滑的墙面攀附能力强、生长速度快的常春藤等植物种类，与在平滑的墙面攀附能力弱、生长速度慢的常春藤类等植物相结合，可以不用进行诱导植物附着墙壁的施工。

② 直接攀缘型植物与间接攀缘型植物组合

通过直接攀缘型植物与间接攀缘型植物的组合，可以不用设置攀缘辅助材料就能达到墙面绿化。这种情况下，要求直接攀缘型植物攀附墙壁能力极强，同时墙面本身的表面形状等也是重要因素。还有，由于间接攀缘型植物是覆盖在直接攀缘型

植物之上生长，因此，下方的植物需要选择常春藤类等耐阴性的植物。另外，选择

的间接攀缘型植物不要覆盖过密，这也是很重要的。

③上方易繁殖植物种类和下方易繁殖植物种类的组合

紫藤、卡罗来那茉莉等属于上方生长茂密的植物，下方基本上没有叶子，因此很难用于整体绿化。如果这些植物的下方，

组合种植天仙果、长节藤等下方生长很多叶子的植物的话，可以比较容易实现整体绿化，并减少管理工作。

（2）栽植植物的大小和栽植间隔

对栽植植物的大小和栽植间隔仅习惯考虑。

藤蔓植物是靠新长出来的枝条具有攀附功能，从树苗开始栽植，但是绿化后，如果重视景观的话，也可以选择种植高一些的植物。这种情况下，必须进行人工诱引施工。

最近，生产的植物有的超过2m，事先利用网格等使多种植物伸长到2m。用于藤棚的多花紫藤，一般高3m，平视周长15cm的材料较多。还有，园艺用的通道，行灯制作铁线莲类、多花素馨、茉莉、葡萄等可以观赏花和果实的植物较多，可以作为利用方法之一。

由于直接攀缘的附着根型植物（薜荔、常春藤、长节藤、倒挂金钟、爬藤类等）容易附着在湿润的墙面，因此先种植附着盘型植物（爬山虎），附着在墙面上，确保墙面的湿度，之后再种植附着根型植物。还有，可以在墙面铺设棕垫、无纺布等，来确保湿度。

栽植树苗的情况时，考虑到生长途中有的会生长不良等，因此每米种3～5棵，但高一些的每隔1m种1棵的比较多。利用小盆栽的情况时，生长1年左右也有很多生长不良，需要多加肥料。使用大花盆栽培的植物，或园艺店等直接销售的开花植物等，种植后可以快速生长的比较多。

（3）栽植时期

关于藤蔓植物种植的恰当时期，落叶性藤蔓植物（通草、爬山虎、南蛇藤、紫葳、紫藤等）是12月到翌年3月上旬，常绿性藤蔓植物（木莲、常绿钩吻藤、南

五味子、金银花、卷须紫葳、扶芳藤、长春蔓、长节藤、常春藤类、野木瓜等）是5月、6月和9月。

4）墙壁前面植物的栽植位置

墙面绿化的效果中，以重视温热效果进行墙壁前面栽植规划的时候，根据全天

空太阳轨道图，铅直面太阳轨道图，用仰角和水平角进行推断，可以决定适当的栽

植位置，树木的高度，叶群的大小和位置。在全天空太阳轨道图的太阳轨道的下方进行栽植，铅直面太阳轨道图的太阳轨道覆盖的位置配置叶子群，可以遮挡太阳光，防止温热效应。尤其可以抑制城市的热岛效应现象，提高节能效果，从春、秋分到夏至，太阳的位置很重要。另外，太阳的高度越低，墙壁直射量越多，因此在太阳高度很低的时间（16点以后），对太阳光进行遮蔽是很重要的。

图6-3-11　朝西墙面，用树木遮挡太阳光的示例

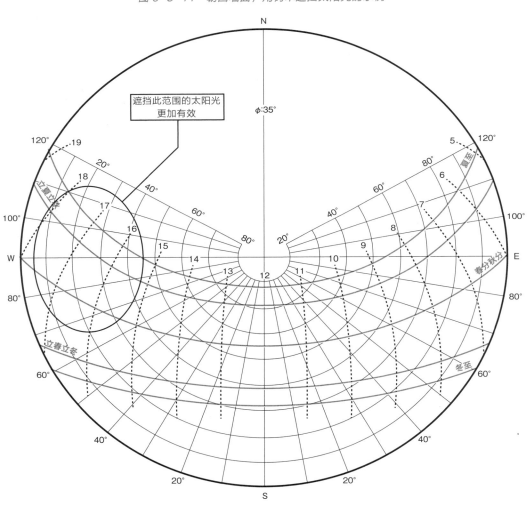

抑制热岛效应现象，从夏至到秋分有遮蔽太阳光的效果。在冬季，墙面所受日射量和热流越多越好，因此不使用常绿树，而是利用落叶树进行墙面绿化比较好。

4. 绿色蔓帘

　　震灾后由于电力不足，绿色蔓帘得到快速普及。绿色蔓帘一般设置在窗前等开口处的前面。一般使用墙面绿化中的攀缘辅助材料，采用间接攀缘型绿化方法。

照片 6-4-1　绿色蔓帘

（1）根据方位设置的方法不同

　　根据窗户的朝向、太阳射入的方向、射入量不同，绿色蔓帘的设置位置也不同。朝南的窗户，在夏季有必要设置绿色蔓帘，太阳位置高，不易射入直射的光。因此，在南侧设置绿色蔓帘时，要斜面设置，使太阳光的直射在地面或两台地面反射，但要防止辐射热进入室内。还有，可以利用斜面蔓帘的下方空间，进行乘凉。东西朝向，特别是朝西的窗户，由于太阳光射入位置低，最好使用垂直的绿色蔓帘遮挡直射的阳光。

图 6-4-1　依据绿色蔓帘的方位所采取的设置方法

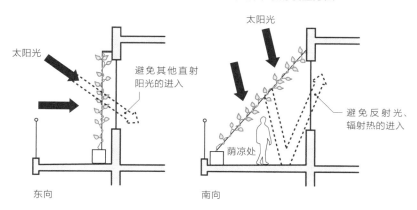

（2）栽植基础

如果使用自然地基，可以直接种植树苗，但在阳台等处，一般用容器栽植。由于在栽植容器中土壤量有限，浇灌是不可缺少的，需要设置灌溉装置。在家庭中，由于成本和售后都比较困难，不能将自来水与灌溉装置相接。通常采用人工浇灌，但是需要长期有人看管，因此采用简易的给水装置十分方便。

照片 6-4-2　简易的给水装置

可以大约 1 周期间不在

利用塑料瓶的给水容器可以 3 天不在

（3）攀缘辅助材料

绿色蔓帘的攀缘辅助材料，使用人造纤维网，网孔必须在 10cm 以上，最好在 15cm 左右。如果网孔过细，强风时，容易破损贴在网上的叶子。还有如果网孔在 10cm 以上，手可以伸进网格的内侧，可以进行摘花、摘果实等工作。近年来，可以作为可燃物与枯萎的植物一起处理。市面上有销售麻质的网或可生物分解的网。

网有自身的强度，但台风来临时要拆卸下去，采取防止破损的措施。如果担心，在预报有强风的时候，可以取下放在地面上或者将其终止。

（4）绿色蔓帘的土壤（培土）

绿色蔓帘一般只在夏季种植，如果第二年也想栽植的话，土壤容易缺少肥料等。特别是苦瓜，能够明显看到，因此需要土壤交换或堆肥。为减轻土地贫乏现象，每年变更栽植物种是有效的。

绿色蔓帘由于生长速度快，需要施加更多的肥料，使土壤有充足的肥料保持量。为保持肥料量，堆肥和沸石等的混合比较有效果。近年来，对于水耕栽培，有使用液肥的现象。

（5）植物材料

绿色蔓帘使用的植物，只在夏季枝叶繁茂。一年草、宿根草也有比较适合的，但是要永久设置的话，落叶型藤蔓树木也可以使用。

植物有各自的特性，苦瓜等有的高达5m左右，如果需要伸展更高的话，可以使用丝瓜或啤酒花。射进室内的光量，与叶子的厚度有关。叶子薄的植物有倒地铃、苦瓜、牵牛花，叶厚的有丝瓜、小葫芦等。近年来，果实非常小、不必收获的小苦瓜也有销售。

表 6-4-1　适于作为绿色蔓帘的植物

攀缘型	植物形态	代表性的绿色蔓帘植物		
		3m 以下	5m 以下	10m 以下
卷须型、卷叶柄型	一年生草	黄瓜、倒地铃、甜瓜	金鱼草、西葫芦、南瓜、苦瓜、西瓜	葫芦、丝瓜
	落叶多年生草			铁线莲蒙大拿
	宿根草	铁线莲类、淮山	王瓜、水果西番莲、葡萄叶铁线莲	佛手瓜
	落叶木本			葡萄
卷蔓型	一年生草	牵牛、落葵、茑萝、月光花		
	落叶多年生草		落葵薯	变色牵牛、夏雪藤
	宿根草	扁豆、四棱豆、扁豆	胡姬蔓、蜗牛花、山牵牛、野山药	葛、啤酒花
	落叶木本			通草、猕猴桃
依附型	一年生草	番茄		

（6）绿色蔓帘的管理

绿色蔓帘不仅能伸长，为扩大面积还需要横向伸长。因此，种植幼苗后要分几次进行摘芯，使藤蔓分枝是很重要的。如果不进行摘芯，藤蔓向上长会失去方向，在上方分枝。这样的话只有上面枝叶茂盛，中底部的叶子很少。

5. 墙面绿化的施工

　　墙面绿化的施工，在高空作业和脚下不安定的地方施工较多，要充分进行事前调查，特别要注意安全措施，要在施工规划和器材搬入规划中进行规划。

　　另外，墙面本身是新建的建筑等的情况时，要与错综关联的工程一边调整一边进行。为已有的建筑的话，进行施工时要考虑建筑的功能和利用者的情况。

1）临时安置

　　关于施工用道路、卸货设备，临时脚手架，放置材料的场所，电力设备，给水设备等的临时设置，要考虑施工条件和施工日程，以及周边环境等，适当地进行施工。

2）材料的搬入

　　由于绿化施工采用正生长中的植物材料，从搬运到栽植，需要进行施工规划并要迅速进行。尤其搬运时，由于养护不足，容易使植物受损或枯萎，要加以注意。

3）栽植基础的施工

① 自然地基

　　进行土壤 pH 值、土壤硬度、透水试验等，根据需要进行改良。

　　如果土壤 pH 值不合适，可以适当地混合土壤改良材料或中合剂。如果用中山式土壤硬度计测量，土壤硬度在指标硬度 20mm 以下，或用长谷川式土壤穿透计测量，柔软度在 1.5cm 以下的话，需要混合土壤改良剂进行耕耘。如果透水性在 1×10^{-3}cm/s 以下运转的话，说明排水不良，可以混合适当的土壤改良剂，或者对排水层、排水管、排水沟等的措施进行说明。

　　如果即使采用了改良措施，也没有得到良好效果的话，就有必要更换所有的土壤。

② 人工地基，栽植容器

虽然可以用人工土壤制作基础构造，但施工中如果考虑使用轻质土壤的话，要对轻质土壤的干燥度进行判断，在开袋前事先注水，或者适当地浇水。如果是花盆的话，栽植后需要浇水，并要确认水从花盆底部流出。

③ 墙面基础构造

根据基础构造的形状安装的方法不同，因此事先要对安装用材料进行确认，墙面时常有尺寸不合适的问题发生。

墙面上安装基础构造时，由于有一定的重量，不要使用不安定的高空作业车，而是设置临时立足的地方等，并注意安全。

因为基础构造材料被风吹落的话，将导致重大事故发生。要对安装方法和强度进行细致检查。如果采用喷涂施工方法，要注意不要飞溅到规划绿化范围之外。墙面要进行排水处理，不要渗透到下层的铺装面等。

4）栽植方法

栽植后，直到植物熟悉环境顺利成活为止，需要有细致的管理体制。

① 直接攀缘

由于采用的是栽植幼苗的方式进行绿化，重要的是将幼苗的枝条与墙壁接触，预先设置诱导物。如果幼苗比较小的话，为防止其他施工造成踩踏，要明确表示植物的存在。

② 间接攀缘

施工时，采用攀缘辅助材料诱导植物攀爬，但是当植物生长，枝干变得粗大的时候，注意不要被捆扎材料折断，可以采用可分解的材料，或者在植物生长到一定程度不需捆扎时，去掉捆扎材料。

采用支架式植物生长时，如果去除支架，注意不要伤害到植物。虽然卷须型植物即使须子被剪掉也可以生长，但对于卷叶柄型植物，如果叶柄被剪掉的话，植物生长就会受到影响。

③ 墙面基础构造

基础构造与植物作为一个整体时，注意搬运时不要弄坏。另外，设置在墙壁上时，注意不要让土壤或植物撒落。在现场栽植时，要充分注意不要让植物或基础构造落下。

在墙面设置后，脚手架等撤去之后，维护工作效率不高的情况较多，因此最好事先将植物的污垢、落叶或花瓣清理干净。

6. 墙面绿化的施工

　　进行墙面绿化的维护管理时，决定管理目标和管理水平，从而制定管理规划的同时，要确立工作体制。

　　维护管理大致分为灌溉和排水设备、攀缘或垂挂支撑材料等绿化设备的管理，以及栽植管理。绿化设备的管理需要定期检查、调整、修缮，栽植管理需要与栽植环境、植物生长发育和伸长、管理水平相结合进行适当的管理。

1）管理规划的制定

　　对绿化效果、绿化部位、栽植基础、绿化形式进行考虑，并且考虑与各个特性相结合的维护管理的管理目标。

表 6-6-1　绿化效果和管理规划的要点

<table>
<tr><th colspan="2">绿化效果</th><th>管理规划的要点</th></tr>
<tr><td rowspan="4">都市
环境
改善
效果</td><td>都市气象改善</td><td>制定确保持续性和绿化量（体积）多的管理规划。灌溉管理要注意增加蒸散量</td></tr>
<tr><td>大气净化</td><td>清理掉吸收了污染物质的旧叶子，可以防止对下面地基的污染。根据需要增加洗净等管理规划</td></tr>
<tr><td>自然生态系统的恢复</td><td>保留果实等，即使有轻微虫害，也尽量不要使用药物。建立促进开花、结果和绿化量多的管理规划</td></tr>
<tr><td>景观形成</td><td>根据植物生长长期的状态，制定每年的管理形态及标准。建立能使外观美观的管理规划</td></tr>
<tr><td rowspan="4">经济
效果</td><td>建筑保护</td><td>防止墙面裂纹，防止伸长的枝条侵入缝隙，并要制定确保持续性和绿化量（体积）多的管理规划</td></tr>
<tr><td>节能</td><td>冬季要除去落叶，制定确保持续性和绿化量（体积）多的管理规划</td></tr>
<tr><td>宣传，修整景观</td><td>促进开花、结果。建立能使建筑的正面美观的管理规划</td></tr>
<tr><td>创造建筑空间</td><td>墙面绿化与屋顶不同，使用者等经常可以看到，因此种植前要用心，不能有无所谓的态度。要使植物良好生长</td></tr>
<tr><td rowspan="3">利用
效果</td><td>微气象缓和</td><td>制定确保持续性和绿化量（体积）多的管理规划</td></tr>
<tr><td>生理、心理、趣味、收获</td><td>通过与植物接触，并对其进行管理，可以得到最大的效果。高处较难接触，要促进植物开花、结果等，建立能使植物良好生长的管理规划</td></tr>
<tr><td>防火、放热</td><td>制定确保持续性和绿化量（体积）多的管理规划</td></tr>
</table>

表 6-6-2　绿化部位和管理规划的要点

绿化部位			管理规划的要点
建筑物	建筑墙面（有主体结构）	朝南向	制定确保绿化持续性和绿化量（体积）多的管理规划
		朝西向	高温时日射量多，会引起绿化覆盖率低，叶子枯萎等现象。需要施肥等，建立能确保覆盖密度的管理规划
		朝东向	环境条件最好，可以旺盛生长，与其他朝向相比较，需要频繁诱导，修剪。制定确保持续性的管理规划
		朝北向	日射量少，周围有建筑物等时、要考虑植物生长会恶化，需要建立施肥，设间距等对策，制定管理规划
	无主体结构，垂直面		受风吹，有些植物会生长恶化（尤其附着根型植物），因此叶子浓密的话可以确保植物生长良好
	覆盖（藤架等）		覆盖型绿化不要让下部过暗，需要调整种植密度。如果期待开花，需要进行修剪等，保留花芽
	工作物		制定确保绿化持续性和绿化量（体积）多的管理规划。建立管理操作时能确保居民安全等的管理规划

表 6-6-3　绿化形式和管理规划的要点

绿化形式	管理规划的要点
直接攀援型	栽种树苗使之伸长时，为达到整体绿化，种植初期最好施肥管理。由于绿化范围受限制，需要频繁修剪。如果向墙壁前方伸出过多，被风吹的话，有剥离的可能，因此需要定期修剪掉
间接攀援型	使用依附型植物时，需要诱导，捆扎。要有一年当中施工数次的规划。根据植物种类，有从墙面下垂，或向墙面前方伸出的可能，需要有修剪规划。要定期检查支撑物，墙面主体，固定螺栓的状况，制定台风等时防止根被折断的管理规划
下垂型	伸出过长时，需要剪掉下部过长部分，如果落到地上，会长出吸收根（陆地根），会覆盖地表面，因此要剪除。长期过后，厚度会增加（量过多），要有剪除内侧藤蔓的管理规划
壁面基础构造型	根据植物种类，从墙面下垂，或向墙面前方伸出时，需要修剪。制定防止破损发生的管理规划。灌溉装置如果故障，会直接导致植物枯死，因此没有设置报警装置时，需要一周检查一次以上。关于墙面基础型绿化，需要短期，中期更换植物，要制定管理规划
墙壁前栽种型（搭架种植等）	搭架种植等的施工方法，需要频繁地进行引导，捆扎，修剪，因此管理规划里，要详细设定管理次数和程度等

2）管理水平

绿化空间的绿化效果，根据景观维持的质量和水平，设定维护管理水平。

① 经常景观维持

总是重视人们的视觉效果，适于最良好的栽植维护管理要求。在绿化管理的形态上，采用培育管理。

② 适时景观维持

适于良好的栽植维护管理要求。在绿化管理的形态上，部分采用培育管理，部分采用抑制管理。

③ 最低限度的维持

适于栽植景观的质量不要求的情况。在绿化管理的形态上，采取保护管理的方式。但是在这种情况下并不是无管理状态，超出绿化规划范围的时候，需要进行诱导、修剪等工作。

照片6-6-1　管理水平

常时进行景观维护管理　　　　　　　　适当进行景观维护管理　　　　　　　　最低限度进行景观维护管理

3）检测和调研

维护管理工作时，需要进行行营的检测和调研，发现不合适的地方要研究处理方法的同时，还要考虑进行管理工作的时期和程度等。

维护管理工作大致分为绿化设施管理，包括栽植基础管理，灌溉、排水设备，攀缘、垂挂辅助材料等，以及植物管理。基础构造的管理包括基础构造本身的劣化、损耗、结块、排水孔堵塞等。植物管理包括栽植的环境和植物生长及伸长，要与管理水平相结合进行适当的管理。绿化设施管理需要定期地检测和调研，台风等前后的检测和调研，根据调查结果，进行整修。

① 植物基础构造

植物容器的排水孔堵塞的话，储水过多会造成植物生长急剧恶化。还有，根阻塞的话，植物生长也会发生恶化，因此植物生长状况发生变化的话，需要增加检查的次数，如果发现排水孔堵塞或根堵塞的迹象，要尽快处理。

植栽基础构造的土壤如果劣化、损耗、结块的话，会影响植物的生长，因此通过检测和调研尽早发现。几年1次左右要对土壤进行详细的检查。

② 绿化设施

关于攀缘辅助资材，因植物生长、风、长年使用的老化等，是否有破损，是否有松动的地方，功能是否还能充分发挥等，需要进行检测和调研，有问题的话需要修理和改良。关于墙面的本体和最后的加工材料，进行检测和调研，有问题的话需要处理。

如果设置了自动灌溉设备，要确认供水和供电，确认灌溉控制设备的运转状况，确认计时器等的设定，确认灌溉装置吐水部分的动作，不合适的话，需要进行维修和改良。尤其定时器的设定，与规划不一致的情况很多，要注意是否有枯萎、枯死和无用水的使用。关于墙面基础型的绿化，如果没有设置灌溉装置的异常报警系统，基础构造越薄，检查的间隔时间越短（薄膜型绿化的话需要每天检查，其他方法的话最长也要 3 天 1 次）。其他设备的管理员等施工后，由于没有打开灌溉阀门，一直处于关闭状态，导致植物枯死的现象非常多，因此检查时要确认灌溉阀门是否开启，是否有水流出。

墙面绿化下方有铺装层的话，铺装面上是否有水，是否有花瓣和害虫的粪便等脏东西，要进行检测和调研，有问题的话及时处理。

③ 植物

需检测和调研植物的生长状况（不良生长，过量生长）、是否枯萎，是否有病虫害，与预定生长长度间的差距，以及植物表面是否有缺陷，是否向规划绿地之外生长，是否杂草丛生，是否有不适合的果实等的存在。

检查是否需要进行诱导、修剪、剪枝、间隔、施肥、病虫害的防治、除草等，如果需要，要判断进行方法和程度。尤其因植物的生长，对通行、日照、通风、预测等形成障碍的时候，需要考虑紧急清除障碍的方法并给以指示。另外，当植物生长过大，到达需要更新的树龄，或病害虫等造成机能下降等时，需要考虑采伐、伐根、移植、补植、土壤交换等方法，并制定工作规划。

尽量及早发现病虫害的发生，可以用简易、小规模的防治方法防止发生，如果发现过晚的话，不仅受害面积扩大，还大大增加防治费用。

4）相关设备和设施的维护管理

（1）灌溉设备的维护管理

如果设置了自动灌溉设备，要适当地进行保守管理，有效利用设备，如果有问题的话需要进行改良等，使水的管理省力化，并节约水。采用滴管进行灌溉时，如果管老化或喷水口堵塞，控制器不完备等，时间一长会产生各种各样的问题，因此定期地进行检查很重要。

关于墙面基础型的绿化，如果连续几天不启动灌溉装置，植物就会枯死，因此确认发生异常时的警报装置是必不可少的。

（2）排水设备的维护管理

关于墙面基础型的绿化，需要频繁进行排水设备的检测。排水不正常的话，向下方的铺装材料等溢出，容易长苔藓，影响景观，还容易打滑。

如果水循环使用，水质的管理很重要，如有疏忽就会发生病害或导致植物枯萎。

如果墙面下方积水的话，除循环利用之外，还要与雨水配管和污水管道连接进行排水检查，看是否有其他漏水的地方。另外，如果排水管、隔断材料、排水孔堵塞的话，植物的根部就会腐烂等，因此要经常清扫。

（3）攀缘、垂挂辅助材料、墙面基础构造的管理

随着长时间的使用，需要对攀缘、垂挂辅助材料进行检测、修缮。尤其老化材料的掉落，植物的掉落会很危险，必须留意。植物的枝干变粗，容易破坏攀缘辅助材料。

墙面基础型的绿化根据施工方法耐久性不同而不同，但是超过设定的耐用期间的话，需要进行更换。如果框架材料有破损，装卸材料有破损，内部的基础构造材料老化的话，无论何种原因，包括植物，全部需要更换。

照片 6-6-2　管理方面的问题示例

围栏后面和间隙处会有藤蔓植物进入，随着植物的生长会造成围栏破损

5）墙面绿化的栽植管理

采用藤蔓植物进行绿化时，大致分为栽植后初期管理（栽植后 1～2 年），和后期管理。植栽初期管理，对藤蔓植物的存活以及对象物的附着有很大影响，因此要在充分管理的体制下进行适当的维护管理。

攀附墙面的藤蔓植物，有时会向意想不到的地方伸长，因此修剪是不可缺少的，但是如果没有修剪以外的管理工作，植物也可以生长。

具有卷须、藤等的缠绕形状的藤蔓植物，通过使用攀缘辅助材料，可以控制伸展范围。但是，向上生长特性强的植物容易形成上方繁茂、下方稀疏的现象，因此

需要进行使藤蔓下垂的诱引工作。

依存型的植物,同一枝的寿命比较短,几年后需要折断旧树枝,让新的枝条长出来。另外,诱引工作是不可缺少的。

使之下垂的话,要注意有些植物是向下生长,而有些植物并不向下生长。下垂方向生长的植物,从靠近根部的地方一个接一个长出新的树枝,伸展开会把老枝条覆盖,因此需要将老的枝条切除掉。

其他的植物也有这种倾向,特别是有些藤蔓植物的树枝不下垂的话就不开花结果,因此诱引工作是很重要的。

照片6-6-3 植物生长的问题示例

常春藤的剥离

延伸生长到3层的乌蔹莓

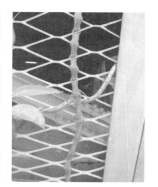

沿金属网攀缘生长的南五味子

(1) 诱引

关于直接、间接攀缘型绿化,植物初期的诱引是不可缺少的,之后,如果只有上方生长茂密的话,也需要做诱引工作。

关于直接、间接攀缘型绿化,当常春藤等植物生长到规划的高度后,茎从顶端下垂,然后一个接一个长出新的茎,形成茂密的墙面绿化。

关于间接攀缘型绿化,为诱引植物,攀缘辅助材料如果过于坚固的话,枝干变得粗大时容易被折断,需要加以注意。如果使用网状攀缘辅助材料的话,接触紧密,不需要使用捆扎材料。间接攀缘型的植物,藤蔓下垂的话容易开花,因此可以伸出短枝,让枝端开花。另外,诱引终止的地方植物容易向上伸展,因此尽量向墙面的下方进行诱引。

关于铁线莲类、多花素馨、树莓类等植物,如果有一根藤蔓数年后枯死,并长出了新枝,这时要将枯死的藤条切除。

(2) 修剪

如果藤蔓伸长到对象绿化空间以外,不仅影响美观,如果将建筑及其附属设备缠绕,还会造成机器故障引发事故,因此要适当地修剪过于伸出的部分。另外,有的藤蔓植物,经过多年生长,与墙面的厚度会变大,因此每隔1~3年需要对墙面整体进行一次修剪，或者将内侧的枯藤切除掉。

在冬季地上部分枯萎的铁线莲属的植物中，铁线莲类等品种在藤蔓的下方生出新芽，可以在第二年伸长，有的品种是在落叶后的藤条中间部位发芽，因此要确认发芽的位置和充实度，将上方的部位除去。

（3）间隔

如果枝叶重叠，生长过于繁茂，枝叶内部潮湿，是生理障碍和病虫害的原因，因此要适当地将藤蔓间隔开。进行间隔施工时，需要对各个藤蔓的生长状况进行调查，选择最适合的藤蔓。

（4）施肥

在宽大的墙面进行绿化时，为支撑大面积的枝叶，供给足够的养分是必不可少的。固定的施肥方法是，每隔几年用缓效性肥料施肥。

尤其叶子变小、树叶颜色变淡、伸长量明显减少等时，说明土壤缺少肥料，要进行施肥。土壤断肥的情况下，可以使用吸收较快的液肥，洒到土壤中或叶子上。

（5）病虫害的防治

如果发现有病虫害，要在受害范围扩大之前迅速采取对策。与屋顶绿化不同的是，高处的墙面不容易接近，不能采用剪枝、捕杀等方法的情况很多。如果使用杀菌剂和杀虫剂，选择药剂和撒药方法时，要考虑到周边的环境状况。如果往年在一定时期总有病虫害发生时，需要进行预防性撒药。

（6）除草

植物间的空地上如果杂草丛生，会压倒植物的幼苗，会与幼苗争夺水分和肥料，因此需要迅速除草，同时，需要有覆盖材料等长久对策。

墙面的攀缘辅助材料如果被乌蔹莓等杂草侵入的话，需要在杂草急速繁茂生长之前除去。

以下的植物种类，容易长杂草。

乌蔹莓、**日本天剑**、**鸡屎藤果**、棘瓜、萝藦、葎草、王瓜、葛、合子草、毒瓜、何首乌、野大豆、毛山药根、野葡萄、白毛藤、两型豆、野山药、茑萝（粗体字为特别常见的植物种类）。

常春藤类植物的茎容易在地表面或土壤的浅层生长，容易攀附到预想不到的墙面上，因此伸出绿化区域外的茎要除去。头花蓼、垂盆草等植物的断枝和种子有可能在绿化区域外生长，因此要根据状况除去。夏雪藤生长旺盛，不仅容易生长到绿化区域之外，而且撒种播种的话很容易杂草化，要加以注意。

（7）枯萎对策（撤去枯萎的植物，补种植物）

如果植物枯萎的话，落下的藤蔓有可能会损害机器或妨碍交通，因此要迅速处理掉。另外，根据枯萎状况，如果植物覆盖部分有缺损，用诱导的方式也不能覆盖时，需要补栽植物。

关于一年生草本植物、宿根性植物等，由于在冬季地上部分容易枯萎，因此要在影响景观之前，除去枯萎的部分。

（8）更新

关于生长旺盛、藤蔓伸长量大的植物，栽植几年后，底部的叶子越来越少，下方的枝条处于上移的状态。因此，如果绿化效果下降的话，应从根部将旧的枝条切除，更换成新的枝条。修剪下的枝条要迅速撤去，不要妨碍新枝的伸长。

另外，需要预先考虑整体的绿化效果，采用轮番式更新，还是采用一齐全部更新方式，要制定规划。

（9）灌溉

工作关于人工地基、栽植容器、墙面基础构造等，栽植基础的规模受到限制时，要留意土壤的干燥度，有必要时需要进行适当的浇灌。

即使在自然地基上种植，如果夏季连续无降雨等的话，也需要进行浇灌。

墙面基础型的绿化中，如果灌溉出现问题，会直接导致植物全面枯死。因此，要执行灌溉设施设计项目中的措施，预防未然，防止植物枯死是很重要的。

自动灌溉计时器使用周计时器的比较多，一周当中，可以设定在哪天，从何时开始，到何时结束进行灌溉。因此，要根据所在位置的气候、风土、植物、土壤的特性和土壤的厚度，与之相结合，按季节进行设定变更。

（10）土壤管理

土壤长期使用后会结块，因此有必要每隔几年进行一次土壤检查。如果土壤有结块现象，可以更换部分土壤。根据情况也可以考虑土壤的整个更换。

关于墙面基础型绿化，经常注意检查是否从表面有基础材料的剥落或飞散，如果发现征兆，需要将植物和基础构造全部更换。

（11）果实的收获和去除

紫藤成熟的话，坚硬的种子可以飞到10m以外，由于飞到远方很危险，因此在成熟之前要除去。凌霄花成熟的话，容易被风四处吹散，木通成熟的话，果实会开口，容易招引苍蝇和蜜蜂聚集，因此要在这些成熟之前除去。

6）关于墙面绿化维护管理、接近墙面的方法

关于墙面绿化，垂直的墙面需要进行维护管理，因此如果接近墙面的方法不同，完成工作的效率极其不同。

（1）接近通道

建筑阶段，在墙面绿化部分的里侧或表面设置通道，能够使管理工作变得十分容易。尤其基础构造型的墙面绿化，由于移植等时要搬运材料，因此是必不可少的。

关于工作用的凤尾船，有的事先安装了能够垂直或水平移动的轨道。

（2）高空作业车

如果墙壁前面有很大的空间，虽然可以使用高空作业车，但是墙面高度越高，使用的作业车越大，费用也越高。

（3）梯子、脚手架

如果墙面绿化的高度在 5m 左右，可以利用梯子、脚手架等进行管理工作，但是如果超过此高度，就不适用。如果使用梯子、脚手架帮助搬运材料的话，会大大降低工作效率。

（4）缆绳

如果上述方法都不适用的话，可以从屋顶等处放下绳索，来接近墙面工作。但与建筑墙面不同，由于有茂盛生长的植物、攀缘辅助资材，因此万全的安全措施是必不可少的。这种方法的工作效率很低，如果搬运材料工作效率将大幅下降。从而这个方法在安全方面也不值得推荐。

7）墙面绿化的修正

关于墙面绿化，伴随建筑墙面的改修，绿化部分也需要拆除。建筑墙面改修后，如果要恢复墙面绿化，需要根据墙面改修的方法等，考虑墙面绿化需要保留哪个部分。

① 同时保留辅助材料和植物的方法

对应方法有，一种是利用墙面改修时的脚手架等保持现状的墙面绿化，一种是从下部地基直接将辅助材料整个卸下的方法。如果整个卸下辅助材料的话，几乎不会碰到植物，因此墙面修复后，植物可以像施工前一样生长良好。

如果植物没有附着用的攀缘辅助材料，植物的粗枝并没有附着在墙面上，只需切断细枝，就很容易剥离墙面。墙面改修后，在墙面上钉入锚固，将枝干截断。这样从粗枝可以长出新枝，不断附着伸长。

照片6-6-4　墙面绿化的改修

墙面改修后的地锦

② 只保留植物根的方法

如果墙面修复，不得不撤去植物的话，要考虑是否可以保留植物的根。墙面修复后，根据植物的生长，新栽植物（幼苗的情况较多）的栽植方法，如果采用保留植物根的方法，可以明显增加生长量。

照片6-5-5　保留植物根的墙面改修

保留植物根　　　　　　　　　　　　　　保留植物根后7个月的生长状况

第七章

资料集

1. 绿化的普及与推广

目前，都市绿化所产生的效果已被广泛认同，为更好地普及与推广屋顶绿化，国家、各大城市以及部分地方自治体，制定了相应的制度规范。有新的制度，也有在原有制度基础上的补充。而且，有从内容，也有从绿化责任制，到各种绿化项目的辅助措施。基本制度规范内容如下文 1）~ 4）所示。

新的制度规范也在逐年增加，以大都市为中心到各地方自治体，新内容的普及与推广也应该会做到更加完善。

1）责任绿化的普及推广制度

（1）责任绿化

对于满足一定条件的建筑，在实施地面绿化的同时必须有责任和义务进行一定规模的屋顶绿化。

在东京都和兵库县、京都府、大阪府、名古店市等，对于超规模地面上的建筑，有责任和义务，实施一定面积的屋顶绿化。

在东京都的部分特别区，东京都义务规范对外窗口，绿化的要求比一般东京都的标准更加严格。

因各地方自治体所认可的绿化项目各不相同，所以必须提前确认。

（2）绿化规范内，屋顶绿化及墙面绿化算入绿化面积

在开发项目中，为满足绿化要求，一定比例的屋顶绿化、墙面绿化的面积可计入其中。在东京都特别区以及日本国内的几个市区有此规定标准。

有关绿化内容、绿化面积的算定标准，各地方自治体有其各自不同的相关规定，需确认执行。

2）绿化资金资助的推广及普及制度

（1）绿化资金的贷款制度

适合一定条件的绿化资金，可在一定限额内进行贷款。

日本政策银行的经济整备事业和住宅金融公库以及与地方自治体间的相互提携

的贷款制度等，是在以国家为主导的基础上，包括兵库县的低息贷款、利息偿还制度，来自地方自治体的单独贷款项目等。

（2）减免绿化税的制度

满足一定条件的建筑绿化结构，其相关税金可得到减免。

由国家制定相关政策、在各市区县的税务窗口进行减免固定资产税（地方税：偿还资产税）的制度。

（3）绿化资金的赞助制度

适合一定条件的绿化资金，可在一定限额内得到赞助。

多数的地方自治体会依据各不相同的绿化项目（绿化面积、绿化性质、内容等）来进行必要的赞助。并且，也有对于屋顶绿化植物资材的赞助。各地方自治体负担的资金由国家进行资助，学校等公共设施的绿化推广模范项目也可由国家进行赞助。

3）合理运用都市开发的各项制度，以更好地推广普及屋顶绿化的制度（屋顶绿化的建筑容积率增加制度）

规定在特定街区、重新规划开发地区、高能利用地区，运用综合设计规范等都市开发规章，以用来增加建筑容积率。

东京都、大阪府已将此列入规范，预计今后以大都市为中心会逐步得到推广。

4）屋顶绿化的相关技术指导和建议等

由绿化专家为一般市民进行屋顶绿化的技术指导，并提出建议。

东京都的一部分区域已经实施，预测今后更多的自制体也会执行。

2. 公开展示的特殊绿化空间

表 7-2-1　公开展示的特殊绿化空间

	名称	所在地	主用途	绿化概要	备注	公开日
屋顶绿化官公厅	国土交通省	東京都千代田区霞关2-1-3中央合同厅舍3号馆	国土交通省	屋顶庭园（技术效果展示）	需预约	5～3月第1-3星期五14:00～公园绿地·景观课绿地环境推室绿地环境技术系03-5253-8111（内线32963）
	东京都议会议事堂	东京都新宿区西新宿2-8-1	东京都议会议事厅	屋顶景天科植物	需预约	每月第3星期五11:30～12:30环境局总务部企画课03-5388-3443
	足立区政府北厅舍	东京都中央区中央本町1-17-1	区政府	屋顶庭园		平日9:00～16:00
	品川区政府本厅舍	东京都品川区广町2-1-36	区政府	屋顶庭园样板		平日9:00～16:00
	新宿区政府本厅舍	东京都新宿区歌舞伎町1-4-1	区政府	屋顶庭园样板	需登记	平日10:00～11:00 14:00～15:00绿植土木部绿植公园课
	目黑区政府本厅舍	东京都目黑区上目黑2-19-15	区政府	屋顶庭园样板		平日9:00～16:00
	涩谷区政府神南分厅舍	东京都涩谷区宇田川町5-2	区政府	屋顶绿化分区样板	需登记	平日9:00～16:30神南分厅舍3环境保全课
	墨田区政府本厅舍	东京都墨田区吾妻桥11-23-10	区政府	屋顶绿化分区样板	需预约	平日11:00～14:00环境保全课绿化推进03-5608-6208
	台东区政府绿色花园	东京都台东区东上野4-5-6	区政府	屋顶绿化分区样板	需预约	平日10:00～16:00周六日祝日12:00～15:00 03-5246-1281
	丰岛区政府本厅舍	东京都丰岛区东池袋1-18-1	区政府	屋顶绿化分区样板		平日9:00～16:00
	练马区政府西厅舍	东京都练马区丰玉6-12-1	区政府	屋顶绿化分区样板		平日9:00～16:00
	文京区政府文京地域中心	东京都文京区春日1-16-21	区政府	屋顶绿化分区样板		平日8:30～17:00
	大田区立池上会馆	东京都大田区池上1-32-8	公共综合楼	屋顶公园		平时开放
	东品川海上公园	东京都品川区东品川3-9	水处理场屋顶	屋顶庭园型公园		平时开放
	朝仓彫塑馆	东京都台东区谷中7丁目18	美术馆	屋顶庭园	收费	星期一闭馆
	国立科学博物馆	东京都台东区上野	博物馆	屋顶香草园	收费	9:00～16:00
	静冈文化艺术大学	静冈县滨松市野口町1794-1	大学	屋顶草原		
	GREEN GREEN	福冈县福冈市东区香椎滨3	公园内植物园	立体屋顶绿化	收费	

名称	所在地	主用途	绿化概要	备注	公开日
新丸内大厦	东京都千代田区丸内 1-5-1	综合楼	中层屋顶庭园多段箱柜型墙面绿化		北侧自行车停放场墙面
经团连·JA 大厦·日经大厦	东京都千代田区大手町 1-3-1	办公楼	屋顶庭园屋顶水田线状攀缘型墙面绿化		屋顶:雨天关闭
东京交通会馆有乐町 COLINU	东京都千代田区有乐町 2-10-1	综合楼	屋顶庭园(薄层绿化)		10:00~21:00
COMATU	东京都港区赤坂 2-3-6	办公室	屋顶庭园(3 庭园绿化各异)	需预约	每星期五 14:00~16:00
晴海 ISLAND TRITON SQUARE	东京都中央区晴海 1-8	综合楼	人工地基上庭园		平时开放
新宿伊势丹	东京都新宿区新宿 5-16-1	百货店	屋顶庭围(提供全面解说)		
新宿丸井	东京都新宿区新宿 3-30-13	百货店	屋顶庭园地下墙面		
日本桥高岛屋	东京都中央区日本桥 2-4-1	百货店	屋顶庭园(1964 年绿化)		
玉川高岛屋(本馆·南馆·东馆)	东京都世田谷区玉川 3-17-1	百货店	屋顶庭园		
ATORE 惠比寿	东京都涩谷区惠比寿南 1-5-5	百货店	屋顶庭园、屋顶菜园		
天然气科学馆	神奈川县横滨市鹤见区末广町 1-7-7	公共场馆	屋顶生态园	需预约	
横浜港大栈桥国际客船码头	神奈川县横滨市中区海岸通 1-1	客船码头	屋顶草坪		
京都车站大厦	京都府京都市下京区	商业楼	屋顶庭园		
大阪车站北门大厦	大阪府大阪市北区梅田 3-1-1	商业楼	屋顶庭园屋顶菜园		
难波 PARKS	大阪府大阪市浪速区难波中 2-10-70	商业楼	屋顶庭园屋顶菜园		
OCAT 屋顶花园	大阪府大阪市浪速区凑町 1-4-1	商业楼	屋顶庭园	收费	
ACROS 福冈	福冈县福冈市中央区天神 1-1-1	综合楼	阶梯状屋顶园林		
立教大学	东京都丰岛区西池袋 3-34-1	大学	直接攀缘型(1 次剥离后再附着)		大门开放时间
东急病院	东京都大田区北千束 3-27-2	病院	间接攀缘线型		
新宿车站西口换气塔	东京都新宿区西新宿 1	换气塔	间接攀缘平面格子型		
东京国际展示场	东京都江东区有明 3-12	展示场馆	间接攀缘立体格子型		
国立新美术馆	东京都港区六本木 7-22	美术馆	面十格子攀缘型		
YAKULTHALL	东京都港区东新桥 1-1	场馆	下垂型		
PASONAGROUP 本部大厦	东京都千代田区大手町 2-6-4	办公楼	阳台箱柜型室内庭园菜园	室内需登记	室内:工作时间
NICOLASG. HAYEKCENTER	东京都中央区银座 7-9-18	商店	室内多段箱柜型		开店时间
丸内 BRICKSQUARE	东京都千代田区丸内 2-6-1	综合楼	墙面基础型(板状)		
阪急大井町花园	东京都品川区大井 1-50	宾馆商店	墙面基础型(容器插入)		
六本木 GRACE	东京都港区六本木 7-13	商店	墙面基础型(口袋状)		
千种小剧场	爱知县名古屋市千种 3-6-10	剧场	面十格子攀缘型		
金泽 21 世纪美术馆	石川县金泽市广坂 1-2-1	美术馆	墙面基础型(垫层)	收费	绿色墙面
京都 YODOBASHI	京都府京都市下京区乌丸通七条下	商店	墙面基础型(容器插入)		

屋顶绿化民营

墙面绿化

第七章

2. 公开展示的特殊绿化空间

3. 用语的解释说明

特殊绿化中使用的一些用语，从一般用语到专业用语，用语多种多样。在此只对主要用语进行简单的说明。

关于绿化温热效应的用语

地球温暖化

地球温暖化，就是大气中有"温室效应气体"大量释放，到地球圈外的能量减少，使整个地球的平均气温上升的现象。二氧化碳（CO_2），甲烷（CH_4）、二氧化氮（NO_2）、氟利昂等被称为温室效应气体。联合国 IPCC（关于气候变动的政府间合作）指出现在每 100 年平均气温上升 0.5℃。

热岛效应

和郊外相比，城市气温异常高的现象。主要原因是由于地面用柏油和混凝土铺设，将入射的太阳能量显热，使接触的空气变热。相反地，由于绿地减少，靠水分蒸发散热的潜热变换（气温不上升）减少也是主要原因。另外，汽车尾气排放的增加，空调的大量使用等也是使外面的气温上升的原因，但是与太阳光显热的量相比是极少的。在东京都的市区内，在这 100 年里，据说平均气温上升了 3.0℃。

热带夜

热带夜是指夜晚最低气温不低于 25℃

的现象。道路沥青、建筑的混凝土的热容量很大，白天吸收太阳光储存热量，在夜间释放出热量，从而频繁地出现热带夜。近年来，因夜间中暑丧命的事件增多。

短波辐射

短波辐射是指波长为 0.3 ~ 2.8um，从太阳辐射的，射到物体后一部分又被反射回来，主要转换成热能。被转换的能量有：

①长波辐射朝向上方空间。
②显热使接触的空气变热。
③通过传导在内部蓄热。
④如果有水分，作为潜热使水分蒸发，转为热能。短波辐射中 0.4 ~ 0.7um 是可见光，0.4um 以下是紫外线，0.7um 以上是红外线。

长波辐射（辐射、冷热辐射）

长波辐射，波长为 3 ~ 50um，绝对零度（0K）以上的物体都会辐射。从地球大气层也会向下辐射。

但是，如果考虑从物体对外部的长波辐射，和外部对物体的长波辐射的差，就会比较容易理解。从人体的感觉上，如果从物体长波辐射的量多就会感觉很热（辐射热）、如果自身发出的长波辐射多就会感觉冷（冷热辐射）。

显热

显热是使与物体接触的空气变热，使气温上升。如果显热是负值，使接触的空气热量减少，气温降低。

潜热

潜热是水分蒸发产生的能量，因此，不会使周围的空气变热。蒸发生成的水蒸气，到了上空会形成云或雨，散发出潜热。

热传导，蓄热

太阳光从得到的一部分能量，向物体内部传导并储存热量。由屋顶绿化，向建筑主体内部传导并储蓄的热量进一步向室内传导，增加室内的热荷载。夜间，被储蓄的热量向外部空间扩散，属于长波辐射，以显热向外扩散出去。热传导比较快的有金属、玻璃等，比较慢的有空气、木材等。

热容量

物体的温度提高1℃，所需的热量叫做热容量，一般与质量成比例。热容量越大，越难变暖或变冷。一般混凝土、沥青、水等的热容量较大，木材、人工土壤、空气的较小。

热荷载

使室内温度上升或下降一定值时，所需的热量。应供给的热量称为暖气荷载，应减少的热量称为冷气荷载。

隔热施工方法

采用隔热材料或空隙等，控制建筑结构的热量流入或流出的方法。根据建筑结构、施工部位、施工条件等的状况和要求，可以使用各种材料和多种方法。在建筑主体内侧设置隔热（内隔热），或在外侧设置保温材料（外隔热）。

绿化的温热效果的相关用语

生物多样性的确保

近年来，这个需求急速增加。都市空间越来越重视人的利用，和景观方面的问题，目前通过各个组织和人的解释多种多样，方法等还处于摸索的阶段。无论如何，应该避免大面积种植单一的植物种类。

雨水利用

收集并储存从建筑屋顶流下来的雨水，用于冲洗厕所或浇灌植物。可以减少自来水的使用量，还可以调整都市的区域洪水，减轻下水道的荷载。

绿化相关用语

建筑绿化

是指建筑的外皮利用植物来覆盖。作为绿化的对象有,屋顶(平屋顶)、坡屋顶、墙面、阳台等外部空间,大堂中庭或屋台、室内等内部空间。

人工地基绿化

属于用钢筋混凝土等构筑的地基,是指对大型停车场或可上人用通道等的绿化。广义上包括屋顶、阳台和地下停车场的上部等的绿化。

屋顶绿化

一般是指,可上人用的平屋顶(建筑基准法的屋顶广场、阳台)的空间绿化。广义上也包括非上人的平屋顶绿化。并且,也有坡屋顶绿化包含在内的情况。

屋顶绿化(坡屋顶绿化)

一般以禁止进入、不可利用为前提,指建筑的坡屋顶的绿化。

墙面绿化

指建筑、土木构造物等的墙面绿化,但也包括非墙面的垂直面的绿化。并且,也包括绿色蔓帘等的临时绿化。

阳台绿化

指集体住宅等的阳台绿化,但居民很多是自己进行绿化,由专门的绿化企业进行绿化的很少。

荷载相关用语

荷载

进行建筑结构计算时所用的各部位的重量。本来应该用牛顿(N)表示,单用公斤表示的话很容易被理解,因此使用"kgf"的情况较多。

永久荷载

进行建筑结构计算时使用的建筑主体、加工材料、机器设备等的重量。新建的情况时,最好预先加上屋顶绿化的荷载。

承载荷载

进行建筑结构计算时使用的建筑可承载的重量。在原有建筑进行的屋顶绿化,通常要考虑承载荷载。关于整个屋顶,要考虑地震荷载,梁和柱子的荷载,地板的荷载。

地震荷载

指地震时,对建筑产生的应力,建筑基准法用地震力来表示。关于地震时的安全性,根据永久荷载应力＋承载荷载应力＋地震力所产生的应力,可以检查结构的构件安全性。这时使用的承载荷载称作地震荷载。

梁和柱子的荷载

指梁和柱子的构造计算时所要考虑的承载荷载。

地板荷载

指地板的构造计算时所要考虑的承载荷载。

风荷载

指风对建筑产生的力。建筑基准法中用风荷载来表示。风荷载有作为推力的正压，和作为引力的负压。屋顶绿化的基础构造材料主要受负压，树木等也主要受到负压。

湿润重量（荷载）

指土壤等的重量，吸收雨水等水分后的状态。土壤 pH 值为 1.5 的时候的重量。

建筑相关用语

防水层

指建筑内防止雨水等侵入的层面，适合平面屋顶、坡屋顶、阳台等的各种各样的防水层。

女儿墙

指屋顶等四周立起来的建筑，使屋顶的水不外流，不直接沿着墙壁流下。可以在护墙上粘贴防水层进行防水。

水流坡度

使雨水不要滞留，迅速从屋顶地漏流出，排到建筑外面，因此需要将屋顶设有一定坡度。根据屋顶保护或曝光的不同，一般平面屋顶的水坡度有所不同，一般是 1/100 ~ 1/20 的坡度。

屋顶排水地漏

指雨水能够从屋顶迅速排出的地漏，有从地板竖直向下的类型（纵向）或者从墙面横向引出的类型（横向）。

屋顶排水地漏盖

指屋顶地漏的构成部分，防止垃圾直接进入排水地漏，采用细缝状开孔的材料，盖在排水地漏上。

排水地漏罩（检查排水地漏用的设备）

地漏罩起到补充、增强屋顶排水的作用，可将排水集中，防止落叶、沙石等堵塞排水地漏。

溢水

考虑到屋顶地漏等能力不足或堵塞的危险性，为避免室内漏水，在防水层的完成部位上端和下方设置的排水结构。

阳台

很多是指从建筑突出来，与室内相接的外部空间，下一层凉台的屋顶（房檐）是上一层的地板。在集体住宅（公寓），左右住宅相连的情况很多，有的上下用同样的空间相连。

凉台

凉台多是指在木造住宅等屋顶上搭起的独立构造，地板多采用通透有间隔的木板材。

屋顶阳台

在建筑的平面屋顶活用的阳台。不能从房间直接进入阳台，也没有屋檐，可以直接接收雨水。

扶手

在屋顶或阳台，为保证可利用空间的四周安全，有设置扶手的义务。根据建筑基准法，扶手的高度要在完成高度的1100mm以上。

通道

无论建筑内外，为进行墙面管理等，设置的工作人员可以使用的通道，要有一定的宽度。

避难通道

火灾等时避难用的通道。必须设置两条避难通道，在集合住宅，阳台作为避难通道的也很多。

绿化相关用语

栽植基础

为栽植植物，需要各种各样的土壤或代替材料，以及排水和保水层、灌溉装置等。

排水性

排水性是指将雨水等多余的水迅速排出的性能。

保水性

保持植物生长所需水分的性能。根据土壤种类的不同功能不同。有的排水层也具有保水功能。

灌溉

为植物的生长提供需要的水分。

自然土壤

指自然状态的土、田地的土壤等，也有人为作用的土壤。

改良土壤

在田地的土壤等自然土壤里，混合无机质的珍珠岩等，制成的轻量化土壤。

人工轻质土壤

以人工地基上的栽植基础为使用目的开发的土壤，密度小，提高了保水性和通气性等。

隔断材料（建筑用语。一般是指边缘部隔断材，防护构造材）

用于绿化部分的外周的防护构造材和边缘部隔断材，在材质改变的地方所用的材料。

排水孔

在隔断材料上，开设的排水用的孔。孔的间隔和尺寸要根据孔所担负的内侧排水面积来计算。防止排水孔内侧的堵塞是很重要的。

地板（建筑用语是指整体结构，也可以说是铺装材料）

上人屋顶等部分和广场部分的地板材料。

容器栽植型绿化（栽植）

利用比较大型的花盆或盆栽容器等进行的绿化（栽植）。

容器栽植型植物

利用较大型的容器，预先栽植的植物。可以直接摆放，或者直接放入装饰好的花盆，再或者拆除容器直接栽植。

生态园

确保生物的多样性，以和人类社会共存为目的，规划和制造的或者保护起来的小空间，被称作"小生态系统"。

栅栏

一般来说，是木制的格子状的材料。主要用于凉台或者庭院墙壁等处，植物的

藤蔓可以攀附，或支撑植物的茎，或者用于吊挂花盆。

凉亭

凉亭一般设置在住宅的房檐或院子里，由藤蔓植物缠绕木材等生长成的棚架。日语中，有的翻译成遮阳棚、藤蔓棚、绿色走廊。

环境压力

干燥、强风、日照等，对栽植植物生长有影响的各种各样的环境因素。

飞散物

落叶和树木果实，或浇水的时候、喷洒肥料的时候，由于风等原因而飞散到建筑外侧。

飞来物

由于风、鸟等因素，从建筑外部带来的东西。

环状物

关于植物的生产，采用花盆、栽植容器等时，植物的根沿着花盆等的外周环状伸长。如果就这样栽植的话，随着根部的生长，会紧固自己的树干，因此需要解开环状物。

根部环状剥根移植

移植植物时，如果事先（1年前左右）剥去形成环状的粗根，并切断细根的话，就会从剥开皮的部分长出新根。由于移植时将植物的根充分露出，成活率高，枝叶的切断量也减少。

著作权合同登记图字：01-2013-8027号

图书在版编目（CIP）数据

建筑立体绿化 /（日）藤田茂著；孙卓晖，罗志敏译 . —北京：中国建筑工业出版社，2019.5
（日本造园译丛）
ISBN 978-7-112-23999-3

Ⅰ.①建… Ⅱ.①藤… ②孙… ③罗… Ⅲ.①建筑物—墙—绿化 Ⅳ.①TU985.1

中国版本图书馆CIP数据核字（2019）第149256号

NIHONICHI KUWASHII OKUJYO HEKIMEN RYOKKA
© SHIGERU FUJITA 2012

Originally published in Japan in 2012 by X-Knowledge Co., Ltd.

Chinese (in simplified character only) translation rights arranged with X-Knowledge Co., Ltd.

本书由日本株式会社 X-Knowledge 授权我社独家翻译、出版、发行

责任编辑：刘文昕　张鹏伟
责任校对：王　瑞

日本造园译丛

建筑立体绿化

[日]藤田茂 著

孙卓晖　罗志敏 译

*

中国建筑工业出版社出版、发行（北京海淀三里河路9号）

各地新华书店、建筑书店经销

北京点击世代文化传媒有限公司制版

北京中科印刷有限公司印刷

*

开本：787×1092 毫米　1/16　印张：23　字数：454 千字

2019 年 11 月第一版　2019 年 11 月第一次印刷

定价：150.00 元

ISBN 978-7-112-23999-3

（33764）